산업과 환경

남영우, 박태욱

숭실대학교 출판국

머리말

경제가 고도로 발전함에 따라 인간의 삶과 가치관에 큰 변화가 일어나고 현대인은 개인적인 시간이 늘어남에 따라 다양한 제품과 서비스를 원하게 된다. 이로 인하여 식량과 에너지 문제가 대두되고 그로 인한 환경오염의 문제가 생기게 되었다. 따라서 환경과 조화를 이루면서 지속가능한 개발을 위하여 각 분야의 산업정책이 환경친화적으로 전환되어야할 필요성이 대두되었다. 환경문제의 해결은 올바른 환경교육을 통하여 환경에 대한 인식을 새롭게 하는데서 출발하여야 할 것이다.

본 저서는 환경문제의 인식과 참여와 실천을 통한 환경교육이라는 목표를 가지고 있다. 구성은 제1부에서 산업과 환경과의 관계, 제2부에서 좁은 범위의 환경영향, 제3부에서 넓은 범위의 환경영향, 그리고 제4부에서 청정생산 개념 및 평가방법이라는 큰 주제를 가지고 각 부분별로 몇 가지 세부적인 내용을 논리적으로 서술하여 환경오염의 전반적인 문제를 이해하기 쉽도록 정리하였다. 따라서, 환경공학을 전공하지 않는 일반 학생들도 교양과목 교재로 사용할 수 있도록 하였고, 환경을 전공하는 학생들도 환경문제에 관한 기초를 다지는데 도움이 되도록 하였다.

인류는 지구생태계의 일원이고 또한 그 영향력이 대단히 큰 생명체이므로, 생태계의 유지와 지구생물의 장래에 대한 중대한 책임을 마땅히 져야 한다. 안일하고 편리함만을 추구하는 것이 아니라, 그것에 의하여 생기는 유해한 부작용을 방지하여 인류가 생존할 수 있는 환경을 유지시켜 나갈 책임과 의무를 잊지 말아야 할 것 이다.

마지막으로 본 저서가 출간되기까지 수고하신 숭실대 출판국 여러분들께 감사드리고 본 서서가 대학 교양인의 입문서로서 환경교육에 보탬이 되기를 바란다.

2011년 8월

저자일동

차 례

1 산업과 환경과의 관계

2 좁은 범위의 환경영향

3 넓은 범위의 환경영향

4 청정생산 개념 및 평가방법

1부

산업과 환경과의 관계

1장

산업의 정의와 분류

산업(industry)이란 원료나 반제품 등의 소재를 가공해 유용한 제품으로 변환하는 체계적인 행위를 말하는 것으로 이런 행위는 아래와 같이 오랜 역사를 통해 산업이 발달함과 동시에 계속해서 이어져 왔다.

1.1 산업 발달의 역사

1.1.1 고대시대

고대에는 각종 도구를 만드는 수공업 기술이 발달하여 여러 가지 편리한 도구들을 만들었다. 이러한 도구들은 농사에 이용되어 식량의 수확량을 획기적으로 늘려 주었으며 도구들의 재료도 처음에는 나무나 돌을 재료로 이용하여 만들었지만, 불을 발견함에 따라 금속을 다루는 방법을 알게 되면서부터는 청동과 철로 만들어 사용함으로써 비약적인 발전을 하게 되었다. 고대인들은 식량과 도구를 생활에 필요한 다른 물건과 교환함으로써 더욱 편리한 생활을 할 수 있다는 것을 알게 되었으며, 이에 따라 물건을 교환하는 장소로 시장이 생겼고, 시장까지 물건을 실어 나르는 수레와 배 등의 운반 수단이 생겨나게 되었다.

1.1.2 중세시대

중세의 유럽에서는 그림 1.1에서 보는 바와 같이 장원을 중심으로 한 농업 위주의 산업 활동이 이루어졌다. 장원은 영주가 넓은 토지를 소유하고 있었으며, 장원 안에 사는 농민들에게 토지를 빌려 주어 경작하게 하였다.

그림 1.1 중세 장원의 구조

중세 초기의 산업의 형태는 주로 장인의 집에 있는 소규모 작업장에서 생활에 필요한 각종 물품을 만드는 가내 수공업 형태이었으나, 중세 말기에는 활발한 상업 활동으로 인하여 더욱 많은 상품을 만들어야 할 필요성이 생기게 되어 가내 수공업은 공장제 수공업 형태로 발달하게 되었는데 이는 상품 생산 체제가 분업화되었다는 것을 의미한다.

1.1.3 근대시대

근대에 이르러 산업 혁명을 계기로 이전의 농업이 지배하던 사회에서 공업 사회로 변모하게 되었다. 18세기경 유럽에서는 면직물의 수요가 급격히 늘고 있었다. 이 때문에 면직물을 생산할 수 있는 기계를 만들기 위하여 노력한 결과 실을 만들 수 있는 방적기와 천을 짤 수 있는 방직기가 만들어졌다. 이러한 기계들의 발명은 면직물의 대량 생산을 가능하게 하였으며 증기 기관의 발명과 더불어 산업 혁명을 일으키는 계기가 되었다.

19세기 중반, 산업 혁명이 완료된 유럽과 미국에서는 산업 생산량이 크게 증대되었고, 이를 바탕으로 빠른 속도의 경제 성장이 이루어졌다. 그리고 과학의 발전과 새로운 생산 기술의 개발로 산업 규모가 더욱 확대되어 공업 분야에서 각종 물자의 대량생산 체제가 갖추어졌다. 또한, 전기의 발명은 과학을 급속히 발전시켜 우리가 편리하게 사용하는 각종 가정 기기 및 공장 기계의 개발을 가능하게 하였으며, 석유 화학공업은 플라스틱과 같은 수많은 제품을 대량화하여 가격을 저렴하게 만들었고, 효율 높은 연료를 생산하여 자동차와 항공기, 대형 선박 등 운송 기관의 발달을 촉진시켰다.

대도시 지역에서는 공업 지역을 중심으로 대도시화가 이루어지고, 새로운 건축 재료와 건설 기술이 개발되어 고층 건물들이 세워졌다. 공업 제품을 운송하기 위한 철도와 도로, 다리, 항만 등 대규모 토목 공사가 이루어졌고, 이들 도로와 항구를 기반으로 국제 무역이 활발하게 전개되었다. 이와 같은 근대의 활발한 산업 활동은 현대 산업의 기틀을 마련하는 원동력이 되었다.

1.1.4 현대의 산업 발달

경제가 고도로 성장함에 따라 인간의 삶과 가치관에 큰 변화가 일어나고 현대인들은 개인적인 시간이 늘어남에 따라 다양한 제품과 서비스를 원하게 되었고, 생활의 윤택함은 물론 정신적인 풍요를 추구하게 되었다. 사람들의 관심이 풍요로운 물질로부터 전문적인 지식과 서비스로 바뀌고 개인의 기호가 다양해지면서, 산업의 형태도 다양한 변화를 맞이하게 되었다.

우선, 공장 자동화(FA: Factory Automation)에 의하여 공장의 생산 방식은 빠르게 변하는 현대인의 기호에 대응할 수 있는 고 부가가치의 다양한 제품들을 언제든지 생산할 수 있는 체제로 바뀌어, 제품의 생산 방식이 대량 생산 체제 방식에서 다품종 소량 생산 체제 방식으로 바뀌고 있다. 이러한 생산 기술은 산업용 로봇과 컴퓨터를 이용한 공장 자동화로 인하여 더욱더 빠르게 발전하고 있다.

다음으로, 사무 자동화(OA: Office Automation)에 의하여 사무실에서는 컴퓨터와 자동화 장치들을 이용하여 각종 문서의 작성, 회계 관리, 제품의 판매 관리, 서류 정리 등의 업무를 보다 빠르고 정확하게 처리하는 사무 자동화 시스템으로 인하여 창의적이고 계획적인 업무에 보다 많은 시간을 할애할 수 있게 되었다.

마지막으로 산업 구조 중심이 공업 분야의 2차 산업에서 점차 서비스업이나 유통업 분야의 3차 산업으로 변화하고 있다. 이러한 변화에 따라 현대의 산업은 탈공업화가 진행되고 있으며, 과학과 기술의 발달로 고도의 지식과 기술을 바탕으로 하는 산업이 각광을 받고 있다. 이에 대표적인 산업으로 정보 산업을 들 수 있는데, 각종 지식과 정보를 체계적으로 수집하여 정리하고 그것을 필요로 하는 사람에게 제공하는 산업으로, 미래 정보화 사회의 중추적인 산업으로 부각되고 있다.

1.2 산업의 분류

생산되는 제품의 종류에 따라 산업을 분류할 수 있는데, 영국의 경제학자 콜린 클라크가 산업을 1차, 2차, 3차로 분류한 이래 이를 산업 분류의 기준으로 삼고 있다. 1차 산업은 주로 자연적으로 얻어지거나, 토지 등의 생산요소가 그 기반이 되는 산업 영역을 의미하는 것으로 농업, 목축업, 수산업, 임업, 수렵 등의 원시산업이 포함되고, 2차 산업은 1차 산업에서 채취한 자원이나 에너지원을 가공, 활용하여 생산 활동을 하는 것으로 광업, 건설업, 제조업 등의 가공 산업이 포함된다. 3차 산업은 1, 2차 산업을 제외한 산업으로 운수업, 금융업, 보험, 통신업 등의 서비스업 등을 말한다.

이외에도 생산과정에 의한 소재 산업, 가공 산업, 조립 산업의 분류나, 자본 장비율[1]에 의한 자본 집약형 산업, 노동 집약형 산업, 기술 수준에 의한 가공 조립 산업, 기술 집약형 산업, 지식 집약형 산업 등으로 분류한다. 그리고 정부기관의 통계 자료를 작성하는 데 맞추어 목적에 맞게 대기업, 중소기업, 영세기업으로 분류하기도 한다. 세부적으로 제조업을 기준으로 하여 물건을 생산하는 생산재 산업과 인간의 소비에 직결하는 소비재 산업으로도 구분한다. 생산재 산업에는 기계기구, 금속, 화학 등의 여러 산업이 있고 소비재 산업에는 자동차, 가전제품, 시계, 카메라 등의 내구 소비재[2]산업과 섬유제품, 식료품 등의 비 내구 소비재[3] 산업으로 나눌 수 있다. 이외에 금속, 기계 등을 중공업이라 하고, 섬유 · 식품 등을 경공업이라 분류하는 경우도 있다.

이와 같은 산업분류는 산업구조의 변화 형태를 정리한 것이지만, 현대의 다양한 각종 산업을 분류하고 이해하는 데는 미흡하다. 이들의 결함을 보완한 것이 국제연합에서 제정한 국제표준산업분류방식(ISIC : International Standard Industrial Classification)이다. 현재 우리나라를 비롯한 여러 나라에서는 이러한 분류방법을 원칙적으로 채택하고 있다. 즉, 국제표준산업분류방식을 우리의 실정에 맞게 수정 · 보완하여 한국표준산업분류방식(KSIC : Korean Standard Industrial Classification)을 제정하고 있는데 2006년에 제9차 개정작업에 착수 2007년에 확정고시하고 2008년 2월 1일부터 시행해 오고 있다.

---

1) 자본 장비율: 노동자 1인당 어느 정도의 자본 설비를 사용하고 있는가를 나타내는 지표로서 노동 장비율이라고도 한다.

2) 내구 소비재: 재화를 분류하는 방법의 하나로, 장기간 사용함에 따라 그 사용으로 부터 얻어지는 편익의 흐름이 서서히 소모되어 가는 재화를 말한다.

3) 비 내구 소비재: 단기의 사용으로 소모되어 버리는 것을 말한다.

제9차 개정의 특징은 국제표준산업분류 4차 개정안을 반영하여 표 1.1에서 보는 바와 같이 서비스 부문에서는 여러 산업에 흩어져 있는 정보 및 커뮤니케이션 관련 산업 즉, 출판, 영상, 방송통신 및 정보서비스업을 묶어 별도의 대분류로 신설하였다. 그리고 환경관련 산업의 중요성 및 산업 활동의 결합성을 고려하여 하수, 폐기물처리와 제조업에 분류되었던 원료재생업, 새롭게 대두된 토양정화 활동 등의 환경정화 및 복원업을 하나로 통합하여 별도의 대분류 하수, 폐수처리, 원료재생 및 환경 복원업을 신설하였다. 또한 우리나라 산업구조의 특성을 반영하여 제사 및 견방적업, 석탄화합물 제조업 등 쇠퇴산업은 통합하였다. 환경, 에너지, 물류산업 등에 대한 분류를 개정하고 필요한 새로운 분류를 제정할 수 있도록 하는데 중점을 두어 개정하였다.

표 1.1에서 보는 바와 같이 산업분류는 크게 21개의 카테고리 묶어 분류하고 세부적으로 국내 대분류별 주요 개정내용 및 구 · 신 분류 단계별 항목 수 비교를 표 1.2에 나타내었다.

표 1.1 한국표준산업분류 대분류별 주요 개정 내용

KSIC 8	KSIC 9
A. 농업 및 임업	A. 농업, 임업 및 어업
B. 어업	
C. 광업	B. 광업
D. 제조업	C. 제조업
E. 전기 가스 및 수도사업	D. 전기, 가스, 증기 및 수도사업
	E. 하수, 폐기물처리, 원료 재생 및 환경 복원업
F. 건설업	F. 건설업
G. 도매 및 소매업	G. 도매 및 소매업
H. 숙박 및 음식점업	H. 운수업
I. 운수업	I. 숙박 및 음식점업
J. 통신업	J. 출판, 영상, 방송통신 및 정보서비스업
K. 금융보험업	K. 금융 및 보험업
L. 부동산 및 임대업	L. 부동산업 및 임대업
M 사업서비스업	M. 전문, 과학 및 기술서비스업
	N. 사업시설관리 및 사업 지원 서비스업
N. 공공행정, 국방 및 사회보장행정	O. 공공행정, 국방 및 사회보장행정
O. 교육 서비스업	P. 교육 서비스업
P. 보건 및 사회복지사업	Q. 보건업 및 사회복지서비스업
Q. 오락, 문화 및 운동관련 산업	R. 예술, 스포츠 및 여가관련 서비스업
R. 기타 공공, 수리 및 개인서비스업	S. 협회 및 단체, 수리 및 기타 개인서비스업
S. 가사서비스업	T. 가구 내 고용활동 및 달리 분류 되지 않은 자가 생산 활동
T. 국제 및 외국기관	U. 국제 및 외국기관

표 1.2 한국표준산업분류 구 · 신 분류 단계별 항목 수 비교

대분류		중분류		소분류		세분류		세세분류	
8차(구분류)	9차(신분류)	8차	9차	8차	9차	8차	9차	8차	9차
A 농업, 임업	A 농업, 임업 및 어업	3	3	8	8	21	21	37	34
B 어업									
C 광업	B 광업	3	4	7	7	12	12	18	17
D 제조업	C 제조업	23	24	71	83	174	180	473	461
E 전기, 가스 등	D 전기 가스, 수도	2	2	4	4	6	6	7	9
-	E 폐기물, 환경복원	-	3	-	5	-	11	-	15
F 건설업	F 건설업	2	2	7	7	13	14	43	42
G 도 · 소매업	G 도매 및 소매	3	3	21	20	54	58	162	164
I 운수업	H 운수업	4	4	12	11	21	20	48	46
H 숙박, 음식	I 숙박 및 음식점업	1	2	2	4	6	8	22	24
J 통신업	J 출판, 영상, 정보 등	1	6	2	11	5	25	9	42
K 금융, 보험	K 금융, 보험	3	3	5	8	15	15	34	33
L 부동산, 임대	L 부동산, 임대	2	2	5	6	10	13	21	21
M 사업서비스	M 전문, 과학, 기술	4	4	16	13	29	19	70	50
	N 사업시설, 사업지원		2		7		13		21
N 행정, 국방 등	O 행정, 국방, 사회보장	1	1	5	4	8	8	25	25
O 교육서비스	P 교육서비스	1	1	5	7	11	16	23	29
P 보건, 복지	Q 보건 및 사회복지	2	2	4	6	10	9	22	21
Q 오락, 문화 등	R 예술, 스포츠 여가	2	2	7	4	21	17	55	43
R 공공, 개입	S 협회, 수리, 개인	4	3	11	8	24	18	49	43
S 가사서비스	T 자가 소비 생산 활동	1	2	1	3	1	3	1	3
T 국제, 외국	U 국제 및 외국기관	1	1	1	1	1	1	2	2
20	21	63	76	194	228	442	487	1,121	1,145

읽을거리 한국표준산업분류

1. 산업의 정의

산업이란 유사한 성질을 갖는 산업 활동에 주로 종사하는 생산단위의 집합이라 정의하며, 산업 활동이란 각 생산단위가 노동, 자본, 원료 등 자원을 투입하여, 재화 또는 서비스를 생산 또는 제공하는 일련의 활동과정이라 정의된다. 산업 활동의 범위에는 영리적, 비영리적 활동이 모두 포함되나, 가정 내의 가사 활동은 제외된다.

2. 분류 목적

한국표준산업분류는 생산단위(사업체단위, 기업체단위 등)가 주로 수행하는 산업 활동을 그 유사성에 따라 체계적으로 유형화 한 것이다. 이러한 한국표준산업분류는 산업 활동에 의한 통계 자료의 수집, 제표, 분석 등을 위해서 활동카테고리를 제공하기 위한 것으로 통계법에서는 산업통계 자료의 정확성, 비교를 위하여 모든 통계작성기관이 이를 의무적으로 사용하도록 규정하고 있다.

한국표준산업분류는 통계목적 이외에 일반 행정 및 산업정책관련 법령에서 적용대상 산업영역을 한정하는 기준으로 준용되고 있다.

3. 분류기준

산업분류는 생산단위가 주로 수행하고 있는 산업 활동을 그 유사성에 따라 유형화 한 것으로 이는 다음과 같은 분류 기준에 의하여 분류된다.

1) 산출물(생산된 재화 또는 제공된 서비스)의 특성
   - 산출물의 물리적 구성 및 가공 단계
   - 산출물의 수요처
   - 산출물의 기능 및 용도
2) 투입물의 특성
   - 원재료, 생산 공정, 생산기술 및 시설 등
3) 생산 활동의 일반적인 결합 형태

✲ 참고문헌

- 통계청, 한국표준산업분류 2008, 2008
- 한상찬, 산업공학개론, 형설출판사, 2006
- 김시욱, 신대윤, 이성기, 이인화, 전영남, 정경훈, 정오진, 최형일, 환경과 공해, 형설출판사, 2004
- 윤일희, 대기환경 무엇이 문제인가, 경북대학교 출판부, 2008
- United Nations, International Standard Industrial Classification of a11 economic activities(ISIC), United Nations Publications, 2008
- Hughes, J. D., Environmental Problems of the Ancient Greeks and Romans, The John Hopkins University Press, 1994
- Jacobson, Mark Z., Atmospheric Pollution-History, Science, and Regulation, Cambridge University Press, 2002

2장

환경의 정의와 특성

2.1 환경의 정의

환경이란 사전적인 의미로 생물에게 직 · 간접적으로 영향을 미치는 자연적 조건이나 사회적 상황을 말하는 것으로 매우 포괄적인 뜻을 지니고 있다. 즉, 좁게는 사람을 주체로 하여 사람의 활동 범위 내지는 미치는 영역을 나타내며, 넓게는 생태계(ecosystem)의 개념을 도입하여 표현하기도 한다.

우리나라 환경정책 기본법[4]에서는 표 2.1에서 보는 바와 같이 환경을 자연환경과 생활환경으로 분류하고 있고, 자연환경(natural environment)은 지하, 지표, 해양 및 지상의 모든 생물과 이들을 둘러싸고 있는 비 생물적인 것을 포함한 자연을 총칭하며, 생활환경(living environment)은 대기, 물, 폐기물, 소음, 진동, 악취 등 우리들의 일상생활과 관계되는 환경을 말한다.

유엔환경계획기구(UNEP: United Nations Environment Program)에서는 자연환경과 인간환경으로 구분하고 있다. 자연환경은 대기, 대양, 물, 암석권 및 생산자, 소비자 분해자로 구성된 육상 생태계로 구분하고 인간환경은 인구, 주거, 생물, 산업, 에너지, 운송, 관광, 환경교육, 평화 · 안전 및 환경으로 구분하고 있어 우리나라 분류보다 더욱 광범위하게 분류하고 있다. 환경에 대한 분류는 그 자체의 분석에 대한 관심을 반영하는 것이 아니라 환경문제의 해결에 접근하고자 하는 노력을 반영한 것이기 때문에 환경구성요소의 분석은 이들 요소간의 상호 의존 작용에 관한 관계성을 분석하는 것이 더 유용하다.

4) 환경정책 기본법: 환경정책의 기본이 되는 사항을 규정하기 위해 제정한 법률

표 2.1 국내와 UNEP에서의 환경의 분류

구 분	분 류	구성요소
국내 (환경정책기본법)	자연환경	모든 생물과 이들을 둘러싼 비 생물적인 것
	생활환경	대기, 물, 폐기물, 소음 · 진동, 악취 등
국외 (UNEP)	자연환경	대기, 대양, 물, 암석권, 육상생태계
	인간환경	인구, 주거, 건강, 생물계, 산업, 에너지, 운송, 관광, 환경교육 및 홍보, 평화와 안전

2.2 환경의 특성

환경 문제들은 개개의 문제가 아니라 환경구성 요소 간에 상호 연결되어 있어 복잡하고, 다양하고, 광범위한 특징을 보이고 있다. 이 특징을 살펴보면 다음과 같고, 이로 인하여 환경 문제 해결은 더욱 힘들 수 있다.

2.2.1 상호관련성

환경문제는 상호 작용하는 여러 변수들에 의해 발생하므로 상호간에 인과관계가 성립되어 문제 해결을 더욱 어렵게 하고 또한 이러한 문제들끼리 상승 작용을 일으켜 그 심각성을 더해 가며 상승 작용은 오염의 경우에 뚜렷하게 나타나는데 각 오염물질은 서로 화학 반응을 일으켜 더 큰 문제를 유발하기도 한다. 예를 들어 그림 2.1의 인간, 대기, 수질, 토양간의 관계를 보면 인간의 활동으로 자원과 에너지를 소비함으로서 대기를 오염시키게 되고, 대기오염물질은 물과 토양을 다시 오염시키고, 그 결과 토양에서 생산되는 농작물의 오염 및 음용수의 수질 오염을 시킴으로서 인간에게 되돌아온다. 이와 같이 인간과 환경과의 관계는 상호 깊은 관련성을 갖는다.

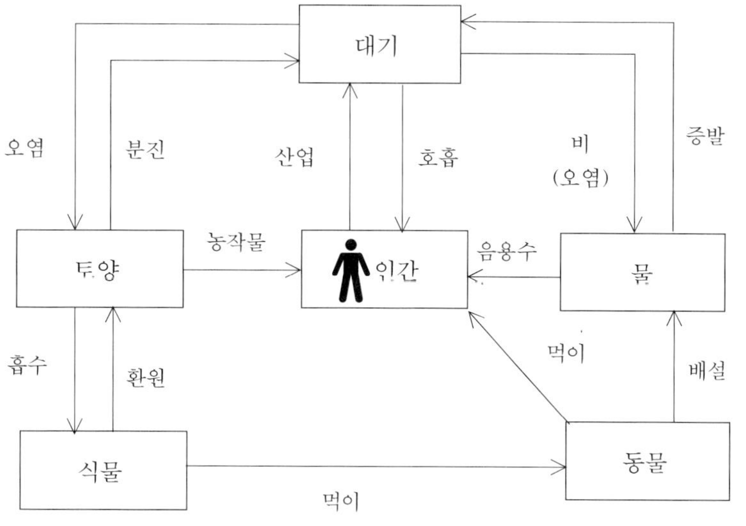

그림 2.1 인간과 환경과의 상호관련성

2.2.2 광역성

환경문제는 어느 한 지역, 한 국가만의 문제가 아니라 범지구적, 국제간의 문제이며 개방의 체계를 가진 환경의 특성에 따라 공간적으로 광범위한 영향권을 형성한다. 예를 들면 영국의 대기오염 물질의 이동으로 노르웨이 토양 산성화 및 대기를 오염시키고 알사스에 있는 프랑스 석탄 광산의 배출물은 벨기에와 네덜란드에 있는 라인 강 하류의 물고기를 죽이며 미국 서부의 공업단지에서 배출되는 대기오염 물질 이동으로 캐나다 산림 파괴와 호소의 산성화 등을 일으키기도 한다. 또한, 고비사막에서 발생한 황사는 황화를 타고 중국 동남 연해까지 내려와 황해를 건너 한반도에 황사를 안겨준 뒤 태평양 너머 미국까지 날아간다.

우리와 직접 관련이 있는 한반도의 황사가 무서운 것은 중국의 공업지대인 동남 연해의 각종 오염물질을 포함하고 있기 때문이다. 우리가 알고 있는 황사는 중국대륙의 사막이나 황토지대에 있는 미세한 모래가 강한 바람으로 인하여 날아올라 왔다가 점차 내려오는 현상을 말하는 것으로 그림 2.2에서 보는 것과 같이 황사의 발원지인 중국과 몽골의 사막지역과 그 일대는 황사가 만들어지기에 적합한 조건을 가지고 있다. 즉, 토양 일부를 대기 중으로 옮길 수 있는 강한 바람이 있고, 지표면의 토양은 흙가루가 매우 작고 건조하고, 지표면에 식물 군락 등이 형성되어 있지 않아 토양 일부가 공중으로 떠오르는 것을 방해하지 않는다. 이렇게 형성된 황사가 우리나라로 이동해 온다.

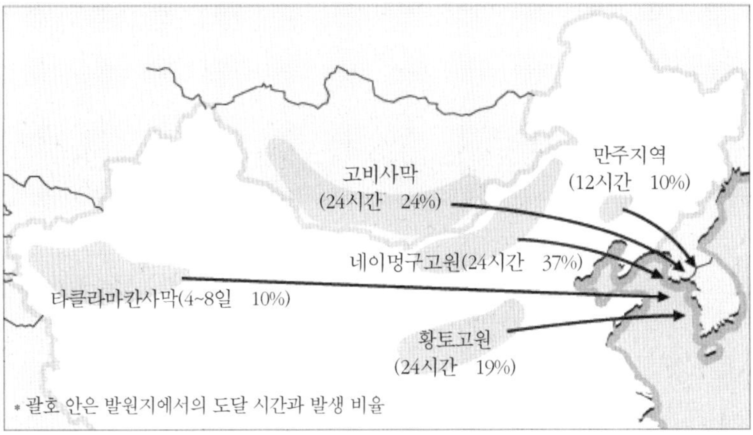

그림 2.2 황사발원지와 이동경로

우리나라에 실제 나타난 현상의 예로 2010년 오후 9시에 기상청에 따르면 지역별 한 시간 평균 미세먼지 농도는 서울이 132㎍/㎥, 진도 2,408㎍/㎥, 진주 2,226㎍/㎥, 대구 2,086㎍/㎥, 흑산도 1,918㎍/㎥, 영월 1,336㎍/㎥, 광주 1,257㎍/㎥, 속초 1,48㎍/㎥, 수원 402㎍/㎥등이 나타나 전국에 황사경보가 발표된 바 있다. 황사가 발생하면 그림 2.3에서 보는 바와 같이 물체를 육안으로 확인하기 힘들 정도로 대기가 누런 색깔을 띠게 되고, 마스크를 하지 않으면 외부 활동에 지장을 줄 정도의 상태가 된다.

그림 2.3 황사경보가 발효한 날의 용산과 여의도의 모습 및 광화문에서의 경찰관 근무모습

그래서 정작 원인 제공자인 중국인은 모래바람만 쏘이면 그만이지만 한국인은 오염물질까지 뒤집어 써야 한다는 문제가 있다.

이런 점에서 환경문제의 논의는 불특정 다수인과의 관계를 광범위하게 다루게 하며 경우에 따라서는 어느 지역의 문제에서부터 국가 간의 문제까지 포함한다. 따라서 환경문제는 하나뿐인 지구의 보호를 대 전제로 하는 지구 보전과 광역적인 통제를 필요로 하며 인접 국가 간의 환경문제의 해결과 관리를 위한 국제협약 등 국가 간의 협력 없이는 소기의 목적을 달성할 수 없다는 특징이 있다.

2.2.3 시차성

환경문제는 문제의 발생과 이로 인한 영향이 현실적으로 나타나게 되는 데는 상당한 시차가 걸린다. 읽을거리에 있는 미국의 러브커넬사건은 유해 폐기물을 매립한 후 30~40년이 지난 후에 그 피해가 발생했으며 일본의 공해병으로 알려진 미나마타병과 이타이이타이병도 오랜 기간 동안 배출된 오염물질의 영향이었던 것이다.

환경문제는 일단 표면화된 후에 규제를 해도 유해한 영향이 최종적으로 감소할 때까지는 긴 시간이 소요되며 어떤 경우에는 회복조차 거의 불가능한 경우도 있게 된다. 따라서 이미 문제가 표면화된 경우에 제어를 시도하면 그때는 이미 문제가 심각해져 제어할 수 없는 상태가 되므로 환경문제는 절대적인 사전 예방적 행동이 무엇보다도 중요하다. 사전 예방개념은 제7장 대기오염의 대기제어 방법과 제13장의 청정생산에서 세부적으로 다룰 것이다.

2.2.4 탄력성과 비가역성

환경은 자체 정화 능력을 갖고 있기 때문에 어느 정도의 환경이 나빠지는 것은 쉽게 원상회복되는 탄력성을 가지고 있고 환경의 자정 능력을 초과하는 많은 오염물질량이 유입되면 자정 능력 범위를 초과하여 충분한 자정 작용이 불가능해지는 비가역성을 가지고 있다. 예를 들어 물의 경우 수중을 오염시키는 오염물질이 유입되면 빈 영양에서 부영양화되는 부영양화 현상이 발생되어 플랑크톤이 과도하게 번식되어 수질을 악화시키게 된다. 이와 같이 환경 악화가 가속화되어 극심한 경우에는 원상회복이 어렵게 되는 것이다. 자연자원이 많을수록 회복 탄력성이 좋지만 파괴될수록 복원력이 떨어진다. 부영양화의 대표적인 현상인 녹조현상 및 적조현상은 읽을거리에 요약하였다.

2.2.5 엔트로피의 증가

엔트로피 증가의 법칙은 열역학 제2법칙으로 우주의 전체 에너지 양은 일정하고 전체

엔트로피는 항상 증가한다는 내용으로 에너지 상태를 나타내는 척도이다.

자연계에는 비가역 반응 즉, 한쪽 방향으로만 반응이 일어나고 반대 방향으로는 절대 반응이 일어나지 않는 것들이 많이 있다. 이때, 사용가능한 에너지가 사용 불가능한 에너지 상태로 바뀌게 된다. 이런 사용 불가능한 에너지 상태가 환경오염을 의미하고 대기오염, 수질오염, 폐기물의 발생은 엔트로피의 증가를 뜻한다.

읽을거리 러브케널사건과 미나마타병

1. 러브케널사건

북미주 오대호에 있는 나이아가라폭포는 에리호와 온타리오호 사이에 있으며 낙차는 85m이다. 나이아가라 폭포 주변에 운하가 있으면, 미국 내륙은 대서양과 연결될 수 있으므로 1892년 러브 (W.T. Love)에 의해 약 10km에 달하는 운하건설이 착공되었으나 1910년 공사는 중단되었다. 따라서, 소위 러브운하 (Love Canal)는 길이 1.6km, 넓이 14만km^2, 깊이가 3~12m인 웅덩이가 되어 버렸다. 이후, 1942년부터 1950년까지 인근에 위치한 후커 케미칼(Hooker Chemical) 공장에서 배출된 각종 산업폐기물 2만 2천여 톤이 매립되었으며, 나이아가라 시에서 발생한 쓰레기와 맨하탄 프로젝트 (Manhattan Project)에 의해 발생한 유해폐기물도 같이 매립되었다.

이후 운하는 복개되었으며, 1955년 이 지역에 교육시설과 주거지역이 조성되었다. 1970년대 초부터 이 지역주민은 지하에서 유출되는 검고, 끈끈한 액체에 몸을 데거나 하수구 바닥이 썩는 것을 경험하게 되었다. 1973년부터 1978년까지 태어난 어린이 16명 중 9명이 선천성 정신박약, 심장병, 간질병 증세를 보였으며, 임산부의 유산율도 정상보다 4배에 이르는 등 피해가 심각하였다. 1978년 뉴욕주 보건당국의 조사결과, 원인은 산업폐기물의 무분별한 처리에 따른 후유증으로 밝혀졌으며, 238가구에 달하는 주민은 이주되었고 이 지역은 사람이 살 수 없는 버려진 땅으로 남게 되었다. 이어 미연방 환경보호청의 정밀조사 결과 주변지역 810가구의 주민 역시 이주하게 되었다.

이 사건을 계기로 미연방정부는 1980년 수퍼펀드(Super fund)법을 제정하여 러브운하 같은 유해폐기물 지역에서 발생하는 환경오염문제를 해결하기 위한 기금을 조성하기에 이르렀다. 이 법은 1986년에 대폭 수정된 후 계속 연장되면서 효력을 발생하였는데, 정식명칭은 포괄적 환경 대처 · 보상 · 책임법(Comprehensive Environment Response, Compensation & Liability Act)이다. 러브운하 사건은 환경에 대한 무지가 후세 자손에게 얼마나 큰 재앙을 끼쳤는가를 일깨워 준 사건이다.

2. 이타이이타이병

카드뮴이 용해되어 있는 광산폐수를 농업용수로 이용한 결과, 중금속이 쌀에 흡수되어 발생한 사건으로 260여 명의 환자가 발생하여 128명이 사망하였다. 이타이이타이병(itai-itai disease)은 관절 등에 심한 통증을 유발하는 병이다. 즉, 1910년경부터 일본 도야마현 진즈우강 하류유역의 주민들은 허리와 관절에 심한 통증을 느끼게 되었는데 이는 강 상류 50㎞에 위치한 미쓰이 광산에서 배출한 카드뮴이 주요원인이었으며, 이 외에도 고농도의 납과 아연이 환자의 몸에서 검출되었다.

미쓰이 광산은 전쟁 수행용 금속원소를 채취하던 광산으로, 전쟁 후에는 채산성이 맞지 않아 방치하게 된 후 광산폐수에 의해 이러한 결과를 초래하였다.

읽을거리 녹조현상(green tide)

1. 정의

자정 능력이 넘는 영양염류(N, P)가 호소[5]에 유입되어 식물성 플랑크톤인 조류가 급속히 증가하는 것을 말한다.

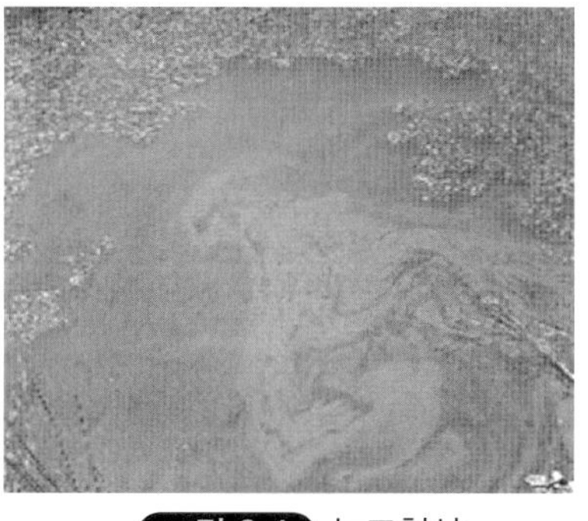

그림 2.4 녹조현상

2. 영양염류의 유입원

1) 비점오염원
   - 농경지(비료, 농약), 삼림(농약), 도로 등
2) 점오염원
   - 가정하수(합성세제), 축산폐수, 공장폐수

5) 호소: 내륙에 있는 호소, 늪을 말한다. 호수는 최심부가 5mm이상 되는 것을 말하고, 늪은 최심부가 5mm이며 수생식물이 무성한 곳을 말한다.

3. 발생기전

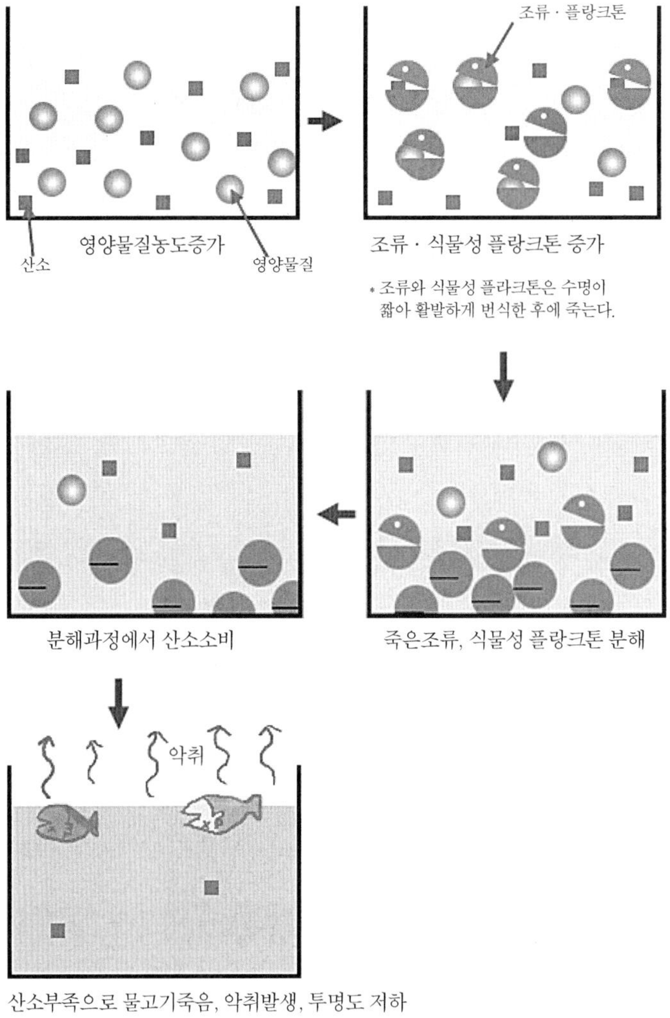

4. 부영양화 된 호소의 특징

- 냄새발생
- DO결핍(조류의 분해)
- 투명도 저하
- 어폐류의 폐사

5. 영향

1) 수질의 영향

- 이취미발생
- 대형수생식물의 번성
- 물의 착색
- 메탄가스발생, 인의 용출, 철, 망간의 용출

2) 농림수산업의 영향

- 어류의 폐사

3) 레크리에이션의 영향

- 착색으로 인한 미관상의 불쾌감
- 이취미에 의한 보건상의 불쾌감

6. 부영양화의 평가

1) 지표(복수 parameter에 의한 평가)

- Carlson지수: 식물성 플랑크톤에 의한 1차 생산량의 증대를 원인으로 보고 투명도를 기준으로 함
- TSI(Trophic State Index): 총인(T-P), 클로로필-a, 투명도 포함

2) 모델링

- 총인, 클로로필-a, 투명도 등 호수의 부영양화도에 관한 지표를 연평균 또는 연간 최대값과 같은 연단위 시간 scale로 예측

읽을거리 적조현상(red tide)

1. 정의

적조란 호소 또는 해수 중에서 부유 생활을 하고 있는 식물성 플랑크톤이 단시간 내에 번식하기에 알맞은 환경을 만나 대량 번식한 결과 이들이 가지고 있는 다양한 색소로 인하여 해수의 색깔이 변하는 것을 말한다.

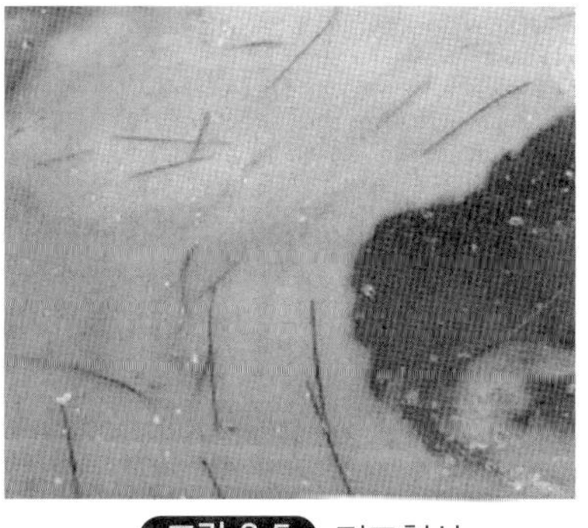

그림 2.5 적조현상

2. 환경요인

- 강우와 하천수의 유입에 따른 염도의 희석작용이 클 때(갈수기 발생 어려움)

- 햇빛과 영양염류가 충분할 때
- 바다의 수온구조가 안정화되어 물의 수직적 성층이 이루어 질 때
- 비타민, 미량금속류(철, 코발트, 니켈 등) 및 단백질 분해생성물 첨가

3. 미생물

1) 종류
- *Cochlodinium*(코클로디니움), *Gymnodinium*(짐노디니엄), *Gyrodinium*(기로디니엄)

2) 개체수
- *Cochlodinium*(코클로디니움): 500~3,000마리/mL

4. 대책

- 황토 살포법: 황토내의 콜로이드 입자가 적조생물을 흡착 침전, 황토 속 알루미늄이 코클로디니엄과 짐노디엄 등 적조유발 물질 제거
- 화학약품 살포법: 황산동($CuSO_4$)

✲ 참고문헌

- 법제처, 환경정책기본법, 2011
- 김양호역, 끝나지 않는 아픔 미나마타병, 한울, 2006
- 김희강, 김광렬, 김정배, 남기창, 문영희, 박광하, 신윤근, 여환구, 이태관, 최성부, 인간과 환경, 동화기술, 2001
- 이병학, 김승호, 박광하, 손부순, 이철규, 유성환, 이진하, 한재석, 새로운 환경과 공해, 신광문화사, 2004
- Craig E. Colten, Peter N. skinner, The road to love canal(Managing industrial waste before EPA), University of Texas, 1996
- U.S. EPA, Superfund Public Health Evaluation Manual, Office of Emergency and Remedial Response, Washington, DC., 1986b
- U.S. EPA, Unfinished Business: A Comparative Assessment of Environmental Problems, EPA/2302-87/025, Washington, DC., 1987

3장

환경문제의 발생

원시 수렵생활 시기에는 수렵이나 채집을 통하여 먹을 것을 구하였고, 나뭇잎과 동물의 가죽 등으로 옷을 지었고, 동굴에서 생활을 통해 의식주를 해결했다. 이때는 자연에 순응하는 자연중심의 시기였기 때문에 환경 변화가 미미하였다. 이후는 집에서 가축을 기르고 농사를 지으면서 일부 자연이 훼손 되면서 환경의 변화가 일어나기 시작하였다. 특히, 18세기 말 산업혁명 이후 근대산업시기로 진입하면서 산업발전과 더불어 제품개발 및 제품생산이 증가 되면서 환경문제가 대두되기 시작했다. 현대산업사회에서는 개발이 미덕인 사회로 환경을 고려하지 않고 개발위주의 사업이 확대되면서 인류의 생존을 위협하는 정도의 환경문제가 제기 되었다.

3.1 농경사회

3.1.1 농업

농업은 최초의 화전 농업이라고 부르는 간단한 농업방식에 의존하였다. 이 방법은 매년 같은 장소에 같은 작물을 연작하였으며, 이로 인해 작물이 토지에 함유되어 있는 질소, 인, 칼륨 등의 비료 성분을 흡수하여 토지를 농경에 적합하지 못한 황무지로 변화시켜 버렸다. 그래서 농경에 종사하는 사람은 또 다른 산림을 베어내고 그곳을 태워 새로운 농경지로 만들었다.

인류가 농업을 시작한 이래 오늘날 세계의 농업은 지구 육지 면적의 10%를 농경지로 바꿔버렸다. 이것을 보더라도 얼마나 자연환경을 변화시켰는지 이해할 수 있다. 이렇게 해서 유럽의 엄청난 삼림은 광대한 초원으로 변하였고, 아시아, 아프리카의 정글을 사막화하여 인류최초의 문명이 발달한 서남아시아는 현재 황무지화 된 상태이다. 그리고 지금도 지구의 허파라고 불리우는 아마존이 그림 3.1처럼 개발로 인해 삼림이 계속 파괴되어 가고 있다.

삼림의 기능을 보면 물을 모아 홍수를 방지하고 경작지에 관개용수를 공급하는 특성이 있다. 또한 삼림은 암석을 분해시켜 토양을 만들고 그곳에 낙엽, 죽어버린 식물 등 유기물을 공급하여 비옥한 토양을 만들어 준다. 그리고 그 토양에 의해서 식물을 재배한다. 그렇지만, 화전 농업에 의해서 삼림이 파괴되어 초원이나 사막으로 변해 버리면 그 토양은 물을 머무르게 하는 힘을 잃어 심한 홍수에 의하여 토양이 씻겨 내려 한층 더 황폐한 토지로 변한다. 그리고 기상조건을 유지시키는데 도움을 주는 삼림을 채벌함으로써 기상변화에도 영향을 미쳐 한층 더 위도가 낮은 지방의 평원을 사막화하여 간다. 이렇게 하여 현재 농경지로 이용하지 못하는 황폐해진 초원과 사막은 오래 전 농업에 의해서 자연환경을 파괴시킨 결과의 산물이다.

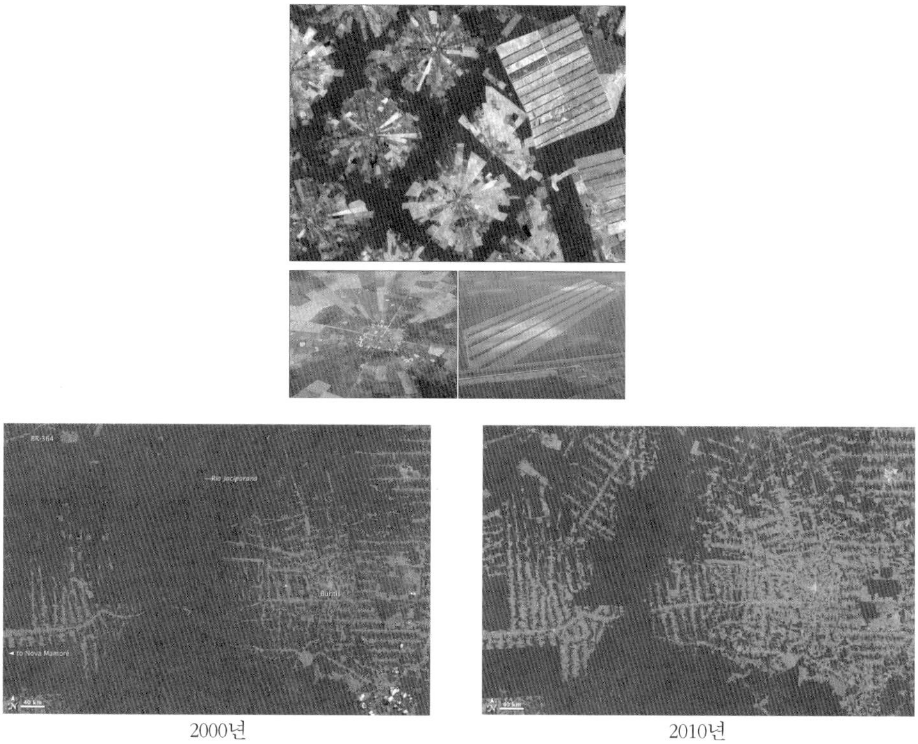

2000년 2010년

그림 3.1 아마존의 개발

3.1.2 목축

농업을 발달시킨 인류는 가축을 사육하여 고기 및 우유를 이용하였다. 그리고 가축의 먹이를 구하기 위하여 이동하는 유목민이 탄생 했다. 목축용의 동물은 초식동물이기 때문에 사료로서 대량의 풀과 관목의 수요가 필요하고, 이로 인해 더욱 많은 녹지파괴를 가져왔다. 그 결과 토양은 침식되어 토지가 황폐해졌다. 또한 그 가축의 사료를 만들기 위한 농업은 새롭게 삼림을 벌채하는 역할도 할 것이다.

이렇게 하여 농업과 목축이 커다란 자연파괴를 하였지만, 19세기 중기에 독일의 화학자 리비치가 식물이 잘 자라기 위해서는 비료의 3요소 질소, 인, 칼륨이 필요함을 밝히고 황폐한 토지도 비료를 주면 작물을 잘 자라게 할 수 있다는 사실을 발견하고 나서부터 화전농업에 의한 삼림의 파괴가 그나마 방지되게 되었다. 그리고 20세기에 들어서면서 프리츠 하버(Friz Haber)가 개발한 암모니아 합성법에 의한 인조비료가 생산됨으로서 세계의 농업에 큰 변혁을 일으켰다. 만약, 이러한 신기술이 개발되지 않았다면 이미 세계의 삼림이 모두 벌채되었을지도 모른다.

3.2 근대 산업사회

석탄이 근대 기술과 접목하여 산업혁명을 일으켰다. 이 때문에 산업혁명을 석탄 혁명, 연료혁명이라고도 부른다. 석탄은 연료로 이용하였지만, 석탄으로부터 코크스를 얻어 코크스를 목탄대신 사용하여 철광석의 환원과 철을 용해할 수 있는 기술이 18세기부터 크게 발전하였다. 석탄을 채굴하기 위해 광산이 개발됨으로서 철의 생산을 현저히 증대시킴과 동시에 삼림의 파괴를 억제시킨 것도 분명하였다. 또한 동시에 다음과 같은 환경문제를 창출해 내었다.

3.2.1 광산의 개발

1) 자원개발

광물자원을 탐사하는 과정에서는 주변 환경에 문제를 일으키는 경우는 극히 드물다. 그러나 개발이 진행 중인 광물자원의 채취와 처리과정은 주변 환경에 매우 큰 영향을 미칠 수 있다. 광물자원을 개발하는데 따르는 환경문제에는 광산배수(mine drainage), 광산폐기물, 지반침하(land subsidence), 분진(dust), 진동(vibration), 소음(noise) 등이 있는데 이 같은 문제는 광산의 개발방식, 개발 정도, 광석의 종류 그리고 광산주변의 지리적 환경 및 조업유무에 따라 그 정도가 다르게 나타난다. 그림 3.2처럼 노천채굴을 할 경우 비용은 절감되는 반면 직접적으로 환경에 미치는 영향은 갱내채굴보다 더 크다. 일반적으로 금속광산에서는 주로 광산배수의 유출, 광산폐기물 그리고 지반침하 등의 문제가 발생하며, 비금속광산의 경우 노천채굴방식이 많아 분진, 소음, 진동 등의 문제가 많이 발생하고 있다. 우리나라의 경우, 이미 발생하였던 환경문제를 내용 별로 구별하여 보면 광산배수 유출과 광산폐기물이 문제의 대부분을 차지하고 있으며, 중금속오염으로 인한 환경문제도 발생하고 있다. 또한, 일반적으로 가행 광산보다는 휴광이나 폐광에서 환경문제가 많이 발생하고 있다. 광산배수나 그림 3.3처럼 광산폐기물에 의해 발생하는 문제는 장기간에 걸쳐 지속적으로 발생하는 것이 특징이다. 따라서 적시에 적절한 환경에 대한 조치가 취해지지 않으면 해당 지역의 다양한 자연 및 인위적 환경에 만성적인 피해를 끼치는 문제로 남아있게 된다.

그림 3.2 노천채굴

그림 3.3 광산폐기물에 의한 환경문제

이와 같은 직접적 영향 외에도 주거시설의 확대나 서비스산업의 증가와 같은 사회적 현상 때문에 생기는 영향도 있을 수 있다. 이러한 문제들은 인간이 광물자원을 이용하는 혜택의 대가로 지불하는 것이다. 광산개발지역에 영향을 전혀 주지 않고 광물자원을 캐낼 수는 없지만 환경에 미치는 나쁜 영향을 최소한으로 줄이는 것은 언제든지 가능하다. 그러나 이러한 조치를 취하고 유지하는 것이 점점 어려워지고 있는데, 가장 큰 이유는 광물자원에 대한 지속적인 개발과 수요량의 증가가 누적되어 고품위 광상이 점점 줄어들고 있기 때문이다. 이러한 상황에서 보다 많은 광물자원을 공급하기 위해서는 품위가 낮은 광석을 채굴해야만 하며, 이에 따라 채굴규모는 더욱 커지게 된다. 현재, 육지 면적의 약 0.2% 정도만이 광업에 이용되고 있지만 광업에 의한 악영향은 채굴되고 있는 갱의 주변뿐만 아니라 광산의 부속시설로 사용되고 있는 영역의 바깥지역까지 미칠 수 있다.

2) 산성광산배수

광산배수는 채광에 의해서 발생하고 있는 가장 심각한 환경문제 중의 하나이다. 광산의 환경관리에 많은 노력을 기울이는 경우에도 채광지역의 지표수나 지하수가 오염될 수 있는데 이는 광산배수가 해결하기 어려운 환경문제임을 보여주는 좋은 예이다. 채광지역에서 지표수가 영향을 받는 과정은 빗물이 폐광이나 광산폐기물 더미에 침투하여 광물과 미량원소를 용출(elution)시키는 것으로 요약될 수 있다. 침투하는 빗물에는 산소가 풍부하게 녹아 있어서 채굴된 광산이나 폐기물더미에 노출되어 있는 환원성 황화합물 즉, 황화광물과 빠른 속도로 화학반응을 하게 된다. 대표적 황화광물인 황철석이 물속에 녹아있는 산소와 반응하는 것을 화학식으로 나타내면 식 (2-1)과 같다.

$$2FeS_2 + 7.5O_2 + H_2O \rightarrow 2Fe^{3+} + 2H^+ + 4SO_4^{2-} \quad (2\text{-}1)$$

황철석　산소　　물　　철 이온　　　황산이온

이렇게 생성된 황산은 강산이므로 물속에 해리된 상태로 남아있어 용액의 산도를 낮추게 된다. 산성조건에서는 많은 광물과 금속원소의 용해도가 증가하므로 황산을 많이 함유하는 광산배수는 이동하면서 접촉하게 되는 광물과 금속원소 성분을 용출시킬 수 있다. 이러한 용출현상은 산성조건에서 서식하며 황화광물의 산화를 촉진시키는 박테리아의 활동에 의해서 더욱 가속화된다. 이러한 현상이 특히 문제가 되는 이유는 용출된 성분 중 일부가 물, 토양, 혹은 식물 등에 농축되어 독성을 일으키는 원인이 되기 때문이다. 독성원소(poisonous element)에는 카드뮴(Cd), 코발트(Co), 구리(Cu), 납(Pb), 몰리브덴(Mo), 아연(Zn) 등 중금속이 포함된다. 이동속도가 매우 느린 지하수도 지표수와 유사한 화학반응을 일으켜 산성 수(acidic water)를 생성할 수 있는데 이와 같은 문제는 폐광이나 휴광의 경우 특히 심각하게 나타난다. 일반적으로 지하수면 아래에서 채광이 진행되는 동안에는 배수시설을 이용하여 지하수의 유입을 막아준다. 그러나 휴광이 되거나 폐광이 되면 배수관리가 허술해 지고, 지하수가 침입하여 산성화되면서 독성물질로 오염되게 된다. 지하수로 오염된 토양이나 암석을 정화시키는 것은 거의 불가능하기 때문에 지하수오염은 특히 심각한 문제이다. 또한 오염된 지하수가 주변의 계곡이나 하천 등으로 유입되면 광범위하게 지표환경을 오염시키게 된다. 산성광산배수는 금속광산뿐 아니라 탄광지역에서도 심각한 문제인데 이는 대부분의 석탄 속에 상당량의 황철석이 포함되어 있기 때문이다.

광산에서 흘러나온 산성배수가 이동하면서 주위암석과 반응하게 되면 산도가 감소하게 된다. 녹아있던 철 이온은 산도가 감소함에 따라 미립질의 수산화 철(hydrated iron)로 침전하면서 하천이나 계곡 바닥을 특이한 황갈색 물질로 뒤덮게 된다. 한편, 산성배수에 대한 중화작용(neutralization process)이 진행되면 녹아있던 중금속 이온들도 제거되는데 그 주된 원인은 미립질의 수산화철에 의한 흡착반응(absorption reaction)이다. 특히 광산주위의 암석이 석회암 같은 탄산염 암석인 경우, 산성배수는 산 · 염기반응에 의해 효과적으로 중화될 수 있다. 따라서 소규모광산에서 생기는 산성배수는 비교적 짧은 거리를 이동하는 동안 정화되는 경우가 많으며 그러한 경우 산성배수가 환경에 미치는 영향도 비교적 좁은 지역에 국한된다. 다만 미립질의 수산화철에 의해 제거된 중금속은 매우 강하게 흡착되어 있는 경우가 많기 때문에 오염된 하천의 퇴적물이나 토양으로부터 중금속을 제거하는 것은 어려운 문제이다. 산성배수에 의한 지표환경오염을 막는 대표적 방법은 산성배수를 특별히 고안된 웅덩이인 침전지(sedimentation pond)에 일시적으로 가두어 두는 것이다. 산성배수는 침전지에 머무르는 동안 그 속에 포함된 중화제와 반응하여 산도가 감소되어 녹아있던 중금속 등 독성원소는 침전 및 여과된다. 그러나 이러한 웅덩이가 산성배수에 포함된 오염물질의 완전한 제거를 보장해 주지는 못하는데 이는 웅덩이가 정화시킬 수 있는 산성배수의 양에는 한계가 있으며 그 양 또한 정확히 예측하기가 힘들기 때문이다.

흡착된 중금속성분이 제거되지 않고 퇴적물이나 토양에 남아 농축되면 오염된 지역에서 자라는 식물이나 동물의 생장에 나쁜 영향을 끼칠 수 있다. 특히 중금속성분은 먹이 연쇄(food chain)를 통해 농축되므로 산성배수에 의해 오염된 곳에서 살아가는 지역의 주민 건강은 장기간에 걸쳐 지속적으로 위협받게 된다.

3.2.2 석유

석유로 인하여 밤을 밝히고 에너지 연료로 사용됨으로써 자동차의 발달 및 항공기를 날 수 있게 하는 원동력이 되었다. 그러나, 석유는 연료 이외에, 내연기관 내에서 불완전 연소가 되어 연료 생성물은 대기 중으로 방출되어 세계의 도시 및 공업지대 등에 현저한 대기오염을 만들어 내었다. 미국의 로스엔젤레스에서 발생한 광화학스모그(LA smog)가 대표적 형태이다(로스엔젤레스 광화학 스모그 현상은 제7장 대기오염에서 세부적으로 다루기로 한다). 주로 자동차, 항공기의 배기가스 등의 불완전연소물인 탄화수소, 일산화질소 등이 대기 중에 상승하여, 강렬한 태양광선을 받아 화학 반응을 일으켜 안개의 발생 원인이 되는 것이다. 이외에 석유 채굴 과정에 의한 지반침하, 수송중의 유조선 침몰 및 충돌 사고에 의하여 해양오염의 원인이 되기도 한다.

3.2.3 화학공업

광산 및 석유 다음으로 환경 문제에 영향을 주는 요소는 화학공업이다. 화학공업은 석탄, 석유 등 화석연료의 연소에 의해 아황산가스를 발생시켜, 대기를 오염시킨다. 한편,

화학공업의 배수 중에 여러 가지 유해한 화학성분이 유출되어 강, 바다를 오염시켜, 수산자원 및 해양환경에 피해를 준다. 따라서 이러한 여러 종류의 화학공업이 환경오염의 주원인이 된다.

화학공업 중에서 최초로 환경문제를 발생시킨 것은 펄프공업이었다. 종이를 만들기 위해서 목재 중의 50~55%정도 포함된 셀룰로오스를 추출하기 위하여 리그닌을 화학약품으로 용해하여 제거한다. 이 과정에서 리그닌이 불필요한 물질로 폐기가 되면서 하천을 오염시키는 원인이 되기도 한다. 펄프공업은 깨끗한 물을 다량으로 사용하기 때문에 매우 많은 양의 오염된 배수를 방출하는 업종이다. 일반적으로 아황산 펄프 공장에서는 고형물을 포함한 아황산폐액이 펄프의 생산량과 같은 양으로 얻어진다. 그리고 폐액이 하천, 바다를 크게 오염시켜 어업, 농업 등 물을 이용한 산업에 커다란 피해를 가져온다. 오늘날에 선진국의 펄프 생산국에서는 제조법이 개선되어 폐액에 의한 수질오염은 발생하지 않는다. 그렇지만 개발도상국 등의 종이 펄프공장 등을 보면 옛날 방법에 의존하므로 아황산 펄프 폐액을 그대로 하천으로 방출하고 있다. 이런 문제를 해결하기 위하여 펄프폐액을 도로포장용, 연료의 받침대용, 합성향료의 원료 등으로 사용하기도 하고, 폐액에 효모균을 번식시켜 폐액 중에 존재하는 과당(fructose)을 발효하여 알코올로 바꾸는 방법 등 여러 가지 연구가 수행되기도 했다. 그러나 아직까지 근본적인 해결책은 찾지 못하고, 아황산펄프법 대신에 알칼리 증류법에 의한 크래프트 펄프(KP: kraft pulp)법을 가장 많이 사용하고 있다. 그러나 KP법은 폐수를 회수하는데 발생하는 메르캅탄의 악취가 발생하는 등 새로운 형태의 환경문제가 유발되고 있다. 종이 펄프공업에서 동반되는 펄프 폐액은 현저히 줄었지만, 악취 및 제지공업의 폐액 중의 가는 섬유의 유출로 인한 침전물 생성의 새로운 환경오염을 낳게 되었다.

제 2차 세계 대전 후는 기술혁신의 시대로 광산에서 화학공업으로 가고 있는 경향이 있지만, 이로 인해 펄프공업의 배수가 발생하여 환경문제의 주역이 광산에서 화학공업으로 이동하는 모습을 보여준다. 즉, 새로운 기술이 등장하여 그것이 새로운 가치를 낳아 세계의 산업이 대단히 발전하여 오고 있지만, 새로운 형태의 환경문제가 발생하였다.

3.3 현대 산업사회

3.3.1 농약과 의약품

화학, 특히 유기합성화학의 발달은 여러 가지의 농약 및 의약품을 만들어 내었다. 살충제, 살균제, 살초제 등의 농약은 농업의 생산성을 대단히 높여, 식량 증산에 큰 역할을 하였다. 그러나 또한 농약은 사용량의 증가에 따라 잔류농약의 농도가 증가한다. 이들은 먹이사슬로 전달되어 사람의 신경계 마비 등의 질병을 유발하는 독성물질로 거동하고, 잔류농약성분은 오랜 시간 동안 토양에 잔류하여 토양오염과 수질오염 등의 환경문제를 일으킨다. 유기 염소계 농약은 중추신경에 작용하여 경련, 이상감각, 번식능력 저하 등의 장애를, 유기수은제는 축적에 의해서 신경계 장애를 일으키며, 또한 유기인제는 부교감신경의 이상 자극을 초래한다. 그리고 눈에 여러 가지의 장해를 일으키는 등 사용하는 사람들의 몸에 많은 장애를 가져 오기도 했다.

살충제로서 효과가 대단히 큰 수은제는 살충에 대한 독성도 높다. 그리고 오랜 기간 동안 그 효과가 유지된다. 즉 분해하기 힘든 물질로 반영구적으로 환경 중에 존재하기 때문에 생태계를 파괴시킨다. 이런 문제가 있지만 후진국이나 개발도상국의 농업이나 열대지방의 말라리아 박멸 등 해충구제를 위하여 아직도 사용한다. 만성중독이 문제가 되는 유기염소계의 DDT라든지 BHC등의 지용성 농약은 생물체의 지방층에 축적되기 때문에 살포된 농약은 토양, 하천을 경유하여 플랑크톤 → 물고기 → 새라는 생물농축을 나타낸다. 더구나 생물농축에 따라서 생물체 내에서의 농도를 증폭시키면서 인체에 섭취하면 중독을 일으킬 수 있다. 이와 같이 최초에는 사람이나 가축 등에는 해롭지 않았고, 단지 장티푸스, 말라리아 등의 해충구제 및 박멸에 큰 효과를 발휘한 DDT도 오늘날에는 제조 및 사용이 금지되고 있다.

인류는 오랜 옛날부터 천연으로부터 동식물의 일부분이나 그 성분의 약효를 오랫동안 경험을 통하여 생약을 발견하여 이용하여 왔다. 그 후, 유기화학의 발달, 특히 석유화학의 발달에 의하여 생약의 유효성분이 인공합성의 과정을 통하여 다량의 유기화합물들을 합성하였다. 즉 산토닌, 아스피린 등과 같은 의약품이 합성되고 유효한 효능을 갖는 물질들이 많이 발견되었다. 한편, 1930년대에 미생물의 연구가 활발하였다. 특정한 어느 미생물은 다른 미생물의 발육을 정지하거나 억제하기도 하는 작용을 갖는 항생물질이라는 의약품이 등장하게 되었다. 영국의 프레밍에 의하여 발견된 페니실린, 결핵균에 작용하는 스트렙토마이신 등이 대표적이다. 항생물질의 기능을 갖는 미생물 등의 약효를 나타내는 것으로서 술파제, 항 결핵제 같은 화학약품도 개발되었다. 이들의 의약품 합성기술의 발전은 인류를 전염병의 공포로부터 해방시키고 수명을 연장시켜주었다.

이들의 의약품은 본래, 병의 예방 및 치료를 위하여 그리고 인류의 존속을 위해서 필수불가결한 것으로 크게 진보하고 있다. 인류는 이들의 약효작용을 대부분 이용하여 오고 있지만 부작용을 나타내기도 한다. 즉, 페니실린에 의한 쇼크사, 피린계 해열제에 의한 발진이나 쇼크, 최면진정제인 탈리도마이드에 의한 기형아의 출생과 같이 예상도 할 수 없는 일들이 나타나게 되었다. 그래서 의약품에 대한 독성과 효능을 엄격하게 검토하게 되었다.

3.3.2 자동차

근대도시 발달에 의한 운송교통기관으로서의 자동차의 발달은 현대의 도시에서 자동차에 의한 환경문제가 유발된다. 우선 자동차의 엔진으로부터 방출되는 배기가스는 환경문제 중에서도 특히 심각하다. 동력원인 가솔린, 등유, 경유, 중류 등이 엔진 안에서 연소 폭발하여 피스톤을 움직인다. 좁은 실린더 안에 담겨진 연료와 공기의 혼합물은 완전연소하기 어렵다. 이 때문에 연소 배기가스 중에는 일산화탄소, 분해에 의해서 생긴 탄화수소류, 알데히드, 유기산 등이 상당량 포함되어 있다. 또한 완전연소를 위하여 고온으로 엔진을 움직이기 때문에 발생된 열에 의하여 공기 중의 안정한 질소기체를 분해시켜 질소산화물(NOx)이 발생된다. 그리고 연소하지 못한 가솔린도 다량 배출된다. 이러한 혼합된 대기오염물은 상승작용을 일으키고, 스모그, 산성비 등의 여러 가지 환경파괴물질을 생성하여 생태계 파괴와 동식물에게 많은 질병을 일으키고 심한 경우에는 죽음에까지 이르게 한다. 이러한 환경악영향을 해결하기 위하여 배기가스 포집에 의한 재이용, 재 연소 장치에 의한 배기 성분의 재연소열 이용, 가솔린의 완전연소를 위한 촉매변환기 개발 등 유해배기가스 처리를 위한 기술을 개발하고 있다.

또한 자동차 가솔린의 열효율을 향상시키기 위하여 락킹 현상을 방지하는 사에틸납($(C_2H_5)_4Pb$)이 첨가된다. 사에틸납은 대기 중에 납(pb)의 농도를 증가시킨다. 그래서 사에틸납을 첨가하지 않은 무연가솔린을 사용하도록 규제한다. 그러나 저개발국가나 개발도상국들은 이 규제를 하지 않고 있어 대기 중에는 상당량의 납이 검출된다. 사에틸납은 환경오염물질의 특징 중의 하나인 광범위성이 있어 대기 중에 확산되어 북극의 빙하에서도 납이 검출되었다. 여기에서도 Pb는 매년 증가를 보이는데 이는 자동차 증가량과 일치함이 확인되었다. 그리고 자동차 타이어의 마모된 고무가루도 공해물질로 분류될 수 있으며 세계에서 사용되는 자동차의 수가 너무나도 많기 때문에 폐기된 자동차의 부품의 일종인 폐타이어, 플라스틱 등에 의한 환경문제도 무시할 수 없는 것이 사실이다.

3.3.3 원자력

원자력 발전은 핵분열 또는 핵융합을 이용하여 전력을 생산하는 활동을 말한다. 상용화되어 있는 원자력 발전은 대부분 핵분열에 의한 방법으로 우라늄 1kg이 핵분열에 의해서 발생하는 에너지는 석탄의 3,000톤에 상당한다. 그러므로 화석연료가 부족한 자원빈국에서는 에너지 자립을 위해 원자력 발전을 적극 추진하여 1999년 기준으로 세계 27개 국가에서 421기의 원자력 발전소가 건설되어 세계 전기생산량의 17%를 차지하고 있다.

한편 원자력 발전은 원자력 발전소의 사고로 인해 안정성에 문제가 제기되고 있다. 1979년 미국 쓰리마일섬의 원자력 발전소에서 냉각수 공급이 중단되어 원자로가 녹을 번한 사고가 발생되었고, 이후 역대 최악이라고 꼽히는 원전사고는 1986년 구소련의 체르노빌에서 두 개의 원자로가 폭발하여 사망자가 31명이었지만 방사선 낙진으로 인해 13만 5천명의 주민이 영구히 이주했고 향후 60년 이내에 소련과 유럽에서 2만~4만 명이 방사능 피폭으로 사망할 것으로 예상하고 있다. 그리고 후쿠시마 제1원전 폭발 사고는 2011년 3월 11일 발생한 도호쿠 대지진과 쓰나미로 인해 다음날 후쿠시마에서 일어난 원자력 사고이다. 사건 발생 당시에는 온도나 압력 등이 심각한 수준에 이르지는 않았지만, 지진과 쓰나미 때문에 전력이 끊어지고 장비들이 망가지면서 후쿠시마 제1원자력 발전소에서 폭발이 발생하였고 냉각수가 빠져나가면서 원자로가 급격히 과열돼 보호막 내부가 일부 녹아내리는 노심용해(meltdown)가 일어나 방사능 물질인 세슘이 누출되면서 대기와 해류를 타고 전 세계로 확산되고 있다.

원자력 발전을 환경 측면에서 보면 화석연료를 사용할 때 발생하는 대기오염물질에 의한 대기오염이나 수질오염이 적은 에너지원이다. 그러나 핵분열하고 남은 폐기물은 방사능 물질이 남아 있기 때문에 안전하게 처리하여야 하지만 현재로 처리방법이 마땅하지 않다. 이렇게 원자력 발전은 양면성을 가지고 있기는 하나 현명한 선택과 보다 많은 연구를 통해 미래에너지원으로 이용될 가능성은 충분하다고 할 수 있다.

3.3.4 해양개발

해양개발은 광물자원 채굴, 양식어업의 개발 및 해저에 여러 가지의 구조물을 건설하기도 한다. 이중에서 해양개발은 대륙붕에 존재하는 것들의 개발이 중심을 이루고 있으며, 수심 200~1,000m 정도 깊이의 해저에 매장되어 있는 석유의 개발이 구체화되어 해저 유전을 활발히 개발하고 있다. 한국에서도 남동해안의 대륙붕의 유전과 천연가스전 개발을 위하여 국내자본과 국내기술진을 투입하고 있다. 해저 유전의 대규모 개발은 아라비아해 연한, 북해, 인도네시아, 말레이시아, 베트남, 타이 및 브루나이 등의 연안에서 성공하고 있다.

해저유전의 개발은 석유를 유조선을 통해 옮기는 과정이나 해저 유전의 사고로 인해 원유가 유출될 수 있다. 국외에서는 1967년 토레이 캐넌(Torrey Canyon)호 사고로 12만 5천 톤의 원유가 영국해안을 오염시킨 것을 시작으로, 1989년 액슨발데즈(Exxon Valdez)

호가 알래스카 프린스 윌리엄 해협에서 좌초되어 4만 2천 톤의 원유가 유출되어 30만 마리 이상의 바닷새와 수많은 포유동물을 죽게 하였으며, 2010년 4월 20일 멕시코만 해상에서 작업 중이던 영국 BP사의 석유시추시설에 화재가 발생하여 이틀 뒤인 22일 석유시추시설은 해저로 침몰하였다. 이 과정에서 해저의 대형 철제 파이프에 구멍이 생기면서 5개월간 490만 배럴의 기름이 유출되어 바닷새 3,000마리와 바다거북 500마리가 폐사하는 등 멕시코 만 일대 생태계도 재앙을 맞았다. 이것은 기존의 유조선 사고로 인한 기름 유출과 달리 원유 채취를 위한 시추시설 폭발로 인한 해양오염의 사례가 되었다. 우리나라에서는 2007년 12월 태안군 만리포 북쪽 해상에서 해상크레인과 유조선 헤베이스피릿호의 충돌로 원유 12,547kL가 유출되는 사고가 있었다. 이때 해양으로 유출된 기름의 양은 1997년 이후 10여 년 동안 우리나라에서 발생한 3,915건의 유조선 사고로 유출된 원유 총량인 10,234kL보다 많은 양이었다.

이렇게 유출된 원유는 해양 생태계에 많은 영향을 준다. 석유는 물에 녹지 않고 퍼져서 물 표면에 얇은 막을 형성하여 대기 중의 산소가 물속으로 들어오는 것을 방해하여 물 속의 용존산소량을 급격히 감소시킨다. 이런 피해는 해안 가까이에서 일어난 경우가 특히 피해가 큰 것이 특징이다. 석유는 새와 포유동물을 덮어 씌워 부력을 감소시킬 뿐만 아니라 심하게 영향을 받은 동물은 죽고 만다. 그리고 어류와 조개는 좋지 않는 냄새와 맛을 내면서 상품가치를 잃는다. 그리고 석유는 파도에 의해 작은 조각으로 나누어지면서 야구공 크기의 타르공(tar ball)을 형성하고 이 타르공이 바다에 떠다니다가 물속에 가라앉게 되어 해양 속의 동·식물을 죽게 한다.

1989년 액슨발데즈호 유조선 사고

2010년 멕시코만 석유시추시설의 화재사고

그림 3.4 석유에 의한 해양오염

3.3.5 우주개발

지구의 한정된 자원을 해결하기 위해서 우주개발 사업은 인류의 미래를 밝힐 또 하나의 사업으로 자리를 잡아 가고 있다. 현재 우리는 통신위성, 방송위성, 기상위성, 군사위성 등을 통해서 많은 혜택을 보고 있다.

그러나 우주개발을 위한 인공위성이 많아짐에 따라 우주 쓰레기 문제가 심각하게 나타나고 있다. 우주 쓰레기란 지구궤도를 도는 인공물체로서, 수명을 다한 인공 위성 로켓의 상단 부분과 로켓과 인공위성을 분리할 때 생기는 파편들이다(그림 3.5 참조). 인공위성 발사 시 분리되고 남은 로켓, 임무를 마쳤지만 궤도에 남아 있는 위성, 충돌이나 열팽창 탓에 생긴 파편, 우주연구와 관련하여 발생한 부속품이나 장갑, 우주비행사가 떨어뜨린 공구 등이 우주 쓰레기의 발생 원인이 된다. 미항공우주국(NASA)는 지름이 10㎝ 이상인 우주물체들이 약 18,000개 이상, 1~10㎝인 물체는 약 20만 개가 지구 주위를 돌고 있다고 추정하고 있다. 최근에 생긴 파편으로 2007년 중국이 미사일을 이용한 인공위성 요격 실험에서 2,500개 이상의 파편이 발생되었고, 2008년 2월에 시베리아 상공에서 러시아 코스모스 위성과 미국 상업위성 이리듐이 충돌하는 사고가 발생하여 인공위성이 파편이 발생되었다.

이 파편은 우주 공간을 빠른 속도로 이동하기 때문에 불과 수 밀리미터의 쓰레기가 우주선과 충돌 했을 경우 엄청난 충격을 받을 수 있다. 직경 10㎝ 정도면 우주선을 완전히 파괴할 수 있을 정도의 위력으로 예상하고 있다. 실 예로 2011년 6월 28일 선회 중이던 국제우주정거장(ISS)에 미 휴스턴 존슨우주센터 관제소에서 긴급 대피명령이 내려졌다. 6명의 우주인이 ISS에 도킹해 있는 소유스 우주선으로 피했다. 충돌하면 ISS의 손상은 물론 우주인의 생명도 위협할 우주 쓰레기가 다가왔기 때문이다. 우주 쓰레기를 조기에 발견하면 ISS의 추진체로 위치를 바꿔 피한다. 그런데 이번에는 시간이 없었다. 파편이 250m까지 근접했다가 비켜가자 6명은 30분 만에 제 위치로 복귀할 정도로 우주 쓰레기는 위협적이다.

이를 해결하기 위해 NASA에서는 우주 쓰레기를 처리하기 위해 레이저를 이용할 계획을 세운 것으로 알려져 있고, JAXA(일본 우주항공 연구 개발 기구)에서는 일본의 유명한 그물 제작 회사인 Nitto Seimo와 손잡고 특수 제작된 그물로 우주쓰레기를 치우는 안을 제시하고 있다. 이것이 얼마나 실효를 거둘지 두고 봐야 될 문제지만 향후 레이저나 그물과 같은 사후 처리 기술뿐만 아니라 사전적인 기술이 병행되어야 될 것으로 생각되고 있다. 예를 들어 환경오염을 줄이기 위해 사용되는 친환경 소재를 우주 발사체의 제작에도 적용시켜 일정한 시간이 지나면 자동으로 사라지게 하는 방법도 고려되어야 할 것이다.

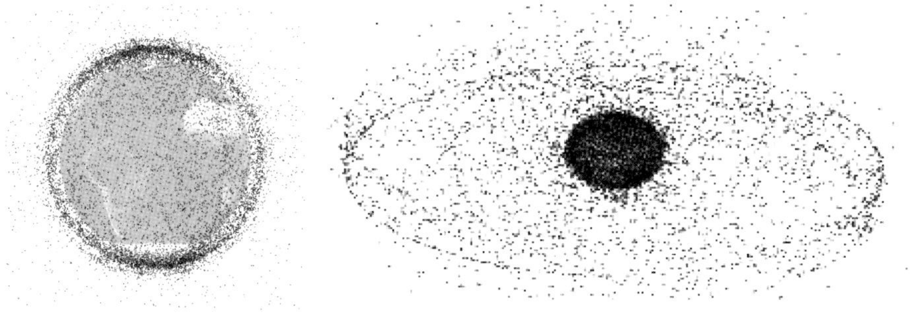

그림 3.5 우주 쓰레기(지구 주위의 검은점으로 표시된 것이 우주 쓰레기 파편들이다)

✲ 참고문헌

- 정완호, 박국태, 박태윤, 이훈정, 생태와 환경, (주) 중앙교육진흥연구소, 2005
- 박승조, 우성훈, 윤철종, 최성우, 곽명화, 이봉섭, 유현철, 김정섭, 환경과 산업, 동아대학교 출판부, 2006
- 김유근, 이화운, 대기오염개론, 시그마프레스, 1999
- NASA, World of change: Amazon deforestation, NASA Earth Observatory, 2011
- Rebecca Lindsey, Tropical deforestation, NASA Earth Observatory, 2007
- NASA Orbital Debris Program Office, Orbital debris frequently asked questions, 2009
- Jocobson, Mark Z., Atmospheric Pollution-History, Science, and Regulation, Cambridge University Press, 2002
- Clapp, B. W., An Environmental History of British, Longman, 1994
- Stradling, D., Smokestacks and Progressives, The John Hopkins University, 1999

4장

인구의 문제

4.1 인구 증가 현황

세계 인구는 1700년대까지는 5억에 불과하였으나, 국제연합(United Nations, UN)의 추산에 의하면 2015년 세계 인구는 80억으로, 2055년에는 무려 160억으로 증가할 것으로 예상하고 있다. 이는 인류가 지구상에 출현한 이래 10억이 될 때까지 약 2백만 년이 소요된 것에 비하면 가히 폭발적인 증가추세로 그림 4.1에서 보는 것처럼 인구의 증가를 폭탄에 비유하기도 한다. 이러한 인구증가는 지구자원과 환경 및 인류미래에 대한 큰 변수가 아닐 수 없다. 따라서 인구증가의 심각성을 인식하고 세계 인구를 안정화시키기 위한 방안으로 '세계 인구 행동계획(World population plan of action)'이 20세기 후반에 수립되었다. 이 행동계획의 요지는 2050년대 세계 인구를 79억 내지 98억 명 정도에서 안정화시킨다는 것인데, 그 실현가능성은 미지수이다. 그러나 만약 세계인구가 적정수준을 유지하지 못한다면 지구는 조정능력을 잃게 될 것임이 분명하다.

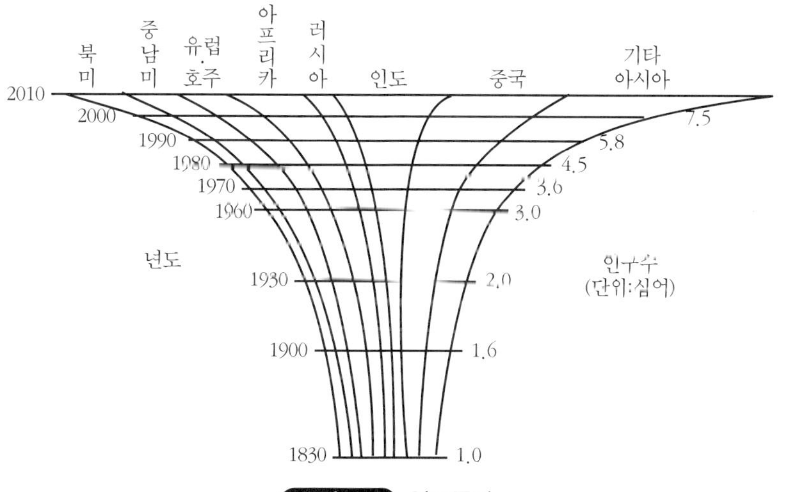

그림 4.1 인구폭탄

4.2 생장곡선

인구 폭탄에서도 볼 수 있듯이 세계 인구의 증가는 산술적 성장이 아니고 지수적 성장 추세를 보이고 있다는 점이다. 즉, 초기에는 서서히 증가하지만 시간이 지남에 따라 엄청난 증가를 나타내는 것이다. 여기에서 인구가 2배로 증가하는데 걸리는 시간이 점점 줄어들고 있음을 알 수가 있는데 이것을 인구의 배가기간(doubling time)이라 한다.

개체군의 생장의 대표적인 예로 집파리는 J자형과 S자형으로 성장한다. 즉, 집파리는 한 번에 평균 100개의 알을 낳으며 1년에 보통 7세대를 거치게 되므로 그 개체군은 폭발적으로 증가하여 J자형 성장 곡선을 나타낸다. 그러나 생물 개체군의 성장은 환경에 영향을 받는다. 먹이나 생활공간의 부족, 개체간의 경쟁, 주변 환경변화를 말하는데 생장억제 요인을 환경저항(environment resistance)이라고 한다. 그러므로 세균이나 동물들은 처음에는 높게 성장하지만 나중에 환경저항을 받게 되어 S자형(sigmoid)생장 곡선을 따라 증가한다. 사람도 마찬가지로 처음에는 그림 4.2에서 보는 것과 같이 J자형을 보이다가 나중에는 환경저항을 받아 그림 4.3에서 보는 바와 같이 S자형 곡선을 나타낸다.

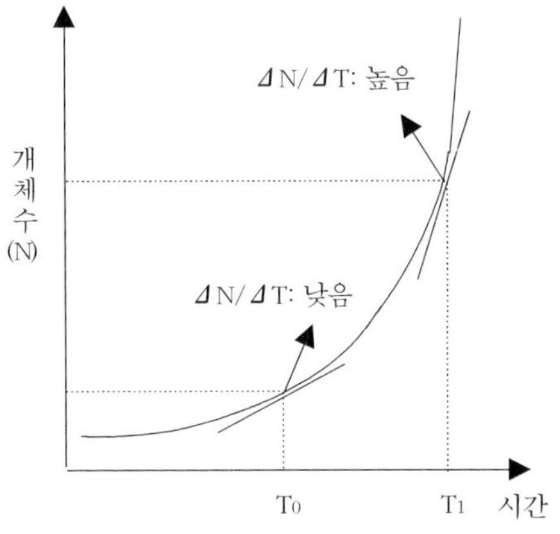

그림 4.2 J형 성장 곡선

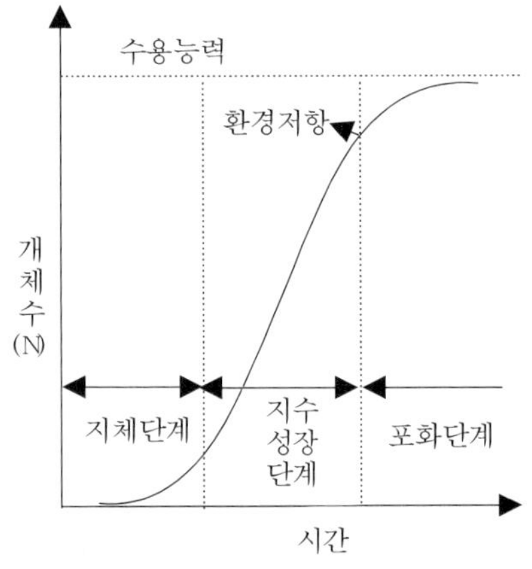

그림 4.3 S형 성장 곡선

4.3 인구의 증가 요인

일정기간 특히 1년 동안에 평균인구 1,000명에 대한 출생아 수의 비율인 출생률과 1년 동안에 사망자 수의 총인구에 대한 사망자 수의 비율인 사망률이 같으면 인구는 증가하지 않고 안정화될 것이다. 인구가 증가하는 것은 출생률이 사망률보다 높기 때문에 발생한다. 과거 17세기 산업혁명이 일어나기 전에는 연간 0.04~0.05%의 낮은 인구증가율을 보여 왔다. 이는 전염병, 기근, 전쟁 등이 빈번하게 발생하여 사망률이 높았던 것이다. 이에 비해 산업 혁명 이후에 농업기술의 발달로 식량의 생산이 크게 늘고, 의학의 발달로 유아사망률이 크게 감소하고 평균수명이 늘어 인구폭발이 시작된 것이다.

4.4 인구의 구조(인구 피라미드)

인구는 연령별 및 성별로 조사하는데 그림 4.4처럼 피라미드형, 종형, 항아리형, 별형, 기타형으로 나타낼 수 있다. 인구를 연령별로 구분할 때는 1세 미만을 영아인구, 1~14세까지를 소년인구, 15~59세까지를 생산연령인구, 60세 이후를 노년인구로 나누기도 한다. 성별로 나타낼 때는 성별구성은 성비(sex ratio)로 나타내며, 여자 100명에 대한 남자 수로 표시하고 성비가 100을 넘으면 남자가 많음을 의미하는 것이다.

4.4.1 피라미드 형(pyramid form)

증가형 또는 발전형이라고도 부른다. 이는 출생률이 사망률보다 높아 인구가 증가하는 형태를 말한다. 특징적으로 15세 이하의 인구가 50세 이상 인구의 2배가 넘는 경우를 말한다. 인도, 코스타리카 등이 이에 속한다.

4.4.2 종형(bell form)

정지형이라고도 한다. 출생률과 사망률이 같이 감소하여 인구 정체현상을 말하는 것으로 15세 이하의 인구가 50세 이상 인구의 2배 이하가 되는 것을 말하고 스웨덴, 독일이 이에 해당한다.

4.4.3 항아리형(pot form)

감소형으로 사망률이 낮아 인구가 정체되나 출생률이 사망률보다 더욱 낮아 인구가 감소되는 것을 말한다. 프랑스, 일본이 이에 해당한다.

4.4.4 별형(star form)

도시형이라 하고 생산연령인구의 다수가 도시로 유입되는 상태이며 15~50세의 인구가 전체인구의 50%가 넘는 것을 말한다.

4.4.5 표주박형

농촌형으로 생산연령인구의 다수가 전출로 인해 유 · 소년층, 노년층의 비율이 높다.

미국의 경우는 1910년에 피라미형에서 1940년 종형 형태로 변화된 후 1960년 도시형, 1980~1990년 사이에 항아리 형으로 인구가 감소되고 있다. 우리나라의 경우는 1960년대 피라미드형 형태를 보이다가 1980년대 종형의 형태를 보이고 있어 인구의 정지를 보였다. 최근에 미국과 마찬가지로 인구의 감소를 나타내는 항아리 형으로 변화되어 갈 것으로 예상된다.

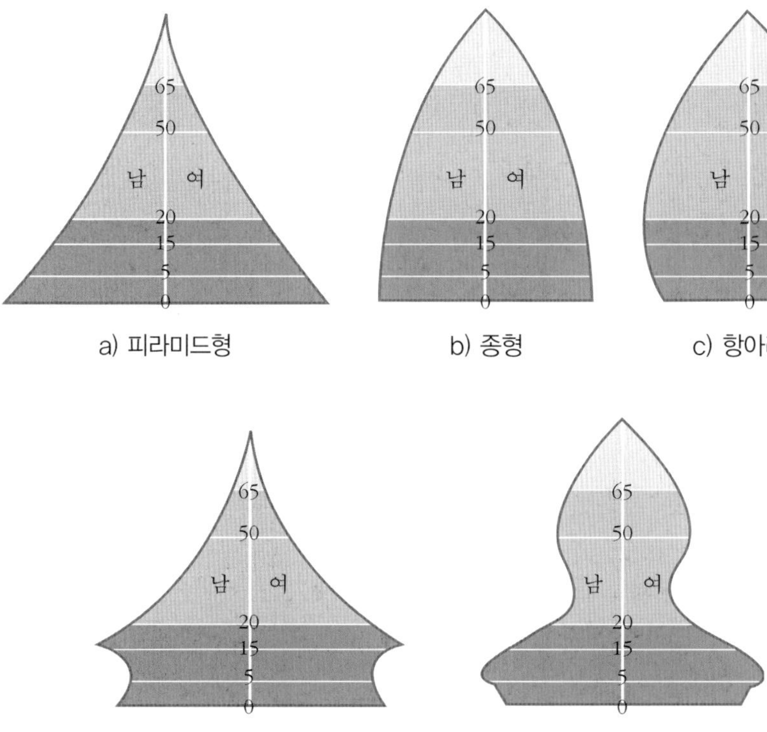

a) 피라미드형 b) 종형 c) 항아리형

d) 별형 e) 표주박형

그림 4.4 인구피라미드의 유형

4.5 인구 억제 정책

인구를 억제하기 위한 방법으로서 맬서스는 질병, 기아, 전쟁과 같은 적극적 억제와 도덕적 억제를 주장했다. 여기서, 도덕적 억제는 만혼, 성적 절제 등의 자발적 억제를 말한다.

예전에는 우리나라에서 고려장이라는 제도가 있어 나이가 들면 일정 먹을 것을 제공하고 더 이상 제공하지 않았고, 에스키모인 들도 일정 이상의 나이가 되면 집에서 떠남으로서 인구 조절을 했다. 그 이후 맬서스의 인구론에서 보듯이 식량은 산술적으로 증가하지만 인구는 기하급수적으로 증가하기 때문에 인구의 조절 필요를 강조했다. 이것을 질병, 전쟁, 기아 등이 갑작스런 인구의 증가를 막아 줄 것으로 예상했다. 실지로 제 1차 세계대전으로 인하여 1,000만 명의 인구가 사망을 했고, 제2차 세계 대전으로 인하여 5,200만 명의 인구가 사망을 했다. 아프리카에서는 기아로 인하여 사람이 죽어 가고 있다.

맬서스의 적극적인 억제 보다 도덕적이고 과학적인 억제가 절실히 필요하다. 이를 위해 인구 조절을 위한 홍보교육을 통해서 저 출산 장려를 하기도 했다. 인도에서 1952년에 가족계획이 실시되었고, 중국은 1979년에 한 자녀 갖기 운동을 벌이기도 했다. 국내에서도 1961년 군사정부 시절에 가족계획 및 이민정책을 벌여 인구 조절을 실시한 바가 있다.

좀 더 세부적으로 개발도상국과 같은 나라에서는 경제적 생산 증가가 인구 증가에 의해 상쇄되는 경우가 생기기 때문에 경제개발을 위하여 효율적인 가족계획이 필요하다. 가족계획에는 자발적인 가족계획과 자발적 수준을 넘어선 가족계획이 있다.

4.5.1 자발적 가족계획

자발적 가족계획은 피임제 등의 자발적 조치를 통하여 가족계획을 실현하는 것이다.

4.5.2 자발적 수준을 넘어선 가족계획

여성의 교육기회 및 고용기회를 사회적으로 증대시켜 주고 여성의 지위를 향상시킴으로써 인구 증가율을 낮출 수 있고, 아이를 적게 낳는 가정이나 동네에 무료 급수, 도시가스 공급, 학교 및 간선도로 건설, 저리 융자 등의 경제적 지원을 해 주는 정책을 말한다. 또한 경제적 혜택을 박탈함으로서 인구를 억제하는 방법도 또한 있다. 즉, 아이를 많이 낳는 가정은 조세감면의 철회, 취업의 제한, 교육비 철회 등의 정책을 쓰는 것이다.

4.6 인구 예측 방법

인구의 증감 정도는 도시의 기능, 형태, 개발정도에 따라 좌우된다. 즉, 서울과 같은 유휴용지가 없는 지역은 인구의 증가가 둔화될 수 있고 경기도의 성남과 용인과 같은 곳은 개발이 늦어질 수 있으나 수도권의 대체지역으로 추정인구의 유입으로 인한 인구가 증가할 가능성이 있다.

인구의 예측은 지역 현황에 의존하는 비율이 높으나 과거 10년간의 인구 통계를 분석하면 장래 인구 예측이 가능하다. 초기의 가정에 따라 추정 인구의 차가 발생할 수 있으므로 적절한 예측 모형 선정이 중요하다.

4.6.1 모형

1) 등차 증가법

이모형은 인구 추정 도시의 인구가 매년 혹은 특정기간 동안 거의 일정한 인구 변화를 보이고 향후 이러한 형태로 계속 유지될 것으로 판단될 때 적용된다. 비교적 도시 기능이 잘 갖추어져 있고 오래전에 도시가 형성되어 그다지 변화가 없으나 매년 비슷한 변화 형태를 보이는 도시가 대상이 되는 것으로 시간에 따른 인구의 증가 그래프는 그림 4.5에 나타내었다.

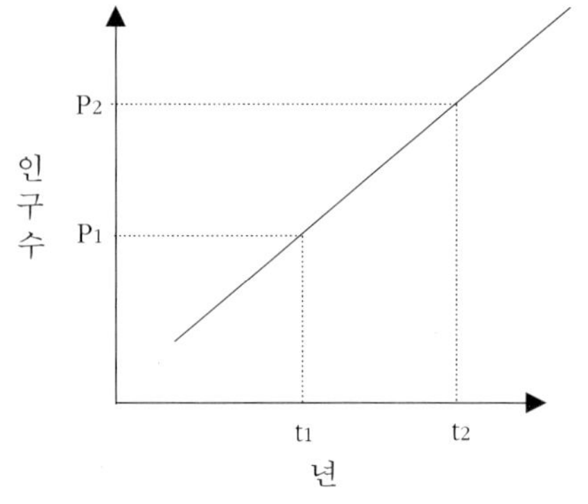

그림 4.5 등차증가

그래프의 일반식은 다음과 같다.

$$P_n = P_o + an \tag{4-1}$$

여기서, P_n: 현재로부터 n년 후의 추정인구

P_o : 현재(기준) 인구

n : 계획년도(년)

a : 연평균 인구증가율($\frac{P_2 - P_1}{t_2 - t_1}$)

2) 등비 증가법

영국의 인구 학자 맬서스가 제안한 것으로 기본적으로 식량은 산술급수적으로 증가하고 인구는 기하급수적으로 증가한다는 주장에 근거하여 제안된 모형으로 지수성장모형이라고도 한다. 이 모형은 발전이 빠른 도시에 잘 적용되는 것으로 그림 4.6과 같이 나타낼 수 있다.

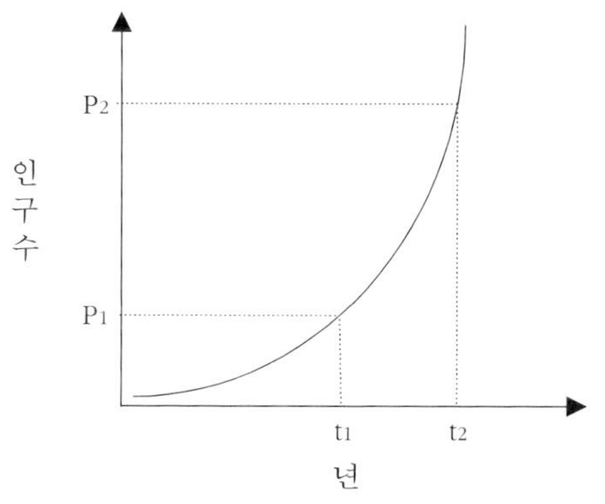

그림 4.6 등비증가

그래프의 일반식은 다음과 같다.

$$P_n = P_o \times (1 + r)^n \tag{4-2}$$

여기서, r: 연평균 인구증가율($\frac{\ln P_2 - \ln P_1}{t_2 - t_1}$)

3) 증기율 감소법

인구증가의 상한선을 미리 정해 놓고 이 상한선에 가까울수록 인구 증가율이 둔화될 것으로 예측하는 모형으로 그림 4.7과 같이 나타낼 수 있다.

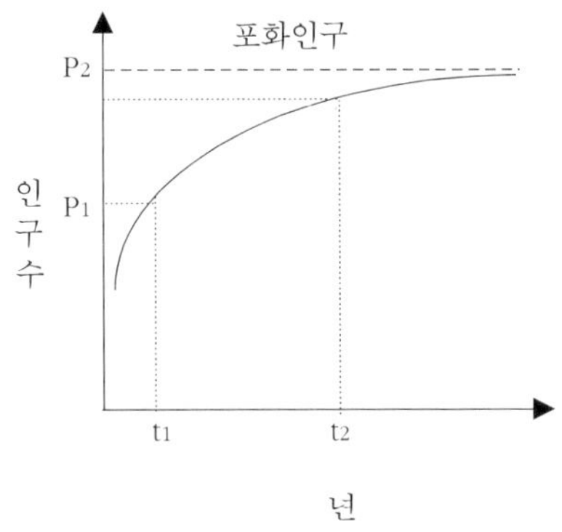

그림 4.7 증가율 감소

그래프의 일반식은 다음과 같다.

$$P_n = P_o + (P_s - P_o)(1 - e^{-bn}) \tag{4-3}$$

여기서, P_s: 포화인구

b : 증가감소율$\left(\dfrac{-\ln((P_s - P_o)/(P_s - P_t))}{t_2 - t_1}\right)$

P_o: 현재인구

P_t: n년 전의 인구

4) 최소자승법

등차, 등비 증가에 의한 인구의 예측은 초기년도와 최종년도의 인구만이 고려되어 연도별 인구 증감이 교차되는 경우 전체적으로 파악하기 어려움이 있으므로 이를 보완한 방법 중의 하나가 최소자승법으로 인구증감의 경향에 따라 1차직선, 2차직선으로 그래프화 할 수 있는데 1차 그래프한 결과를 그림 4.8에 나타내었다.

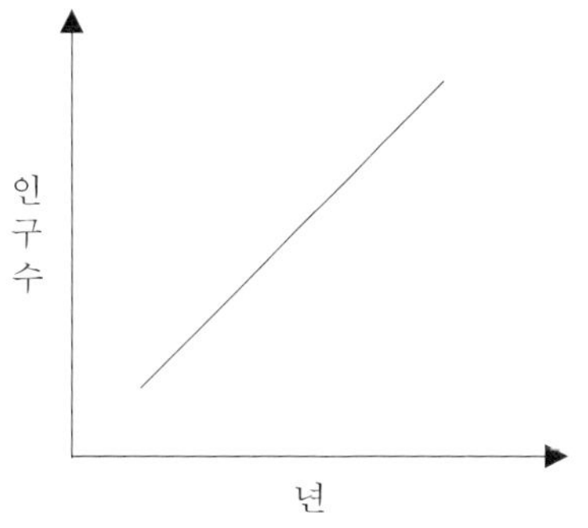

그림 4.8 최소자승법(일차 직선)

위 그래프를 일차 직선식으로 나타내면 다음과 같다.

$$Y = P_n = aX + b \tag{4-4}$$

여기서, Y : 추정인구

X : 기준년도로부터의 경과 년수

n: 동세 년수

$$a = \frac{n\Sigma XY - \Sigma X \Sigma Y}{n\Sigma X^2 - \Sigma X \Sigma X}$$

$$b = \frac{\Sigma X^2 Y - \Sigma X \Sigma XY}{n\Sigma X^2 - \Sigma X \Sigma X}$$

5) 논리 곡선법

논리 곡선법은 증가율 감소법과 마찬가지로 인구 성장의 상한선을 설정한 후 인구를 추정하는 방법이다. 논리곡선은 대칭모형으로 그림 4.9와 같이 나타낼 수 있다.

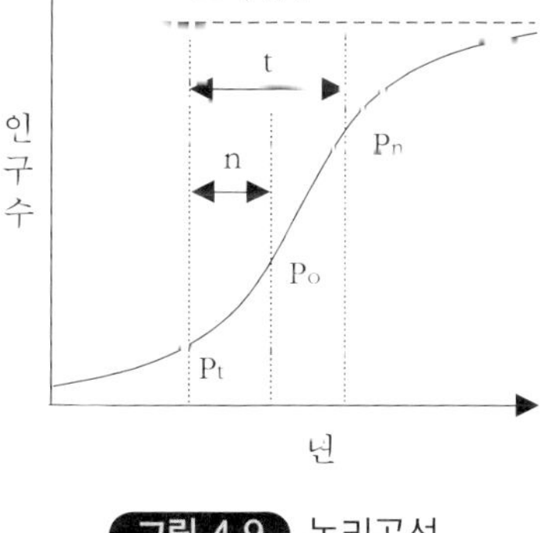

그림 4.9 논리곡선

이 그래프를 일반식으로 나타내면 식 (4–5)와 같다.

$$P_n = \frac{P_s}{1 + me^{bt}} \tag{4–5}$$

여기서,
$$m = \frac{(P_s - P_t)}{P_t}$$

$$b = \frac{1}{n} ln \frac{P_t(P_s - P_0)}{P_o(P_s - P_t)}$$

4.6.2 인구예측 적용

어떤 도시의 연도별 인구 현황이 표 4.1과 같을 때 2010년도의 인구를 현재인구로 하여 2025년도의 인구수를 각각의 인구 예측 모형을 이용하여 계산하여 보자. 단, 인구의 상한치인 포화인구는 100,000명으로 한다.

표 4.1 어떤 도시의 연도별 인구

년도	1990	2000	2010
인구(명)	9,800	28,400	58,000

1) 등차 증가법

sol) $P_n = P_o + an$

P_n =58000+(2410×15)=94150

$$a = \frac{58000 - 9800}{2000 - 1980} = 2410$$

2) 등비 증가법

sol) $P_n = P_o \times (1 + r)^n$

P_n =58000(1+0.0889)15=208097

$$r = \frac{\ln 58000 - \ln 9800}{2000 - 1980} = 0.0889$$

3) 증가율 감소법

sol) $P_n = P_o + (P_s - P_o)(1 - e^{-bn})$

P_n=58000+(100000-58000)(1-e$^{-0.0382\times15}$)=76319

$$b=\frac{-\ln((100000-58000)/(100000-9800))}{2000-1980}=0.0382$$

4) 최소자승법

sol) $P_n = aX + b$

Y=2410×35+8167=92517

$$a=\frac{n\Sigma XY-\Sigma X\Sigma Y}{n\Sigma X^2-\Sigma X\Sigma X}=\frac{3\times1444000-30\times96200}{3\times500-30\times30}=2410$$

$$b=\frac{\Sigma X^2\Sigma Y-\Sigma X\Sigma XY}{n\Sigma X^2-\Sigma X\Sigma X}=\frac{500\times96200-30\times1440000}{3\times500-30\times30}=8167$$

년도	X	Y	X^2	X^2Y	XY
1990	0	9,800	0	0	0
2000	10	28,400	100	2,840,000	284,000
2010	20	58,000	400	23,200,000	1,160,000
합계	30	96,200	500	26,040,000	1,444,000

5) 논리 곡선법

sol) $$P_n=\frac{P_s}{1+me^{bt}}=\frac{100000}{1+9.2041e^{-0.1271\times35}}=90281$$

$$m=\frac{(P_s-P_t)}{P_t}=\frac{(100000-9800)}{9800}=9.2041$$

$$b=\frac{1}{n}ln\frac{P_t(P_s-P_0)}{P_o(P_s-P_t)}-\frac{1}{20}ln\frac{9800(100000-58000)}{58000(100000-9800)}=-0.1271$$

✻ 참고문헌

- McLeish, Ewan, Population explosion, Rosen Central, 2009
- Paul R. Ehrlich and Anne H. Ehrlich, Population, resources, environment: Issues in human ecology, San Francisco: W. N. Freeman & Co., 1970
- Brock, T. D., Biology of Microorganism, Prentice Hall, 1974
- Bonvier, L. F., C. J. De Vita, The Baby Boom-Entering Midlife, Population Reference Bureau, 1991
- United Nations, A Concise Summary of the World Population Situation in 1970, Population Studies No. 48, 1971
- Haupt, A., T. T. Kane, Population Handbook, Population Reference Bureau, 1985
- Lynch, Kenneth, Managing Urbanisation. In Global Environmental Issues, John Wiley & Sons, 2004

5장

자원문제

5.1 자원

5.1.1 자원의 정의

자원(resources)이 갖는 의미는 매우 포괄적이어서 용어 자체만으로 자원의 정의를 논하거나 자원과 비자원 또는 자원자체의 경계를 짓기란 쉽지 않다. 자원의 사전적 정의는 '자연에 의해 공급되는 모든 것' 또는 '기술발진에 따라 생산에 이용되는 모든 것' 으로 자원을 비자원과 서로 구분하고 있다. 그러나 자원은 가변성이 있는 개념으로 시대의 변천에 따라 정보, 기술, 상대적 희소성 등이 변화함에 따라 지금까지 가치가 없던 것이 유용한 자원이 될 수 있다. 따라서 자원의 정의를 누가 하는가, 자원의 이용범위가 어떻게 되는가, 현재의 정보 및 이용기술수준은 어느 정도인가, 그리고 정치 · 경제 · 사회제도는 어떠 한가 등에 따라 변화하는 매우 상대적인 개념이다.

자원부족이란 말은 경제활동을 하면서 항상 하거나 또는 흔히 듣는 말이다. 자원부족이란 인간생활과 더불어 있어 인간이 살면서 겪게 되는 당연한 것인가? 그렇다면 인류에 필요한 자원의 절대량이 부족한 것인가? 자원의 절대량은 산술적으로는 한계가 있지만 역시 자원에 대한 개념에 따라 변화할 수 있는 것이다. 우리가 살고 있는 지구에는 주어진 조건에 따라 거의 무한한 자원이 잠재되어 있다고 볼 수 있다. 만약 세계의 인구가 매우 적거나, 인간의 자원에 대한 욕구가 현저히 감소되는 경우, 또는 인류가 보유하고 있는 과학기술 수준이 매우 낮은 경우, 반대로 현격하게 높은 과학기술로 지구내부물질을 개발하여 이용할 수 있는 경우를 가정해 보면, 지구는 무한한 자원의 공급원이 될 수 있다. 우리가 자원을 정의하고 분류하는데 있어서 근본적인 문제는 첫째, 어떤 범주의 부존자원을 자원으로 인정할 것인가, 둘째 이런 자원이 어느 정도 경제성이 있으며, 어느 기간 동안 경제적으로 얻을 수 있는가 하는 것이다. 따라서 자원을 분류할 때, 이러한 문제를 보다 깊게 고려하는 것은 매우 중요하다. 자원을 정의하고 분류하는데 있어서 학자들 간의 의견 차이가 오랫동안 있어 왔으며 자원 분류방법은 보편성에 바탕을 두어야 한다.

5.1.2 자원의 분류

자원은 현재 인류가 보유하고 있는 경제 및 기술정도에 따라 자원 부존의 확실성과 이를 개발하는데 소요되는 경비에 따라 분류할 수 있다. 그림 5.1은 맥켈비 다이아그램(Mckelvy diagram)으로 매장량과 자원량을 지질학적인 정보와 경제적인 채취 가능성을 나타낸 것으로 미국 지질 조사소(United State Geological Survey)와 광산국(U.S. Bureau of Mines)에서 사용하고 있다.

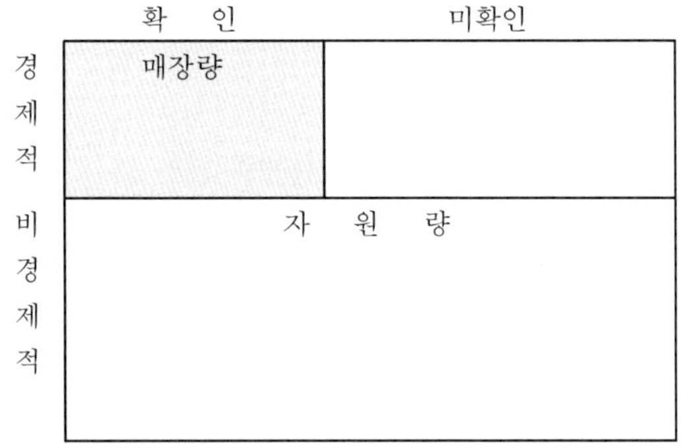

그림 5.1 맥켈비 다이아그램(Mckelvy Diagram)

일반적으로 자원은 자원보유량, 자원량 그리고 매장량으로 분류한다. 이러한 분류 경계는 시간에 따라 변할 수 있는 가변적인 것이다. 이러한 경계의 변화를 일으킬 수 있는 요인은 첫째, 경제여건의 상태, 둘째 자원용도의 다변화와 채광기술의 수준, 그리고 셋째 지질학적인 조사 자료의 축적 정도 등이다.

1) 자원보유량

자원보유량(endowment)이란 자원 부존량 이라고도 하며, 현재 측정 가능한 주요 지질학적인 조사 및 탐사기술에 의한 기준량으로, 최소등급, 최대심도 등에 부합되는 자원의 양을 말한다. 이는 지구상에 존재하는 광물자원의 품위에 관계없이 모두 합산한 양으로 매장량과 비교하여 볼 때 거대한 양이다.

2) 자원량

설정된 경제적 조건과 현재 또는 가까운 장래에 이용 가능한 기술조건하에서 생산할 수 있는 자원보유량을 자원량(resources)이라 한다. 따라서 자원량이란 경제적 · 기술적 여건의 변화에 따라 미래에는 매장량으로 편입될 수 있는 자원의 양이다.

3) 매장량

매장량(reserves)이란 사용 가능한 자원을 일정한 시점에서 주어진 기술조건과 당시의 경제적 조건하에서 경제적 · 합리적으로 채굴할 수 있는 발견된 자원량의 일부이다. 표 5.1은 자원을 인류가 보유하고 있는 경제 및 기술 정도에 따라 분류한 것을 나타낸 것이다.

표 5.1 경제 및 기술 정도에 따른 자원의 분류

기능	산화물	비산화물	용도
매장량 자원량 기초자원량	알고 있음 알려짐/알지 못함 알려짐/알지 못함	현재 수준 적정수준만 알려짐 알려지지 않음	가능/확실 가능성/불확실 가능함/불가능

5.1.3 자원의 개념

자원이란 인간의 활동분야 각각에 걸쳐 소요되거나 또는 주체가 되는 유용성이 있는 모든 것이다. 우리가 일상생활에서 느끼는 자원의 범주는 매우 넓은데 이에는 인적자원, 식량자원, 농수산자원, 임산자원, 광물자원, 에너지자원, 수자원, 관광자원등이있다.

이렇게 다양한 자원 중 광물 · 에너지 · 물 등은 지구자체로부터 얻을 수 있는 자원인데 이를 총체적으로 천연 자원이라한다. 천연자원은 인간의 활동과 독립적으로 지구상에 존재하고 있다. 따라서 인간이 이들로부터 필요한 효용성을 발견할 때 비로소 자원으로 간주된다. 이러한 효용성은 인류문명을 대동하게 하는 원동력이 되었다.

5.2 자원문제와 발생원인

지각에 부존되어 있는 자원의 양은 한정되어 있다. 이러한 자원의 유한성에 대한 견해는 크게 두 가지로, 하나는 '성장의 한계' 로 표현되는 비관론이고, 다른 하나는 '석유 20년 설' 로 지칭되는 낙관론이다. 전자는 인류가 현재와 같이 자원의 소비를 계속할 경우,

지구자원은 한계가 있어 결국 자원소비량이 자원공급량보다 많게 되어 경제성장은 한계에 부딪히고 만다는 비관적인 견해인 동시에 일종의 경고이다. 이에 반해 후자는 19세기 말부터 석유가 산업적으로 중요한 자원으로 인식되어온 이래 '석유는 20년 분 밖에 없다' 라고 말해 온 데서 유래한다. 이는 현시점에서 같은 질문을 할 경우, 이에 대한 대답 역시 '인류는 앞으로 20년 동안 사용할 수 있는 석유를 갖고 있다' 라는 낙관적인 견해이다.

5.2.1 자원의 유한성

지각에는 약 3,000여 종의 광물(mineral)이 분포하고 있다. 광물의 99% 이상은 불과 10여 종의 원소로 구성되어 있으며, 광물의 집합체인 암석 역시 10여 종의 광물로 이루어져 있다. 따라서, 지각은 불과 약 10여 종의 원소로 구성되어 있다. 지각을 구성하는 대표적인 원소는 산소(O), 규소(Si), 알루미늄(Al), 철(Fe), 칼슘(Ca), 나트륨(Na), 칼륨(K), 마그네슘(Mg) 등인데, 이를 '지각의 8대 원소' 라 부른다. 이외에 수십 종의 원소가 나머지 1~2%를 차지하고 있다. 구리(Cu)나 철은 산업용으로 중요한 금속자원이다. 만약 이들 금속원소가 지각 속에 균일하게 분포되어 있다면, 구리나 철을 자원화 하기는 매우 어려운 일이다. 그러나 다행히 지각 내에는 이와 같은 원소가 비교적 농집 되어 있는 광상(ore deposit)의 형태로 존재하기 때문에 보다 용이하게 이러한 원소를 채취하여 자원화 할 수 있다.

미국의 광상학자 스키너(B.J. Skinner)는 대륙지각의 암석을 구성하는 원소 중에서 존재량이 상위 12위까지의 원소를 '지구화학적으로 풍부한 원소(geochemically rich elements, GRE)' 로 그 외 중량백분율(Wt%)이 0.1이하인 원소를 '지구화학적으로 결핍된 원소(geochemically poor elements, GPE)' 로 구분하였다. 이러한 구분을 존재량과 농도에 따른 분포상태에 따라 도식적으로 나타내면 그림 5.2과 같다. GRE는 극히 국부적으로 분포하지만 농도가 높아 옛날부터 쉽게 채취되어왔으며 농도가 상대적으로 낮은 부분을 경제적으로 처리할 수 있는 기술이 앞으로 개발된다면 이용가능한 자원은 상당량 증가할 수 있다. 이에 반해, GPE는 그림에서 보듯이 전체 존재량은 적지 않으나 채취 가능한 상태로 농집되어 있는 부분은 매우 제한되어 있다. 이와 같이 GPE는 암석을 구성하고 있는 광물의 결정구조 안에서 원자를 치환하는 형태로 대부분 존재하고 있기 때문에 화학적 방법에 의해서만 추출이 가능하다. 따라서 이러한 원소를 필요한 양만큼 충분히 얻는다는 것은 현실적으로 거의 불가능한 일이다.

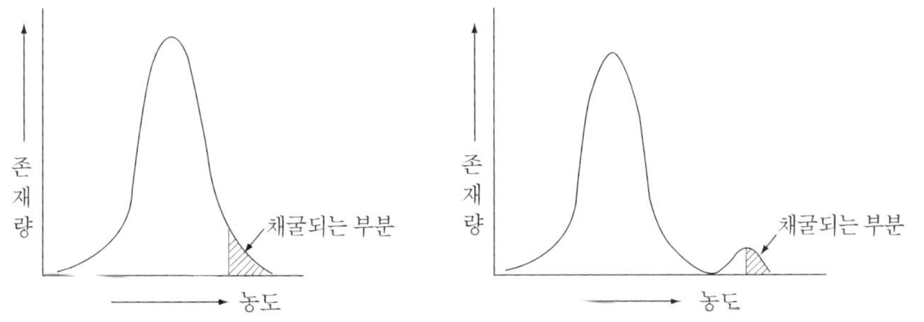

그림 5.2 광물의 존재량과 농도에 따른 분포상태

스키너는 특별히 철을 예로 들어 자원의 유한성을 더한층 강조하고 있는데, 철이나 알루미늄은 지각에 거의 무한에 가까운 양이 존재하고 있지만 대부분은 규산염광물(silicate mineral)의 성분원소로서 암석을 구성하고 있기 때문에 규산염광물로부터 철이나 알루미늄을 추출하는 것은 매우 어려운 일이며 이를 위해서는 많은 양의 에너지와 복잡한 처리과정이 필요하게 된다. 철이나 알루미늄과 같은 금속자원은 산화물(oxides)로 존재하고 있기 때문에 현재의 기술수준에서 경제적으로 채취되고 있는 것은 지각 안에 무한히 존재하는 것 중에서 극히 제한된 일부분에 지나지 않는다.

스키너의 가설이 시사하는 것은 광물학적 임계치에 미치지 못하는 광물을 자원화하기 위해서는 비용이 과다하게 요구되므로 실제로는 이용할 수 없다는 것이다. 그렇지만 경제성을 고려하지 않고 지구상에 존재하는 광물전량을 이용 가능한 자원으로 본다면 매우 낙관적인 결론에 다다르게 된다. 따라서 지각에 분포하는 광물의 채취가능성에 대해서는 정확한 지질학적인 지식이 요구되며, 아울러 수요에 영향을 미치는 가격 등을 고려해야만 자원의 실물적 고갈을 정확히 예고할 수 있다.

5.2.2 재생 불가능한 자원

광물자원과 에너지자원은 재배 또는 양식으로 얻을 수 있는 것이 아니다. 지하수나 지열에너지와 같이 지하에서 공급되는 자원을 적절히 채취하면 언제까지나 채취가 가능한 것도 없지는 않지만, 광물 및 에너지자원은 지구의 오랜 진화과정에 따른 산물로 짧은 시간 안에 쉽게 생성되는 물질이 아니다. 따라서 현재는 자원량이 매우 풍부한 광상이라 할지라도 일단 채굴이 끝나면 광상으로써 그 수명은 다하게 된다.

일반적으로 그 속에 유용성분을 함유하고 그것을 경제적으로 채취하여 이용할 수 있는 토사 또는 암석을 광석(ore)이라 하는데, 여기서 '경제적으로 채취한다' 라는 부분은 매우 중요한 의미를 갖고 있다. 광상의 가치는 광석의 품위(tenor)와 규모, 입지조건, 보유채굴 기술 및 경제성 등 많은 요인에 의해 결정된다. 아무리 우수한 광상이 발견되었다 하더라도 지형상 접근이 매우 어렵다든지 또는 기후여건 등이 기술진과 채취자의 노동환경에 큰 영향을 줄 경우에는 개발을 위한 인력확보 등에 많은 어려움이 따르게 되며 또한 광석이 너무 깊은 지하에 매장되어 있다면 이에 대한 개발은 기술적으로 불가능하기 때문이다.

광물자원의 부존량과 품위관계가 그림 5.3에 나타나 있다. 고품위자원은 이미 채취가 되었고 품위가 낮아질수록 자원의 양은 많으므로 이를 이용할 만한 기술이 개발된다면 앞으로 저품위 자원도 중요한 자원이 될 수 있다. 로웰(J.D. Lowell)은 고대로부터 이용되어온 구리의 가격과 광석품위와의 관계를 밝히고 있다. 고대에는 구리가 매우 높은 가치를 지녔는데 이는 우연히 지표에 노출된 자연 동(natural copper)이 구리자원의 전부였으므로 희소성 때문에 가치는 높을 수밖에 없었다. 그러나 구리광석이 자연동에서 산화동(예, Cu_2O)으로, 산화동이 황화동(예, CuS)으로 확대되었고 광석을 채취하고 처리하는 기술이 발전하면서 구리 생산량이 증가하였기 때문에 구리가격이 하락하는 것은 당연한 것이었다. 그렇지만 현재 저품위 광석을 처리하는 기술이 충분히 발전되기는 하였지만 급등하는 수요를 충족시킬 수 있는 광량을 충분히 확보한다는 것이 용이한 일은 아니다.

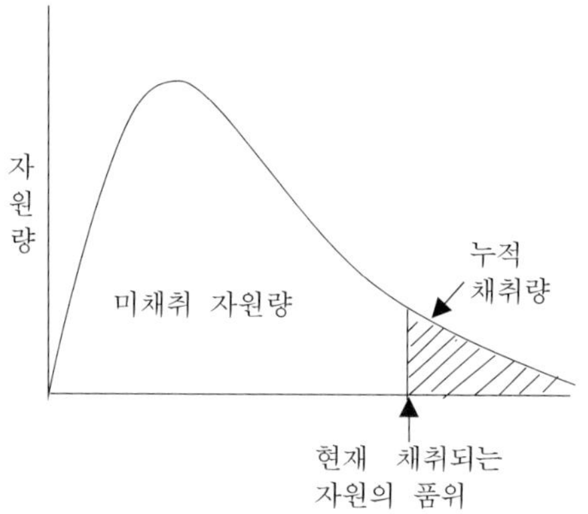

그림 5.3 광물자원의 부존량과 품위관계

고품위광상 주변에는 저품위 광석이 고품위광석의 수배 내지 수백 배에 달하는 양이 부존되어 있고 저품위 광상을 개발하는 기술 역시 발전하고 있기 때문에 자원고갈에 대한 수치계산은 가변적일 수 밖에 없다. 반대로 경제성만을 추구하여 채굴이 용이한 고품위광상만을 선택하여 채굴한다면 주변부에 부존하지만 채취가 곤란한 저품위 부분은 고품위 부분의 채취가 끝남과 동시에 경제성을 상실할 수밖에 없다. 이는 전체적인 광량의 감소

즉 자원의 감소를 가져오게 되며 동시에 필요한 수요광량 확보를 어렵게 하는 결과를 초래하게 된다.

천연상태로 존재하는 광물 자원량에는 결국 한계가 있다. 이에 반해 자원소비량은 시간이 지남에 따라 증가할 것이 확실하다. 이에 따라 자원의 공급과 수요에 불균형은 발생할 수밖에 없다. 따라서 보다 중요한 것은 이러한 불균형 정도를 얼마만큼 효율적으로 조절하여 문제발생 시기를 앞으로 얼마나 더 연장할 수 있는가 하는 것이다. 이는 자원을 개발하고 이용하는데 요구되는 진보된 기술을 어떻게 확보하는가에 달려 있으며 자원 확보와 소비균형을 우선적으로 유지해 나가는데 많은 지혜와 관심이 요구되는 인류 모두의 숙제인 것이다.

5.3 자원문제 대처방안

공급 가능한 천연 자원량은 인간의 소비량과의 상관관계에서 본다면 산술적으로 언젠가는 고갈된다. 이러한 자원의 미래에 대한 불확실성은 한 나라에만 국한되는 것은 아니며 세계의 모든 국가들이 안고 있는 공통의 문제이다. 따라서 우리나라와 같이 부존자원은 부족하지만 지속적인 산업화를 추진해야하는 나라는 자원 확보라는 명제에 있어 어느 나라보다도 앞서 현명한 계획을 세우고 추진하지 않으면 안 되는 절박한 입장에 있다. 이러한 계획 중 소극적이지만 확실한 방법으로 당장 효과를 볼 수 있는 단기대책이 있고 장기적으로는 기술개발 및 축적이라는 선결과제를 해결하기 위해 많은 노력과 더불어 투자가 요구되는 대책이 있다. 그러나 어떠한 대책을 수립하여 추진을 한다 하더라도 자원의 유한성이라는 측면에서 볼 때, 자원문제는 우리나라를 포함한 전 세계 국가가 반드시 극복하지 않으면 안 될 절박한 과제이다.

5.3.1 자원절약

자원을 절약하기 위해 생산 및 소비 등 경제활동에 요구되는 가용자원을 이용하지 않고 그대로 방치하는 행위는 자원절약이 아니다. 자원절약이란 자원을 이용할 때 최소의 소요로 최대의 효과를 얻는 것이다. 따라서 자원절약이란 자원을 개발하고 처리하거나 소비하는 과정에서 발생하는 자원낭비를 최소화하여 자원을 최대한 효율적으로 이용하는 것을 뜻한다.

우선 자원을 효율적으로 개발하기 위해서는 다음이 요구된다.

첫째, 저 품위 광석을 자원화 하는 것이다. 품위가 떨어지는 광석으로부터 필요한 자원을 얻는다면 가용 자원량은 급격히 증가할 것이므로 저품위 광석에 대해서는 정밀한 광물학적인 감정과 더불어 진보된 광석처리기술에 대한 연구와 개발이 이를 뒷받침해 주어야 한다.

둘째, 광물자원의 회수율을 극대화시키는 것이다. 회수율이란 광석의 실제채취량과 부존량의 상대적 비율이다. 석유의 경우 유전에서 시추공(boring hole)을 처음 설치하면 유층과 대기의 압력 차이에 의해 자연적으로 원유가 용출하지만 개발이 진행되면서 압력이 떨어지면 생산량은 감소하게 된다. 따라서 회수율을 높이기 위해서 물이나 가스를 유정(crude oil well)에 주입한다든지, 화학적 방법 또는 열처리 방법으로 원유의 채취율을 높이는 방법이 요구된다.

5.3.2 자원재활용

자원을 재활용하는 것은 두 가지 측면이 있는데 하나는 광공업 활동 시 제련이나 정련 및 정제과정에서 배출되는 고형폐기물, 폐수 및 폐기가스로부터 회수되지 않고 그대로 버려지는 자원을 추출하는 것이다. 이는 생산 활동에서 폐기되어 발생하는 환경오염을 방지함은 물론 미회수성분을 확보한다는 일거양득의 효과를 볼 수 있는 방법이다. 자원재활용의 다른 하나는 이미 상품화되어 소비자의 손을 떠나는 순간 폐기되는 자원 즉 쓰레기로부터의 자원회수이다. 이 역시 자원절약에 따른 원가절감은 물론 쓰레기양을 줄일 수 있는 환경보호라는 측면에서 부가가치가 높은 방법이라 할 수 있다. 자원의 재활용은 최근의 환경문제와 관련되어 있는 실천사항이다.

5.3.3 자원 확보

자원 확보는 세계의 모든 나라가 자국의 이익에 부합되는 쪽으로 이끌어 가고 있으며, 이러한 국제적 환경에서 우리는 두 가지 면에서 자원확보 전략을 수립해야 한다. 이는 자원개발과 자원비축이다. 자원개발에는 국내광산개발과 함께 해외광산개발에 참여하여 개발한 광산물의 수입을 고려할 수 있는데 과거에는 해외광산개발참여에 따른 확실한 투자보상이 보장되었으나 우리나라와 같이 개발 참여 시기가 늦은 경우 부담하게 되는 무게와 한계는 매우 클 수밖에 없다. 해외광산개발에는 기존광산을 직접 매입하거나, 융자에 의한 개발, 개발에 따른 기술협조, 공동개발에 직접 참여하거나 독자적인 광산개발 등이 있겠으나 직접개발비용 이외에도 다양한 형태의 간접비용이 요구되는 등 많은 자금이 요구되므로 결코 용이한 문제는 아니다. 이와 같은 경제적 요인 이외에도 자원보유국의 정치,

경제 및 사회적 상황변동을 고려해야 한다. 1970년대 세계경제에 지각변동을 일으킨 두 차례의 에너지위기로 인하여 부상하게 된 대책 중의 하나가 자원 비축이다. 비축이 곧 자원 확보라는 의미로 하나는 여유가 있을 때 자원을 쓰지 않고 저장하였다가 필요한 경우에 이용하는 것과 다른 하나는 이미 확보된 자원을 개발하지 않고 보유만 하는 경우이다. 이는 자원을 확보한다는 관점에서 보면 적극적인 방법은 아니지만 자원 확보가 곤란할 경우 해결수단으로 이용할 수 있다. 주요국의 석유비축 현황이 표 5.2에 나타나 있다.

표 5.2 주요국의 석유 비축현황 (2010년 기준)

국가	미국	일본	프랑스	독일	한국
비축일수	164	168	95	124	191

주) 1. 비축일수는 IEA 기준(석유 일순수입량 기준)에 의한 것임.
2. 2010년 IEA/SEQ자료(한국은 2010.12월 기준)

5.3.4 미 이용자원의 활용

광물자원의 개발가능 여부는 개발에 따른 경제성에 의해 결정된다. 똑같은 자원이라 할지라도 경제적, 사회적, 정치적 환경 등의 요인에 따라 개발이 진행되기도 하고, 그대로 방치되기도 한다. 잠재적인 자원을 포함하여 개발되지 않은 채로 방치된 자원인 미 이용자원은 개발을 저해하는 요인이 제거되면 미래의 개발대상자원이 될 수 있다. 우리나라도 미래의 자원 확보를 위해 미 이용자원을 개발할 수 있는 기술개발과 지식축적을 점진적으로 진행할 필요가 있다. 물론, 이는 단시간 내에 기술개발에 투자한 만큼의 성과를 거둘 수는 없지만 미래의 난관에 대처하는 자세의 일환으로 꼭 필요한 투자임은 말할 나위가 없다.

재료나 제품의 운송수단이 없을 경우 또는 운송비가 매우 비싼 경우, 용수나 전력공급이 곤란한 경우, 채취조건이 열악한 경우, 광상 규모가 작을 경우, 광석이 저 품위인 경우, 그리고 광석처리가 곤란할 때 등은 기술적으로 개발이 어려운 경우이다. 이와 같은 문제의 대부분은 채취, 처리 및 기타 기술이 발달하면 제거될 수 있는 것이다. 이는 지금까지 문명발달사에서 볼 수 있듯이 인류가 자원을 개발하고 활용한 전례에서도 명확히 증명되고 있다.

5.3.5 해양자원개발

대륙붕에는 석탄, 석유, 천연가스 같은 지하자원이 상당량 부존하고 있다. 석유의 경우

현재 산유량의 약 40% 정도가 대륙붕에 위치한 해저유전에서 생산되고 있다. 또한 연안퇴적물에서는 철, 중사, 모래, 주석, 다이아몬드 등을 채취할 수 있고 연안 해저 광물자원으로는 암염, 유황, 인, 석유등이 있으며, 심해저 광물자원으로는 망간단괴, 함 금속 퇴적점토 등이 있다. 해수에 용해되어 있는 자원으로는 식염, 마그네슘, 브롬, 우라늄 등이 있다.

최근 해양저에 대한 탐사와 채취기술이 진보하면서 심해저 자원에 대한 관심이 높아지고 있다. 예를 들면 심해저에서 채취할 수 있는 망간단괴 속에는 망간 이외에 니켈, 동, 코발트 등의 원소가 같이 함유되어 있는데 망간의 육상 매장량이 20억 톤인데 반해 심해저에는 4천억 톤이 있는 것으로 알려져 있다. 이밖에 니켈, 코발트 등은 육상에 각각 5천만 톤, 400~500만 톤인데 반해, 심해저 단괴에는 각각 164억 톤, 98억 톤의 매장량을 보이고 있다. 이와 같이 어마어마한 자원 량으로 인하여 여러 나라에서는 이러한 자원에 대한 기득권을 확보하기 위하여 이에 대한 연구가 경쟁적으로 활발히 진행되고 있다. 이는 경제영토(economic zone)를 확장한다는 측면에서 적극적인 연구와 동시에 참여가 필요다. 향후 해양자원을 이용하기 위한 과제는 다음과 같다.

첫째, 채광기술을 개발하는 것이다. 심 해저 광물을 수집하고 해상환경에 대처할 수 있는 채광장치개발 등에 대한 과학적인 연구가 있어야 한다.

둘째, 제련기술의 개발이다. 에너지를 절약할 수 있고 폐기물을 과학적으로 처리할 수 있는 제련기술을 개발하는 것이다.

셋째, 정부가 주도하기보다는 민간 기업이 기술과 자금을 투자할 수 있는 여건을 조성하는 것이다.

5.3.6 대체자원개발

유한한 자원을 대체하여 보다 경제적이고 효과적으로 이용할 수 있는 광물자원과 에너지자원을 확보하는 것같이 적극적인 방법은 없다. 이는 경제 및 기술적으로 각각 많은 투자와 어려움이 뒤따르지만 자원의 유한성이라는 측면에서 꼭 달성하여야 할 분야이다. 광물자원의 대체소재로써 고분자물질을 개발하고 성능이 뛰어난 새로운 합금(alloy)의 개발, 세라믹의 새로운 이용 등 그 연구 분야는 무한정 넓혀져 있다. 기존 에너지자원의 대체에너지로는 자연현상으로부터 에너지원을 확보하고, 새로운 기술개발에 의한 특정원소의 에너지화, 또는 핵융합원리를 이용한 꿈의 에너지개발 등이 있다. 이는 인류의 오랜 꿈인 자원과 에너지를 풍부하게 확보함은 물론 청정에너지를 개발함으로써 환경오염 및 공해의 그늘에서 벗어날 수 있다는 매우 희망적인 시도가 될 수 있다.

✻ 참고문헌

- 홍준의, 최후남, 고현덕, 김태일, 살아있는 과학교과서, 통합과학 대안교과서 편찬위원회, 2001
- 김경렬, 김동희, 김혜영, 박창범, 전종갑, 조문섭 공역, 지구시스템의 이해, 박학사, 2003
- 김수진, 광물학원론, 주성문화사, 1988
- 양오봉, 김병우, 최정우, 탁용석 공역, 환경공학개론, 교보문고, 2009
- Hubbert, M. K., Project Independence: U.S. and World Energy Outlook through 1990, Congressive Research Services, Washington, DC., 1977
- Hubbert, M. K., Resources and Man, National Academy of Science, Freeman, 1969

6장

에너지 문제

6.1 에너지

6.1.1 에너지란?

1) 에너지의 정의

우리가 일상생활을 영위하면서 에너지(energy)보다 더 많은 중요성을 부여하는 대상은 없을 것이다. 에너지의 어원은 그리스어의 에네르게이아(energeia)이다. 이는 내재(en-)된 일(ergon)로써 일을 할 수 있는 근원적인 힘을 뜻하고 있다. 우리가 인식할 수 있는 범위에 있는 모든 사물의 존재는 에너지에 의해 이루어진 결과이다. 인류문명과 과학기술의 발전 정도는 에너지 개발 및 활용기술 수준에 비례한다 해도 과언이 아닐 것이다. 에너지는 다양한 형태로 인간에게 혜택을 주면서 문명발전의 토대가 되어 왔다. 이러한 뒷받침은 지금까지와 같은 방식으로 미래에도 적용됨은 물론, 더욱 문명이 진보하기 위해서는 에너지 확보에 대한 인류의 욕구가 무한하게 계속될 것이라는 점은 의심을 할 여지가 없다.

2) 에너지의 분류

에너지자원은 표 6.1처럼 화석연료자원, 핵연료자원 그리고 자연에너지자원으로 분류할 수 있다. 화석연료자원이란 지질시대를 거치는 동안 지구상에 존재하던 생물의 유해가 변질되어 만들어진 에너지자원으로 재생 불가능한 에너지자원이다. 핵연료자원은 핵분열용과 핵융합용으로 구분할 수 있다. 자연에너지자원은 신에너지(Neo-energy)자원으로서 자연현상의 원리를 응용하여 에너지를 얻을 수 있는 것으로 재생 가능하며 청정한 미래의 에너지자원이다.

표 6.1 에너지자원의 분류

구 분	종 류
화석연료자원 (Fossil fuel)	석탄 (Coal) 석유 (Petroleum) 천연가스 (LPG) 오일샌드 (Oil sand) 오일 셰일 (Oil shale)
핵연료자원 (Nuclear fuel)	핵분열용 - 우라늄, 토륨 핵융합용 - 중수소, 리튬
자연에너지자원 (Natural energy)	태양 에너지 (Solar energy) 수소 에너지 (Hydrogen energy) 생체 에너지 (Biomass energy) 소수력 에너지 (Small hydro-power) 풍력 에너지 (Wind energy) 해양 에너지 (Ocean energy) 지열 에너지 (Geothermal energy)

3) 에너지의 평가

지구의 지표를 가열하는데 소요되는 에너지의 99%는 태양으로부터 직접 도달하는 것이다. 따라서 나머지 1%가 구입을 해야 하는 상업용 에너지(commercial energy)이며 이 에너지의 상당량은 현재 주로 재생 불가능한 화석연료로부터 얻는 것이다. 우리가 사용하는 에너지 종류 및 이용방법은 우리 삶의 질과 유해한 환경학적 영향을 결정하는 중요한 인자가 된다. 따라서 하나의 에너지자원이 고갈됨에 따라 새로운 에너지로 대체하는 데는 최소한 50년이라는 시간과 막대한 투자가 필요하기 때문에 새로운 에너지 자원으로 전환하기 위해서는 다음과 같은 준비가 필요하게 된다.

첫째, 얼마나 많은 에너지 자원이 미래의 특정시점에 존재할 것인가? 즉, 이러한 질문에 대답을 하기 위해서는 방대한 자료에 대한 수집과 연구가 수반되지 않으면 안 된다.

둘째, 해당 에너지자원의 순 에너지 산출량은 얼마인가?

셋째, 해당 에너지자원을 개발하고 이를 단계적으로 도입하여 이용하는데 소요되는 전체 투자비용은 얼마인가?

넷째, 해당 에너지자원을 채취 및 처리하고 운반하여 이용하는 과정에서 발생하는 환경에 대한 영향은 무엇인가?

다섯째, 해당 에너지자원이 인류의 다음 세대와 인간 이외의 생물종이 생명을 유지할 수 있도록 지구환경을 보존하는데 미치는 영향은 긍정적인가 아니면 부정적인가? 즉, 도움이 되는가? 만약 도움이 된다면 그 정도는 얼마나 될 것인가?

순에너지는 주어진 에너지원으로부터 얻을 수 있는 양질의 에너지량을 순 에너지(net energy)라 한다. 이는 매우 중요한 개념으로 주어진 에너지원의 사용가능 시간 동안 유용하게 이용될 수 있는 총 에너지에서 에너지원을 사용자에게 전달하기 위해서 사용되거나 저절로 낭비되거나 또는 불필요하게 낭비된 에너지를 뺀 값이 된다. 여기서 에너지원이 전달되는 데는 에너지 자원을 발견하거나 이를 개발하여 처리하고 농축 및 운반하는 과정에서 낭비되는 에너지양을 이른다. 순에너지 비율(net energy ratio)은 총 에너지량과 낭비되는 에너지의 비율로 아래와 같다. 순에너지 비율이 1보다 작을 경우에는 순 에너지 손실이 발생하게 된다.

$$\text{순에너지 비율} = \frac{\text{총에너지} - \text{낭비되는 에너지}}{\text{총에너지}} = \frac{\text{순에너지}}{\text{총에너지}} \qquad (6\text{-}1)$$

4) 에너지 효율

에너지 중 저절로 낭비되고 불필요하게 낭비되는 에너지 양이 에너지 총 소비량의 3/4 이상이 되고 있다. 따라서 에너지 효율(energy efficiency)을 높이지 않으면 안 된다. 에너지 효율이란 에너지 전환시스템에서 실질적으로 일을 하는데 소요된 에너지가 총 투입된 에너지량에서 차지하는 백분율로 정의된다. 예를 들면 형광등의 경우 에너지 효율은 22%이고, 백열등의 경우는 5%에 불과하므로 형광등의 에너지 효율이 매우 높다. 또한 에너지를 이용하는데 있어 에너지의 총 수명비용(life cycle cost)이 낮을수록 에너지 효율을 높일 수 있다. 총 수명비용은 에너지원을 이용하기 위해 구입하거나 설치하는데 드는 초기비용과 이를 유지하고 운영하는데 드는 총 유지비용을 합한 것이다.

에너지 효율을 개선하여 효율성을 높이기 위해서는 에너지의 낭비를 줄이지 않으면 안 된다. 낭비를 줄이지 않으면 안 되는 이유는 다음과 같다.

첫째, 낭비를 줄임으로 인해 재생 불가능한 자원인 화석연료의 이용 수명을 연장할 수 있다.

둘째, 이렇게 함으로써 단계적으로 재생 가능한 에너지를 수용할 수 있는 시간을 갖게 해 준다. 다른 대체에너지로의 전환에는 최소한 50년 정도의 시간이 필요하기 때문이다.

셋째, 특히 우리나라 같은 경우 석유에 대한 수입의존도를 감소시킬 수 있다.

넷째, 또한 국제 관계에 있어 미국과 같은 경우에는 중동지역에 대한 정치적, 군사적 개입의 개연성을 줄일 수 있다.

다섯째, 낭비를 줄임으로 인해 지역적인 환경은 물론 범 지구적인 환경오염을 감소시킬 수 있다. 이에 따라 부수적으로 지구 온난화 현상을 지연시킬 수 있다. 그러나 에너지 효율이 개선되지 않고 있는 이유가 있는데, 이는 우선 현재 시점에서 보아 화석연료의 가격이 매우 낮게 책정되어 있으며 또한 공급량이 과잉상태에 있기 때문이다. 이것이 에너지 효율이 강조되고 있지 않은 가장 주요 문제점 중의 하나이다. 다른 하나는 정책상의 문제인데 에너지 낭비 행위를 축소시키기 위해 정부차원의 유인책이 부재하다는데 있다. 이러한 유인책으로는 에너지 효율개선을 추구하는 데에 대한 세금감면이나 특정한 인센티브를 주는 경제적 혜택 등 정부보조금을 지불하는 것이다. 그리고 나머지 하나는 에너지 효율에 대한 정보의 부재에 있다. 즉, 절약형 기기 등에 대한 정확한 정보와 총 수명비용 분석에 대한 광범위한 정보가 소비자에게 잘 전달되지 않는데 문제가 있는 것이다.

6.1.2 에너지와 경제

1980년대 말 세계의 총 에너지소비량을 보면 OECD(Organization of Economic Cooperation and Development) 국가를 100으로 하였을 때 구소련 중심의 공산국가는 47, 개발도상국(개도국)은 51정도의 비율로서 각 구분에 속하는 국가의 인구를 감안하면 매우 큰 격차가 있음을 알 수 있다. 2000년대 이후에는 이러한 상호비율에 큰 변화가 있을 것으로 전망되는데 OECD를 100으로 하면 구 공산권국가는 55, 개도국은 80 이상이 될 전망이다. 이러한 전망은 1990년대 개도국의 석유 및 천연가스 소비량이 상당히 증가하였는데 이러한 증가세는 계속 지속될 것이라는데 근거를 두고 있다. 이에 반해 OECD국은 전년대비 매년 1~2% 정도 에너지소비량이 증가할 것으로 예상되고 있다. 이와 같이 개도국의 에너지 소비 증가량이 큰 이유는 다음과 같다.

첫째, 인구증가율이 매우 높다.

둘째, 개도국의 경제성장률이 높다.

셋째, 비경제적으로 에너지를 이용하고 있다.

넷째, 경제성장이 지속됨에 따라 고급에너지에 대한 선호도가 증가하고 있다.

이렇게 증가하고 있는 에너지소비량은 에너지자원의 수요와 공급 면에 있어 자원의 확보경쟁은 물론 환경오염물질 배출이 증가될 것이라는 위기의식의 확산을 불러 일으킬 지도 모른다는 불안감을 인류에게 던져주고 있다(그림 6.1).

세계의 에너지소비수요를 억제해야 하는 문제에 있어 소위 선진국과 개도국은 서로 상반된 관점을 견지하고 있다. 선진국은 개도국의 폭발적인 에너지소비증대를 우려하고 있으며 이에 반해 개도국은 선진국의 막대한 에너지소비량을 문제 삼고 있다. 이는 상반된 입장으로 개발도상국의 기본적인 시각은 에너지문제는 선진국의 에너지독점이 원인이지 개도국의 에너지소비량을 감소시켜 생활수준의 저하까지 요구한다거나 개도국의 경제개발노력을 선진국이 부정해서는 안 된다는 것이다. 이와 같이 국가 간 이익에 기본적으로 관련이 있는 입장 차이를 좁히거나 해결한다는 것은 매우 어려운 일이다. 만일 국제적으로 긴밀한 협조나 합의점 도출에 의해 문제가 해결되지 않는다면 에너지 자원의 수급문제나 이용에 따른 환경문제는 에너지 가격의 상승으로 이어져 선진국과 개발도상국의 경제구조 및 경제규모 차이를 고착할 수 있는 위험성도 내포하고 있으므로 우리 모두 경계하지 않으면 안 될 심각한 문제이다.

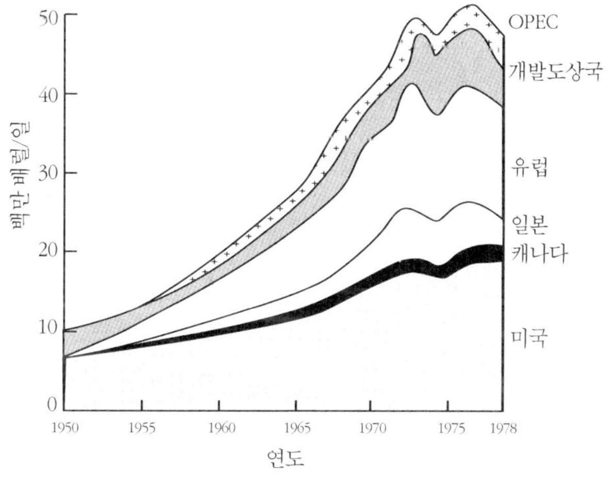

그림 6.1 자유세계의 석유 소비량 추이

1973년 10월부터 중동 산유국은 자국산 석유유가를 배럴(1 barrel = 158.9liter)당 3달러(US dollar)에서 12달러로 올리면서 제1차 석유파동(oil shock)이 발생하였다. 이에 따라 전 세계는 경기침체 및 인플레이션 사태를 겪게 되었으며 특히 석유수입의존도가 높은 국가는 국내의 정치, 경제 및 사회적으로 큰 타격을 받게 되었다. 이러한 조치를 계기로 석유수출국기구(Organization for Petroleum Exporting Countries, OPEC)의 국제적 지위는 물론 그 영향력은 급격히 상승하게 되었다.

1950년대 이전 국제원유시장은 소위 메이저(Major)로 지칭되는 엑슨(Exxon), 루얄 더치 쉘(Royal Dutch Shell), 걸프(Gulf), 모빌(Mobile), 소칼(Socal), 텍사코(Texaco), 브

리티시 페트롤리움(British Petroleum) 등 대기업 그룹에 의해 지배되었다. 그러나 2차 대전 후 소규모의 독립계열사들이 원유시장에 참여하게 되었고, 이러한 시장변화의 여파로 메이저의 지위는 약화되게 되었다. 즉, 독과점시장에서 경쟁시장으로 국제원유시장이 탈바꿈하게 되자 메이저는 원유가 하락을 방지할 수 없게 되었다. 이러한 결과, 석유생산국들은 수입이 감소하게 되었고, 유가하락을 공동으로 방지할 필요성이 대두되자 1960년 중동의 이란, 이라크, 쿠웨이트, 사우디아라비아, 남미주의 베네쥬엘라 등 5개국은 공동기구를 발족하게 되었는데 이것이 OPEC의 창립이다. OPEC은 중동국가가 안고 있는 종교 및 지정학적인 문제와 연계시켜 석유를 정치적 무기로 사용하기도 하였다. 현재 OPEC의 회원국은 12개국(즉, 이란, 이라크, 사우디아라비아, 베네쥬엘라, 아랍 에미레이트, 카타르, 쿠웨이트, 인도네시아, 리비아, 알제리아, 나이지리아, 가봉)이며 각 나라의 석유장관이 대표성을 갖고 있다. OPEC 회원국의 원유매장량은 전 세계 매장량의 77%에 이르는 방대한 양이다.

1973년 10월 중동전쟁이 재발하자 OPEC 석유장관회의에서는 원유가격 70% 인상안을 발표하였다. 이와 더불어 친 이스라엘국가에 대해서는 석유수출을 금지하는 조치도 취하게 되었으며, 이러한 결과, 1973년 12월에는 원유공급량이 같은 해 9월에 비해 80% 수준으로 감소하게 되었다. 아랍산유국의 금수조치에 대항하여 서방석유회사들은 아랍국가 이외의 산유국으로 원유 도입선을 전향함으로써 어느 정도 충격을 완화할 수는 있었다. 그러나 아랍국가에 절대량을 의존하던 석유수입국은 물량확보에 전전긍긍하게 되었으며, 그 결과, 원유가격은 폭등하게 되었다. 따라서 1974년 1월, 원유 1배럴 당 가격이 11.65달러로 상승하여 10월 중동전쟁 이전 가격의 4배에 이르게 되는데 이것이 제1차 세계석유파동이다.

이후 아랍산 원유의 금수조치가 해제되고 원유공급물량 및 국제유가는 안정을 찾게 되었으나 이를 계기로 아랍권국가들은 유전을 국유화하게 되었고, 원유수출도 메이저를 통한 것이 아니라 직접거래방식으로 전환하여 원유공급시장에서 독점적인 위치를 확보하게 되었다. 이러한 사태에 자극 받은 석유 수입국은 1974년 국제에너지기구(International Energy Agency, IEA)를 창설하여 공동으로 에너지절약, 대체에너지개발, 국제석유시장의 정보교환 등을 추진하게 되고 비상사태에 대비한 협력방안을 모색하게 되었다.

OPEC의 성립과 중동전쟁의 재발 등에 의해 급격히 상승한 국제원유가격은 중동전쟁의 종결과 세계경기침체 그리고 에너지절약에 따른 석유수요의 감소로 인하여 1978년까지 12달러 선에서 안정을 유지하였다. 그러나 1978년 겨울 이란혁명의 발발과 함께 자유세계원유소비량의 10%에 해당하는 하루 500만 배럴의 원유공급이 중단되었다. 이에 따라 OPEC은 1979년 4월 사우디아라비아 산 경질유의 기준유가를 배럴 당 14.55달러로 인상하였고 석유품질에 따라 할증료가 부가되는 이중가격제도를 채택하였다. 이후 OPEC은 1979년 7월 기준유가를 18달러, 1980년 1월에는 26달러, 1981년에는 32달러, 1982년 2월에는 34달러로 인상함으로써 제2차 석유파동이 발생하게 되었다.

두 차례의 석유위기는 석유 수입국으로 하여금 에너지 소비절약과 함께 대체에너지 개발을 촉진시키는 계기가 되었다. 석유파동에 따른 전반적인 세계경기의 침체는 석유수요를 감소케 하여 OPEC은 원유의 기준유가를 인하하고 원유 생산량의 상한선을 제한하기에 이르렀다.

한편 제1차 석유파동 이후 세계 여러 나라는 석유탐사 활동을 활발히 시행한 결과, 비OPEC국에 의한 원유공급이 급격히 증가하게 되었다. 이러한 가운데 제2차 석유위기 이후 전반적인 경기침체의 장기화는 자국 산업보호를 위한 보호무역정책을 채택함으로써 세계경기는 계속하여 침체하게 되었으며, 이에 따른 석유소비의 감소추세와 비OPEC 산유국의 공급증대는 OPEC의 시장지배력을 약화시켜 고유가 정책 유지를 어렵게 만들었다. 따라서 원유시장에서 비OPEC 산유국의 시장점유율이 1983년에는 57% 수준까지 증가하였다. 이에 OPEC 산유국들은 비공식적인 가격할인을 통하여 원유공급시장에서의 시장점유율을 증대하려는 의도 아래 경쟁적으로 산유량을 늘림으로써 유가전쟁이 본격화되었다. 이러한 결과 1986년 말까지 유가전쟁은 끝이 나게 되는데 1987년 원유가격은 배럴 당 18달러 선으로서 다시 안정을 찾게 되었다. 1994년 스위스 제네바에서 열린 석유장관회의에서 유가하락방지를 위한 논의가 실패로 돌아가자 유가는 또 다시 하락하게 되었다. 여기서 OPEC국은 1일 생산량을 2,452만 배럴로 조정하게 된다. OPEC 회원국의 원유생산비중은 1970년대 이전에는 50%를 상회하였으나 1980년대에는 약 30%, 1990년대에 이르러는 43%이다. 이러한 유가는 1990년대 중반까지는 안정성을 보였으나 1990년대 후반에 들어서는 1998년 초부터 1999년 초까지 비정상적인 낮은 유가가 형성되었는데 이는 1973년 10월의 제1차 석유파동 이후 가장 낮은 유가이었다. 이에 대한 반빌로 OPEC는 생산량 감산조작을 하여 일시적이나마 고유가(즉, 1배럴 당 25달러 이상)를 유지하게 되었다. 1990년대 발 석유 수급량은 1일 평균 7,500만 배럴이며 생산 가능량은 1억 배럴을 넘어서고 있다. 이러한 경향은 2000년대 조반에도 지속되리라고 전망되고 있다.

6.1.3 우리나라와 에너지자원

우리나라에는 에너지자원이 많이 부존하고 있지 않아 에너지 총수요량의 90% 이상을 해외에 의존하고 있다. 또한 생활수준의 향상으로 에너지 소비율은 경제 성장율을 상회하고 있는 형편이다. 석유, 천연가스 및 원자력에 의존하는 에너지사용량은 계속 높아지고 있는 반면 무연탄과 수력으로 에너지를 얻는 정도는 낮아지고 있다. 따라서 국내 석탄 산업은 위축되어 사양화되고 있는데 특히 민수용 석탄수요는 1987년을 정점으로 하여 급속히 감소하고 있다. 이는 석탄의 부존여건이 점점 열악하게 되어 생산성이 매우 낮으며 노동집약적인 산업으로서 근로자들이 참여를 기피하는 것도 큰 원인이다.

1990년대 들어 민수용 석탄수요는 계속 감소하여 현재는 발전용이 거의 모든 석탄수요를 차지하고 있다. 이러한 현상은 제2차 석유파동 이후 지속되고 있는 석유가격 안정과 더불어 소득수준의 향상에 따른 고급에너지의 선호 그리고 환경문제와 연계되어 석탄 수요 감소를 가속화시켰기 때문이다. 우리나라의 석유소비에 대한 현황과 석유수입에 지출되는 액수가 표 6.2에 나타나 있다.

국내 총생산에서 석탄 산업이 차지하는 비중을 보면 1985년 0.5%에서 1991년 0.1% 그리고 1996년에는 0.01%에 불과한 형편이다. 이는 다른 산업의 획기적인 발전과 무관하지는 않지만 결정적인 것은 석탄수요가 급격히 감소한데 따른 것이다. 그러나 산업혁명 이래 석탄은 에너지원으로 지속적으로 이용되어 왔고 현재 전 세계에너지소비의 3분의 1 정도가 아직 석탄인 것을 보면 석탄은 매우 중요한 에너지자원임에 틀림없다. 특히 우리나라와 같이 석유자원이 없는 나라에서는 그 중요성을 간과해서는 안 될 에너지자원이다.

표 6.2 우리나라의 석유소비 현황

	1997	1998	1999	2000	2009[1]
1일 석유소비량 (천B/D)	2,175	1,836	1,972	2,029	2,327
석유의존도 (%)	60.4	54.6	53.6	52.0	-
석유수입액 (백만 $)	22,204	14,163	18,435	31,416	-

주 1) 자료: 대한석유협회, 세계석유소비, 2009

세계 여러 나라의 에너지소비량과 GDP 관계는 표 6.3과 같다. 여기서 일본의 GDP는 세계 2위이나 에너지소비량은 4위이다. 중국과 러시아의 에너지소비량이 일본에 비해 많은 것은 기후 차이 등 변수가 있으나 에너지를 이용하는데 얼마나 효율적인가가 더 큰 변수로 작용하기 때문이다.

일본의 경제수준이나 규모가 상기 국가에 비해 월등함에도 불구하고 이러한 비교치는 에너지 이용기술의 낙후성을 반증하는 한편 무분별한 에너지사용으로 인한 낭비의 결과라고 할 수 있다. 에너지원이 많지 않은 나라로서 가장 중요한 대책의 하나는 절약이다. 가정 및 개인의 절약도 중요하며, 산업구조자체가 에너지효율을 극대화할 수 있게 현대화 및 조직화될 수 있는 기술을 개발하는 것이 필요하다. 그러나 현재 우리의 에너지절약에 대한 인식은 여전히 매우 후진적이며, 획기적인 에너지원의 개발을 기대하기도 어려운 형편이다. 따라서 보다 중요한 것은 에너지 이용기술의 개발이라 할 수 있다. 에너지문제는 매우 중요하며 다른 분야와 광범위하며 밀접하게 관련되어 있다. 이들 분야는 자원의 수급, 경제, 기술, 국내 및 국제정치, 국제금융, 지정학, 지구환경 등 복합적인 문제로서 이에 대한 해결은 많은 연구와 동시에 노력이 요구되고 있다.

표 6.3 주요국가 GDP 및 1차 에너지소비량

순위	국가	GDP(억달러)	국가	1차에너지소비량(Mtoe)
1	미국	7043.6	미국	2181.0
2	일본	3303.6	중국	1040.0
3	독일	1883.5	러시아	581.8
4	프랑스	1349.2	일본	510.0
5	이탈리아	1198.8	인도	475.8
6	영국	1123.0	독일	344.0
7	중국	906.5	프랑스	255.6
8	캐나다	660.7	캐나다	234.4
9	스페인	578.7	영국	232.0
10	브라질	576.4	브라질	175.0
11	인도	499.3	이탈리아	167.0
12	한국	387.0	한국	163.0
13	호주	382.0	멕시코	147.8
14	네덜란드	349.0	우크라이나	142.9
15	러시아	334.4	인도네시아	123.1

6.2 화석연료

6.2.1 석탄(coal)

석탄은 풍부한 에너지 자원이지만 청결성이 결여되어 있는 화석연료이다. 석탄은 순 에너지 생산량이 높아 전 세계 상업용 에너지의 25%, 전체 전기의 64%를 공급하며 철강 생산량의 75%를 생산하는데 이용되고 있다. 그러나 이러한 중요성 이외에 다음과 같은 많은 단점이 있다.

첫째, 석탄을 채취하여 처리하고 이용하는데 수반되는 오염물질 발생량이 많아 환경에 부정적인 영향을 많이 끼친다.

둘째, 채광 시 사고 및 진폐증 같은 질병 발생 위험이 있다.

셋째, 노천채굴의 경우, 토지에 교란이 발생하거나 토양침식이 일어나 주변하천을 오염시키게 된다. 또한 갱내채굴의 경우 갱의 붕괴에 의한 지반침하가 발생할 수 있다.

넷째, 채굴 및 처리 시 발생하는 산성 물질 및 독성금속에 의해 하천은 물론 지하수가 오염될 수 있다.

다섯째, 다른 화석연료에 비해 단위 에너지 당 대기오염물질 및 CO_2의 발생량이 많으며, 정상적으로 가동되는 원자력발전소보다 수천 배에 이르는 방사성입자를 대기로 방출시킨다.

여섯째, 석탄은 고형물이기 때문에 내연기관에 직접 이용할 수 없다. 석탄을 액체나 기체로 변환시킬 수 있지만 이러한 경우 순 에너지 생산량이 대폭 감소한다. 이외에 석탄을 수송하는데 소요되는 비용은 다른 연료에 비해 과다함은 물론 매우 번거롭다.

이러한 단점에도 불구하고 세계적인 석탄 수요는 표 6.4에서 보는 것과 같이 소폭 증가하거나 보합세를 지속하고 있다.

표 6.4 세계 석탄 소비현황 및 전망 (단위: 백만톤)

구분	1990	1995	2000	2005	2010	2015	연평균 증가율(%)
북미	962	1,019	1,103	1,151	1,202	1,246	1.1
미국	896	949	949	1,054	1,099	1,156	1.0
캐나다	59	58	58	79	82	84	1.8
멕시코	7	12	12	18	21	23	3.4
서유럽	951	678	678	678	678	699	0.2
아이아	234	266	266	271	284	288	0.4
일본	123	140	140	154	165	168	0.9
호주	120	125	125	117	118	120	(0.2)
소계	2,156	1,962	1,962	2,100	2,173	2,251	0.7
구소련	848	492	481	479	474	465	(0.3)
동유럽	525	412	436	439	410	380	(0.4)
소계	1,374	904	917	917	884	845	(0.3)
중국	1,124	1,464	1,783	2,137	2,568	3,089	3.8
인도	242	327	399	479	554	605	3.1
기티	194	222	248	277	307	330	2.0
중동	6	10	9	9	10	11	0.6
아프리카	152	180	170	174	183	191	0.3
라틴아메리카	30	35	39	43	51	58	2.6
소계	1,748	2,238	2,648	3,118	3,672	4,285	3.3
총계	5,278	5,104	5,619	6,136	6,279	7,381	1.9

1) 석탄의 생성

고생대의 석탄기와 페름기 초는 기온이 온화하고 습윤하여 식물이 번성하여 큰 삼림을 이루었다. 이 당시의 식물은 대체적으로 습지나 얕은 물밑에 뿌리를 내리는 것으로서 죽어 넘어지면 물속에 쌓이게 되고 쌓인 상태에서 오랜 시간이 경과되게 되면서 대단히 두꺼운 식물의 충적층을 만들게 되었다. 고생대 이후, 중생대의 트라이아스기, 쥐라기 및 백악기 그리고 신생대의 제3기도 석탄이 생성되었던 시기이다. 각 지질시대 별로 석탄의 원료식물은 고생대에는 양치식물인 인목, 봉인목, 노목 등이고 중생대에는 나자식물, 중생대 말에는 피자식물이 주를 이루고 있다. 우리나라에서는 고생대 말에서 중생대 중기까지는 양치식물 및 나자식물이 주요 원료식물이었고, 제3기에 들어서면서 피자식물이 출현하게 되었다.

마른 땅과는 달리 물속에서는 산소가 부족한 환원환경이므로, 식물체는 쉽게 부식되지 않고 거의 그대로 보존이 된다. 이 두꺼운 식물 층은 토탄(peat)이 되었다가 마침 지각의 침강으로 퇴적물이 그 위에 두껍게 쌓여 위에서 가해지는 큰 압력을 받는 동안 식물의 구성성분인 수소, 질소, 산소 등은 대부분 서서히 달아나 버리고 나중에는 탄소를 주성분으로 하는 물질이 남게 되어 석탄이 생성된다. 석탄이 식물로 되어 있다는 사실은 현미경으로 석탄을 관찰하면 알 수 있다. 현재 열대지방에는 식물이 두껍게 쌓인 곳이 있고, 수십만 년 전에 땅 속에 묻힌 토탄은 석탄이 식물로부터 만들어 졌음을 알 수 있다. 두껍게 쌓인 식물 층과 토탄은 적당한 조건 하에서 몇 천만년이 경과되면 석탄층으로 변하게 될 것이다.

석탄층은 담수에 퇴적된 퇴적암 중에서 발견되며 그 두께는 수㎝~수십m에 달하는 것도 있다. 보통 엉성하게 쌓인 식물층은 1/20로, 토탄은 1/10로 압축되어 석탄층을 만들게 되므로 폭 1m의 석탄층을 형성하기 위해서는 20m 이상의 식물이 쌓여야 한다(그림 6.2). 석탄층에는 식물이 생장한 삼림부근에 쌓여서 만들어진 생성탄과 죽은 식물이 먼 곳으로 운반되어 만들어진 생성탄 두 종류가 있다. 세계적인 큰 탄전(coalfield)은 대체로 원지생성탄을 협재 한다. 이러한 탄전이 만들어지려면 서서히 침강하는 퇴적분지가 필요하며 식물성장에 필요한 알맞은 온화한 기후가 필수적이다.

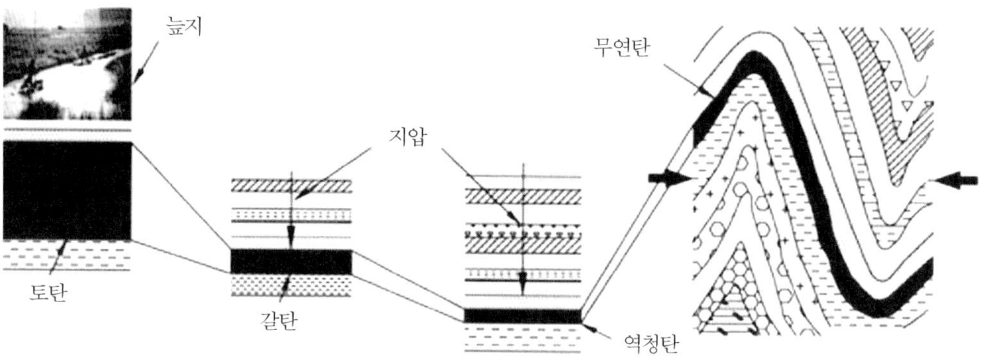

주) 토탄 → 갈탄 → 역청탄 → 무연탄의 순서로 변한다.

그림 6.2 석탄 생성 과정

2) 석탄의 분류

석탄은 탄화의 정도에 따라 무연탄과 유연탄으로 분류되며 이와 같은 구분은 육안으로도 가능하다. 그러나 탄화정도 이외에 다음과 같은 구성 물질에 대한 분석치를 중량 %로 나타낸 수치가 분류의 기준이 되고 있다.

가) 수분

석탄을 110℃의 온도에서 1시간 동안 건조시킬 때 증발하는 수분으로서 탄화가 잘 되어 있는 석탄일수록 수분(moisture)의 함량이 적다.

나) 휘발분

석탄을 태울 때 기화되어 노란 불꽃을 올리며 쉽게 타는 물질로서 주로 탄화수소로 되어 있다. 950℃로 7분 동안 가열한 후 감소된 양을 측정한다. 탄화가 잘된 석탄일수록 휘발분(volatile matters)은 적게 나타난다. 석탄을 분류하는데 가장 주요한 기준이 되고 있다.

다) 회분

회분(ash)은 석탄을 완전히 태운 후에 남는 재로서 원래 식물에 포함되어 있던 타지 않는 물질과 수목이 퇴적될 때 들어간 자갈, 모래, 진흙 등과 석탄이 생성된 후에 추가된 후 연소되지 않는 2차적인 물질로 되어 있다.

라) 고정탄소

석탄 안에 들어 있는 고체상태의 탄소이며 휘발분과 회분 및 수분을 뺀 나머지가 탄소분량이 고정탄소(fixed carbon)이다. 그러나 휘발분 속에도 탄소는 포함되어 있다.

마) 유황분

석탄이 탈 때에 코를 찌르는 SO_2 냄새로 그 존재를 알 수 있다. 유황분(sulphur)이 너무 많으면 공업용 석탄으로도 적합하지 않다.

바) 발열량

1그램의 석탄을 태워서 얻을 수 있는 열량을 칼로리로 나타낸 것으로 대체적으로 석탄의 발열량(calorific value)은 4,000~8,000cal 범위이다. 고정탄소의 함량이 높으면 높을수록 석탄의 발열량은 크다.

3) 석탄의 종류

무연탄과 유연탄은 연소 시 연기의 유무에 의해 단순히 구분할 수 있으나, 구성성분과 산출되는 형태는 매우 다르다.

가) 무연탄

무연탄은 휘발분이 14% 이하이고 불이 잘 붙지 않으며 불꽃을 올리지 않고 연소되는 것이 특징이다. 우리나라의 무연탄은 대부분 분말화되어 있으며 이에 비해 외국의 무연탄은 광택이 강하며 육안으로는 유연탄과 구별이 서로 곤란한 것이 많다. 무연탄이 더욱 탄화가 되면 흑연이 되는데, 토상 흑연은 휘발성분이 5% 이하이고 고정탄소 80% 이상인 변성된 석탄이라 할 수 있다.

나) 역청탄

역청탄(bituminous coal)은 흑색을 띠고 있고 광택이 있는 석탄이다. 휘발분은 10~40%이므로 고정탄소는 적으나 불을 붙이기 쉽고 노란 불꽃을 올리며 연소되므로 화력이 강하다. 점결성이 있는 역청탄은 연소될 때 탄소분이 검게 응결하는 성질이 있으므로 가열하여 휘발분을 빼면 코크스(cokes)를 얻을 수 있다. 이때, 분리된 휘발분은 가스 및 화학약품 제조에 이용된다. 우리나라에는 역청탄이 부존하지 않는다.

다) 갈탄

갈색을 띠고 수목의 구조를 보이는 부분이 발견된다. 수분을 6~30% 포함하므로 실외에 방치하여 두면 수분이 증발을 하며 작은 조각으로 쪼개져 버린다. 갈탄(lignite)은 전혀 점결성이 없으므로 연소되고 남은 재는 거의 원형 그대로를 유지하고 있다.

라) 토탄

땅속에 묻인지 수십만 년 미만이 지난 것으로 아직 식물의 구조가 그대로 남아 있고 그 위를 덮고 있는 퇴적층의 두께가 수십 내지 수십m 정도로 그리 깊지 않으므로 논이나 밭을 갈 때나 우물을 팔 때에 발견되기도 한다. 우리나라의 평야지대에 토탄(peat)이 발견되는 곳이 많다.

4) 석탄의 새로운 이용

전 세계 석탄 매장량은 석탄과 갈탄을 합쳐 약 1조 톤 이상으로 추정되고 있는데 이는 표 6.5처럼 석유매장량의 약 4배 이상이다. 또한 석탄은 석유와 달리 전 세계에 걸쳐 고르게 분포되어 있으며 개발방법이 매우 단순하므로 생산비는 석유에 비해 매우 저렴하다. 따라서 에너지공급구조가 취약한 우리나라 같은 경우 석탄은 양적으로 석유를 대체할 수 있는 자원이라 할 수 있다. 앞으로 석탄의 효율적 이용을 적극 추진한다면 미래의 석유가격을 억제하는 요인이 될 수도 있다.

표 6.5 세계 석탄 매장량 및 구성비

국 가	매장량(백만톤(Mt))	구성비
구소련	241,000	23.1
미국	240,558	23.0
중국	114,500	11.0
호주	90,940	8.7
독일	80,069	7.7
인도	69,947	6.7
남아공	55,333	5.3
폴란드	42,100	4.0
인도네시아	32,063	3.2
캐나다	8,623	0.8
터키	7,148	0.7
기타	81,583	5.8
계	1,043,864	100.0

전통적인 직접 연소방법에서 벗어나 석탄을 새롭게 이용하는 방법으로는 석탄을 액화 또는 가스로 만든 합성연료를 이용하는 것이다. 고체 석탄에 수소나 산소를 화학 반응시켜 액체 또는 기체로 전환함으로써 수송, 저장 등의 문제를 해결하고 또한 탈황, 탈진처리를 하면 폭 넓게 이용할 수 있는 청정에너지(clean energy)를 얻을 수 있다. 이러한 기술은 많은 관심 속에 연구되고 있으며 미국 등지에는 직접 플랜트를 갖추어 연구를 진행하고 있다. 이러한 과정에서는 연료의 청정화 이외의 부가가치를 얻을 수 있는데 액화유와 가스로부터 많은 화학공업원료를 추출할 수 있다. 그러나 석탄을 액화시키거나 가스화 할 경우 문제점은 다음과 같다.

첫째, 순 에너지 생산량이 감소한다. 즉, 석탄에너지 함량의 30~40% 정도가 처리과정에서 소실되므로 석탄의 고갈을 촉진하는 결과가 초래된다.

둘째, 공정에 따른 토지가 교란되며 또한 많은 양의 물이 소진된다.

셋째, 액화 및 기화 시 단위에너지 당 CO_2 발생량이 석탄보다 증가하게 된다.

가) 석탄의 액화법

석탄 액화법에는 직접 액화법과 간접 액화법이 있다. 직접 액화법은 먼저 석탄을 분쇄하여 용제와 혼합하여 슬러리(slurry)를 만들고 가압하여 수소와 함께 반응기에 집어넣는다. 반응기 내에서 압력 100~300 기압, 온도 400~480℃를 유지시켜 주면 촉매제의 작용에 의해 석탄의 분해와 수소첨가가 이루어져 액체가 된다. 생성물은 각각 증류에 의해 유분을 분리하여 석유와 똑같이 제품화한다. 간접 액화법은 석탄을 고온의 가스화로에서 분해시켜 가스로 만든다. 생성 가스를 분리 · 정제하여 일산화탄소와 수소를 얻고 이 가스를 원료로 하여 촉매제를 이용한 합성반응을 일으켜 석유와 똑같은 성분을 갖는 탄화수소나 알코올을 제조하는 기술이다.

나) 석탄의 가스화

석탄 가스화는 여러 가지 가스화제 즉 수증기, 공기, 산소, 수소 등을 고온에서 석탄의 탄소 결합을 절단하여 가스체로 만드는 것을 말한다. 석탄의 가스화라는 것은 석탄중의 탄소, 수소 모두를 가스화하는 것으로 탄소가 가스화된 것을 합성천연가스(synthetic natural gas, SNG)라 한다. 이 반응과정에서 석탄은 고온 가열에 의해 열분해 되어 메탄 등의 탄화수소가스와 고체상태의 건류 생성물인 목탄이 되고 목탄에 가스화제가 반응하여 생긴 가스가 상호간의 반응을 촉진시켜 수소, 일산화탄소 그리고 메탄 등을 주성분으로 하는 가스를 얻는다. 생성가스의 정도와 발열량에 따라 고칼로리 가스화, 중칼로리 가스화, 저칼로리 가스화로 나뉜다.

다) 석탄가스화 복합발전 시스템

석탄가스화 복합발전 시스템은 석탄을 태워 생긴 가스로 터빈을 돌리고 동시에 여기서 생긴 폐열로 증기터빈까지 가동시켜 에너지를 얻는 시스템이다. 이러한 방식은 기존의 시스템보다 발전효율이 10% 정도 더 높고, COx, SOx, NOx 등 유해가스를 각각 25, 90, 40% 정도 적게 배출시키므로 다음 세대의 청정에너지원으로 주목 받고 있다.

6.2.2 석유 및 천연가스

석유(petroleum)는 옛날부터 가연성 및 휘발성을 갖는 물질로 알려져 있었으나 연료보다는 미이라(mummy)의 보존이나 선박제조 시 방수 목적으로 이용되었다. 고대 중국에서는 기원전 221년 경 석유를 채취하기 위해 시추를 하였다는 기록이 있으며 헤로도터스(Herodotus)는 기원전 450년에 그리스와 페르시아에서 원유가 지표에 유출된 것을 관찰하였다는 기록을 남기고 있다. 그 후 석유는 19세기 말 새롭게 발견된 후 처음에는 등불의 연료 같은 용도로 이용되다가 20세기 초에 이르러 휘발유엔진이 발명됨에 따라 석탄에 의존하던 교통수단이 석유로 변환되면서 석유사용량은 급격히 증가하게 되었다. 오늘날은 교통기관의 연료 외에도 산업용에너지로 석유가 이용되면서 전체 화석연료 중 표 6.6처럼 석유에 대한 의존도는 석탄에 비해 약 2배에 이르고 있다.

표 6.6 세계 주요국가의 석유 소비량 (단위: 천B/D)

구분	2004	2005	2006	2007	2008	2009
미국	20,732	20,802	20,687	20,680	19,498	18,686
캐나다	2,248	2,247	2,246	2,323	2,287	2,195
멕시코	1,918	1,974	1,970	2,027	2,010	1,945
브라질	1,999	2,048	2,102	2,274	2,397	2,405
프랑스	1,978	1,960	1,956	1,921	1,902	1,833
독일	2,634	2,605	2,624	2,393	2,517	2,422
이탈리아	1,873	1,819	1,813	1,759	1,680	1,580
스페인	1,593	1,619	1,602	1,617	1,574	1,492
영국	1,764	1,802	1,785	1,714	1,681	1,611
러시아	2,619	2,601	2,709	2,706	2,817	2,695
이란	1,558	1,620	1,693	1,693	1,761	1,741
사우디	1,670	1,756	1,841	2,054	2,390	2,614
중국	6,772	6,984	7,382	7,742	8,086	8,625
인도	2,573	2,569	2,580	2,748	3,071	3,183
일본	5,269	5,343	5,213	5,039	4,846	4,396
대한민국	2,283	2,308	2,317	2,389	2,287	2,327

자료: 대한석유협회, 세계석유소비, 2009

1970년대에 겪었던 석유파동은 인류의 에너지의존도가 석유에 너무 치우침으로써 발생할 수 있는 에너지 수요 · 공급만의 문제를 떠나 국제사회에 보다 심각한 문제를 일으킬 수 있는 위험성을 알게 되는 계기가 되었다. 세계의 원유 매장량은 표 6.7에서 보는 바와 같이 지역에 따라 편중성이 석탄에 비해 매우 심하다.

표 6.7 세계의 원유매장량 (단위: 10억 배럴)

구분	1979	1989	1999(%)
북미	73.0	98.4	63.7(6.2)
중 · 남미	25.2	68.7	89.5(8.6)
유럽	26.6	20.5	20.6(2.0)
구 소련	67.0	58.4	65.4(6.3)
중동	361.8	660.3	675.7(65.4)
아프리카	57.1	58.8	74.9(7.2)
아시아 · 태평양	39.4	46.6	44.0(4.3)
총계	650.1	1011.7	1033.8(100)

1) 탄화수소

유전에는 천연적으로 존재하는 액상의 원유(crude oil)와 기체상태의 천연가스가 있다. 천연가스에는 불연성 가스와 가연성 가스가 있으며, 가연성 가스에는 유전가스, 탄전가스, 수용성 가스가 있다. 원유와 가연성 천연가스는 C_nH_{2n+2}, C_nH_{2n}과 같은 화학식으로 나타낼 수 있는 탄화수소(hydrocarbon)의 혼합물로서 n 값이 4 이상이면 원유이고, n 값이 4 미만이면 천연가스이다. 지금까지 지구상에서는 3,000종류 이상의 탄화수소가 발견되었으며 석유는 그 중 약 350종의 탄화수소로 이루어져 있다. 원유는 거의 불투명 내지 반투명한 녹흑색의 점성이 있는 액체지만 등유처럼 연한 색을 띠는 원유도 가끔 발견되고 있다. 원유에는 황, 질소, 산소 및 기타 기체가 소량 포함되어 있다. 석유는 원유의 뜻으로 사용되기도 하지만 원유를 증류하여 얻은 여러 종류의 유류를 가리키는 총체적인 용어로도 사용된다.

가연성 유전가스로는 메탄(methane), 에탄(ethan), 프로판(propane), 부탄(butane) 등이 혼합되어 있는데 이들은 비등점이 낮기 때문에 상온에서는 가스 상태로 존재한다. 이 중 프로판과 부탄은 액화시켜 액화석유가스(liquified petroleum gas, LPG)로 만들며 나머지는 대부분이 메탄가스인데 이를 −184℃의 초저온에서 액화천연가스(liquified natural gas, LNG)로 전환시킨다. 유전가스의 장점은 우선 가격이 석유에 비해 저렴하며 파이프라인 등을 통해 수송이 가능하기 때문에 운반비용을 절감할 수 있다. 또한 순 에너지 생산이 높아 연소 시 많은 열량을 얻을 수 있고 단위 에너지 당 CO_2 발생량이 석탄에 비해 43%, 석유보다는 30% 정도 적으므로 대기오염물질의 배출량이 적다. 또한 매장량도 풍부하기 때문에 앞으로 70~200년 동안 공급이 가능한 것으로 추산되기 때문에 향후 50년간 과도기에 이용할 수 있는 최적의 연료로 판단되고 있다. 과도기란 석유, 석탄 및 핵에너지 시대에서 보다 개선된 에너지 효율시대 및 재생가능에너지 시대로 넘어가는 시기를 뜻한다.

최근 메탄수화물(methane hydrate)이 대륙의 영구동토(permanent frost)나 대륙붕(continental shelf), 대륙사면(continental slope)과 같은 지역에서 압력은 높고 온도가 낮은 특정부위에 매장되어 있는 것이 발견되었나. 메탄수화물은 메탄 기스(CH_4)와 물(H_2O)의 고체결정이다. 이러한 결정체가 생성될 수 있는 지질학적인 조건은 적당한 압력과 온도가 유지되며 메탄과 물이 자리를 잡을 수 있는 지하공간이 있어야 한다. 메탄수화물은 석유나 석탄에 비해 연소시키면 이산화탄소 배출량이 적은 청정에너지원이다. 현재 전 세계 메탄수화물의 매장량은 1천 조~5경 (10^{15}~5×10^{16})m^3으로 추정되고 있다. 그러나 메탄수화물은 분포밀도가 매우 낮고 회수 역시 어려운 문제로 많은 연구와 조사가 요구되고 있으며, 따라서 경제성이라는 측면에서 빠른 시일 안에 자원화하기에는 아직 요원한 잠재적인 에너지자원이다.

2) 석유의 생성

원유와 천연가스는 그림 6.3처럼 고생대 이후 모든 지층에서 산출되지만 특히 신생대 지층에는 총 석유 매장량의 약 60%, 중생대층에 25%, 고생대층에 15%가 존재하고 있다. 중생대층의 경우에는 석유매장량의 80%가 백악기 지층에 매장되어 있다. 한편 석유가 매장되어 있는 심도를 보면 500m 보다 얕은 곳에는 석유가 대체로 부존되어 있지 않고 500m이하 3,000m 깊이까지에서 원유의 산출량이 가장 많다. 이는 석유의 성인 즉 석유가 생성되는 조건과 밀접한 관계가 있기 때문이다.

석유의 성인에 관하여서는 여러 가지 학설이 있는데 크게 두 가지로 나누면, 하나는 무기적 성인설이고, 다른 하나는 유기적 성인설이다. 현재 보다 설득력 있게 받아들여지고 있는 학설은 후자이다. 이유는 원유가 유기적 물질만이 나타낼 수 있는 광학적 성실을 갖고 있고 유기물에서만 만들어질 수 있는 포피린(porphyrins)이라는 화합물을 함유하고 있기 때문이다.

원유와 천연가스는 과거 지실시대에 생존하던 생물이 남긴 유기물이 원인물질이다. 현재 대륙붕의 세립실 퇴석물 중에는 유기물이 7%까지 들어 있는 경우가 있는데, 이는 바다에 실던 여러 종류의 미생물에 의해 공급된 유기물로 생각된다. 최근 연구에 의하면 바다는 미생물로 하여금 매년 10,000m^2당 1kg의 단백질을 생산하고 있으며 가장 활발한 해안

부근에서는 그 생산량이 약 2.5톤에 이르고 있다. 유기물이 해저나 수저에 가라앉으면 일부는 저서성 생물에 의해 소비되며 나머지는 퇴적물 속에 보존된다. 해저가 생물이 생활하는데 부적당하면 퇴적물에 섞여서 보존되던 유기물은 나중에 석유로 변할 가능성이 높다.

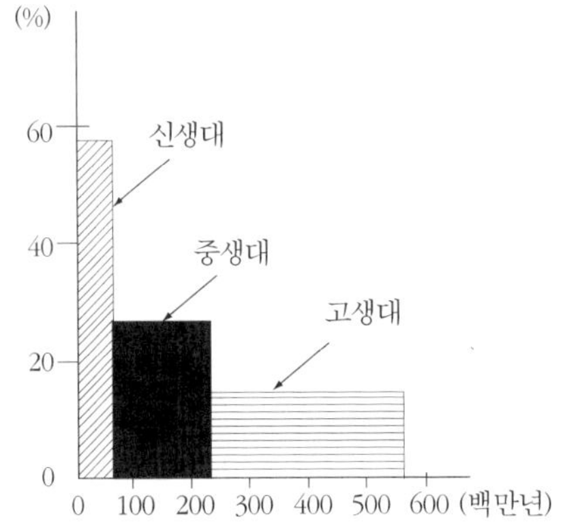

그림 6.3 산유층의 지질시대

최근까지 연구된 바에 의하면 유기물이 원유로 변하는데 필요한 지질학적 조건은 500기압의 지압과 50~150℃ 정도의 지열 및 100만 년 이상의 시간이다. 이러한 조건의 근거는 다음과 같다. 원유가 되기 위하여 약 100℃의 온도가 필요하다고 가정하면, 지각의 평균 지온상승률(geothermal gradient)은 약 4℃/100m이므로, 매몰 깊이는 약 2,500m가 되어야 한다. 한편 토사의 퇴적속도는 평균 5㎝/100년이므로 약 2,500m의 두께로 퇴적되기 위해서는 약 500만 년만큼의 시간이 필요하다. 이는 지질시대로는 신생대에 해당되는 것으로 앞에서 지적하였듯이 전 세계 유전의 60% 정도가 신생대 지층에서 발견되는 근거가 여기에 있다. 일반적으로 200℃ 이상의 지열을 받으면 유기물이 더 이상 원유상태로 있지 못하고 분해되어 가스로 변하게 된다. 따라서 매몰 깊이가 5,500m 이상 되는 깊은 곳에서는 가스 상태로만 존재하게 되며 석유 부존은 기대할 수 없다.

유기물을 함유한 지층에서 석유가 생성되는 과정을 요약하면 다음과 같다.

제1단계: 퇴적물에 섞인 유기물이 박테리아의 작용으로 부패 · 분해되어 산소, 질소 기타 원소가 제거되고 탄소와 수소가 남는다. 이때 박테리아작용이 계속되어 완전히 분해가 되지 않기 위해서는 반드시 산소의 공급이 없는 환원환경이어야 한다.

제2단계: 환원환경에서 퇴적물이 침강되어 퇴적분지가 형성되고 계속 지층이 쌓여 압력이 높아지면 탄소와 수소의 유기고분자화합물인 케로젠(kerogen)이 생성된다.

제3단계: 지층이 계속 쌓여서 유기물을 포함한 층이 깊게 묻혀 위에서 언급한 열과 압력을 받아 케로젠이 원유와 천연가스로 변하는 화학작용을 받는다.

제4단계: 일단 케로젠에서 생성된 원유와 천연가스는 근원암을 빠져 나와 이동하여 오랫동안 원유가 보전될 수 있는 장소인 적당한 지질구조로 집적되면 유전이 생성되게 된다.

3) 원유의 보존

케로젠을 원유로 변환시키는 근원암(source rock)은 흑색 내지 흑회색 셰일이나 이암(mudstone)이 적당하다. 근원암에서 생성된 원유가 이동하는 것에 대해서는 두 가지 학설이 있다. 하나는 원유가 근원암에서 생성된 후 곧 바로 이동하여 공극률이 높은 저류암(reservoir rock)에서 숙성하게 된다는 설이고 다른 하나는 근원암에서 원유로 성숙이 완료된 후 저류암으로 이동해 간다는 설이다. 최근의 연구에 의하면 유기물이 근원암에서 성숙이 완료되기 전에 저류암에 도달한 후에 성숙을 완료한다는 학설이 우세하다.

저류암은 암석을 구성하는 입자사이 공극에 원유를 충진하고 있는 암석이다. 저류암으로는 다공질 암석으로서 공극율(porosity)이 높은 사암이 가장 좋으며 석회암, 돌로마이트 등과 균열이 심한 암석도 흔치는 않지만 가능하다. 석회암인 경우에는 쇄설성 석회암 또는 다공질 석회암은 저류암이 될 수 있다. 이러한 저류암의 공극율이 그림 6.4에 나타나 있다.

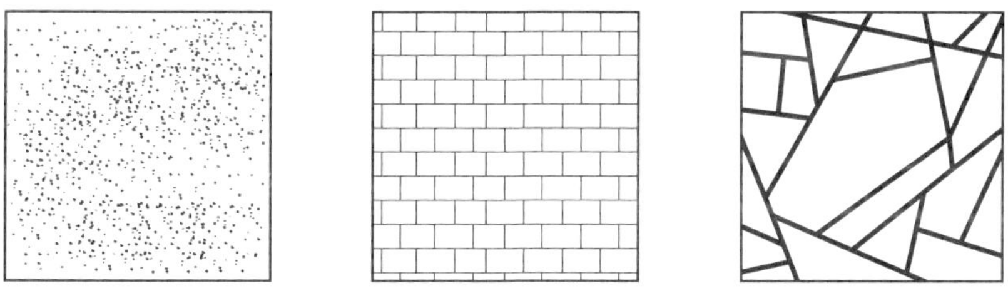

사암(59%) 석회암(40%) 파쇄암석(1%)

그림 6.4 저류암의 공극율

생성된 원유를 지하에 머물게 하고 지표로 탈출하지 못하게 하는 구조를 집적구조 또는 석유를 가두는 덫이라는 뜻으로 오일트랩(oil trap)이라 한다. 액체와 기체로서 이동성이 강한 원유 및 천연가스가 지하에 보존되기 위해서는 이러한 지질구조가 필수적이다. 오일트랩에는 원유를 함유하는 저류암과 누출을 방지할 수 있는 덮개암(cap rock)이 있어야 한다. 덮개암은 저류암 위에 놓이는 치밀한 퇴적암으로서 셰일, 이암, 점토질 응회암이 보통이나 석고층도 이에 해당한다. 그림 6.5에서 보는 바와 같이 오일트랩에는 구조적 오일트랩과 층서적 오일트랩 두 종류가 있는데 전자에는 배사(anticline) 오일트랩, 돔(dome) 오일트랩, 단층(fault) 오일트랩이 포함되고, 후자에는 1차 및 2차적 층서(sedimentation) 오일트랩이 있다.

6.2.3 오일셰일과 오일샌드

21세기의 잠재적 석유자원인 오일셰일과 오일샌드는 점결성이 높은 유질이 암석에 함유되어 있는 것이다. 현재는 처리비용이 매우 높아 제한적으로 생산되고 있으며 또한 채취를 할 때와 원유를 회수한 후에 남는 찌꺼기처리 등에 관한 환경문제가 있다.

1) 오일셰일

오일셰일(oil shale)이란 케로젠을 함유하고 있는 셰일이다. 현재로서는 회수비용이 많이 들어 경제성이 없으므로 중요한 석유자원은 아니지만 매장량이 약 3조 배럴로 석유의 원시매장량에 해당하는 막대한 양이다. 앞으로 석유가 고갈되어 석유가격이 오르거나 오일셰일을 채취하는 기술이 발전되어 회수비용이 낮아지면 석유를 대체할 수 있는 미래의 잠재자원이다.

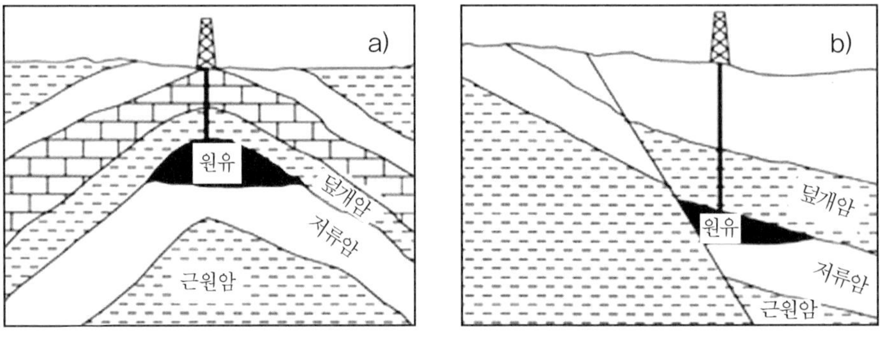

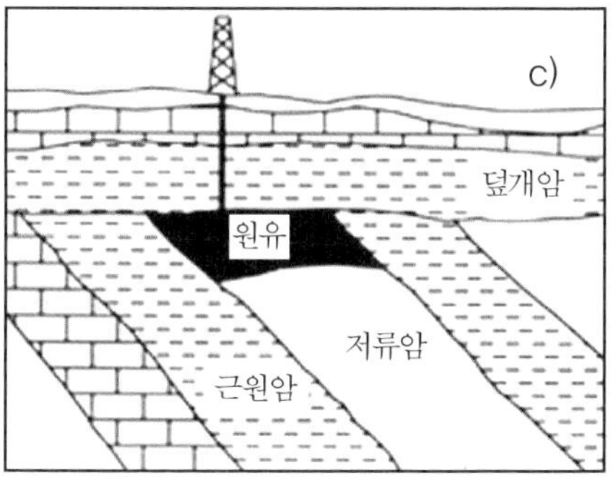

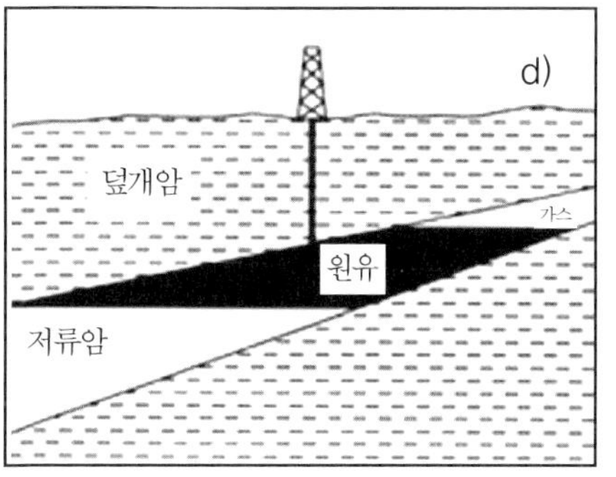

주) 원유의 상부에서는 천연가스가 존재하고 하부에는 물이 존재한다.

a) 배사구조 b) 단층구조 c) 부정합 구조 d) 층서적 구조

그림 6.5 오일 트랩의 종류

오일셰일은 셰일 층 내에서 유기물을 함유한 층이 층상구조를 이루고 있는데, 이러한 유기물이 케로젠으로 유화된 것이다. 오일셰일이 생성될 수 있는 곳은 유기물의 공급원이 있는 호수, 늪지 또는 유속이 느린 하천 등이며 바닷가의 특수한 분지에서도 생성되는 경우가 있다. 오일셰일이 산출되는 곳은 이암, 사암 및 응회암 등이 호층으로 나타나는 곳이다. 오일셰일은 암염, 트로나(trona), 나콜라이트(nahcolite) 같은 광물과 함께 산출된다.

오일셰일의 처리방법은 오일셰일에 들어 있는 석유는 보통의 용해제로는 분리가 되지 않아 셰일을 분쇄한 후 지상의 증류기로 400~500℃로 가열하여 케로젠을 기화시킨다. 기화된 증기를 응축시켜 유동성이 낮은 중질의 셰일오일을 만든다. 오일셰일의 문제점은 순에너지 생산량이 적으며 처리과정에서 대량의 물이 필요하다. 또한 셰일 폐석이 발생하며 셰일 내의 염, 독성물질 등이 지표환경에 유입되어 나쁜 영향을 미칠 수 있다. 오일셰일에서 케로젠을 지하에서 추출할 경우 비용이 더 많이 들고 아황산가스가 발생하여 더 많은 대기오염을 일으킬 수 있다.

매장지는 세계 최대 규모의 오일셰일 산지를 보유한 미국을 비롯하여 러시아, 중국, 브라질, 미얀마 등지이다. 미국은 전 세계 부존량의 65%를 점유하고 있다. 우리나라의 경우, 전남 해남의 신생대 퇴적층 내에 오일셰일을 협재한 셰일과 이암 층이 발견되나 그 매장량이 너무 미미해 경제성은 전혀 없다. 전 세계 오일셰일 광상 역시 석유와 마찬가지로 매우 편중되어 분포하고 있다.

2) 오일샌드

오일샌드(oil sand)란 미고화상태의 사암과 고화된 사암이나 셰일, 석회암 등이 혼합된 퇴적암에 중질의 고점도 및 고유황 탄화수소인 역청(bitumen)이 함유되어 있는 것으로 일명 타르샌드(tar sand)라고도 한다. 대체로 오일샌드에는 반액체, 반고체, 그리고 고체 상태의 원유 물질뿐만 아니라 끓는 물에 의해 제거되기 어려운 퇴적물 모두가 포함된다. 오일샌드에 함유된 역청은 비중이 높은 원유와 비슷하지만 오일샌드 역청의 점착성이 훨씬 높으므로 가채율이 매우 낮아 현재의 채취기술로는 확보가 쉽지 않은 잠재적 자원이라 할 수 있다.

오일샌드의 처리방법은 지표에서 채취하여 고압증기로 가열한 후 역청액을 추출하여 정제한다. 오일샌드의 단점은 오일셰일의 경우와 유사하다. 오일샌드의 세계 부존량은 약 2.2조 배럴로 추정하고 있으며 최대의 매장량은 베네수엘라가 약 48%, 캐나다는 약 44%의 점유율을 보이고 있다. 미국, 러시아의 시베리아 지방, 마다가스카르 공화국 등도 널리 알려진 오일샌드 산지이다.

3) 개발 및 이용

오일셰일 및 오일샌드로부터 원유를 회수하는 것은 현재로서는 그리 쉬운 일이 아니다. 이러한 층의 일부를 채취하여 내부에 공간을 만들고 복잡한 화학방법에 의해 추출하게 된다. 그림 6.6처럼 주로 공기를 불어넣어 연소시켜 원유를 가스화하여 굴착 파이프를 통하여 회수하는 방법이 널리 쓰이고 있다.

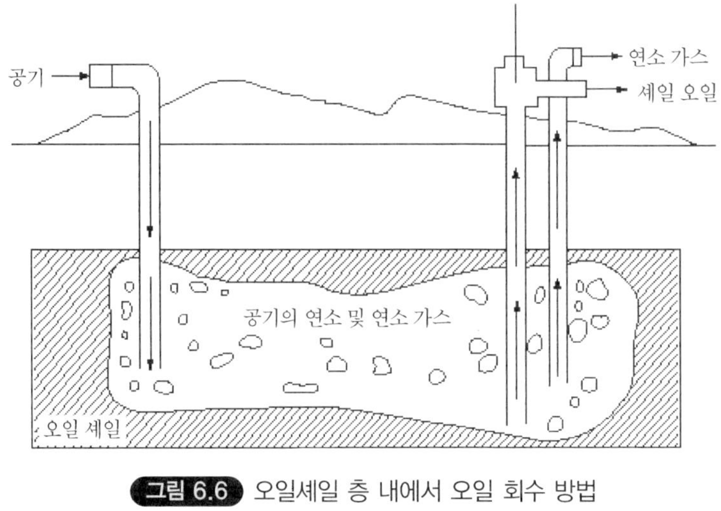

그림 6.6 오일셰일 층 내에서 오일 회수 방법

오일셰일은 1950년대 이전에는 스웨덴과 영국에서 이용하였으나 석유에너지에 밀려나게 되었다. 그러나 오일셰일은 석유에너지의 대체자원으로 인식되어 2000년대 이후의 중요한 에너지원으로 여러 나라에서 활발하게 분포조사 및 개발방법에 대한 연구가 진행되고 있다. 오일셰일 및 오일샌드는 그레이트캐나디언 오일샌드(Great Canadian Oil Sand) 회사에 의해 하루에 5만 배럴 정도가 생산되고 있다. 오일의 회수율은 매우 낮아 0.6배럴/1톤 이하이다. 미국 유타주 마호가니지역의 오일셰일의 원유성분 중량비는 약 11%로써 매우 높으며 회수율은 약 0.7배럴/1톤 정도이다.

6.3 자연에너지자원

20세기에 두 차례의 에너지 위기를 겪으면서 에너지 문제에 직접적으로 관여하고 있는 사람 이외에도 에너지를 소비하는 많은 사람들은 에너지 문제에 깊은 관심을 갖고 에너지 위기의 심각성에 대한 인식을 새롭게 하게 되었다. 석유에너지 이외에도 석탄에너지가 갖는 환경에의 악 영향과 원자력에너지 이용 후에 남는 핵폐기물 처리를 둘러 싼 사회직인 문제 등은 새로운 에너지 자원에 대한 필요성을 예견하게 되었다(그림 6.7).

신에너지(Neo-energy)란 전통적인 석유에너지와 이를 대용하기 위한 대체에너지의 개발 이외에 자연의 에너지 흐름을 인간의 목적에 부합하게 사용하는 것을 말한다. 이에는 태양열의 이용, 수소에너지의 개발, 핵분열에너지, 핵융합에너지, 석탄에너지의 새로운 이용, 바이오매스에너지, 바람의 이용, 담수의 이용, 바닷물의 이용 등 이외에 새로운 기술의 개발 및 발전에 의해 에너지원을 확충하는 것이다.

그림 6.7 미국의 폐기된 원자력 발전소

6.3.1 태양에너지

태양에너지(solar energy)는 태양의 주 구성원소인 수소원자의 핵융합에 의해 발생되며 복사에 의해 지구에 전달된다. 태양은 무한정한 에너지 공급원이 될 수 있으므로 그 에너지 양 역시 무한대이다. 1시간 동안 지구상에 도달하는 태양에너지는 인류가 1년간 사용하고 있는 에너지 총량의 약 2배에 해당한다. 그렇지만 이렇게 무한한 에너지를 실제로 이용하는 것은 매우 어려운데 이유는 태양에너지 밀도가 매우 낮으며, 밤에는 이용에 제한을 받기 때문이다. 또한 태양에너지는 지역, 특히 위도차이에 따라 다르며 기후 및 계절 등 기상상태의 영향을 절대적으로 받고 있다. 예를 들면 1일 평균 북유럽 지역에서는 2kWh/m²가 열대지방에서는 6kWh/m²의 태양에너지를 공급받는다. 그러나 열대지방에는 태양에너지의 공급량은 많지만 난방 등에 대한 에너지수요가 적은 편이고 반대로 태양에너지를 이용하려 하는 온대나 한대지방은 짧은 일조시간과 흐린 날씨 등에 의해 태양 복사에너지량이 감소된다. 따라서 태양에너지를 이용하려 할 경우 어떻게 효율적으로 태양복사열을 채집할 수 있을까 하는 문제와 이렇게 채집된 에너지를 경제적으로 저장하여 필요할 경우 어떻게 이용할 수 있을까 하는 문제를 동시에 해결하지 않으면 안 된다.

태양에너지의 장점은 매우 안정적이며 순 에너지량이 크다. 또한 환경오염이 매우 적으므로 토지에 대한 나쁜 영향이 매우 적다. 그러나 설치비가 많이 들어 단위 에너지 당 가격이 비싼 것이 단점이다. 태양 에너지를 소극적으로 이용한 것은 옛날부터 현재에 이르기까지 수없이 많이 시도되고 또한 시행되어 왔으며 이제는 태양에너지에 대하여 보다 과학적인 이해와 지식을 바탕으로 더욱 효과적이고 기술적인 이용에 우리의 관심이 집중되어 있다(그림 6.8).

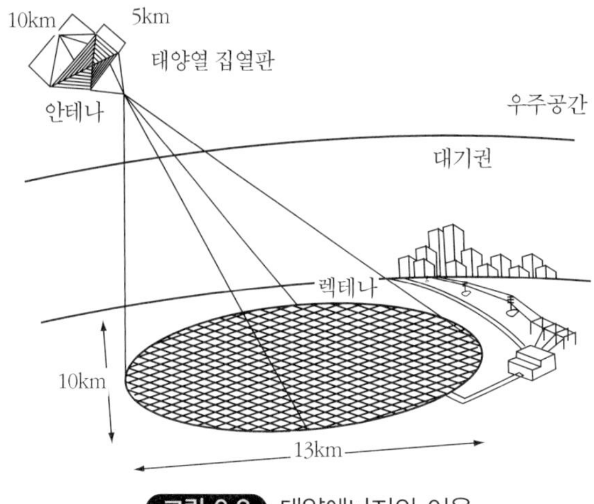

그림 6.8 태양에너지의 이용

1) 태양열 집적장치

태양의 빛에너지는 지구에 도달하게 되면 열에너지로 변환된다. 이러한 열에너지를 이용하기 위해서는 태양에너지의 밀도를 높여야 하는데 이러한 장치를 집열기(thermal collector)라 한다. 이를 위해서는 평면경이나 곡면경을 이용하는 방법과 프레스넬 렌즈(Fresnel lens)를 사용한다. 집열기를 통과하여 집열관의 온도를 상승하게 하는 것은 적외선이다. 이렇게 얻은 열의 손실을 막기 위하여 집열관의 둘레에 여러 가지 기계적인 장치를 하여 입사하는 햇빛을 통과시키고 적외선이 외부로 투과되어 나가 열의 손실을 최소화하는 특수한 선택 투과막이 사용되고 있다(그림 6.9).

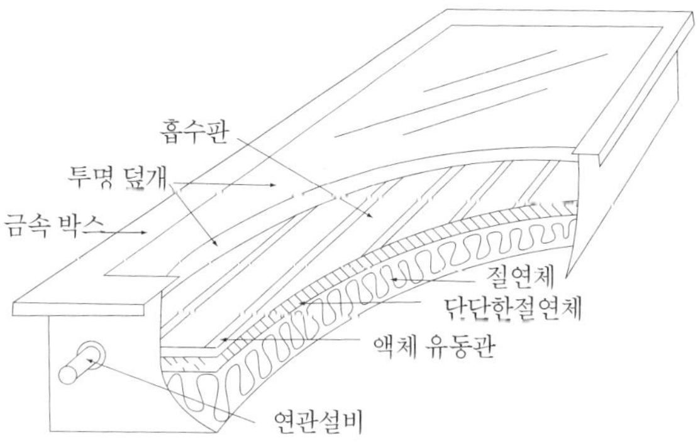

그림 6.9 평판형 태양 집열기의 구조

이러한 원리를 이용하여 가정용 온수장치나 난방장치 등이 제작되었고 대규모 태양열 집적기는 수십 기압의 증기를 발생시켜 발전기의 동력원으로 사용되고 있다. 그러나 이를 설치하는데 드는 비용이 아직은 매우 비싸며 이러한 장비의 성능이 기대에 미치지 못하여 아직은 많은 기기를 보급하는데 문제점으로 되어 있다. 앞으로 이러한 미비점을 보완한다면 공해 없는 에너지원으로 태양열 집적장치는 가정은 물론 산업계에도 이용 범위가 확대될 것으로 기대되고 있다.

현재 대표적인 태양열 집적장치는 미국 서부지역 모하비 사막에 있는 '솔라 II(Solar II)' 인데 2,000여 개의 대형 거울로 태양광을 686m 높이의 탑 꼭대기에 있는 집열관에 모으는 집적장치이다.

2) 태양광발전

그림 6.11에서 보는 것처럼 태양전지는 태양의 빛에너지를 직접 전기에너지로 변환시

키는 장치이다. 이 원리는 반도체를 이용한 것으로 반도체는 불순물을 포함하지 않는 진성반도체와 불순물을 포함하는 불순물 반도체로 나눌 수 있다. 진성반도체는 전기저항이 커서 전류를 잘 통과시키지 못하는 성질을 갖고 있는데 이러한 고순도 결정에 약간의 불순물을 첨가하면 불순물의 종류와 양에 따라 서로 다른 성질의 반도체를 만들 수 있다. 그림 6.11처럼 P형(규소 (Si)에 소량의 붕소(B)를 첨가한 것)실리콘 웨이퍼(silicon wafer)를 베이스로 하여 그 표면에 인(P)을 확산시켜 N형을 만들어 PN 접합을 만든 후 이를 화학처리하고 전극처리공정을 거쳐 태양전지소자를 만들어 사용하게 된다.

태양전지는 전력소비가 많지 않은 곳에서 가전기기나, 인공위성, 무인등대, 무선중계국 등 특수용도 전원으로 사용되고 있으나 일반전원으로 이용하기에는 생산가격이 너무 높아 실용화에는 문제가 되고 있다. 또한 태양전지를 전력용으로 실용화하기 위해서는 태양전지 자체와 주변기기의 가격을 낮출 수 있는 기술의 개발과 더불어 발생된 전기를 효과적으로 사용하기 위한 이용기술의 개발도 병행되어야 한다.

그림 6.10 태양 전지의 실리콘 소자

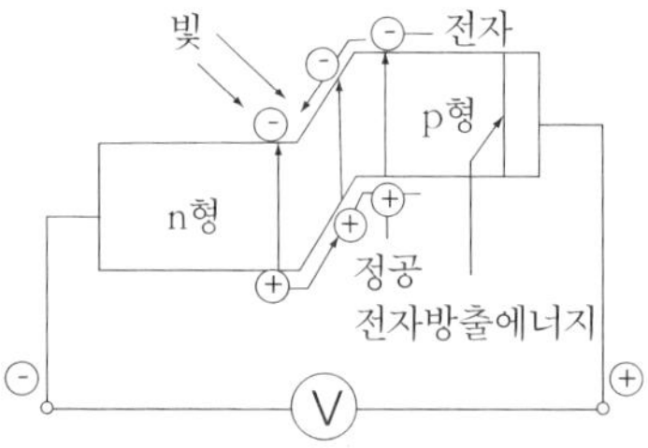

그림 6.11 반도체 태양전지의 원리

대규모 태양광발전은 모래 이동이 없는 사막지대에 태양전지 패널(panel)을 대량으로 설치하면 가능한 것으로 판단된다. 따라서 중국 내륙의 고비사막에 태양광발전소를 건립하려는 국제공동연구가 한국, 일본, 몽고, 이스라엘, 이탈리아, 네덜란드, 스페인 등에 의해 추진되고 있으며 이러한 발전을 통해 얻을 수 있는 전력은 100만 kW로 예상되고 있다. 또한 태양전지를 이용하여 우주에서 전기에너지를 얻는 '우주 태양 발전소(space based solar power station)' 건설에 대한 연구 역시 진행되고 있다.

6.3.2 수소에너지

수소(hydrogen)는 지구상에 풍부하게 존재하고 있는 원소이며 에너지원으로 다양하게 이용되고 있다. 그러나 실제로 에너지로서 개발 및 이용이 지연되고 있는 것은 대량의 수소를 경제적으로 제조하는 기술개발이 아직은 미흡하기 때문이다. 수소제조법은 크게 두 가지로 나뉜다. 하나는 천연가스, 석유, 석탄 등을 열분해해서 수소를 얻는 방법으로 오늘날 공업용 수소의 90% 정도가 이 방식에 의해 제조되고 있다. 다른 방법은 물을 전기분해하는 것이다. 따라서 수소제조를 위한 방법으로 열화학 분해법이나, 태양에너지 이용방법, 레이저 조사에 의한 물 분자의 간편한 분해방법이 연구되거나 실용화되고 있다. 한 예로, 1998년 미국의 재생에너지 실험실(U.S. Renewable Energy Lab.)에서 태양열을 이용한 광 전화전지(photovoltaic-photoelectrochemical cell)가 제작되었다. 이는 태양-수소혁명으로 불리기도 하는데 이러한 추진을 방해하는 요인으로는 기득권을 갖고 있는 에너지회사와 투자자들로써 이는 정치 및 경제적 이유에 의한 것이다.

현재 수소는 화학원료, 우주 로켓용 연료 등 특수 분야에서 이용되고 있다. 이외에 석탄의 액화와 중질유를 경질화하기 위한 수소첨가, 일산화탄소와 수소를 이용하여 메탄올을 제조하는 등 그 용도가 매우 넓다. 또한 휘발유나 도시가스 대신 가성이나 실생활에 필요한 동력원으로 수소를 이용하려는 시도가 있는데 이를 '수소에너지시스템(hydrogen energy system)'이라 한다. 이러한 시스템을 널리 보급하기 위해서는 수소가 갖고 있는 가장 큰 결점인 취급상의 위험성을 해소하는 방법을 마련하는 것이다.

수소는 화석연료에서 볼 수 없는 많은 특징을 갖고 있다. 연료의 연소에 수반되는 매연이나 유황 산화물, 탄소 산화물의 배출이 없으며 질소산화물은 현저하게 적은 양만을 발생시키고 있다. 또한, 수소는 지구상에 거의 무한정으로 존재하기 때문에 화석연료가 고갈될 때 가장 유망한 차기 청정에너지로 등장할 것이라는 전망이 매우 유력하다. 따라서 수소를 전력용으로 이용하는 방안이 매우 높은 관심을 끌고 있다. 연료전지(fuel cell)에 수소를 이용하여 열전병합(cogeneration)을 하면 80%에 가까운 에너지 효율을 얻을 수 있고, 환경오염도 거의 없는 이상적인 연료자원이다. 수소는 미래의 자동차연료로서 가장 주목을 받는 물질인데 이는 수소가 연소할 때 화염이 짧기 때문에 연소기를 작게 설계·제작할 수 있고 열효율이 매우 높고 또한 기화기 없이도 수소와 공기의 사전 혼합이 간단히 이루어질 수 있기 때문에 엔진에 사용할 경우 구조의 단순화가 이루어 질 수 있기 때문이다.

6.3.3 바이오매스 에너지

바이오매스 에너지(biomass energy)는 식물이나 농불이 생성, 배출하는 유기물로부터 얻을 수 있는 에너지이다. 인류는 유사 이래 나무 등 식물체를 열원으로 사용하였으며 산업혁명 이전에는 세계 에너지소비량의 40% 정도가 이와 같은 바이오매스였다. 이후 연료 자원으로서 바이오매스는 석유나 석탄 등 화석연료로 대체되었으나 근래에 들어 이러한 화석 연료의 부존 및 개발에 한계가 있는 것으로 인식되어 바이오매스는 재생 가능한 에너지자원(renewable energy resources)으로 다시 주목 받게 되었다.

바이오매스 에너지는 무한한 태양에너지를 지구상의 식물이 광합성작용에 의해 유기물 자원으로 변환 · 고정하여 저장된 것을 이용하는 것이다. 태양으로부터 지구로 전달되는 에너지의 약 0.04% 정도가 식물의 광합성작용에 의해 유기물로 저장되는데 매년 바이오매스의 순 생산량은 약 2,000억 톤에 이르는 것으로 추산되고 있다. 이렇게 생산된 유기물 중 20%는 식량으로 이용되며 나머지 바이오매스는 약 40% 정도의 섬유소(cellulose), 25% 정도의 헤미셀루로오스(hemicellulose), 15% 정도의 리그닌(lignin)으로 구성되어 있다. 현재, 지구상에는 약 2조 톤의 바이오매스가 부존되어 있는 것으로 추정되는데 이 양은 석유 및 석탄의 매장량에 육박하는 거대한 양이다.

이러한 바이오매스로부터 에너지를 추출하는 방법은 매우 다양하다. 직접 바이오매스를 연소하는 전통적인 방법이 있는데 지금도 개발도상국 중에는 전체 에너지 소비량의 90% 가량을 이렇게 직접 연소하여 에너지를 얻고 있다. 직접 연소 이외에 바이오매스를 열분해, 부분산화에 의한 가스화, 미생물을 이용하여 발효시켜 에탄올 · 메탄올 같은 알코올로 변환시키는 방법 등이 있다. 이렇게 처리된 에너지원의 이용기술은 수송기관에 사용할 수 있는 액체 연료로의 전환과, 목재, 농수산 폐기물, 식료품 제조과정 중 발생하는 폐기물 등으로부터 알코올을 생산하거나 해양 바이오매스를 이용한 연료유의 생산, 목재 가스화에 의한 메탄올 생산, 석유식물에 의한 연료유 생산, 폐수 중 유기물로부터 메탄가스 생산 등에 대한 기술개발 및 연구가 진행되고 있다(표 6.8). 이와 더불어 식물의 생산성을 향상시키기 위한 품종의 개량, 광합성 기능의 활성화 등에 대한 기술개발 및 연구가 진행되고 있다.

표 6.8 바이오매스 에너지 변환 방법

바이오매스	변환기술	생성물질
사탕수수, 사탕무우, 감자류 등	발효	메탄올, 에탄올
나무 쓰레기, 건초류 등	열분해	메탄올, 연료유, 연료가스
해초류, 수초류 등	메탄발효	메탄, 이산화탄소

1) 알코올

알코올은 청정 액체연료로서 이미 오래 전부터 제조되어 에너지원으로 이용되었다. 미국에서는 1920년대에 일본에서도 1930~1940년대에 각각 휘발유와 혼합하여 알코올을 연료로 사용하였다. 이후 군용 항공기의 알코올 분사 엔진이 각국에서 제작되어 이용되었다. 메탄올(methanol), 에탄올(ethanol) 같은 저급알코올은 취급하거나 수송하기가 쉽고 연소효율이나 환경에 대한 영향 등의 측면에서 가장 우수한 석유 대체 에너지원으로 꼽히고 있다.

세계 2차 대전 후에는 알코올 이용이 대부분 석유로 대체되었으나 석유에너지에 대한 여러 가지 사정이 악화되자 다시 우리의 관심을 끌게 되었다. 현재 스웨덴, 프랑스 등 유럽국가와 브라질, 미국, 캐나다 등지에서는 순수한 에탄올이나 휘발유와 혼합된 알코올이 운송기기의 연료로 이용되고 있다. 메탄올도 이러한 목적으로 미국이나 유럽국가 등지에서 부분적으로 실용화 단계에 들어서 있다. 일본에서는 1차 석유파동 후 알코올에 대한 관심을 갖기 시작하여 현재 박테리아를 이용한 에탄올 실증시험, 알코올의 자동차 엔진에 대한 적합성, 경제성, 유통 기구 등에 대한 연구 및 조사가 시행되고 있다.

알코올은 연료자원으로서 뿐만 아니라 원유, 석유계 연료, 천연가스가 차지하고 있는 영역을 거의 대체할 가능성이 있는 자원이다. 알코올을 화력발전용으로 이용할 경우 메탄올이 경제성 면에서 유리한 것으로 판명되었고 보일러, 연료전지 및 가스터빈의 연료로도 메탄올이 이용될 수 있다. 보일러용으로는 경제성이 문제가 되겠으나 기술적으로는 기존의 보일러를 약간만 개조하면 사용할 수 있고 환경오염 측면에서 유리하기 때문에 도시에 위치하는 발전소는 메탄올을 열원으로 사용하는 것이 유리하다. 종래의 화석연료에 비해 질소산화물 배출을 대폭 감소시킬 수 있으며 분진 및 황산화물도 발생하지 않는 청정에너지이므로 빠른 실용화가 기대되고 있다.

휘발유에 첨가하여 이용할 수 있는 알코올은 메탄올과 에탄올이다. 메탄올은 천연가스나 석탄 등을 이용하여 화학적으로 합성하여 얻을 수 있지만, 에탄올은 원유나 전분질계 및 목질계 바이오매스로부터 얻을 수 있다. 현재 미국 및 브라질 등지에서는 옥수수나 수수 등 전분질계 바이오매스나 사탕수수 및 사탕무 등 당질계 바이오매스로부터 에탄올을 생산하고 있다. 이들의 생산 공정은 다음과 같다. 원료물질을 일파-아밀리제(α amylase)를 이용하여 액화시킨 후, 그루코아밀라제(glucoamylase)를 이용하여 발효가 능한 포도당으로 당화시킨 다음 이를 미생물을 이용하여 에탄올로 전환시킨 후 분리 정제한다. 이렇게 미생물에 의해 생산된 에탄올은 높은 효율과 공해물질 배출이 없어 석유를 대체할 수 있는 에너지원으로 많은 각광을 받고 있다. 그러나 문제는 생산 공정에 따른 경제성인데 생산원가를 낮출 수 있는 저렴한 발효기질, 우수 균주의 개발, 발효조건의 최적화, 효율적인 발효 및 정제공정의 개발 등과 같은 문제가 해결된다면 석유문제를 해결할 수 있는 최적의 대체 에너지원이 될 수 있다. 그러나 이러한 방법은 식량자원이 되는 농작물을 이용하기 때문에 목질계 바이오매스인 셀루로오스나 헤미셀루로오스 등을 이용하여 에탄올을 생산하는 것이 식량자원의 측면에서 바람직하다 하겠다.

2) 수퍼 플랜트

그림 6.12의 바이오매스를 직접 이용하면 땔감으로서 가치만 있을 뿐이지만 화석연료에 응용되는 열분해법, 수소 첨가법, 알코올 발효법, 증류 등의 각종 공정기술을 이용하면 바이오매스를 2차 에너지로 변환시킬 수 있다. 지난 1970년대 이후 관심을 끌고 있는 바이오매스, 특히 식물자원은 성장속도가 빠른 소나무 류, 대나무, 바다의 다시마 등을 꼽을 수 있다.

그림 6.12 열대 지방의 수퍼 플랜트

한편, 석유식물로 분류되고 있는 몇 종류의 식물체 내에는 벤젠, 아세톤 등과 같은 탄화수소를 광합성에 의해 생성하여 함유하고 있으므로 액체연료추출이 가능하다고 판단되어 많은 연구의 대상이 되었으나 실제는 비료, 관개 등 재배 시 발생하는 문제와 에너지를 추출할 때 공정에 따른 문제로 인하여 큰 성과를 보지는 못하였다. 이러한 기술적 어려움이 있음에도 불구하고 석유식물에 대한 가능성이 계속 제기되고 있는 것은 빠른 속도로 발전하는 유전공학지식을 이용하여 생산성이 더욱 높은 이상적인 식물인 소위 수퍼 플랜트(super plant)를 개발하는 것이 가능하기 때문이다(그림 6.13). 지금까지 지정된 석유식물은 6종에 이르고 있다. 그러나 실질적으로 여섯 종류의 석유식물보다 더욱 경제적 효용성이 높은 것은 식물이 함유하고 있는 대량의 탄수화물을 알코올화하여 액체연료를 추출하는 것과 낙엽 등 임업 · 농업의 부산물 내지 폐기물을 열분해하여 기체연료인 메탄을 얻는 것이다. 후자는 천연가스와 구별하기 위하여 바이오가스(biogas)라 부르고 있다.

그림 6.13 슈퍼 플랜트 식물의 하나인 propagule.

알코올 추출을 위하여 이용할 수 있는 식물은 아마존강 유역이나 동남아시아에 자생하거나 품종을 개량하여 재배가 가능한 성장이 매우 빠른 감자류가 있는데 여기에서 추출되는 알코올은 탄소수가 1에서 8까지 이르는 복잡한 조성의 혼합물이므로 기존의 내연기관에 이용하기 위해서는 반응 및 분리공정이 뒤따라야 한다. 이러한 감자류의 하나인 마조카는 수퍼 플랜트의 가장 강력한 후보 중의 하나이다. 뚱딴지는 세계 도처에서 자생하고 있는데 미국에서는 석유파동 이후 이 식물을 에너지식물 제1호로 선정하였고 이로부터 에탄올 채취를 위한 많은 연구가 시행되고 있다. 우리나라에서도 뚱딴지에 대한 연구가 많이 진행되고 있는데 작물재배에서 알코올을 채취하기까지의 단위면적 당 수확률은 고구마나 감자의 4~5배 이상이다. 기타 산업에 미치는 경제성도 높아 우리나라의 높은 에너지 해외의존도와 식용 알코올원료의 수입 등에도 큰 영향이 미칠 것으로 예상되고 있다. 브라질은 사탕수수에서 알코올을 채취하는 산업을 국가시책으로 하여 에너지를 자급자족하고 있는 성공적인 나라이다.

동남아시아 등지에서 군생하는 대나무는 지름이 15㎝, 마디 사이가 70㎝이상 되며 성장속도가 매우 빠르다. 대나무는 통기성이 좋아서 열분해 처리를 하여 탄화시키면 에너지원과 흡착재로 이용할 수 있어 많은 관심을 모으고 있다. 스리랑카, 인도네시아, 필리핀, 말레이시아, 태국, 베트남, 중국 남부 등지에서 잘 자라며 죽순은 식용으로 이용되기도 한다. 다시마의 일종인 켈프(kelp)는 거대한 해조류로 캘리포니아 해안을 따라 분포하고 있으며 길이가 10m에 달하는 것도 있어 훌륭한 바이오매스로 인식되고 있다. 켈프를 발효시키면 메탄가스를 얻을 수 있고 부산물로 셀룰로오스, 인산, 염화칼륨 등을 얻을 수 있어, 이른바 해경(sea farming)의 중요성을 일깨워 주고 있다.

해마다 전 세계가 소비하는 총 에너지의 17배에 달하는 에너지가 광합성에 의해서 녹색에너지로 저장되고 있다. 녹색에너지는 두 차례의 석유위기와 더불어 석유를 대체할 수 있는 중요한 에너지 영역으로 등장하였으나, 아직은 더 많은 연구와 투자가 필요한 분야이다.

6.3.4 풍력에너지

풍력이용은 화석연료의 등장으로 의존도가 낮아졌지만 에너지 수급문제가 심각해지면서 풍력에너지에 대한 관심이 다시 높아지면서 가장 빠르게 성장하고 있는 에너지원이다. 화석연료 연소에 의한 환경오염이 문제가 되고 있는 요즘 청정에너지로서 또한 고갈되지 않는 무한에너지원으로 바람을 이용하는 방법들이 개발되어 실용화되고 있다. 이러한 장점이외에 이용 가능한 장소의 제한성과 시각 및 소음에 따른 문제, 그리고 바람을 따라 이동하는 철새 등과 운동 중인 풍차에 의한 조류의 살상 등이 문제점으로 지적되고 있다. 풍차에는 그림 6.14처럼 수평축 풍차와 수직축 풍차가 있다. 새로운 풍력에너지 발생기술로는 풍력집중기, 확산기 그리고 와동발생기를 이용하여 바람의 속도를 증가시켜 발전시스템 중에서 가장 값이 비싼 터빈의 크기를 축소시켜 발전비용을 절감하는 것이다. 에너지 밀도가 낮은 바람을 이용하기 위해서는 풍차의 대형화 및 밀집화가 필요하다. 대형화의 한 예로 현재 세계최대의 풍차는 그림 6.15에서 보는 것처럼 미국 하와이에 설치되어 있는 몹-5비(MOB-5B)로 날개의 지름이 99m이며, 날개 장착높이가 60m, 출력은 3.2MW이다. 풍차의 밀집화는 기술적으로 완성도가 높은 200kW급 풍차를 입지환경이 뛰어나게 좋은 곳에 집중적으로 배치하는 것이다.

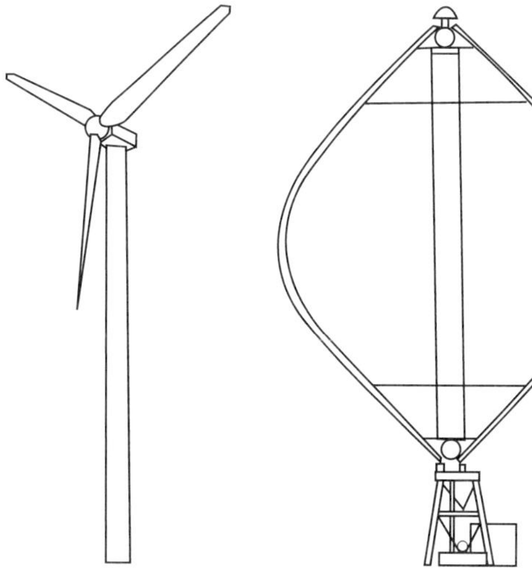

그림 6.14 풍력발전에 사용하는 터빈의 종류

그림 6.15 세계 최대의 풍력발전(MOB-5B)

대형 풍차를 밀집하게 설치한 풍력발전소에서 생산되는 전력량은 현재로서는 매우 미미하다. 미국 캘리포니아의 윈드 팜(Wind Farm)은 전 세계 풍력에너지 생산량의 40% 이상을 차지하고 있지만 캘리포니아 총 전력수요량의 2% 정도를 공급하는데 그치고 있다. 풍력에너지를 석유로 환산하여 하루에 1만 배럴에 해당하는 에너지를 생산하기 위해서는 지름이 50~60m 정도의 프로펠러와 평균 500W급의 전력을 갖춘 풍차가 약 50,000대 정도 필요한 것으로 계산되고 있다. 따라서 대규모 풍차에 대한 전망은 그렇게 낙관적이지 못하지만 환경이란 측면을 고려하여 풍력에너지로 화력발전에너지를 대체한다면 화석연료연소에 의해 배출되는 이산화황, 이산화탄소 및 질소화합물 등 오염물질의 양은 수백톤 이상 감소시켜 지구환경파괴를 막을 수 있을 것이다.

소규모 풍차는 오지와 낙도의 에너지원으로 이용되고 있다. 우리나라에서도 신 · 재생에너지 이용을 위한 기술개발의 한 분야로 서해안의 새만금 간척지와 전남 신안군, 제주도 및 대관령 등지를 풍력발전지역으로 선정하고 도서지방 및 내륙오지의 단위전원으로 활용하기 위한 연구 및 조성사업이 추진되고 있다. 이러한 사업의 일환으로 750kW급 및 1.5MW급 등 중 · 대형 풍력발전기에 대한 국산장비개발을 촉진하고 있다. 현재 제주도 중문관광단지 내에는 그림 6.16의 날개 지름이 24m, 발전용량이 250kW급인 발전기가 설치되어 있다

그림 6.16 제주도 중문단지의 풍력발전

풍력에너지를 이용하기 위한 사전조사를 할 때에는 가용 풍력에너지(potential wind energy)에 대한 충분한 검토와 더불어 발전기기와 수요자 사이의 경제적인 송전방법 그리고 풍향 및 풍속에 대한 자료수집 등이 필요하다. 한편 발전기기와 수용가 사이의 송전길이가 멀어 전주설치 등에 난점이 있는 곳에서는 풍력을 전기에너지로 전환하는 방법으로 전지에 에너지를 저장하는 방식이 연구되고 있다.

6.3.5 소수력 발전

현재 수력발전은 세계의 많은 국가에서 주요한 에너지원일 뿐만 아니라 앞으로도 전기

에너지 공급원으로 역할을 계속 담당하게 될 것으로 예측된다. 그러나 수력발전량은 대부분 개발도상국에서 증가될 것으로 전망된다. 왜냐하면 개도국이 이용 가능한 잠재수력에너지의 44%를 차지하고 있으나 개발된 것은 불과 4%에 지나지 않기 때문이다. 그러나 개도국에서 수력발전소를 건설하거나 확장할 전망은 있지만 실제로 이러한 개발 사업을 하는데 있어 발전소의 위치 선정이나 건설비용, 기술문제, 환경문제 등 여러 가지 제약이 있다. 개도국의 수력발전 증가를 보면 2000년도 초에 석유로 환산할 경우 연간 약 450만 배럴의 에너지를 생산함으로써 세계 수력에너지 생산은 절정을 이룰 것으로 전망된다. 현재 선진국의 수력발전능력은 거의 포화상태에 있어 앞으로의 개발속도는 더욱 느려질 것으로 예상된다.

대규모 수력발전은 높은 에너지 효율과 매우 저렴한 가동 및 유지비 또한 오염물질 배출이 없으며 발전소의 수명이 매우 길어 경제적인 장점이 있다. 그러나 댐 건설로 인한 넓은 지역의 침수와 막대한 비용이 필요하며 생태계에 미치는 영향도 좌시할 수 없다. 여기서는 대규모 수력발전을 제외한 소수력발전과 양수발전에 대해 기술하기로 한다.

1) 소수력발전

소수력발전(small hydro power)은 설비용량이 15㎿이하인 소규모 수력발전소이다. 우리나라의 경우는 3㎿이하를 소수력발전이라 하는데 이러한 구분은 국지적인 조건에 따른 것에 불과하다. 소수력발전은 표 6.9의 대규모 수력발전이 한계에 달한 유럽, 미국, 일본, 중국 등지에서 소수력발전을 위한 기술개발과 이에 따른 지원 사업이 활발히 진행되고 있다. 소수력발전은 특히 수문학적인 자료에 대한 의존도가 매우 높으므로 이에 상응하는 통계자료를 확보하여 기술을 개발하고 보급하여야 한다. 이러한 노력의 결과 새롭게 개발된 축류터빈기술을 이용하여 과거에는 건설할 수 없었던 지점에 발전소건설이 가능하게 되어 소수력 발전량은 앞으로 다소 증가하게 될 것으로 전망된다.

표 6.9 소수력 발전소 현황 (2000년 현재)

국가	발전소 개수	설비 용량(MW)
미국	1,715	3,420
일본	600	538
중국	58,000	13,250
프랑스	1,470	16,460
독일	5,882	314

우리나라는 1982년 소수력발전 개발에 대한 활성화 방안이 공포된 이후 소수력발전 자원에 대한 연구가 추진되었으며 개발 가능한 소수력 자원은 자원량 582㎿ 중 약 147㎿로 추산되고 있다. 우리나라는 현재 16곳의 소수력 발전소에서 약 32㎿의 전력을 생산하고 있다. 우리나라의 경우 대개의 소수력 발전소는 자연낙차가 크지 않은 곳에 위치하고 있기 때문에 저낙차 발전시설에 적합한 축류터빈기술을 이용하는 것이 바람직한 것으로 판단된다.

2) 양수발전

소수력발전 이외에 그림 6.17의 양수발전 역시 수력에너지를 효과적으로 이용하는 방법 중의 하나라고 할 수 있다. 양수발전소는 전력사용이 적은 심야 시간대에 하부댐의 물을 상부댐으로 퍼 올렸다가 전력사용이 많은 시간대에 상부댐의 물을 방류하여 발전하는 방식으로 하루에 한 번 양수와 발전을 하는 일종의 전기저장시설이다. 양수발전소의 건설비용은 시설용량이 유사한 화력발전소의 3분의 1정도에 불과하며 준공 이후에는 환경오염물질의 배출이 없다는 장점이 있다. 그러나 입지조건을 갖춘 지역이 통상 험준한 산악지형에 위치하고 있어 건설 시 주변 환경의 피해를 감수해야 하는 단점이 있다. 그러나 이러한 통념상의 단점 이외에 예를 들면 경남 산청의 양수발전소와 인근 진주의 남강 다목적댐을 비교해 보면 양수발전소 상부저수지의 만수면적은 0.24㎢, 하부는 0.35㎢로 이는 각각 남강댐의 1/115 및 1/75에 지나지 않는다. 이는 남강댐 건설에 따른 수몰 면적이 매우 넓다는 것이다. 물론 각 시설의 목적은 서로 다르지만 에너지이용의 측면에서 본다면 환경 피해는 그리 많지 않다 할 수 있다. 우리나라에는 강원도 청평, 전북 무주, 경남 삼랑진 및 산청 등지에 양수발전소가 위치하고 있다. 이러한 양수 발전소의 시설용량은 대략 60만~70만㎾ 정도이다.

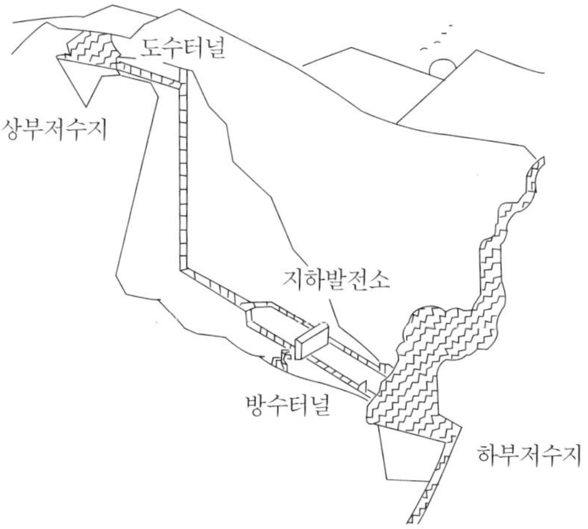

그림 6.17 양수발전

6.3.6 해양에너지

바다는 지구전체표면의 70% 이상을 차지하고 있으며 물의 비열(specific heat)이 크기 때문에 태양복사열이 전부 바닷물의 온도를 올리는데 쓰인다 해도 전체해수의 온도를 약 1℃ 높이는 데는 약 2년이 걸릴 것으로 추산되므로 바다의 잠재에너지는 매우 방대하다 할 수 있다. 인류는 오래 전부터 지구와 달의 상호작용에 의해 생기는 조류와 기류의 영향으로 발생하는 파도 그리고 심해의 깊이에 따른 온도차를 이용하여 전기에너지를 얻으려는 시도를 지속적으로 하여 왔다. 해양에너지(ocean energy)는 영구적으로 얼마든지 얻을 수 있는 장점이 있지만 발생 시기에 변동이 있고 또한 에너지밀도가 낮다는 것이 단점이다.

1) 조력발전

조력에너지는 이미 10세기경, 페르시아만 연안에서는 제분용기기의 동력으로 이용되었던 적이 있다. 근간에 조력발전을 위해 1967년 프랑스 북부 랑스(Rance)에 출력 24만kW의 조력발전소가 1968년에는 구소련에 400kW 용량의 발전소가 건설되었다. 그림 6.18의 랑스 발전소는 현재도 전력생산을 계속하고 있다. 그러나 조력발전을 위한 적절한 장소 선정은 매우 어려우며 설치비용이 매우 많이 드는 것이 문제점으로 지적되고 있다. 따라서 조력에너지는 미래 전력수요의 일부만 충족시킬 것으로 예상되고 있다.

조력발전은 바닷물을 수문을 통해 저수지에 끌어들이고 만조 시 해면 수위와 저수지의 수위가 같아지면 수문을 닫는다. 간조 시에는 해면의 수위가 낮아지기 때문에 해수를 저수지로부터 바다로 방류시키면서 수차를 돌려 발전을 하는 것이다. 따라서 조석간만의 차가 큰 지점을 부지로 선정하는 것이 중요하다. 우리나라는 조력발전에 관한 본격적인 조사 · 연구를 1970년대부터 실시하여 서해안 10개 지점을 대상으로 수차례에 걸친 타당성 검토결과 제1후보지로 충남 서산의 가로림만이 선정되었고 천수만과 인천 근해의 신도해역이 2, 3순위 후보지로 지정되었다. 가로림만의 평균대조차는 6.5m, 평균조차는 4.8m로 입지조건이 무난하며 시설용량은 약 500㎿와 연간 발전량은 약 900GWh 정도로 추산되고 있다.

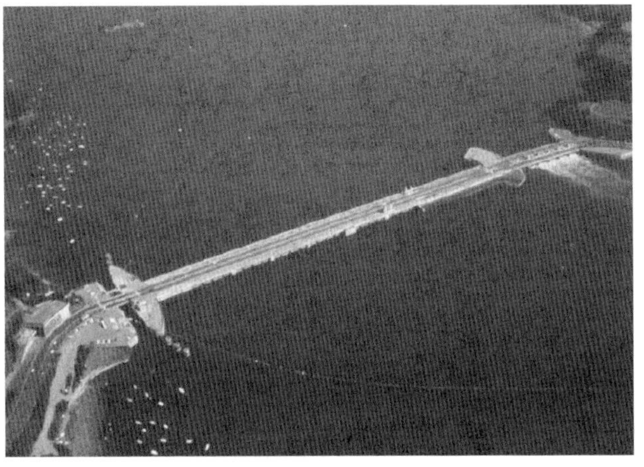

그림 6.18 랑스 발전소

2) 조류발전

조석간만의 차이에 의해 이동하는 조류를 이용해서도 전기에너지를 얻을 수 있다. 예를 들면 전남 해남군과 진도 사이의 울돌목은 조류발전 가능성이 매우 높은 곳으로 판단되고 있다. 조류발전은 조류의 시속이 1노트 이상인 곳이면 가능한데 울돌목에서 조류의 시속은 평균 9.4노트, 최고 11.5노트이며 지형은 폭 325m, 깊이가 20m로 조류발전에 매우 적합한 지리적 조건을 갖추고 있다. 이곳의 조류속도 및 지리적 여건으로 볼 때 발전용량은 100만 ㎾까지 가능하여 경제성이 있는 것으로 판단되고 있다.

3) 파력발전

파력에너지는 바람에 의해 생성된 바다 파도의 운동에너지를 이용하는 것으로 건설비용이 적당하며 이에 비해 에너지 생산량은 높은 편이다. 그러나 적절한 장소를 물색하는 것이 어렵고 또한 발전 기기가 염분에 대해 부식되기 쉽고 폭풍우 등에 의한 설비파손 등 유지비는 많이 소요되는 단점이 있다.

파력발전은 1910년경 프랑스 리옹에서 개발되기 시작하였으며 그 후 영국과 노르웨이에서도 이에 대한 연구가 진행되었으나 발전에 최초로 성공한 나라는 일본이었다. 일본은 파도를 이용하여 얻은 전기에너지를 항로 표시를 위한 부표(buoy)의 전원으로 이용하였으며 현재 60kW급 1,000대 정도를 실용화하고 있다. 파력발전에는 여러 가지 방식이 있으나 현재 실용화되고 또 실험중인 것은 파도의 상하운동과 부체의 상대운동에 의해 압축된 공기를 노즐(nozzle)로 분출시켜 공기 터빈을 회전시키는 방식이다.

4) 해수온도차 발전

해수온도차 발전(Ocean thermal energy conversion, OTEC)은 19세기말부터 연구가 시작되어 1930년 프랑스에서 10kW를 발전하는데 성공하였다. 이후 미국에서는 하와이에 50kW의 소규모 OTEC을 완성하였고 1981년에는 1,000kW의 OTEC에 대한 시험발전을 하여 성공하였다. 1979년 미국에서는 외경이 171m에 이르는 초내형 터빈을 이용한 OTEC시스템의 실현 가능성 검토를 한 바 있으나 성공하지 못하였다. 해수온도차발전은 해수의 깊이에 따른 온도 차이를 이용하여 얻는 에너지이므로 주로 열대 또는 아열대 지방과 같이 따뜻한 표면해수와 차가운 심해수가 공존하는 지역에서만 가능한 것이 제약점이다. 그림 6.19의 해수온도차 발전은 바다 표면의 온수로 암모니아, 프레온 가스 등 저비점 매체를 가열하여 증기를 발생시킴으로써 터빈을 회전시켜 발전을 하는 것이다. 터빈에서 나온 저비점 매체는 심해의 냉수에 의해 냉각 · 응축되면 펌프를 이용하여 표면으로 상승시켜 다시 온수로 가열하여 증기로 만드는 등 순환적으로 사용된다. 미국, 일본, 프랑스 등에서는 OTEC 발전에 대한 실험을 계속하고 있으며 성공한 사례도 계속해서 보고되고 있다. 그러나 지역적인 제한성 때문에 다른 대체에너지에 비해 경제성이 낮을 것으로 전문가들은 분석하고 있다. OTEC의 원리는 물에 저장되어 있는 열을 이용하여 발전을 하는 것이다. 이와 같은 원리로 염해수나 염호수 등과 같이 밀도가 높은 염수층에 축적된 열을 이용하여 전력을 생산하는데 이를 염수 태양못(saline solar pond)이라 한다. 이 원리를 담수에 적용할 수 있는데 담수 밑에 흑색 플라스틱 라이닝을 설치하고 덮개를 유리섬유 단열판으로 하여 담수를 가열하여 전력생산을 하는 것이다. 이를 담수 태양못(fresh-water solar pond)이라 하는데 이러한 발전의 장점은 에너지 저장을 위한 보조시스템이 필요 없으며 거의 모든 양시에 실시가 가능하고 건설비 및 운영비가 경제적이며 또한 오염물질 배출 가능성이 없고 적절한 양의 순에너지 산출량을 갖는 점이다.

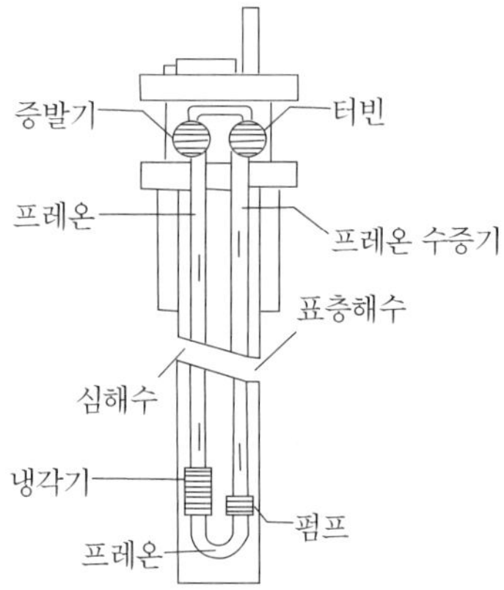

그림 6.19 해양 온도차 발전 개념도

6.3.7 지열에너지

그림 6.20의 지열에너지(geothermal energy)는 지각의 특정한 곳에 집적되어 있는 열에너지를 이용하는 것으로 화석연료에 비해 단위 에너지 당 이산화탄소 발생율이 매우 적은 재생 가능한 에너지이다. 그러나 지하수의 공급이 중단되면 에너지원도 고갈될 수 있으며 특히 이러한 에너지 개발에 따른 지역의 삼림과 생태계가 파괴될 수 있는 단점이 있다. 또한 지열발생 지역에서 접근 가능한 지역을 제외하면 에너지 이용에 따르는 비용이 매우 크다.

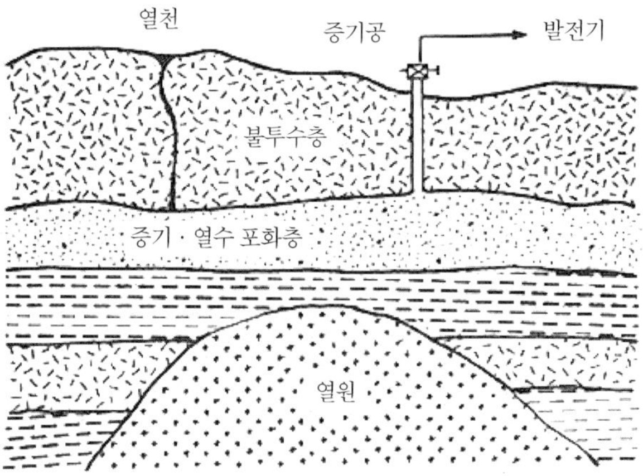

그림 6.20 지열발전

지열은 지구내부 열이 지표로 전달되는 형태에 따라 두 가지로 분류할 수 있다. 하나는 화산기원의 지열로 가장 이상적인 곳은 화산지대이다. 아이슬랜드, 이탈리아, 일본, 칠레, 인도네시아, 필리핀 등과 같이 판구조운동(plate tectonics)과 관련 있는 지역에 위치하고 있으며, 250℃ 이상의 열수를 얻을 수 있다. 다른 하나는 지각 중에 함유되어 있는 우라늄, 토륨, 포타슘과 같은 방사성원소의 붕괴에 의해 발생하는 열과 또한 맨틀의 열이 전도에 의해 지표로 전해지는 비화산기원의 지열이다. 이런 경우 150℃ 미만의 저온인 열수를 얻을 수 있다. 프랑스, 독일, 스웨덴, 헝가리 및 우리나라의 경우이다. 지열에너지원의 한계성은 에너지 절대 부존량의 규모 문제보다는 에너지원의 지역적 편중성에 더 큰 비중이 있다. 지열에너지는 이러한 한계성 때문에 급증하는 에너지수요를 충분히 충족시킬 수는 없다.

건조한 수증기에 의한 지열에너지는 특정하게 지열이 높은 지역에서 시추를 함으로써 얻을 수 있다. 또한 지열에너지의 이용 효율성은 높은 편은 아니나 우물이나 못에서 염분을 함유하고 있는 열수를 풍부하게 얻을 수 있는 곳도 있다. 미국의 노스 캐롤리나와 캘리포니아, 이탈리아 라더엘로 같은 지역에서는 고온의 열수나 수증기를 얻을 수 있어 이것을 이용하여 증기 터빈을 가동시키는 곳도 있다. 이러한 곳의 지질학적 특성은 다음과 같다.

첫째, 자연적으로 형성된 지하수원이 존재

둘째, 상부에서 유입하는 지하수를 차단하여 증기발생을 가능하게 하는 투수성이 낮은 지층이 존재

셋째, 자연적으로 분포하는 지하수 대수층의 인근에 고온의 지하 열원이 존재하는 경우이다.

지하수계나 불투수층은 없으나 고온의 지열이 있는 곳에서는 물을 강제로 주입하여 고온의 수증기와 물을 얻을 수 있다. 지열에너지를 개발하는 데는 지열의 탐사와 굴착, 개발에 필요한 막대한 비용, 발전설비 건설과 배전시스템의 정비 등 막대한 재원이 소요된다. 또한 지열에너지를 이용하는데 있어 새롭게 떠오르는 관심은 전력발생을 위해 시공된 시추공으로부터 원하지 않는 지하의 유해물질이 유출될 경우 이로 인한 환경오염을 어떻게 극소화시키느냐하는 것이다. 따라서 이러한 제반 문제 때문에 지열에너지에 의한 발전은 앞으로 당분간 활기를 띨 것 같지는 않을 전망이다.

✲ 참고문헌

- 김광렬, 권문선, 권재혁, 김문현, 김정권, 김정배, 김태동, 박광하, 배재근, 송재준, 신택수, 연익준, 이장훈, 임봉수, 차규석, 홍상표, 인간과 환경, 동화기술, 2009
- 한국화학공학회, 에너지공학, 교보문고, 1996
- 에너지관리공단 신재생에너지센터, 태양열, 북스힐, 2008
- 에너지관리공단 신재생에너지센터, 풍력, 북스힐, 2008
- 에너지관리공단 신재생에너지센터, 지열, 북스힐, 2008
- 에너지관리공단 신재생에너지센터, 소수력, 북스힐, 2008
- 에너지관리공단 신재생에너지센터, 해양, 북스힐, 2008
- 에너지관리공단 신재생에너지센터, 석탄이용, 북스힐, 2008
- 에너지관리공단 신재생에너지센터, 바이오(유기성폐자원), 북스힐, 2008
- 에너지관리공단 신재생에너지센터, 폐기물, 북스힐, 2008
- 강종민, 화학의 세계(화학이 좋아지는 책), 라이프사이언스, 2007
- 대한석유협회, 세계석유소비, 2009
- Nakicenovic, N., Energy Primer, in Climate Change 1995: Impacts, Adaptations and Mitigation of Climate Change, IPCC, Cambridge University Press, 1996

2부

좁은 범위의 환경영향

7장

대기오염

7.1 대기의 조성 및 대기권의 구조

7.1.1 대기의 조성 및 특성

지구대기는 대부분 질소와 산소 그리고 소량의 수증기와 탄산가스 등으로 구성되어 있는 얇은 기체층이다. 표 7.1을 보면 건조 공기 기준으로 지구 표면 근처의 공기층에 함유된 가스 성분은 질소가 전체의 78%, 산소가 21%를 차지하고 있음을 알 수 있고 지구 대기층의 두께는 수백 km에 달하지만 공기의 99%는 지상 30km 이내에 자리 잡고 있다. 수증기의 양은 때와 장소에 따라 크게 차이가 나고 매우 중요한 대기 성분이다. 수증기는 크기가 커질 때 비가 되어 지상으로 떨어지는 액체와 고체 형태의 구름입자를 형성할 뿐 아니라 기체에서 액체의 물이나 얼음으로 변할 때 엄청난 양의 잠열을 발생하기도 한다. 더욱이 수증기는 마치 온실 유리가 내부의 열이 바깥 공기와 혼합되지 않도록 막는 것처럼 지구에서 내뿜는 에너지의 일부를 강력히 흡입하기 때문에 유력한 온실 기체의 역할도 한다.

이산화탄소는 대기의 0.037%로 작은 비율을 차지하고 있다. 이산화탄소는 식물의 부패, 화산폭발, 동물이 내쉬는 숨, 석탄, 석유, 천연가스 등 화석연료의 연소를 통해 생성되어 대기로 유입된다. 반대로 녹색식물이 이산화탄소를 이용하여 영양분을 만드는 광합성을 할 때 대기에서 녹색식물로 이동이 된다. 그리고 바다는 이산화탄소의 저수지 역할을 하는데 플랑크톤이 이산화탄소를 유기조직에 고착시키기 때문이다. 이산화탄소도 수증기와 마찬가지로 지구의 배출에너지 일부를 가두는 작용을 하기 때문에 또 하나의 중요한 온실가스 구실을 한다. 수증기와 이산화탄소 이외의 온실화가스로는 메탄, 아산화질소, 염화불화탄소 등이 있다. 온실가스는 지구의 온도를 조절할 수 있는 중요한 성분들이지만 온실가스 양이 많아 질 경우에는 지구가 점점 더워지는 현상이 일어날 수 있다. 장래 대기 조건을 예측하기 위한 수학적 모형 실험은 온실가스의 증가로 인하여 2,100년에 가서는 지구표면 온도가 약 1.0~3.5℃ 높아지는 지구 온난화 현상이 나타날 것으로 예측하고 있기도 하다. 좀 더 세부적인 지구 온난화 문제는 제10장에서 논의하기로 한다.

표 7.1 대기의 조성

영구 기체			변량 기체		
기체	기호	건조공기(%)	기체	기호	%
질소	N_2	78.08	수증기	H_2O	0.0~4.0
산소	O_2	20.95	이산화탄소	CO_2	0.037
아르곤	Ar	0.93	메탄	CH_4	0.00017
네온	Ne	0.0018	아산화질소	N_2O	0.0003
헬륨	He	0.0005	오존	O_3	0.000004
수소	H_2	0.00006	입자(먼지 등)	-	0.00001
크세논	Xe	0.000009	염화불화탄소(CFCs)	-	0.00000002

7.1.2 대기권의 분류

그림 7.1을 보면 대기의 연직 단면은 여러 개의 층으로 나누어져 있다. 즉, 대기층은 조성뿐만 아니라 온도나 그 밖의 물리적인 성질이 높이에 따라 다르므로 다시 몇 개의 층으로 분류할 수 있다. 분류방법은 학자에 따라 다소 차이는 있으나 고도에 따른 기온분포에 따라 대류권, 성층권, 중간권 그리고 열권 4단계로 나누고 대기를 구성하는 조성에 따라 균질권 그리고 비균질권으로 분류한다.

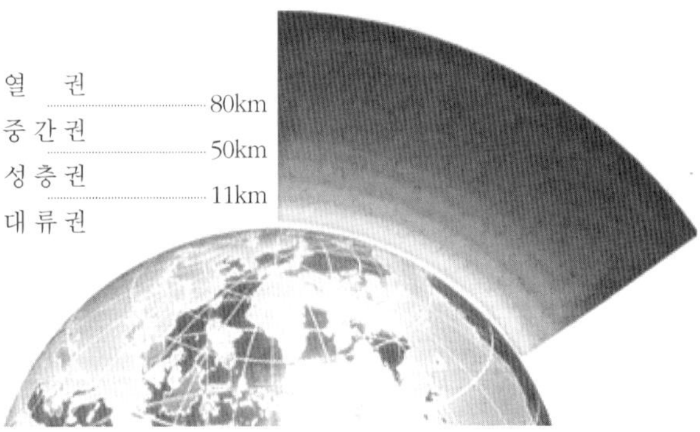

그림 7.1 대기의 연직 단면

1) 기온의 연직 분포에 따른 분류

기압과 밀도는 고도가 높아질수록 처음에는 빨리 그리고 점점 느리게 감소하지만 기온은 보다 복잡한 연직구조를 가지고 있다. 이를 구분하면 그림 7.2에서 보는 바와 같이 대류권, 성층권, 중간권 그리고 열권으로 구분할 수 있다.

대류권(troposphere)에서는 고도 11㎞까지 기온이 지속적으로 내려간다. 이 현상은 태양광선이 지구표면을 가열하고 데워진 지표가 그 위의 대기를 덥게 하고 고도가 올라감으로서 지표와 멀어지기 때문에 온도가 내려가는 것이다. 고도가 올라감에 따라 온도가 감소하는 비율을 기온 감률(lapse rate)라 하고 지상 약 11㎞까지 대류권의 평균(표준)감률은 1,000m당 약 6.5℃이다. 경우에 따라서는 고도가 높아질수록 오히려 기온이 증가하는 경우가 있는데 이를 기온역전(temperature inverse)이라 한다. 지상 30㎞까지의 기온 연직분포를 측정하는 도구를 라디오존데(radiozonde)라 하는데 이것은 읽을거리에 실어 놓았다. 지상으로부터 약 11㎞까지의 대기권에서는 구름, 강수 등의 기상현상이 나타나고, 공기의 연직운동인 대류현상이 활발하다. 여기에서는 공기 분자들은 불과 수일에 10㎞ 이상의 깊이까지 순환하는 것이 보통이다.

성층권(stratosphere)에서는 기온이 고도에 따라 정상적으로 낮아지지 않는 것을 볼 수 있다. 이곳의 기온감율은 0이다. 기온이 고도에 상관없이 일정하게 유지되는 영역을 등온층이라 하고 성층권이 시작되는 층이기도 하다. 고도 20km 가까운 성층권에서 고도가 증가함에 따라 기온이 높아지는 기온 역전 현상이 일어난다. 이 기온역전 영역에서 대류권의 연직 기류로 하여금 성층권에서 확산되지 못하도록 하는 작용을 한다. 성층권에서 고도가 증가함에 따라 기온이 높아지는 이유는 20~30km 사이에 오존층이 존재하여 자외선을 흡수하여 공기를 가열하기 때문이다. 금성은 지구와 달리 오존층이 존재하지 않아 기온의 연직분포가 지구보다 간단하다. 최근에 오존층이 파괴가 되어 자외선이 흡수되지 않고 그대로 들어와서 인체 및 생태계에 악영향을 미치기도 하는데 세부적인 내용은 제12장의 오존층 파괴에서 살펴보기로 하자.

중간권(mesosphere) 대기가 매우 희박하고 기압은 아주 낮다. 중간권의 질소와 산소의 비율은 지구표면과 거의 비슷하지만 중간권 공기를 호흡할 때 들어있는 산소 분자는 대류권에서 보다 훨씬 작다. 즉 저산소혈증에 걸려 의식을 잃게 된다는 것이다. 기온은 중간권에서 점점 감소되다가 중간권 끝 부분에서는 −90℃로 대기권에서 가장 기온이 낮다.

열권(thermosphere)은 중간권 위의 층으로서 뜨거운 층으로 고도가 증가함에 따라 기온이 다시 상승한다. 여기에서는 산소분자들이 태양광선의 에너지를 흡수하여 공기를 데우기 때문에 기온이 상승하게 된다. 또한, 이곳은 공기가 희박하여 낮과 밤의 일교차가 매우 크다.

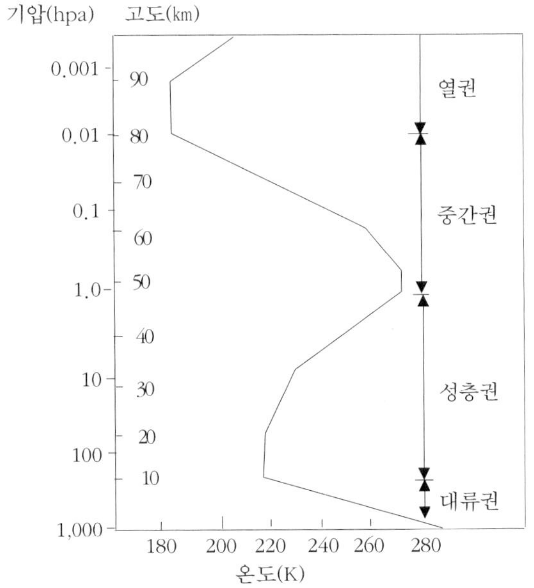

그림 7.2 기온의 연직분포에 따른 대기권의 분류

2) 대기의 조성에 따른 분류

대기의 조성은 그림 7.3에서 보는 바와 같이 고도 100㎞를 기준으로 하여 그 이하에서는 대기 조성이 일정하고 그 이상에서는 고도가 증가함에 따라 대기 조성이 급격히 변한다. 즉, 고도 100㎞이하에서는 대기 성분이 질소가 78%, 질소가 21% 등으로 균등하게 분포되어 있기 때문에 이를 균질권(homosphere layer)이라 한다. 이곳에서 대기는 중력에 의한 분리 작용보다 바람에 의한 충돌 · 혼합 작용이 활발하여 대기의 조성이 고도에 따라 일정하다. 따라서 평균 분자량도 그림 7.3에서와 같이 고도에 따라 일정하다.

고도 100㎞이상에서는 원자와 분자간의 충돌이 드문드문 일어나 대기가 잘 섞이지 않고, 중력에 의해 무거운 것들은 아래쪽에, 가벼운 것들은 위쪽에 자리를 잡아 층을 이루게 된다. 즉, 산소나 질소 같은 비교적 무거운 것들은 100㎞부근에 존재하고, 그 위에는 수소나 헬륨 같은 가벼운 기체들이 존재하게 되는데 이를 비균질권(heterosphere layer)이라 한다. 비균질권에서는 평균분자량이 고도에 따라 증가하는 모습을 보인다.

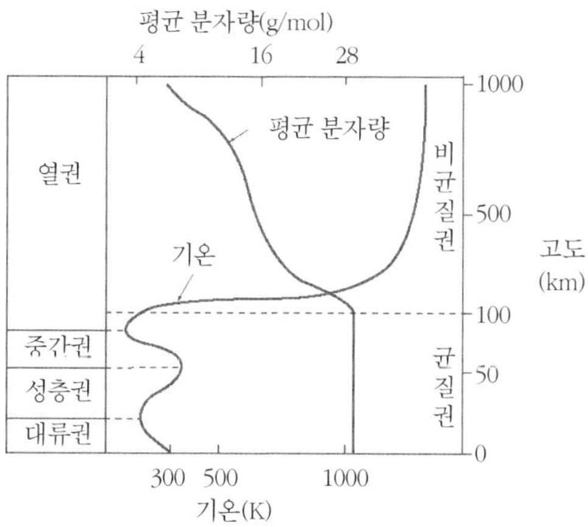

그림 7.3 대기조성에 따른 대기권 분류

읽을거리 라디오존데(radiozonde)

약 30km 고도까지의 대기권의 기온, 기압, 습도 연직분포는 라디오존데로 측정할 수 있다. 라디오존데 박스에는 기상을 측정하는 도구들과 라디오 송신기가 들어 있다. 기구가 상승함에 따라 기온은 써미스트라는 온도계로 측정되고, 습도는 탄소를 입힌 전기판에 전류를 통해 측정되고, 기압은 박스 안에 있는 작은 척도로 측정된다. 이렇게 수집된 정보는 라디오로 지구에 송신된다. 기구가 올라가 터져버리고 다시 지구로 돌아오게 되는데 낙하산의 힘으로 하강속도를 조절할 수 있으나 실질적으로는 한 번 띄운 라이오존데는 대부분 회수가 어렵기 때문에 비용이 많이 든다.

그림 7.4 낙하산 및 기구와 연결된 라디오존데

7.2 대기오염의 정의

대기오염은 지난 수천년간 인간이 활동한 결과로 생성된 인위적 오염물질 중 일부가 대기 내에 남아 있음으로써 환경에 악영향을 미치는 것을 말한다. 오염물질이 배출되더라도 임의의 대기 공간 자체가 지니고 있는 환경용량보다 오염물질이 적으면 스스로 정화를 시킬 수 있는데 이것을 자정작용이라 부른다. 그러나 오염물질이 많이 배출되면 자정능력을 잃게 되어 환경문제가 생긴다.

미국의 기술자 총연합회에서는 대기오염을 "외기 중에 1종 이상의 오염 물질이 존재하여 이러한 물질의 성질과 존속에 의해 인체, 동식물 및 재산에 피해를 주거나 혹은 쾌적한 생활 및 재산에 부당하게 관여되는 것을 말한다"라고 정의하고 있다. 그리고 세계보건기구(WHO, world health organization)에서는 "대기오염이란 대기 중에 인공적으로 반입된 물질의 농도나 지속 시간이 길어 어떤 지역의 주민 중 상당히 많은 사람들에게 불쾌감을 일으키거나, 넓은 지역에 걸쳐서 공중보건상의 위해나 동식물의 생활을 방해하도록 되어 있는 상태"라고 정의하고 있다. 우리나라에서는 대기오염의 정의를 명확하게 내리고 있지는 않으나 1990년에 제정한 대기환경보전법에서 "대기오염으로 인한 국민건강 및 환경상의 위해를 예방하고 대기환경을 적정하게 관리 · 보전함으로써 모든 국민이 건강하고 쾌적한 환경에서 생활할 수 있게 함"이 목적임을 밝히고 대기오염물질, 가스상 물질, 입자상물질, 먼지, 매연, 검댕, 악취, 특정대기 유해물질에 대한 정의를 내리고 있다.

따라서 대기오염은 국가, 단체 또는 학자에 따라 정의 차이는 있으나 대기 중에 대기오염물질이 인위적으로 배출되어 오염물의 양, 농도 및 지속시간의 과잉으로 어느 지역의 다수인에게 불쾌감을 주고 혹은 공중위생상 인간, 동물, 식물 및 재산에 유해하고 쾌적한 생활을 방해하는 상태라 할 수 있다.

7.3 발생원

대기오염을 유발시키는 배출원은 그림 7.5에서 보는 바와 같이 크게 자연현상에 의한 것과 인간의 활동에 의한 인위적인 것으로 구분한다. 자연발생 오염원은 자연현상으로 보아서 환경오염으로 정의하고 있지 않지만 그 피해가 클 경우는 환경오염으로 정의한다. 즉, 화산, 황사, 해염, 온천, 산불, 동식물의 부패 또는 발효, 꽃가루, 식물의 씨, 나무수액 풍화 등이 있다. 우리나라에서는 주로 봄철에 심하게 나타나는 황사 현상이 대표적이다. 인위적 발생 오염원은 주로 화력발전소, 원자력발전소, 제철 및 제련공장, 각종 산업체,

자동차, 농업, 광업, 축산업 및 가정 등이 이에 해당된다.

배출원을 배출 특성에 따라 고정 배출원(stationary source)과 이동 배출원(mobile source)으로 나눌 수 있다. 이를 다시 점오염원(point source), 선오염원(line source), 면오염원(area source)으로 분류하기도 하는데 지도상에 점으로 표시되는 점오염원은 주로 대형 화력발전소, 제철 및 제련공장과 같이 다량의 에너지 소비나 오염물을 배출하는 곳에 해당된다. 선 오염원은 자동차, 선박, 항공기와 같이 일정한 경로를 따라 이동하는 것이 이에 해당된다. 면 오염원은 특정다수의 오염원이 집단을 이루고 있는 공업지역 즉 산업단지 같은 곳이다.

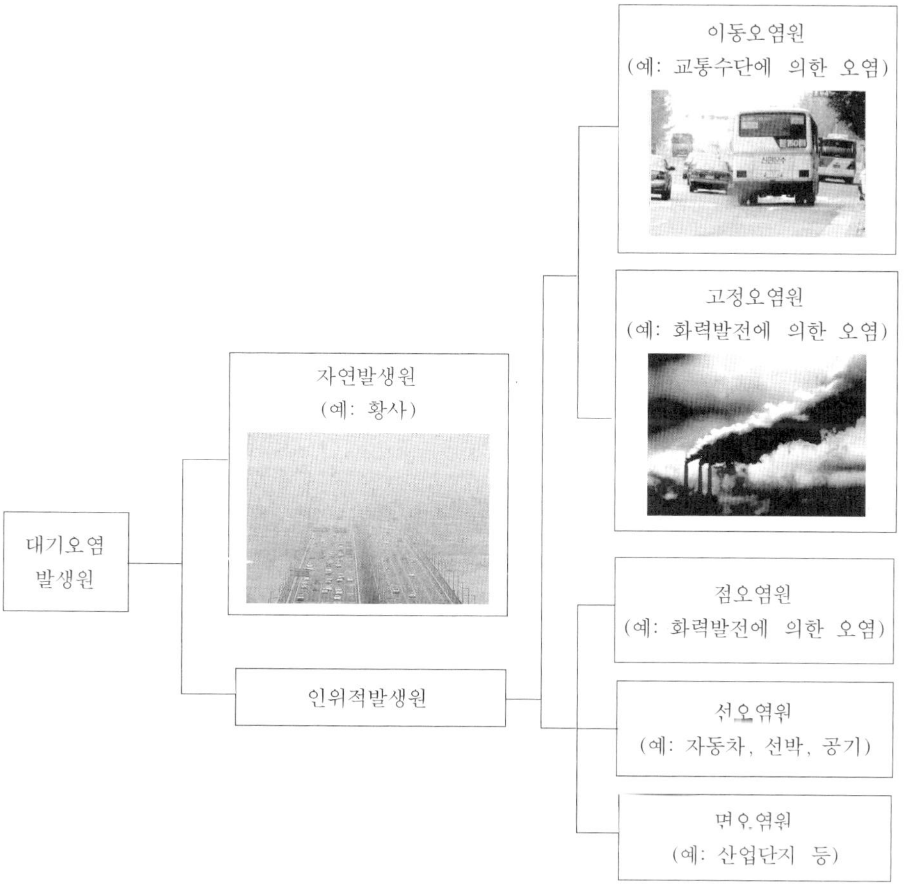

그림 7.5 발생원에 따른 오염분류

7.4 대기 오염물질의 종류

대기오염 물질은 물리적 형태에 따라 입자상 오염물질(PM: particulate matters, 분진)과 가스상 오염물질(gaseous pollutants)로 나누기도 하고 생성원에 따라 1차 오염물질(primary pollutants)와 2차 오염물질(secondary pollutants)로 구분하기도 한다.

1차 오염물질은 연소나 증발 등으로 인해 직접 대기로 배출되는 물질로 분진, 휘발성 유기화합물(VOCs: volatile organic compounds)(읽을거리 참조), 일산화탄소(CO), 질소산화물(NOx), 황산화물(SOx) 그리고 납(pb) 등이 대표적인 물질이다. 2차 오염물질은 1차 오염물 중 일부가 대기 중에서 화학반응을 통해 새로운 형태의 오염물질을 생산하는 것이다. 2차 오염물질에는 오존, 알데히드, 케톤, PANs 등이 해당되는데, 질소산화물과 휘발성 유기화합물(VOCs)이 광화학 반응(photochemical reaction) 결과 생성된 2차 오염물질들을 광화학옥시던트(photochemical oxidants)라고 부른다. 즉, 그림 7.6에서 보는 바와 같이 질소 산화물 존재 시 질소산화물 중 이산화질소(NO_2)는 태양에너지를 흡수하면 일산화질소(NO)와 원자상태의 산소(O)로 해리되는데 이 산소는 공기 중의 산소(O_2)와 빠르게 결합하여 오존(O_3)을 생성한다. 또한 일산화질소는 오존과 반응하여 다시 이산화질소와 산소분자(O_2)가 되므로 반응이 순환적으로 일어나기 때문에 축적은 없다. 그렇지만 질소산화물과 VOCs가 함께 존재할 때 1차적으로 일산화질소가 오존 대신 VOCs와 반응하여 심각한 문제를 유발하는 PANs(peroxyacetyl nitrates)이란 오염물질을 생성한다. 또한 VOCs는 이산화질소가 일산화질소로 해리되면서 생성된 산소와 반응하여 알데히드, 케톤과 같은 오염물질도 함께 생성된다.

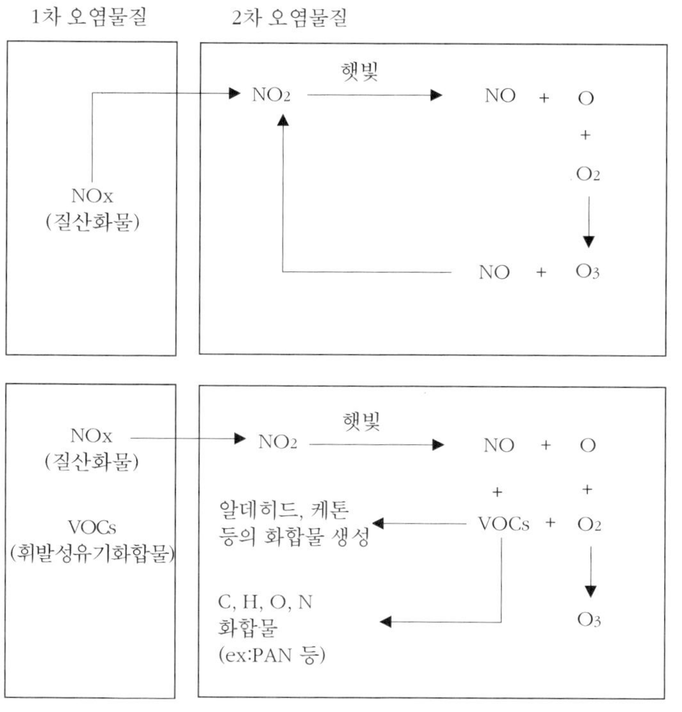

그림 7.6 오존과 광화학 옥시던트 생성과정

황산화물(SOx)과 질산화물(NOx)가스 등은 대기 중의 수분과 반응하여 황산과 질산을 생성한다. 이 역시 2차 오염물질에 해당하며 산 침적이나 산성비의 원인이 되고 있고 구체적인 내용은 제11장에서 다루기로 한다.

읽을거리 휘발성 유기화합물(VOCs: Volatile Organic Compounds)

1. 정의

증기압이 높아 대기 중으로 쉽게 증발되는 액체 또는 기체상의 유기 화합물을 총칭한다.

2. 배출원

1) 자연 배출원

혐기성 조건하에 박테리아 분해를 통해서 생성되는 메탄을 발생하는 습지, 수목류, 초지 등

2) 인공 배출원

건축재료, 세탁용제, 가구설비, 살충제 및 접착제 등

3. 인체 및 환경에 미치는 영향

휘발성 유기화합물은 대개의 경우 저 농도에서도 악취를 유발하며, 피부에 흡수되기 쉽고, 휘발성이 크므로 가스로 존재하여 호흡기로 흡입되어서 중추신경 마비 등 장애를 일으킨다. 그리고 대기 중에서 광화학반응에 참여하여 광화학옥시던트인 2차 오염물질을 생성하기도 한다.

4. 주요 VOCs물질

메탄, 에틸렌, 벤젠, 벤조피렌, 포름알데히드, CCl_4, 클로로포름, 메틸렌 클로라이드, 에틸렌 디클로라이드, TCE(trichloroethylene), 바이닐 클로라이드, 에틸렌 옥사이드 등의 유기 화합물 등의 탄소화합물

7.4.1 입자상 오염 물질

대기 중에 존재하는 대기오염물질 중에는 전자에서 살펴본 생성원에 따라 분류하기도 하고 입자의 크기가 큰 것도 있고 작은 것도 있기 때문에 입자의 크기로 분류될 수 있다. 그림 7.7에서 보는 바와 같이 입자상 오염 물질은 크기에 따라 부유분진, 연기(smoke), 훈연(fume), 연무(mist)로 나눌 수 있고 이외에 먼지(dust), 안개(fog), 박무(haze), 스모그(smog) 등으로 나눌 수 있다. 입자상 오염 물질은 불완전 연소, 기계적 분쇄과정, 응축, 화학적 과정을 통해 생성되기 때문에 서로 다른 크기, 모양, 색깔을 가지는 특징을 가지고 있다.

입자상 물질은 크기를 비교하기 때문에 ㎛(마이크로미터) 단위로 표시하고, ㎛는 백만분의 1미터이다. 입자상 물질은 입자의 직경이 2.5㎛ 미만의 미세 입자(fine particle)와 2.5㎛이상의 거대 입자(coarse particle)로 분류하고, 거대 입자와 미세 입자의 총합을 TSP(Total suspended particulate, 총부유분진)라고 한다. 미세 입자는 대기오염에 중요하게 위치를 차지하고 있다. 이들 작은 입자는 인간 및 동물의 폐 깊숙이 침투하여 인체에 영향을 미치기 때문이다. 그리고 미세 입자 중 0.3~1.0㎛는 광 산란에 의한 시정거리를 감소시키는 주된 역할을 한다. 입자의 크기가 작아짐에 따라 표면적이 증가하기 때문에 입자가 중금속 성분을 함유하고 있을 경우 중금속의 농축율은 급격하게 증가한다.

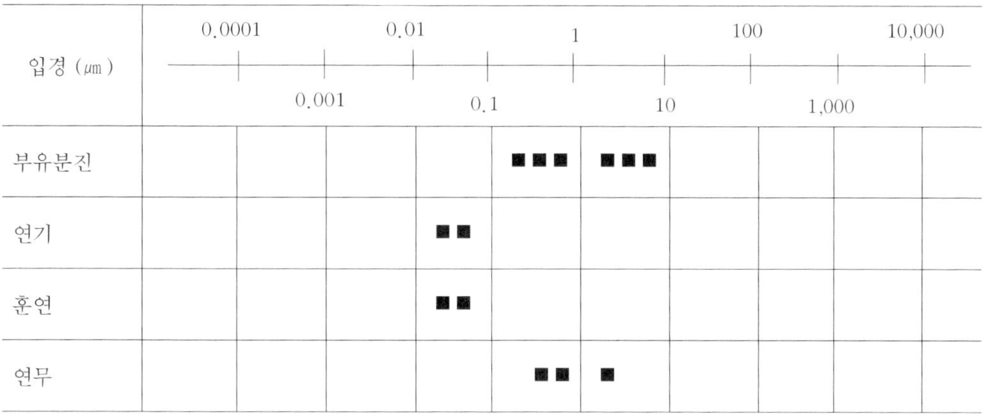

그림 7.7 입경에 따른 입자의 분류

1) 분진(dust)

일반적으로 먼지라고도 하며 자동차, 공장, 화력발전소 등 인위적인 방출과 바다 물보라, 화산재, 바람에 의한 지면의 침식 등 자연원인에 의해 생성되는 입자상 물질로 비세한 고체 및 액체 입자를 총칭한다. 분진의 거동에 따라 강하 분진, 부유분진으로 구분하고 크기에 따라 거대 입자와 미세 입자로 나누기도 한다.

부유분진은 0.1~10㎛의 크기를 가진 입자로 10㎛이하의 크기를 갖는 분진은 PM_{10}이라 하여 그림 7.8에서 보는 바와 같이 별도로 규정하여 관리하고 있으며 이중 0.25~5㎛의 분진은 폐포에 잘 침작되는 것으로 알려져 있다.

그림 7.8 먼지 상태를 나타내는 전광판

2) 에어로졸(aerosol)

가스 내에 미세한 고체 및 액체입자가 분산되어 있는 것을 말하는 것으로 매연, 안개, 연무 등이 있다.

3) 액적(droplet)

밀도가 작은 액체 입자로서 공기가 움직이지 않는 상태에선 낙하하나 와류에서 부유하는 것으로 말한다.

4) 비산재(fly ash)

화석연료나 쓰레기 등 고체물질을 연소시킬 때 연소가스와 함께 굴뚝을 통해 배출되는 미세한 연소재로 불완전 연소된 가연성분이나 비산재 내에 가스를 함유하기도 한다.

5) 안개(fog)

공기 중 수증기가 기온이 낮아짐에 따라 응축하여 생성되는 액체 입자로 부유하고 있는 현상으로 시정거리가 1㎞에 미치지 않는다. 가스상 오염물이나 미세 분진과 결합하여 피해를 상승시킬 수 있다. 이런 것을 나타내기 위한 용어로 스모그(smog)를 쓰고 있으며 연기(smoke)와 안개(fog)의 합성어로 석탄 연소 시 발생한다.

6) 훈연(fume)

용융된 광물질이 증발하여 생성된 기체가 냉각 시 응축함으로써 생성되는 고체 입자로 상호 응결하기도 하고 각각 충돌하여 결합하는 것으로 0.03~0.3㎛의 크기를 갖는다.

7) 연무(mist)

안개보다 입자의 크기가 큰 액적들이 지표면 부근에 분산되어 있는 것으로 안개보다 투명하기 때문에 시정거리가 1㎞이상이고 크기가 0.5~3.0㎛이다. 안개와 연무는 크기로 구분할 수도 있고 시정거리(인간이 볼 수 있는 가시거리)로도 구분할 수 있다.

8) 연기(smoke)

연료의 불완전 연소 시 발생되는 미세한 입자로 유리탄소나 기타 연소성 물질로 구성되어 있고, 입자의 크기는 0.01㎛이상이다.

9) 검댕(soot)

탄소입자가 타르에 의해 뭉쳐진 것으로 주로 탄화수소계 연료의 불완전 연소 시 많이 생성되며 1㎛이상의 크기이다.

10) 증기(vapor)

액체 또는 고체가 물리적 변화에 의해 증발하거나 승화하여 생성하는 가스 상태의 물질이다.

11) 박무(haze)

수분, 증기, 분진 등으로 구성된 물질로 1㎛보다 직고 시야를 방해하며 대기를 엷은 회색이나 백색으로 보이게 한다. 매연과 합쳐서 발생될 경우 오염을 가중시키며 스메이즈(smaze)라고도 부른다.

7.4.2 가스상 오염물질

가스상 오염물질의 생성은 연소과정에서 방출되기도 하고, 액체에서 기체 상태로의 기화과정에서 생성되기도 하며, 대기에서 화학반응을 통해 만들어지기도 한다. 주요한 가스상 오염물질의 종류는 탄소 함유 가스, 황 함유 가스, 질소 함유 가스 등이 있다.

1) 탄소함유 가스

탄소 함유 가스에는 일산화탄소(CO), 탄화수소(HC) 및 산화탄화수소(HCO) 등이 있다. 일산화탄소는 탄소화합물 또는 탄소와 같은 가연성 성분의 불완전 연소에 의해 또는 이산화탄소가 탄소와 접촉할 때 생기는데 이를 식 (7-1)과 식 (7-2)에 나타내었다.

$$C + \frac{1}{2}O_2 \rightarrow CO \qquad (7\text{-}1)$$

$$CO_2 + C \rightarrow 2CO \qquad (7\text{-}2)$$

이렇게 생성된 기체는 무색, 무취이고 독성을 가진다. CO가 인체에 미치는 영향은 실외보다 실내에서 훨씬 더 심각하며 과거 우리나라에서 연탄가스에 의한 CO중독 현상이 대표적인 사례이다. 일산화탄소를 흡입하면 폐에서 혈액 속의 헤모글로빈과 결합하여 일산화탄소헤모글로빈을 형성하고, 이 때문에 혈액의 산소운반능력이 상실되어 내부적인 질식 상태에 빠지게 된다. 일산화탄소와 헤모글로빈과의 친화성은 극히 강하여 산소보다 210배의 세기로 결합한다.

탄화수소는 불완전 연소 과정과 휘발유, 연료유 및 용매의 증발과정에서 생성된 화합물이다. 탄화수소는 탄소와 수소가 다양한 비율로 구성된 화합물로 구성되어 있으며 메탄, 에탄, 프로판 등이 이에 속한다. 메탄은 가장 간단한 화합물로서 천연가스의 주성분이며 동식물이 부패할 때 박테리아에 의한 혐기성 발효작용으로 생성된다.

산화탄화수소는 탄소, 수소, 산소로 구성된 화합물로서 연소과정에서 생성되기도 하고 태양광 존재 하에 광화학반응으로 탄화수소와 산소의 화학적 반응에 의하여 만들어진 2차 오염물이기도 하다. 대표적인 예로서 알데히드를 들 수 있고 발암물질이다.

2) 황산화물(SOx)

황산화물 가스로는 이산화황(SO_2)과 삼산화황(SO_3)이 있으며 이를 통상 SOx라 한다. SOx는 화석연료의 연소뿐만 아니라 납, 아연, 구리 등의 제련과정에서도 많은 양이 방출되며 황 함유 물질로 메르캅탄, 황화수소가 있으며 이것은 악취물질로 알려져 있다. 대기 중에 존재하는 다른 물질과 반응하여 황산입자와 황산염과 같은 화합물을 만들어 낸다. 화석연료중의 유기황 화합물과 황 화합물이 연소되면 식 (7-3)과 같이 대부분 SO_2가 된다.

$$S + O_2 \rightarrow SO_2 \qquad (7-3)$$

또 SO_2일부는 식 (7−4)와 같이 산화되어 SO_3을 생성한다.

$$SO_2 + \frac{1}{2}O_2 \rightarrow SO_3 \qquad (7-4)$$

이러한 연소과정에 의하여 생성되는 황산화물 중 95% 정도는 SO_2이고 5% 정도가 SO_3이다. SO_2는 매우 자극성이 있는 유독가스로 폐섬유종, 폐기종, 호흡장애 등을 유발한다. 또한 SO_2가 산화되거나 대기 중의 수분과 반응하여 황산(H_2SO_4)를 생성하여 산성비의 원인이 되기도 한다. 1952년 영국 런던 등에서는 SO_2와 황산입자의 오염물이 대기의 정체 현상 때문에 고농도까지 농축되어 심각한 대기오염 피해를 야기하기도 했다.

3) 질소산화물(NOx)

질소함유 가스에는 산화질소(NO), 이산화질소(NO_2), 일산화이질소(N_2O), 무수질소(N_2O_5)등이 있는데 이를 총칭하여 NOx라고 하며 대부분 NO와 NO_2이다. 질소산화물의 가장 큰 발생원으로는 화력발전소, 주거 난방, 산업 등 고정 배출원과 자동차 등 이동 배출원을 들 수 있으며 주로 화석연료의 고온연소 시 발생한다.

연소과정 중 고온에서는 식 (7-5)와 같이 99%이상의 NO가 발생한다.

$$N + O_2 \rightarrow 2NO \tag{7-5}$$

NO_2는 대기 중에서 NO의 산화에 의하여 생성된다.

$$2NO + O_2 \rightarrow 2NO_2 \tag{7-6}$$

NO는 무색이며, 고온에서 연료의 연소로 발생되는 비교적 해가 없는 가스이지만 광화학반응에 의해 PAN(peroxyacethylnitrate)이라는 2차 오염물질이 만들어진다. 이것은 암을 유발하는 것으로 알려져 있다.

4) 오존

오존은 산소원자 3개로 이루어져 있다. 오존의 생성은 인위적인 생성과 자연적인 생성으로 나눌 수 있다. 오염된 대기 중에 탄화수소의 산화로 생성된 과산화기(RO_2)가 존재하면 다음과 같은 반응이 진행된다.

$$RO_2 + NO \rightarrow NO_2 + RO \tag{7-7}$$

$$NO_2 + hv \rightarrow NO + O \tag{7-8}$$

$$O + O_2 + M \rightarrow O_3 + M \tag{7-9}$$

자연적으로 생성되는 오존의 생성원은 3가지로 구분할 수 있다.

첫째, 성층권에서는 산소와 자외선에 의한 광화학 반응으로 오존이 생성된다.

둘째, 오존은 번개에 의해 생성되지만 많은 양은 아니다.

셋째, 대류권에서는 자연적 오존은 질소산화물과 식물에서 방출된 탄화수소이 광화학 반응에 의하여 생성된다. 식물로부터 배출되는 탄화수소의 한 예로서 테르펜(terpene)은 소나무에서 생기며, 소나무 향을 가진다.

평균적으로 대기 중에서 측정된 오존 농도의 반 이상은 자연적으로 생성된 오존이다.

5) 기타

가스상 오염물질로 자극성이 매우 강하며 독성을 갖는 암모니아(NH_3), 염화수소(HCl), 염소(Cl_2) 등과 할로겐 족 원소로 불소(F), 브롬(Br) 등이 있고, 악취를 유발하는 황화수소(H_2S)와 휘발성 물질로 자극성과 함께 발암물질로 알려진 포름알데히드(HCHO), 페놀(C_6H_5OH), 벤젠(C_6H_6) 등이 있다.

포름알데히드(formaldehyde, HCHO)는 무색의 기체 또는 무색투명한 액체로 존재하는데 자극성이 대단히 큰 물질이다. 발생원은 화장지, 1회용 타올, 의복류 등의 제품에서 발생한다. 의류상가가 밀집된 곳에서는 눈이 따가울 정도로 포름알데히드 농도가 높다. 그 밖에 신축된 건물, 새로운 가구 등에서 발생한다. 포름알데히드 농도가 0.1ppm이면 목과 기관지에 자극이오고, 0.25ppm이면 천식을 일으키는 호흡기 질환, 중추신경 질환 등을 유발하기도 한다.

7.5 대기 안정도와 대기오염

대기오염은 인간의 활동으로 인해 발생된 오염물의 종류와 양 그리고 풍향, 풍속, 일사량, 강우, 구름의 양, 안개, 상대습도, 온도, 고도에 따른 온도변화 등의 기상조건 및 지형에 따라 다르게 나타난다. 즉, 오염물질의 농도는 기온이 역전 상태에 있을 때 증가하는데 대류권 내에서 일반적으로 기온이 고도에 따라 감소하지만 반대로 고도에 따라 온도가 증가하기 때문에 대기가 매우 안정된 상태가 되어 공기의 움직임이 거의 정지하기 때문이다. 이런 이유로 대기의 안정도는 대기오염을 악화시킬 수 있음에 따라 대기 안정도의 이해가 요구된다.

7.5.1 대기의 안정도

하층의 공기의 밀도가 작고 상층의 공기 밀도가 큰 경우 상층의 공기는 하강하고 하층의 공기는 상승하는 대류 현상이 일어난다. 대기의 밀도는 기온이 낮을수록 높아지므로 공기의 연직운동 유무는 고도에 따른 기온의 분포로 결정된다.

대기의 안정도는 건조단열감율과 환경감율을 비교함으로써 알 수 있다. 지표에서 공기가 상승하는 동안 단열팽창을 겪게 되는데, 불포화 공기덩어리의 고도에 따른 기온 감소율을 건조단열감률이라 한다. 불포화공기가 100m 상승할 때마다 T℃씩 온도가 낮아지므로 건조단열감률은 1℃/100m이다. 환경감률은 주변 대기의 고도에 따른 기온변화율을 나타낸다.

1) 불안정(unstable)

상승하는 공기덩어리의 온도는 건조단열감률을 따라 기온이 하강한다. 그림 7.9 a)를 보면 A에서 B까지 상승한 공기덩어리의 온도는 5℃이고, 주위의 온도는 0℃로 공기덩어리의 온도는 주위보다 높아(밀도가 작아) 공기덩어리는 계속해서 상승하고, A에서 하강한 공기덩어리의 온도는 주위보다 낮아(밀도가 커서) 계속해서 하강하게 된다. 이와 같이 상승하는 공기덩어리는 계속 상승하려고 하고 하강하는 공기덩어리는 계속해서 하강하려고 하는 성질을 가지는 대기를 불안정(unstable)한 상태라고 한다. 대기가 불안정한 상태에서 건조단열감률이 환경감률보다 작다.

2) 안정(stable)

그림 7.9 b)를 보면 A에서 B까지 상승한 공기덩어리의 온도는 5℃이고, 주위의 온도는 10℃로 공기덩어리의 온도는 주위보다 낮아(밀도가 커서) 공기덩어리는 더 이상 상승하지 못하고, A에서 하강한 공기덩어리의 온도는 주위보다 높아(밀도가 작아) 더 이상 하강하지 못하고 원래의 위치로 되돌아온다. 이와 같은 대기의 상태를 안정(stable)이라고 하고, 이 때 건조단열감률이 환경감률보다 크다.

3) 중립(neutral)

건조단열감률과 환경감률이 같아서 공기의 상승, 하강 후에도 주위의 공기 온도와 같으므로 정지된 상태인 중립의 상태가 된다.

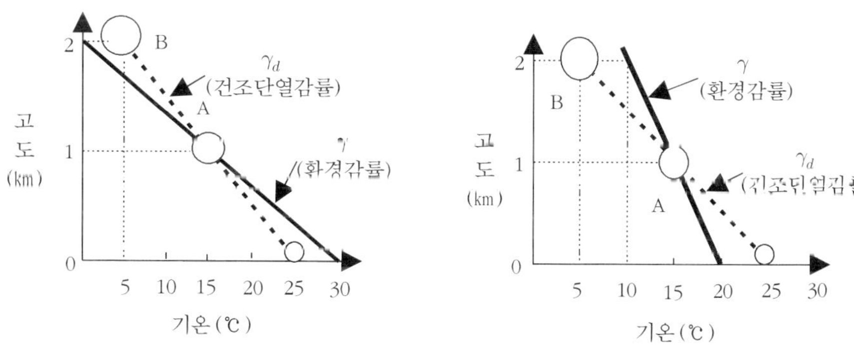

a) 불안정: r 〉 rd

b) 안정: rd 〉 r

그림 7.9 대기의 안정도

7.5.2 역전층

대류권내에서 기온은 높이에 따라 감소하는 것이 보통이다. 그러나 경우에 따라서는 역으로 높이에 따라 기온이 높아지는 층이 관측 되는 일이 있다. 이 층을 역전층이라고 한다. 역전층이 형성되면 굴뚝에서부터 배출된 연기 등의 오염물질은 역전층을 벗어나지 못하고 그 층 내에 머물러 있게 되어 오염물질의 축적이 일어나서 오염농도가 높아지게 된다. 역전은 침강역전과 복사역전으로 나누어진다.

1) 침강역전

고기압 중심 부근에서의 대기 하층에서는 공기가 발산하여 넓은 지역에 걸쳐서 상층의 공기가 서서히 하강하게 된다. 이 때 기층은 낮은 고도로 하강함에 따라 단열압축에 의하여 가열되어 하층의 온도가 낮은 공기와의 경계 고도 300~600m에 역전층을 형성하게 된다. 이층은 매우 안정하므로 대기 오염 물질의 연직 확산을 억제한다. 이를 침강역전이라 한다. 이는 한 번 발생하면 장기간 유지되는 특성이 있어 장기역전이라고도 한다. 침강역전의 대표적인 예가 로스엔젤레스 스모그이다. 그리고 아래에 설명될 복사역전의 대표적인 런던스모사건과 비교하여 읽을거리에 나타내었다.

2) 복사역전

늦은 아침부터 오후까지는 지표면의 태양복사열이 커서 지표의 온도가 높지만 밤이 되면서 해뜨기 직전까지 대기로의 열손실로 인해 복사열이 적어지고 지표의 온도가 낮아져 역전 현상이 생기는데 이를 복사 역전이라 한다. 이는 하루를 주기로 해서 나타나기 때문에 단기 역전이라고도 한다.

읽을거리 런던스모그와 로스엔젤레스 스모그 비교

런던스모그 사건은 1952년 12월에 영국 런던에서 5일간 발생된 것이다. 주로 가정난방, 발전소, 기타 공장의 석탄 연소 시 발생된 매연과 이산화황이 발생 원인이 되었다. 기상조건은 무풍 상태이고 복사역전이 존재한 상태였다. 인명 피해는 4,000명 이상이 호흡기 질환과 심장질환으로 사망하였다. 1세 이하와 45세 이상의 노약자는 만성기관기염, 천식, 기관지 확장증, 폐렴의 등의 문제가 있었다.

로스엔젤레스 스모그 사건은 런던스모그 2년 후인 1954년 7월 미국 로스엔젤레스에서 자동차 등의 화석연료 연소 시 발생되는 올레핀계 탄화수소, 질소산화물, 황산화물 등과 태양광선의 자외선에 의해 발생한 광학학스모그 사건이다. 로스엔젤레스는 지형특성상 해안분지 지역으로 사건 당시 침강역전이 발생되어 오염물이 주위로 퍼져나가지 못하고 고립된 상태로 장기간 존재하였다. 일반 시민들은 눈, 코, 기도, 폐 등의 호흡기를 자극하여 불쾌감을 호소하였다. 이 두 사건의 특징을 아래 표 7.2에 나타내었다.

표 7.2 런던스모그와 로스엔젤레스 스모그 비교

구분	런던 스모그	로스엔젤레스 스모그
기온	4℃ 이하	21℃ 이상
습도	90%이상	70%이하
시간	새벽~이른 아침	한낮~12시 전후
역전의 형태	복사역전	침강역전
주 오염물	가정 난방 매연	자동차연료 연소 생성물
반응형	열적	광화학적
화학반응	환원	산화
시정거리	100m이하 농무형	1000m이하 연무형
피해	호흡기 질환, 심장질환	눈, 코, 기도, 점막자극

7.5.3 대기의 안정도와 연기의 형태

굴뚝에서 배출되는 연기는 고도에 따른 풍속과 기온의 연직분포에 따라 달라진다. 즉, 연직분포와 바람의 분포를 알면 연기의 모양을 알 수 있고, 연기의 형태를 보면 온도와 바람의 연직분포를 알 수 있다. 대표적인 연기의 형태는 그림 7.10에서 보듯이 환상형(looping), 원추형(coning), 부채형(fanning), 훈증형(fumigation), 지붕형(lofting), 구속형(trapping)형이 있다. 여기서 연기라 함은 대기오염물질이 포함된 상태이기 때문에 대기 안정도에 따른 연기의 형태를 이해함으로써 대기오염물질을 희석을 통해서 적절하게 제어할 수 있다.

1) 환상형(looping)

이 형태는 불안정한 대기 조건과 강한 풍속으로 연직혼합이 심할 때 나타난다. 즉, 날씨가 맑아서 태양복사열이 강한 따뜻한 계절에 발생한다. 열역학적으로 생긴 난류는 큰 소용돌이를 일으켜 굴뚝 전부를 지표면까지 이동시킬 수 있다. 강한 난류에 의하여 빨리 분산시킬 수 있으나 지표의 농도를 높일 수 있다.

2) 원추형(coning)

대기가 중립일 때 많이 발생한다. 바람이 다소 강하고 구름이 낀 경우에 나타난다. 즉, 날씨가 흐리고 바람이 약한 난류에 의해 이러한 균일한 모양이 발생한다. 이 형태의 연기는 거의 지표 가까이에는 도달하지 않는다.

3) 부채형(fanning)

안정한 대기가 유지될 때 발생한다. 대부분 밤이나 이른 아침에 나타난다. 고기압 구역에서 하늘이 맑고 바람이 약할 때는 지표로부터 열 방출이 커서 복사 역전층이 생기는데 이런 곳에서 오염물질이 방출되면 평평하고 반듯한 리본 모양의 분산 형태가 나타난다. 굴뚝이 높으면 오염물질이 지표에 도달하지 않지만, 굴뚝이 주위 지형에 비해 상대적으로 낮을 때에는 매우 심각해 질 수 있다.

4) 훈증형(fumigation)

이 형태는 아침 일사에 의해서 점차 지표가 불안정해지면 밤 동안에 생겼던 복사역전이 점차 하층에서부터 해소되는 과정에서 생기며 이 불안정층이 굴뚝의 높이에 까지 다달아 굴뚝에서 배출되는 오염물질이 아래로 분산, 결국 지표면까지 영향을 미친다. 그러나 대체로 이 분산 형태는 길게는 30분 정도 지속되지 않는다.

5) 지붕형(lofting)

초저녁부터 이른 아침에 걸쳐 많이 발생한다. 고기압 지역에서 맑고 바람이 약하여 복사역전층이 오염 방출원의 높이 보다 얇은 지표 부근에서 생길 때 역전층 위에서는 약간 불안정한 상태가 되어 오염물질이 위로만 퍼지게 된다. 굴뚝에서 배출된 오염 물질에 의한 오염 농도만을 생각한다면 지표부근에서의 오염 농도는 이때가 가장 적다.

6) 구속형(trapping)

계절에 상관없이 고기압 지역에서 장시간 계속되는 침강역전이 있거나, 혹은 전선면에서 생기는 전선역전이 생겼을 때, 그리고 이때 하층에 복사역전이 형성되어 두 역전층사이에 굴뚝의 연기가 배출되면 연기가 구속되어 정체된다.

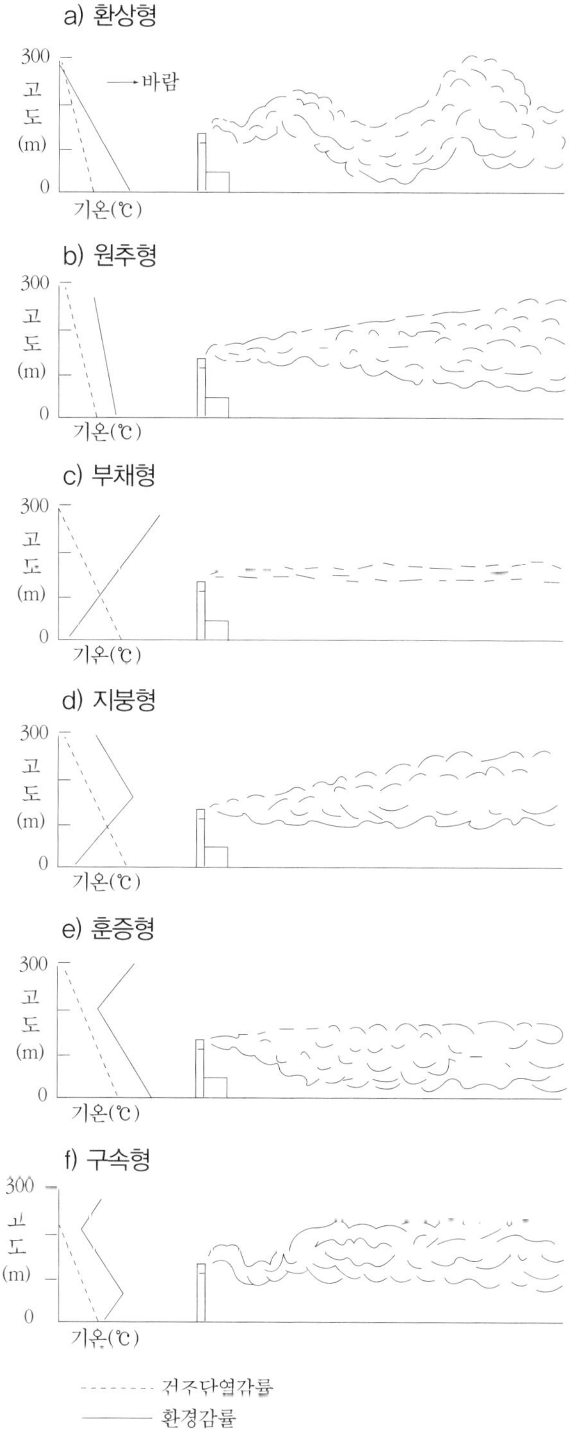

그림 7.10 대기안정도에 따른 연기의 분산 형태

7.5.4 대기오염 예측

대기오염 예측모델은 대기오염물질의 확산, 대류, 화학반응, 침전 등을 고려하여 모델 구역의 대기오염물질의 농도, 침전량, 체류시간 등을 예측하여 대기질의 종합관리, 법규 제정 등에 이용하는 종합적인 도구이다.

대표적인 예측모델은 상자모델, 가우시안 모델 등이 있다. 상자모델은 건물의 공간, 지하상가 등 비교적 규모가 작고 대류현상이 활발한 지역에 응용되는 것이다. 가우시안모델은 평탄지역에서 장기간 대기오염물질의 농도를 예측할 수 있다.

7.6 대기 오염의 영향

7.6.1 인체에 미치는 영향

대기오염물이 희석되지 않고 기상학적 지형적인 특성 때문에 지표면 부근에 축적될 때 심각한 건강상의 문제를 야기시킨다. 벨기에의 뮤즈벨리(1930), 미국의 도노라(1948), 영국의 런던(1952), 미국의 뉴욕(1966), 멕시코시티(1987) 등 여러 곳에서 대기오염문제가 발생하였다. 이들의 공통적인 특성은 대기역전층의 발생으로 대기오염물질이 지속적으로 축적되어 노인 및 심장, 폐질환을 앓는 사람의 발병률과 사망률을 평소보다 현저하게 증가시켰다.

호흡기는 직접 대기 오염의 피해를 받는다. 우리가 호흡할 때 큰 입자는 기도에서 오염물을 제거될 수 있으나 작은 입자나 가스는 허파 깊숙이 침투하게 된다. 우리가 호흡할 때 공기는 구강과 비강을 거쳐 기관과 기관지 및 허파꽈리에 도달한다. 평균 100m^2의 표면적을 갖는 허파꽈리에서 적혈구 세포를 통해 산소를 흡수시켜 온몸에 공급하며 이산화탄소와 교환한다. 오염물질은 공기와 함께 같은 경로로 허파에 도달하게 되는데, 허파꽈리의 일부를 부풀게 하고 그림 7.11에서 보는 것과 같이 탄력을 잃은 폐수종의 형태로 나타나고 그 결과로 호흡이 곤란하게 된다.

호흡기를 손상시키는 가스에는 O_3, SO_2, NO_2 등이 있으며 점액의 과다분비, 섬모운동의 약화, 허파꽈리의 팽창, 기관지 경련 등의 현상을 보인다. 가스상 물질뿐만 아니라 분진에 장기간 노출되었을 때도 호흡기는 영향을 크게 받는데 분진의 성분에 따라 규폐증, 진폐증, 탄폐증, 석면 침착증 등의 폐질환을 일으킨다.

읽을거리 멕시코시티의 대기오염

1987년 2월 멕시코시티(Mexico City)에서는 수많은 새가 죽는 사건이 발생하였다. 사인은 새의 내부기관이 납, 카드뮴, 수은 등 중금속에 의한 오염으로 극심한 대기오염이 원인이었다. 멕시코시티 지형은 4,000m 이상의 산으로 둘러싸인 해발 2,240m의 분지이며, 인구는 2천만을 상회하고 있다. 또한 자동차 500만대와 각종 공장이 분지 안에 산재하고 있어 대기 중으로 중금속이 함유된 먼지가 하루에 약 40여 톤이 분산되고 있다. 이러한 고지대는 저지대에 비해 공기 중 산소량이 23% 정도 희박하고, 계획적이지 못한 도시개발, 많은 인구와 자동차 및 공장 등이 원인으로 발생한 인재지변이었다. 이 곳 주민의 체내에는 중금속이 다른 지역에 비해 최고 20배 이상 잔류하고 있으며, 불면증, 구토, 환각, 환청 등에 시달리고 있고, 아기에게 모유를 주지 말도록 권장하고 있는 형편이다. 자동차 매연을 줄이기 위해 시 당국은 5부제 등을 실시하고 있으나 실효를 거두지 못해 대기상태는 개선되지 않고 있다.

a) 정상 폐포　　　b) 폐수종을 보이고 있는 폐포

그림 7.11 대기오염으로 인한 폐포의 손상

7.6.2 식물에 미치는 영향

대기오염물은 식물의 작은 기공을 통해 잎으로 들어가기 때문에 분진보다는 가스상 오염물질에 직접적으로 반응을 나타낸다. 일부 오염물은 식물에 해가 없는 것으로 알려져 있으나 대부분은 피해를 나타내며 다음과 같은 경우에 따라 다양하다.

첫째, 오염물의 특성(농도, 기간, 물리화학적 성질 등)
둘째, 기후조건(온도, 일조량, 강수량 등)
셋째, 토양조건(습도, 영양분 등)
넷째, 생물학적 요인(발생의 단계, 유전구조, 질병 등) 등

오존은 토마토, 담배, 콩에 많은 영향을 미치며 잎에 반점이 나타나고 탈색시켜 잎 세포를 파괴함으로써 궁극적으로 성장을 둔화시킨다. 또한 NO_2는 토마토에 불규칙적이기는 하지만 백갈색의 반점을 보이게 하며, SO_2는 알팔파, 튤립, 상추, 백송, 보리 등에 PAN은 샐러리, 페튜니아 등에 염소는 알파파, 무 등에 영향을 미친다.

7.6.3 재산 및 물질에 미치는 영향

건식 및 습식 산 침적물은 황산이나 질산과 같은 강산성 물질로 철이나 대리석 등을 부식시킴으로서 건물, 교량, 각종 조형물 등을 빠르게 훼손하며 SOx와 NOx 및 오존 등은 의류, 가구 등을 변색시키거나 탈색시킨다.

7.6.4 기상에 미치는 영향

대기오염은 시정을 감소시켜 교통소통에 방해를 준다. 시정 감소란 인간이 볼 수 있는 가시거리가 줄어든다는 의미이다. 즉 대기 중 가스나 미세 먼지가 있을 때는 광산란에 의한 영향을 받는다.

대기오염은 대기의 색깔을 변하게도 한다. 이 같은 현상은 대도시에서 볼 수 있다. 특히 오염물의 입자가 0.3~1.0㎛ 정도로 작은 경우 광산란에 의한 갈색구름이 생기는데 서울 및 대도시에서 볼 수 있다. 또한 갈색 기체인 이산화질소의 영향으로 이런 현상이 더욱 가중되기도 한다.

기상에 미치는 영향이 매우 심각하다. 구체적으로 첫째, 안개 생성빈도를 증가시킨다. 안개는 상대습도 100%일 경우 생기지만 황산화물과 질산화물이 물과 결합할 때에는 상대습도가 100% 미만일 때도 안개를 만든다. 둘째, 강수량 증가이다. 대부분의 작은 입자는 구름 생성에 필요한 핵으로 쓰일 수 있다. 결과적으로 오염물질의 배출이 많은 곳에 강수량이 증가할 수 있다. 셋째, 대기온도를 변화시킨다. CO_2는 모든 연소과정에서 배출되는 것으로 몇십년 동안 꾸준히 증가하고 있으며 CO_2는 저층의 지구복사열을 흡수하기 때문에 증가되는 CO_2의 농도는 대기의 온도를 계속 상승시킬 수 있다. 이것이 온실효과이다. 상반된 이론으로 작은 입자상 물질의 태양에너지 차단현상이다. 대기 중에 체류하는

많은 입자상 오염물질은 태양광을 차단하여 태양 에너지의 지상도달을 방해한다. 그 결과 지표면 온도는 하강하게 된다. 이것을 차단효과라 한다. 현재는 온실효과 이론이 차단효과 이론보다 더 많은 지지를 받고 있다.

7.7 대기오염 제어

대기오염 제어는 대기오염 물질의 양이나 농도가 아래의 우리나라 대기환경기준에서 보는 것처럼 기준치 이하로 배출되도록 처리하는 것이다(표 7.3). 이것은 대기오염으로 인한 심각한 영향을 방지하기 위해 필수적이다. 이를 위해서 사전처리, 대기오염물질의 확산, 사후처리로 구분할 수 있다.

표 7.3 우리나라 대기환경기준 및 측정방법

항목	기 준	측 정 방 법
아황산가스 (SO_2)	• 연간 평균치 0.02ppm 이하 • 24시간 평균치 0.05ppm 이하 • 1시간 평균치 0.15ppm 이하	사외선형광법
일산화탄소 (CO)	• 8시간 평균치 9ppm 이하 • 1시간 평균치 25ppm 이하	비분산적외선분석법
이산화질소 (NO_2)	• 연간 평균치 0.03ppm 이하 • 24시간 평균치 0.06ppm 이하 • 1시간 평균치 0.10ppm 이하	화학발광법
미세먼지 (PM_{10})	• 연간 평균치 50㎍/㎥ 이하 • 24시간 평균치 100㎍/㎥ 이하	베타선흡수법
오 존 (O_3)	• 8시간 평균치 0.06ppm 이하 • 1시간 평균치 0.1ppm 이하	자외선광도법
납 (Pb)	• 연간 평균치 0.5㎍/㎥ 이하	원자흡광광도법
벤젠	• 연간 평균치 5㎍/㎥ 이하	가스크로마토그래프법

7.7.1 사전처리

대기오염물질을 제어하기 전에 우선적으로 접근해야 하는 방법이다. 즉, 사용되는 물질, 공정, 운영방법 등이 잘 고려되어야 하는데 이를 위하여 아래와 같은 방법이 요구된다.

1) 연료 또는 원자재의 대체

- 황 함유량이 높은 연료를 저황연료로 대체(예: 석탄대신 LNG나 LPG 또는 탈황유 사용)
- 유기용매 용해성 원료 등들 수용성으로 대체(예: 유성페인트를 수성페인트로 대처)

2) 생산설비의 개선

- 노후설비의 신속한 교체
- 생산 공정의 개선으로 오염물 생성 지속적 저감
- 새로운 공정의 개발로 저농도 저 유해성 오염물 생성

3) 조업조건 개선

- 연소 시 저 NOx 연소기 도입
- NOx 생성 저감을 위한 과잉공기비 낮춤
- 기술인력 확대
- 최적조건 조업 준수

4) 운영 및 보수 체계의 개선

- 주기적 점검 강화와 사전 수리로 고장 사전 방지
- 부품 등 사전 구매 및 준비로 고장 시 수리시간 최소화
- 전문기술 인력 확보

7.7.2 대기오염물의 확산

굴뚝을 통해 배출된 오염물이 빠르게 확산되어 피해가 나타나지 않도록 하기 위해서는 기상조건과 지형 등을 고려한 입지 선정이 필요하다. 그리고 굴뚝 높이에 따라 오염물질 확산에 커다란 영향을 미치기 때문에 적절한 높이의 선정이 필요하다. 굴뚝의 선정이 잘 못될 경우 그림 7.12처럼 세류현상(down wash), 역류현상(down draft)이 생긴다.

세류현상은 굴뚝에서의 오염물질의 수직배출속도(Vs)에 비하여 굴뚝높이에서의 풍속(V)이 크면 연기가 굴뚝 아래로 오염물질이 흩날리어 굴뚝 밑 부분에 오염물질의 농도가 높아지는 현상을 말한다. 이를 방지하기 위해서는 수직배출속도를 굴뚝 높이 풍속의 2배 이상이 되도록 속도를 조절하여야 한다. 역류현상은 오염물질을 배출하는 굴뚝의 풍상측에 굴뚝의 높이에 비교할 만한 건물이 있으면 건물 때문에 발생한 난류에 인하여 오염물

질이 풍상쪽 건물 후면으로 흘러 공동현상이 생기는 것을 말한다. 이 지역에서 대기 오염의 농도가 극히 높아진다. 이를 해결하기 위해서는 굴뚝의 높이를 건물높이의 2.5배로 하는 것이 바람직하다.

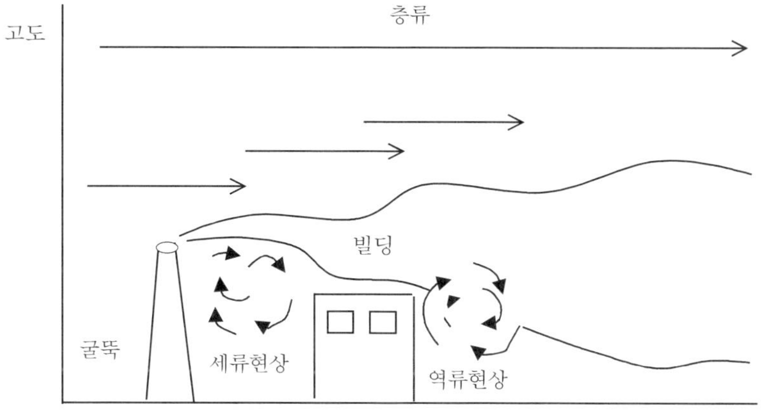

그림 7.12 세류현상과 역류현상

7.7.3 사후처리

생성된 대기오염물질은 최종 배출 전에 배출기준이하로 처리되어야 한다. 보통 물리적 상태에 따라 입자상물질의 처리와 가스상 물질의 처리로 나누지만 여기에서는 황산화물과 질산화물 처리를 달리 분리하여 유해가스처리로 하여 서술하였다.

1) 입자상 물질

가) 중력집진장치

그림 7.13에서 보는 바와 같이 함진 배기 중에 함유되어 있는 입자를 중력에 의한 자연침강을 이용하여 먼지입자를 분리 포집한다. 배기가스 중의 입자가 구형이고 Re(Reynolds Number) 〈 2일 때 입자의 직경이 3~100㎛범위의 입경을 갖는 경우에는 stokes의 법칙이 성립된다. 즉, 정지유체 중에 먼지입자가 침강할 경우 중력만 있을 때 곧 가속이 되나 실제로는 유체와의 마찰저항과 부력 때문에 등속도로 침강하는데 이 일정한 속도를 종말속도라 하고 입자의 침강력과 가스의 점성에 따라 다르다. 종말속도는 식 (n-10)과 같이 나타낼 수 있다.

$$V_s = \frac{d_P{}^2(\rho_P - \rho_g)g}{18\mu} \quad (7\text{-}10)$$

여기서, V_s: 분리속도(중력침강속도)(m/sec)

d_P: 입자의 직경(m)

ρ_P: 입자의 밀도(kg/m³)

ρ_g: 가스의 밀도(kg/m³)

g: 중력가속도(9.8m/sec²)

μ: 가스의 점도(kg/m·sec²)

중력침강실에서 유속 V(m/sec)의 영향을 받으며 높이 H(m)에서 입자가 Vs(m/sec)의 속도로 침강하여 L(m)거리에 떨어진다고 가정하면 다음과 같은 식이 성립한다.

$$\tan\theta = \frac{V_g}{V} = \frac{H}{L} \quad (7\text{-}11)$$

$$t = \frac{L}{V} = \frac{H}{V_g} \quad (7\text{-}12)$$

여기서, t는 체류시간 및 분진제거에 필요한 시간이다.

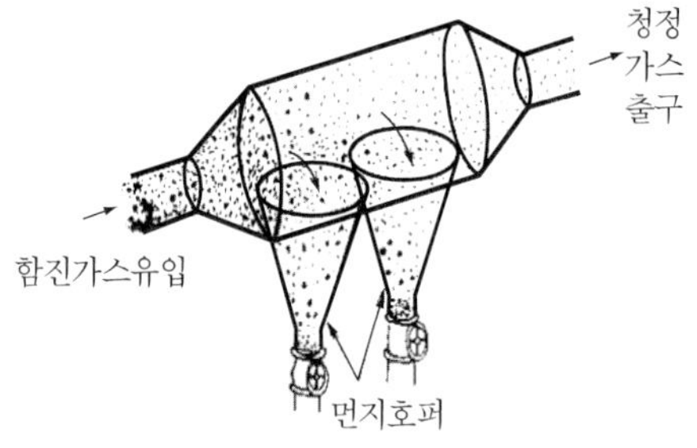

a) 중력집진장치

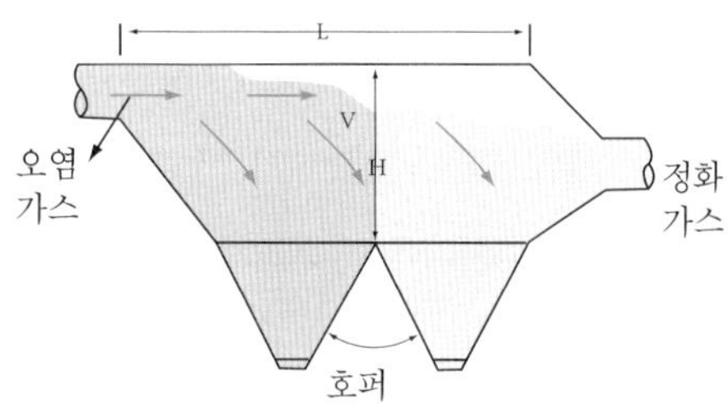

b) 중력침강실

그림 7.13 중력집진장치 및 중력침강실

중력집진장치는 입자의 크기가 50㎛ 이상의 입자를 처리할 수 있고 압력손실이 5~100 mmH₂O로 동력손실이 적고 이에 따른 효율이 낮고 많은 공간을 차지하고 있어 거의 이용이 되질 않는다.

예제) Stokes운동이라 가정하고, 직경 20㎛, 비중 1.3인 입자의 표준대기 중 종말침강 속도(m/sec)는 얼마인가?(단, 표준공기의 점도와 밀도는 각각 3.44×10^{-5}kg/m·sec, 1.3kg/m³이다)

sol)
$$V_s = \frac{d_P{}^2(\rho_P - \rho_a)g}{18\mu} = \frac{(20\times10^{-6}m)^2(1300-1.3)kg/m^3\times9.8m/\sec^2}{18\times3.44\times10^{-5}kg/m\cdot\sec}$$
$$= 8.22\times10^{-3}m/\sec$$

예제) 중력침강실 내의 함진가스의 유속이 2m/sec인 경우, 바닥면으로부터 1m높이(H)로 유입된 분진은 몇 m 떨어진 곳에 떨어지겠는가?(단, 층류기준으로 하고 먼지의 침강속도는 0.6m/sec로 한다.)

sol)
$$\frac{V_s}{V_g} = \frac{H}{L}$$
$$L = \frac{V_g \cdot H}{V_s} = \frac{2m/\sec\ \cdot\ 1m}{0.6m/\sec} = 3.33m$$

나) 원심력집진장치

그림 7.14을 보면 분진을 함유한 가스에 회전운동을 주어 원심력과 관성력에 의하여 분진을 벽면에 충돌시켜서 포집하는 장치이다. 즉, 원통 구조물 내에서 전체가스를 나선모양으로 흐르게 하여 입자를 제거한다. 원심력에 의하여 입자는 원통의 바깥방향으로 움직여 벽에 충돌하게 되고 벽면을 따라 집진기 바닥으로 떨어지게 되며 그곳에서 제거된다. 정화된 가스는 집진기의 상단부로 배출된다.

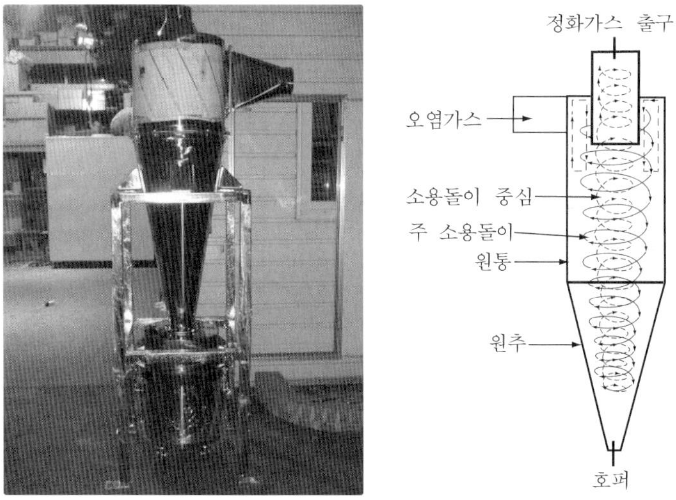

그림 7.14 원심력집진장치

입자에 작용하는 원심력 $w = \frac{\pi d^3}{6}(\rho_s - \rho)\frac{v^2}{R}$, stokes 법칙에 따라 배기가스 저항력 $F = 3\pi\mu d W_g$ 원심력과 배기가스 저항력이 등속 침강한다면 원심분리속도는 다음과 같이 유도될 수 있다.

$$W_g = \frac{d_P{}^2(\rho_P - \rho_g)\frac{V^2}{R}}{18\mu} \tag{7-13}$$

여기서, R는 선회류 반경이다.

다) 세정집진장치(wet scrubber)

주로 물을 사용하여 입자상오염물을 함유하고 있는 가스를 세척하여 분진을 제거한다. 입자 포집 기전은 관성충돌(inertial impaction)로 입자가 1㎛ 이상인 것은 질량 때문에 기류의 궤도(유선)을 벗어나 직선으로 액적으로 충돌하여 포집된다. 직접차단(interception)에 의해서는 입자가 작으면 관성력도 작아지므로 유선을 따라 이동하다가 액적에 근접되면서 흡인력에 의하여 포집된다. 확산(diffusion)에 의하여 입자의 크기가 0.5㎛ 이하일 때 입자는 유선에 따라 흐르지 않고 확산운동에 의하여 액적에 포집되는 원리이다.

이 장치는 분진뿐만 아니라 일부 가스상 유해물질도 제거가 되는 장점이 있으며 경우에 따라서는 물 대신 다른 세정액을 사용하기도 한다. 다른 집진장치와 달리 물을 사용하기 때문에 폐수처리 설비가 요구되는 단점이 있다. 분무 장치로는 충전탑, 살수탑, 벤츄리스크러버, 사이클론 스크러버, 제트 스크러버, 단탑 등이 있는데 이중에서 벤츄리스크러버가 가장 많이 사용된다.

(1) 충전탑식 집진장치(packed tower)

충전탑은 그림 7.16의 충전재를 넣어 함진 가스와 액적과의 접촉면적을 크게 하고 그림 7.15처럼 세정액은 위에서 아래로 함진 가스는 아래에서 위로 향류 접촉시켜 제거하는 방식이다.

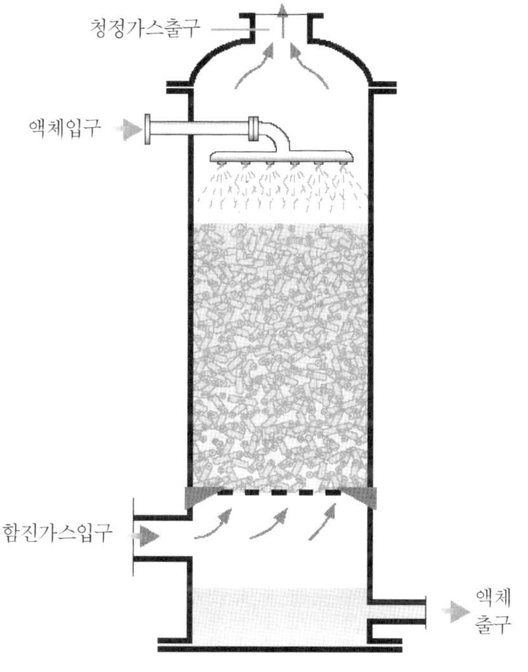

그림 7.15 충전탑의 구조

그림 7.16 충전재의 종류

(2) 스프레이탑(spray tower)

일명 분무탑이라고도 하며 탑 내에 스프레이를 3~4단 설치하여 함진 가스를 상향류로 액적과 접촉시켜 입자를 제거하는 방법이다. 충전물을 사용하지 않으므로 압력손실이 증가할 우려가 없다(그림 7.17).

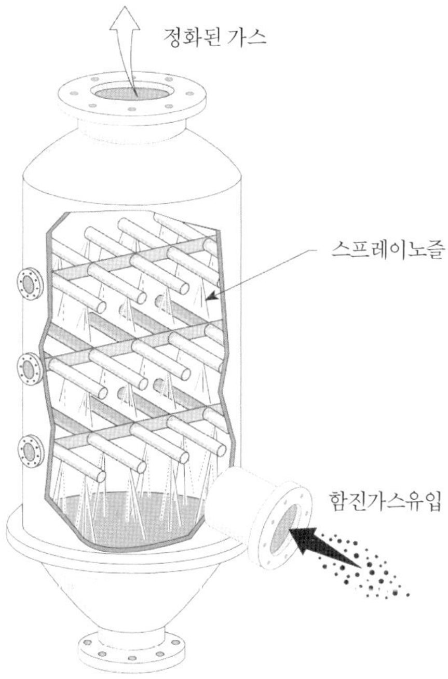

그림 7.17 스프레이탑의 구조

(3) 싸이크론 스크러버(cyclone scrubber)

탑하부에서 함진가스를 접선 방향으로 유입시켜 탑 내를 선회하면서 상승하게 되고, 탑의 중심축에 설치된 다수의 스프레이 노즐로부터 세정액을 분사시켜 함진 가스와 접촉 시켜 분진을 제거하는 장치이다.

원심력, 가압수식, 유수식 3단계를 동시에 거치므로 제진효율이 우수하다. 대량의 가스가 처리 가능하며 수용성 가스에 효과적이고 구조도 간단하다. 그렇지만 분무 노즐이 막힐 우려가 있고 높은 수압으로 동력 요구량이 큰 단점이 있다.

(4) 벤츄리 스크러버(venturi scrubber)

세정집진장치 중에서 가장 효율이 높으며 광범위하게 사용된다. 스로트(throat)부에 설치된 노즐(nozzle)을 통해 세정액을 가압하여 공급하면서 함진 가스를 통과시키면 세정액이 미립화하여 분산된 세정액과 분진 입자가 서로 접촉하여 분진이 제거된다(그림 7.18).

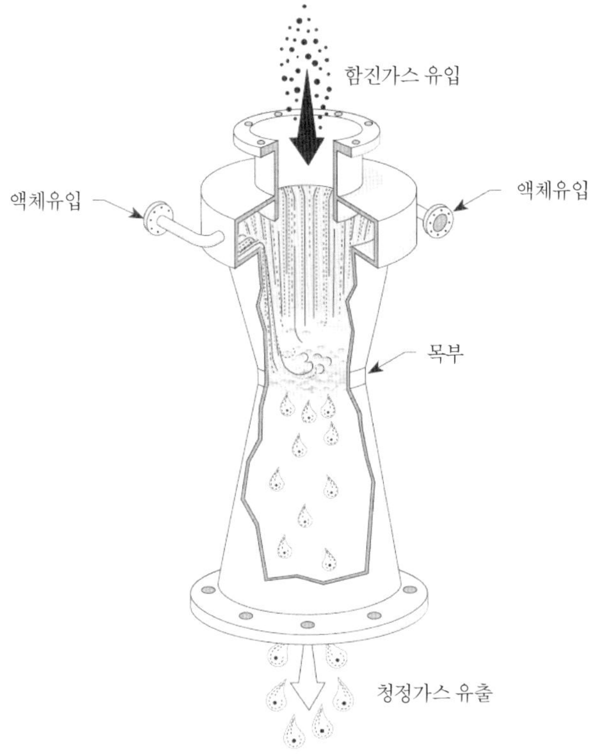

그림 7.18 벤츄리 스크러버

(5) 제트스크레버(jet scrubber)

세정수는 선회선을 갖는 분무 노즐에 의해 회전류로 고속 분사하므로 주변의 함진 가스를 흡인하여 스로트 부를 통과하면서 액적과 접촉하여 제거하는 방법이다.

라) 여과집진장치(bag filter)

그림 7.19를 보면 입자상오염물을 함유하고 있는 가스를 면, 합성섬유, 유리섬유 등으로 만들어진 자루모양의 여과재를 통과시켜 여과포 내부에 입자상물질이 포집되도록 한 집진기이다. 여과포는 주기적으로 탈진하여 포집된 오염물을 털어내며 미세한 입자들까지 포집이 가능하다.

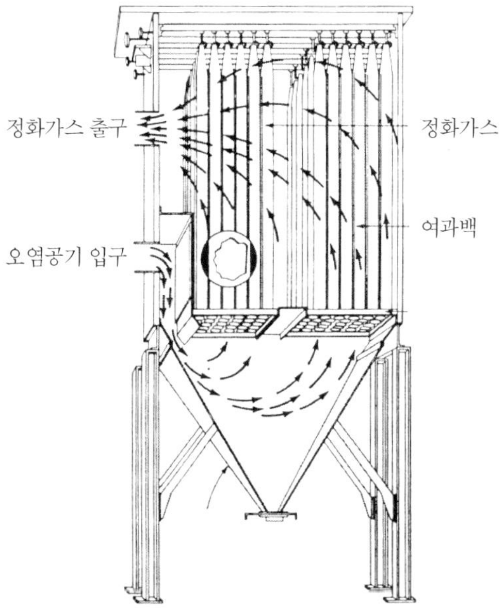

그림 7.19 여과집진장치

입자는 그림 7.20와 같이 5가지 기전(mechanism)에 의해 여과지에 포집된다. 이들 기전 중 관성충돌(inertial impaction or inertial deposition), 직접차단(interception) 및 중력침강(sedimentation)은 큰 입자를 포획하는데 효과적이고, 반면 확산(diffusion)과 정전기(electrostatic charge)는 보다 작은 입자를 포획하는데 효과적이다.

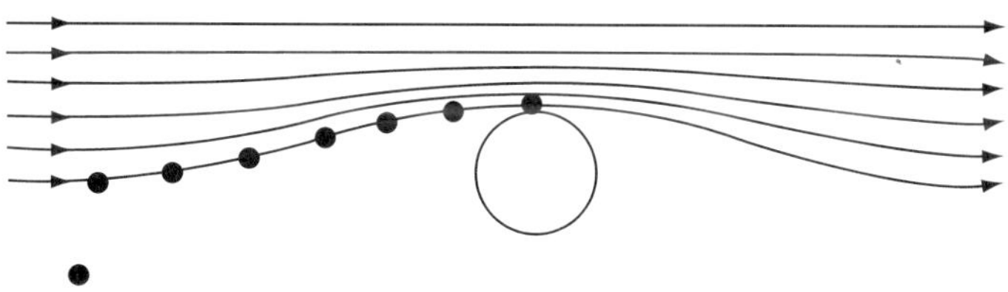

a) 직접차단

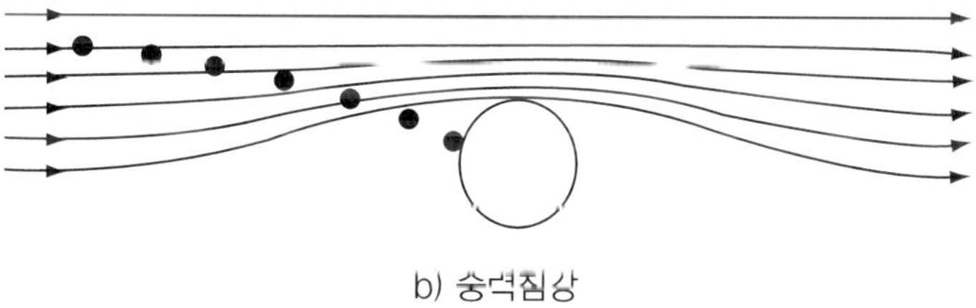

b) 중력침강

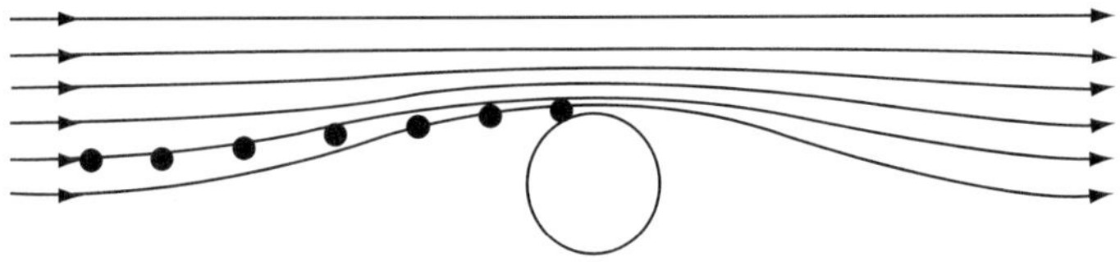

c) 관성충돌

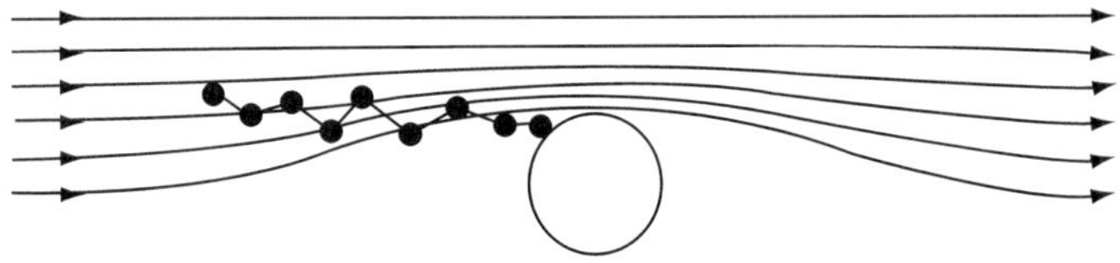

d) 확산

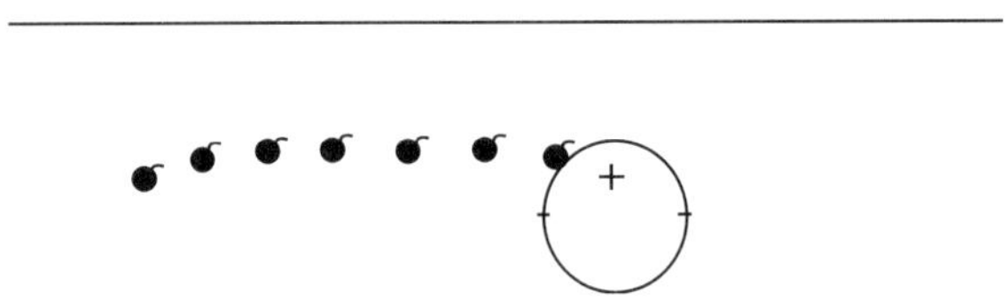

e) 정전기침착

그림 7.20 섬유여과지의 여과기전

마) 전기집진장치(ESP: electrostatic precipitator)

정전기적 인력을 이용한 집진장치로 입자상 물질을 함유한 가스가 유입되는 쪽에 코로나 방전극을 설치하여 분진들이 모두 양전하를 갖도록 하전시킨 후 음극 집진판으로 집진하는 장치이다. 집진된 분진은 집진판에서 중성이 되어 포집되며 전기집진장치 역시 미세한 분진의 제거가 가능한 고효율 집진기이지만 설치비가 비싼 단점이 있다(그림 7.21).

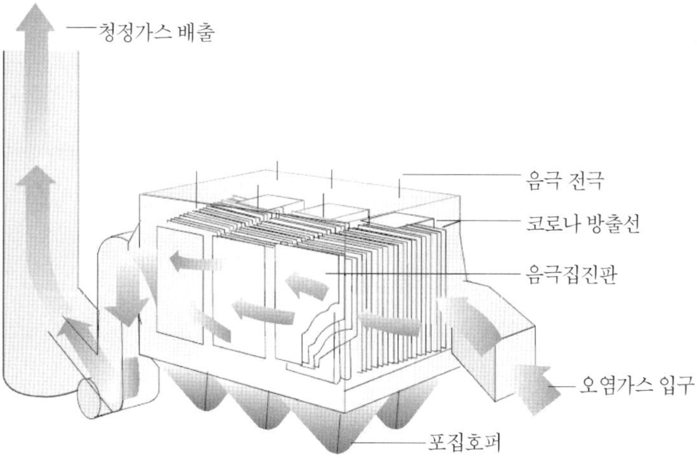

그림 7.21 전기집진기

2) 가스상 오염물질

가스상 오염물질은 흡수법(absorption), 흡착법(adsorption), 소각(incineration), 산화법(oxidation), 응축법(condensation) 등으로 제거할 수 있다.

가) 흡수법

대기오염물질을 포함하는 가스를 흡수액을 사용하여 흡수 제거하는 방법으로 세정(scrubbing)이라고도 한다. 흡수액은 물이나 수용액을 사용하기 때문에 물에 대한 기체의 용해도가 중요한 변수로 작용한다.

흡수원리는 헨리의 법칙으로 설명할 수 있다. 즉, 일정온도에서 특정 유해가스 분압은 용해가스의 액 중 농도에 비례하는 것으로 식 (7-14)로 나타낼 수 있다.

$$P=HC \tag{7-14}$$

여기서, P: 용질가스의 기상 분압(atm)

H: 헨리상수(atm · m³/kg · mol)

C: 액상농도(kg · mol/m³)

헨리법칙에 잘 적용되는 기체는 물에 대한 용해도가 작은 O_2, N_2, H_2, CO, CO_2, NO, NO_2, H_2S등의 기체이고 헨리법칙에 잘 적용되지 않는 기체는 SO_2, HF, HCl, Cl_2, NO_3, SiF_4, HCHO등이다.

가스의 흡수속도는 이중 경막설로 설명할 수 있다. 경막내에서의 물질이동량은 처리가스 및 흡수액 중앙부와 각각의 계면에서의 흡수가스의 농도차에 의한 흡수력에 따라 결정되고, 이 경막 내의 확산 추친력은 가스 차체 및 경계 피흡수 물질의 분압차 및 경계와 액자체의 용질의 농도 차이이다. 정상 상태에서 가스측 및 액측의 단위시간 단위 면적당의 물질이동량(kgmole/㎡ · hr)은 다음과 같은 식으로 나타낼 수 있다.

$$N_A = K_G(P - P_i) \qquad (7\text{–}15)$$

$$N_A = K_L(C_i - C) \qquad (7\text{–}16)$$

여기서, N_A : 물질이동량(kg · mole/㎡ · hr)
K_G: 기상 총괄물질 이동계수(kgmole/㎡ · atm · hr)
P : 가스 본체 중의 용질분압(atm)
P_i : 계면에 있어 용질의 분압(atm)
K_L : 액상 총괄물질 이동계수(kg · mole/㎡ · atm · hr)
C_i: 계면에서의 용질농도(kg · mole/㎥)
C: 액상 본체 중에서 용질농도(kg · mole/㎥)

예제) NH_3를 함유하는 공기를 수세법으로 제거하고 있다. 이때 가스 및 액측 경막 내의 추진력은 가스본체 및 경계의 피흡수물질의 분압차 혹은 경계면에서와 액본체의 용질의 농도차로 된다. 흡수가 정상상태에서 행해질 때 가스 및 액측에 있어서 단위 시간에 단위 면적당의 이동량은 얼마인가?(단, 기상물질 이동계수는 0.3kgmole/㎡ · atm · hr이며 가스 본체 중의 용질의 분압은 780㎜Hg 계면에서의 용질 분압은 39㎜Hg이다.)

sol) $$\frac{xkgmol}{m^2.hr} = \frac{0.3kgmol}{m^2.hr.atm} \times (780 - 39)mmHg \times \frac{1atm}{760mmHg} = 0.2925$$

가스를 효과적으로 제거를 위하여 흡수액과 충전재의 구비조건이 고려되어야 한다. 흡수액은 휘발성이 적어야 하고, 부식성이 없어야 한다. Flooding이 일어나지 않도록 점성이 적어야한다. 화학적으로 안정하고 독성이 없는 것으로 해야 한다. 충전재는 단위체적에 대한 표면적이 커야 한다. 기 · 액체의 접촉을 최대화하고 압력손실이 적어야 한다. 최소의 무게로 단위 체적 당 충전밀도가 커야 한다. 내식성과 내열성이 있어야 한다. 그리고 가격이 저렴하고 구입이 용이한 것이라야 한다.

흡수장치는 액분산형 흡수장치와 가스분산형 흡수 장치로 구분된다. 액분산형 흡수장치에는 충전탑, 살수탑, 벤츄리스크러버, 사이클론 스크러버, 제트 스크러버 등이 있고 가스분산형 흡수장치에는 단탑, 기포탑, 포종탑, 다공판탄 등이 있다. 대표적인 흡수 장치의 장단점을 표 7.4에 나타내었다.

표 7.4 흡수장치의 장단점

흡수장치	특 성	장 점	단 점
충전탑	· 가스 겉보기 속도: 0.3~1m/s · 액 · 가스비: 2~3L/㎥ · 높이: 2~5m · 압력손실: 100~200㎜H2O · 가스유량: 300㎥/min	1. 급수량이 적당하면 처리가 확실하며 효율이 우수 2. 가스량 변동에도 비교적 적응성이 높다. 3. 압력손실이 적다.	1. 가스유속이 너무 크면 Flooding 상태로 되어 조작이 불가능하다. 2. 흡수액에 고형분을 함유하는 경우 흡수에 의한 침전물이 방해를 일으킨다.
분무탑 (액분산형)	· 가스 겉보기 속도: 0.2~1m/s · 액 · 가스비: 0.1~1.2L/㎥ · 압력손실: 2~20㎜H2O	1. 구조가 간단하다. 2. 충전탑보다 저렴하다. 3. 압력손실이 적다. 4. 내식성 재료로 제작하므로 간단하다.	1. 스프레 동력이 크고 스프레 방해가 일어나기 쉽다. 2. 편류발생이 쉽고, 분무액과 가스의 균일 접촉이 어렵다. 3. 처리효과가 불확실하다. 4. 분무액이 비말가스에 동반되어 소실이 있을 수 있다.
벤츄리 스크러버	· 스로트부 가스속도: 60~90m/s · 액 · 가스비: 0.3~1.5L/㎥ · 압력손실: 300~800㎜H2O	1. 소형으로 대용량의 가스처리 가능함. 2. 흡수효율이 최대임. 3. 흡수저항이 큰 가스에 적합하다.	1. 가스 압력손실이 크므로 동력비가 많이 소요된다. 2. 비말 동반이 많다.

나) 흡착법

활성탄과 같은 다공질 물질에 오염된 가스를 통과시키면 오염된 가스가 다공질 물질표면에 부착시켜 제거하는 방법이다. 흡착공정은 흡착, 탈착 및 흡착제 재생의 공정으로 구분된다. 흡착은 흡착물질과 흡착제가 접촉하여 흡착물질이 흡착제에 부착되는 과정이고, 탈착은 흡착제에 흡착되지 않는 물질이 흡착제 표면으로부터 분리되는 과정이다. 재생은 흡착된 물질을 흡착제로부터 제거하는 공정이며, 이 공정을 통해서 대부분의 흡착제는 흡착제로 재사용된다.

흡착제는 다공성 구조로 단위 질량당 표면적이 클수록 좋다. 극성에 따라 친수성, 소수성으로 구분되고 친수성에는 원료가 무기질인 활성백토, 실리카겔, 활성알루미나, 합성지올라이트 등이 있다. 소수성에는 원료가 유기질인 목탄, 골탄, 활성탄 등이 있다.

흡착에는 물리적 흡착과 화학적 흡착이 있다. 물리적 흡착은 흡착제는 모두 고체이며,

평형상태에 있어서는 흡착제상의 흡착질의 분압이 접촉하는 가스 상의 분압과 동일하게 된다. 가스 중의 분자 간 상호의 인력보다는 고체 표면과의 인력에 의하여 흡착이 된다. 흡착과정이 가역이기 때문에 흡착제의 재생이나 오염가스의 회수가 편리하다. 화학적 흡착의 흡착제는 대부분 고체이다. 화학적반응, 즉 분자간의 결합을 일으켜 새로운 물질이 된다. 흡착제가 화학반응의 촉매역할을 하기 때문에 반응속도가 빠르다.

흡착 장치는 고정층, 이동층, 유동층 흡착 장치 세 가지로 나누는데 이것은 가스와 흡착제가 접촉하게 되는 방식에 따라 나눈 것이다.

(1) 고정층 흡착장치(fixed bed adsorber)

가장 일반적으로 사용되는 장치로서 보통 여러 흡착층을 가지고 있으며 하나나 여러 개의 흡착층이 정제 작업을 수행하고 있을 때 다른 흡착층들은 냉각되거나 재생과정을 거쳐 탈착된다.

(2) 이동층 흡착장치(moving bed adsorber)

고정층에서는 주기적으로 흡착층을 재생, 건조 과정을 수동적으로 해야 하지만 이동층 흡착 장치에서는 흡착층이 장치 내 회전 드럼 안에 들어가 있어 자동적으로 재생 과정이 이루어 진다. 오염물질을 포함한 가스는 흡착제를 지나 드럼 내부로 들어가 양 끝의 배기구로 빠져 나간다.

(3) 유동층 흡착장치(fluidized bed adsorber)

이 장치는 흡착제가 좁은 부유층으로 유지되며 오염물질을 포함한 가스가 밑에서 위로 흐르면 부유층이 팽창하면서 흡착제가 유동을 일으킨다. 이렇게 유동화된 흡착제와 오염물질이 접촉함으로써 제거되고 고정층 흡착 장치에서 문제가 되는 편류(channeling)를 방지할 수 있다.

다) 소각법, 산화법

연소는 주요 대기오염물질 배출원이지만 탄화수소나 일산화탄소 같은 오염물질을 물이나 이산화탄소로 전환시켜 오염원을 줄이기도 한다.

연소에서 중요한 것은 연소 시 산소, 온도, 시간 그리고 난류를 적절히 조절하여 불완전 연소가 없이 효과적으로 일어나게 하는 것이다. 제거하고자 하는 오염 물질에 따라 다음 세 가지 방법이 있다.

(1) 직접연소

배기가스를 연소기에서 직접 태우는 방법으로 다량의 가스를 처리하는 안전한 수단이지만 연소가 높은 온도에서 일어나게 되며 공기 중의 질소를 산화시켜 같은 새로운 오염물질을 발생시킬 수 있다.

(2) 고온연소

가연성 오염물의 농도가 매우 낮아 직섭 연소시키기에 충분치 않을 경우에 시용되는 방법으로 앞서 언급한 온도, 시간, 난류, 산소를 잘 조절하지 못하면 불완전 연소 되어 일산화 탄소 같은 오염물질이 생성되므로 주의하여야 한다(그림 7.22).

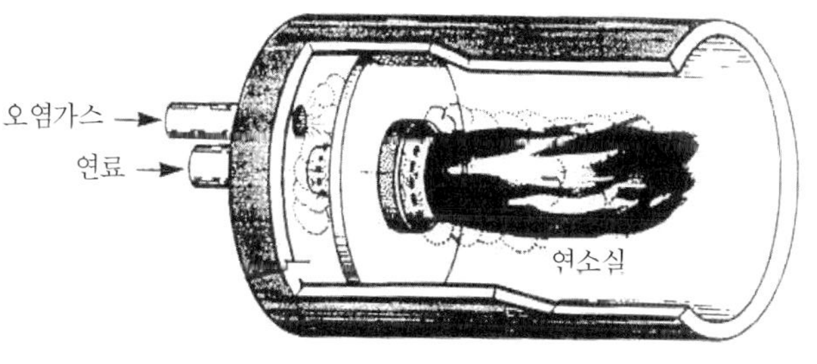

그림 7.22 고온연소기의 구조

(3) 촉매연소

촉매 연소는 고온연소와 마찬가지로 직접 연소하기에 배기가스의 농도가 적을 때 사용하는 방법으로 Pt, Co, Ni 등 촉매를 사용해 산화속도를 증가시키기 때문에 고온 연소에 비해 짧은 시간 안에 소각을 시킬 수 있다(그림 7.23).

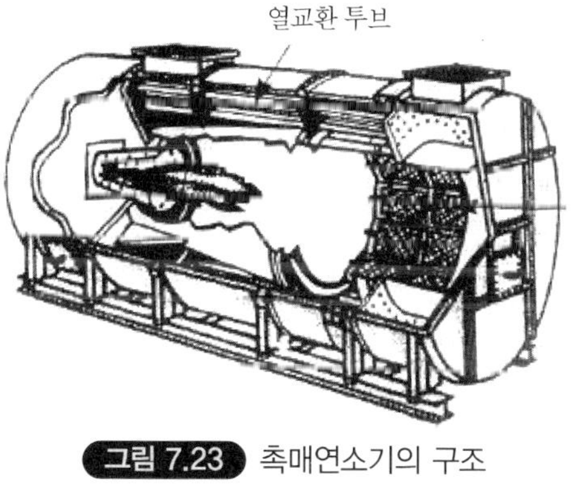

그림 7.23 촉매연소기의 구조

라) 응축법

응축은 기본적으로 가스나 증기의 압력을 증가시키거나 온도를 떨어뜨려 액체 상태로 만드는 과정이다. 하지만 대기오염 처리 관점에서는 압력을 증가시켜서 응축을 시키는 방법은 별로 이용되지 않는다. 이러한 응축기에는 접촉 응축기와 표면 응축기 두 가지 기본 종류가 있다.

(1) 접촉 응축기(contact condenser)

이것은 보통 물을 냉매로 사용하여 냉각된 가스와 직접 접촉시켜 응축시키는 방법으로 가스 내의 오염물질이 냉매에 흡수되어 제거 효율을 높이는 경우도 존재한다. 접촉 응축기는 표면 응축기에 비해 간단하며, 유동성이 있고 초기 설치비가 적게 든다. 접촉 응축기로는 다음의 spray, jet, barometer 방식 3가지가 있다.

(2) 표면 응축기(surface condenser)

표면 응축기에서는 냉매가 가스와 분리되어 있다. 냉매를 관 안으로 흐르게 하면 관 표면에서 증기가 액적이나 막의 형태로 응축하게 된다(그림 7.24).

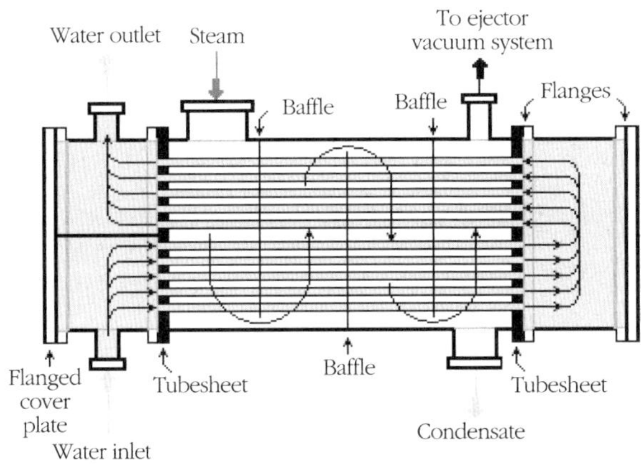

그림 7.24 표면응축기 구조

3) 유해물질 처리법

가) 황산화물(SOx) 제어

황산화물을 제어하기 위한 방법은 물리적 형태로 건식법과 습식법으로 나눈다. 건식법은 흡수법(석회석주입법, 알루미나법, 산화망간법), 흡착법, 산화법(촉매산화법)이 있고 습식법은 석회수 세정법, 알칼리 흡수법(NaOH, K_2SO_3, Na_2SO_3), 암모니아 흡수법, 마그네슘법이 있다.

(1) 건식법

석회석법에 의한 황산화물의 제거는 석회석($CaCO_3$)이 연소로 내에서 발생하는 황산화물과 반응하여 석고($CaSO_4$)의 분말상이 되어 배출가스와 함께 처리된다. 반응경로는 소성과정 흡수 및 산화반응이 아래와 같이 거의 동시에 진행이 된다.

$$CaCO_3 \rightarrow CaO + CO_2(\text{소성}) \qquad (7-17)$$

$$CaO + SO_2 \rightarrow CaSO_3(\text{흡수}) \qquad (7-18)$$

$$CaSO_3 + O_2 \rightarrow CaSO_4(\text{산화}) \qquad (7-19)$$

예제) 황분 2.5%를 함유하는 중유를 사용하여 매시 64톤 연소하는 보일러에서 황을 제거하고자 한다. $CaCO_3$를 가열하여 CaO를 얻고 이것에서 흡수를 통하여 탈황이 되는데 이론적으로 필요한 석회석($CaCO_3$)의 양(ton/hr)은 얼마인가?

sol) $S + O_2 \rightarrow SO_2 + CaCO_3 + \frac{1}{2}O_2 \rightarrow CaSO_4 + CO_2$

32kg 100kg

64ton/hr × 2.5/100 X

$\therefore$ X=5ton/hr

산화망간법은 활성산화망간을 아황산가스와 반응시켜 황산망간이 생성되고 암모니아를 가하여 황산암모니아로 회수하고 하고 산화망간을 재생시켜 황산화물을 제가하는 방식이다.

$$MnOx \cdot aH_2O + SO_2 + (1-\frac{x}{2})O_2 \rightarrow MnSO_4 + aH_2O(\text{탈황}) \qquad (7-20)$$

$$MnSO_4 + 2NH_3 + \frac{1}{2}(x-1)O_2 + (a+1)H_2O \rightarrow MnOx \cdot aH_2O + (NH_4)2SO_4(\text{재생}) \qquad (7-21)$$

흡착법에 의한 제거는 흡착제를 이용하여 아황산가스를 촉매 작용으로 삼산화황으로 산화 후 수증기와 반응하여 황산으로 제거한 후 다시 재생시키는 방법이다.

촉매산화법은 황산제조 공정에서와 같이 V_2O_5, K_2SO_4와 같은 촉매를 사용하여 아황산가스를 산화시켜 황산으로 회수하는 방법이다. 배연을 510℃에서 보일러로부터 배출시키고 집진기에서 먼지를 포집하여 송풍기에 의하여 온도가 480℃로 하강하면 이온도에서 촉매층을 통과하게 되며 여기서 SO_2는 30%가 무수황산으로 산화하여 열교환기에서 340℃로 온도가 조절되고 공기 예열기에서 230℃로 냉각되어 흡수탑을 거쳐 황산으로 회수된다. 흡수탑 출구온도가 약 100℃정도로 가스는 미스트분리기를 거쳐 방출된다. 여기서 나오는 황산의 농도는 80% 정도이다. 이 80% 농도의 황산회수가 가능하며 황산은 99.5% 제거할 수 있다.

예제) 황함유량이 3%인 중유를 매시 3000L연소하는 보일러에서 연소가스를 접촉 산화법으로 탈황하여 부산물로 85%의 황산을 회수한다. 탈황율을 95%라고 하면 회수되는 황산의 양은 시간당 몇 kg인가?(단, 비중은 0.9이다.)

sol) $S+O_2 \rightarrow SO_2+O_2 \rightarrow SO_3+H_2O \rightarrow H_2SO_4$

32kg　　　　98kg

$3000L/hr \times 3/100 \times 0.9kg/L \times 95/100 \times 100/85$　　X

$\therefore X=277.246kg/hr$

(2) 습식법

석회수법은 석회석법의 효율이 낮은 점을 보완하기 위한 방법으로 액체상의 흡수제를 사용하여 처리하는 방법으로 반응은 아래와 같이 이루어진다.

$$SO_2+Ca(OH)_2+\frac{1}{2}O_2 \rightarrow CaSO_4+H_2O \quad (7-22)$$

흡수법의 장점은 수용액을 사용하기 때문에 흡수효율이 좋아 탈황율이 높다는 것이고 단점으로는 부식의 문제, 흡수탑 내에서의 압력손실의 증대, 장치 내에서의 결정의 퇴적, 배기의 냉각과 같은 문제가 발생한다.

알칼리 흡수법중 나트륨 흡수법은 이산화황을 NaOH, Na_2SO_3과 같은 나트륨화합물과 반응시켜 처리하는 방법으로 NaOH에 의한 탈황 반응을 아래에 나타내었다.

$$SO_2+2NaOH \rightarrow Na_2SO_3+H_2O \quad (7-23)$$

암모니아 흡수법 아황산가스를 암모니아수용액과 반응시켜 아황산암모늄이나 황산암모늄(유안, 비료)으로 만들어 처리하는 방법으로 반응식은 (7-24)와 같다.

$$2NH_4OH+SO_2+O_2 \rightarrow (NH_4)_2SO_4 \quad (7-24)$$

산화마그네슘은 슬러리 속의 산화마그네슘이 석회석이나 석회수와 같은 작용을 하여 사용하는 방법으로 산화마그네슘은 재생식인데 비하여 석회석이나 석회수법은 일반적으로 폐기식이라는 차이가 있다.

나) 질소산화물(NOx) 제어

질소산화물의 제어는 건식법과 습식법이 존재하지만 습식법이 공성이 복잡하고 처리된 후에도 폐수가 발생되는 문제점이 있어 대부분 건식법으로 처리하고 있다.

(1) 건식법

건식법은 접촉환원법, 무촉매환원법, 흡수법, 흡착법, 전자선조사법 등이 있다. SCR (selective catalyst reduction, 선택적 접촉환원)은 촉매(백금계 촉매, V_2O_5, Al_2O_3, TiO_2, Fe_2O_3, Cr_2O_3 등)을 사용하여 NOx를 환원시키는 대표적 탈질기술로 환원제로 암모니아(NH3)를 사용하여 NOx를 N_2와 H_2O로 환원시키는 것으로 반응식은 (7-25)와 같다.

$$4NO+4NH_3+O_2 \rightarrow 4N_2+6H_2O \quad (7-25)$$

또한 환원제로 황화수소(H_2S)를 이용하여 질소를 환원시킴과 동시에 황을 회수할 수 있는데 이것을 아래에 나타내었다.

$$NO+H_2S \rightarrow S+H_2O+N_2 \quad (7-26)$$

예제) NO를 250ppm 함유하는 가스 20만 Sm^3/hr를 NH_3로 접촉환원 반응으로 NOx를 제거하는 경우 소비되는 NH_3의 이론량(Sm^3/hr)은?

sol) $2NO + 2NH_3 + \frac{1}{2}O_2 \rightarrow 2N_2 + 3H_2O$

$2 \times 22.4m^3 \quad : \quad 2 \times 22.4m^3$

$250 \times 10^{-6} \times 200{,}000Sm^3/hr \quad : \quad X$

$\therefore X = 50(Sm^3/hr)$

NSCR(non-selective catalytic reduction, 비선택적 접촉환원법)은 SOx와 NOx를 동시에 제거할 수 있는 공정이다. 비선택적 환원제 CH_4에 의한 비선택적 촉매환원법의 반응식은 다음과 같다.

$$4NO + CH_4 \rightarrow 2N_2 + CO_2 + 2H_2O \tag{7-27}$$

SNCR(Selective Non Catalytic Reduction, 선택적 무촉매 환원법)은 연소계통의 NOx를 저감시키는 한 가지 방법으로 연료의 연소공정 후단에 환원제로 암모니아나 요소를 분사시켜 고온에서 NOx와 선택적으로 반응을 일으키게 하여 연소과정 중에 발생하는 질소산화물을 무해한 N_2와 H_2O로 환원시켜 제거하는 기술이다.

요소에 의한 선택적 무촉매 환원법의 반응메카니즘은 다음과 같다.

$$3NO_2 + 4(NH_2)_2CO + 3O_2 \rightarrow 11N_2 + 4CO_2 + 8H_2O \tag{7-28}$$

(2) 습식법

습식법은 알칼리흡수법, 산흡수법, 착염흡수법, 산화흡수법 등이 있다. 이들 공정은 조작의 공정이 복잡하고 가격이 높다. 처리 생성물로 아질산염과 질산염의 처리가 요구된다. 그리고 NO의 반응성이 낮고, NO_2로 산화시키기 위해서는 강력한 산화제가 필요한 문제점이 있어 습식법은 잘 사용하지 않는다.

✲ 참고문헌

• 김경익, 김영섭, 김해동, 류찬수, 서명석, 오재호, 이재규, 하경자, 허창회 공역, 생활환경과 기상, 동화기술, 2005

• 민경덕 역, 대기환경과학(제4판), 시그마프레스, 2006

• 기상청, Climate change handbook, 2010

• 임제빈, 전병영, 안희관, 임재규, 정태섭, 최재구, 대기오염과 방지기술, 동화기술, 2006

• Richard C. Flagan, John H. Seinfeld, Fundamentals of air pollution engineering, Prentice-Hall, 1988

• 한국기상학회, 대기과학개론, 시그마프레스, 1999

• 대기환경연구회, 대기환경개론, 동화기술, 2003

• 이우근, 선우영 공역, 대기오염제어공학, 동화기술, 1999

• Richard W. Boubel, Donald L. Fox, D. Bruce Turner, Arthur C. Stern, Fundamentals of air pollution, Academic Press, 1994

• U.S. EPA, Air Trends Report, Washington, DC., 2003

• U.S. HEW, Air Quality Criteria for Carbon Monoxide, AP-62, National Air Pollution Control Administration, Washington, DC., 1970

• Williamson, S. J., Fundamentals of Air Pollution, Addison-Wesley, 1973

• The World Bank, Clear water, Blue skies: China's Environment in the New Century, Washington, DC., 1997

• U.S. HEW, Control Techniques for Particular Air pollutants, National Air pollution Control Administration, Washington, DC., 1969

• Peterson, W. B., User's Guide for PAL-A Gaussian Plume Algorithm for Point, Area, and Line Resources, U.S. Environmental Protection Agency, Research Triangle Park, 1978

8장

수질오염

8.1 물의 중요성과 문제점

물은 지구에서 가장 풍부한 물질로 지구표면의 약 71%를 차지하고 있는 바다에 물이 가장 많이 존재한다. 그리고 물은 빙하와 만년설로 존재하고 호수, 강 그리고 하천에도 있다. 또한 물은 생물의 몸속에서도 있다. 이는 지구의 생태계가 물로서 이루어졌을 뿐만 아니라 생명유지를 위해 중요한 역할을 담당하고 있음을 보여주고 있다.

물의 이용 측면에서 볼 때 초기에는 물을 농경의 관개에 사용하였는데 보통은 강에서 물을 끌어 들여 사용하였고, 문명이 발달함에 따라 운송수단으로서도 중요한 역할을 하였다. 그리고 공업이 발달함에 따라 종이, 철강, 섬유, 화학 등의 제조업이 생겨나면서 물의 수요는 급증하게 되었다. 가정에서도 물이 많이 소요되는데 사람이 하루에 마셔야 되는 물 2L 정도 외에 샤워, 수세식 화장실의 사용 그리고 식기의 세척을 통해 물을 생활용수로 사용되고 있다.

이렇게 귀중하게 사용되고 있는 물이 다음과 같은 것에 의해 문제가 되고 있다. 물이 필요로 하는 지역에 균형적으로 공급이 되어야 하나 최근 기상현상으로 인한 강수량이 특정 지역에 편중되어 있어 수요의 불균형을 보이고 있다. 그리고 물은 어떤 형태로든 사용한 후에는 오염이 필연적임에 따라 물의 질이 현저히 나빠져 사용에 제한을 보이고 있다는 것이고 물의 분포를 볼 때 우리가 이용할 수 있는 물은 하천, 호수 등의 물로서 물의 이용이 매우 제한적이라는 것이다.

8.2 수자원의 현황 및 종류

수자원이라 함은 인간의 생활에 이용되는 지구상의 모든 물을 통틀어 말하는 것으로 수자원 분포 현황(표 8.1)을 보면 물의 양은 13억 ㎦정도로 이 중에서 해수가 97.5%이고 나머지 2.5%가 담수이다. 담수는 남극이나 북극지역의 빙하 및 고산지대의 만년설의 형태, 지하수 그리고 호수 하천 등으로 되어 있다. 결국 우리가 이용할 수 있는 물은 호수, 하천 등에 존재하는 물로서 0.01%밖에 되지 않는다.

표 8.1 지구상 수자원 분포

구 분	부 피(백만km³)	비 율(%)
총 량	1,386	100.00
염 수	1,351	97.47
담 수	35	2.53
• 빙설(빙하, 만년설 등)	24	1.76
• 지하수	11	0.76
• 호수, 하천 등	0.1	0.01

수자원의 종류는 크게 지표수, 지하수 그리고 해수로 구분할 수 있고 이에 대한 특징을 살펴보면 다음과 같다.

8.2.1 지표수

지표면을 흐르고 있는 하천이나 저수지, 호수 등에 모여 있는 물을 말한다. 즉, 육지의 물이다. 하천은 지하로 스며들지 않거나 증발되지 않은 물이 지표면에 남아 흐르는 물로 물의 순환과정에서 물이 육상에서 바다도 흘러가는 가장 중요한 경로 중의 하나이다. 강물은 생물이 살아가는데 필요한 음료수와 생활용수의 담수 자원일 뿐만 아니라 운반수단, 관개수 그리고 수력발전의 기능을 담당한다. 또한 침식작용과 강물로 흘러들어온 물질을 운반하는 역할을 하는데, 이때 물의 침식작용으로 생긴 운반물질은 부유토사와 점토입자, 그리고 퇴적물로 식물의 영양소가 되는 용해된 물질과 함께 강물에 섞이게 된다.

호수는 지표수나 지하수 이 두 가지를 합쳐서 이루어진다. 호수는 지질운동에 의해 만들어진 천연저수지로서 극지에서 열대지방에 이르기까지 서로 기후조건과 생성과정이 다르므로 염도나 산도가 다양하나 지질학적으로 생성연대가 짧다는 점에서 공통점을 가지고 있다. 여기에 반하여 저수지는 대부분 다목적댐의 건설로 만들어진 인공저수지로 호수와 차이가 있다.

8.2.2 지하수

지표면에 내린 빗물은 지하로 침투하거나 땅위를 흐르는 사이에 일부는 증발하고 일부는 토양으로 침투하게 된다. 지하로 침투한 물은 지하수를 이루는데 그림 8.1에서 보는 바와 같이 지각의 윗부분인 토양층과 암석층(제1불투수층, 제2불투수층)에 보존된다. 토양은 통기대로서 공극이 많은데 이 공극은 공기와 물로 채워져 있으며 식물은 필요한 물을 이 부분에서 흡수한다. 식물에 의해 흡수되지 않고 토양층에 남아 있는 물은 중력의 영향으로 통기대를 거쳐 포화대(자유지하수 대수층)까지 서서히 내려가면서 모이게 된다. 통기대와 포화대의 경계를 지하수면이라 한다. 지하수면은 대개 지표에서 30m 이내에 있으나 수백 미터 깊이에 있는 것도 있다. 지하수는 흐름이 느리므로 오염물이 지하수에 유입되면 제거되기 까지 오랜 시간이 소요되기 때문에 적절한 관리가 요구된다.

포화대의 지하수는 지층과 수압에 의해 암반층으로 침투하는데 이때 암반층에 있는 물은 높은 압력으로 피압수가 되는 데 이들이 모여 있는 곳을 피압지하수 대수층이라 한다.

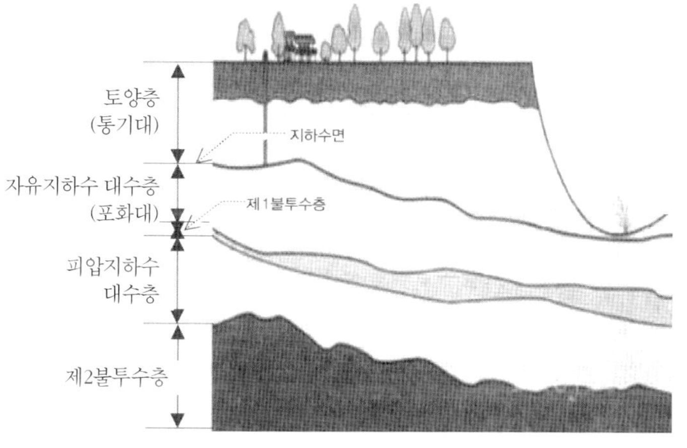

그림 8.1 대수층의 분류

지하에 흐르는 물인 지하수는 천층수, 심층수, 복류수 그리고 용천수로 나눌 수 있다. 천층수는 지하로 침투한 물이 제1불투수층에 고인 물로 자유면 지하수를 말한다. 지층이 얕아서 비교적 오염이 될 수 있고 대기 중의 산소와 반응하는 산화작용이 일어난다. 이에 비하여 심층수는 제1불투수층과 제2불투수층 사이의 피압면 지하수를 말한다. 심층수는 수온이 대체적으로 일정하고 산소가 부족한 상태이기 때문에 환원이 일어나기 좋은 환경을 가지고 있다. 그리고 복류수는 하천이나 호수의 바닥 또는 변두리의 자갈, 모래층에 함유되어 있는 물을 말하며 이것은 여과의 과정을 거친 거나 마찬가지로 수질이 양호하다. 용천수는 지하수가 지표면으로 용출되는 물로서 산에 있는 약수가 대표적인 예이다.

8.2.3 해수

해수는 담수가 최종적으로 도달하는 목적지로 가장 양이 많다. 해수는 지상에 일어나는 물질순환과 에너지 이동의 기본적 저장소로 지구 환경에 중요한 역할을 담당하고 있다. 해수는 다양한 염을 함유하고 있다. 이는 토양과 암석의 풍화 작용에 의해 생성된 것들이 물에 의해 물질이 용해되고 운반되어 바다로 유입된 것이다. 바닷물의 평균염의 농도는 3.5%로 상당히 높으며 성분들을 표 8.2에 나타내었다.

표 8.2 해수의 성분

성분	구성 비율(%)	단위(mg/L)
Cl^-	1.9	19,000
Na^+	1.06	10,600
$SO4^{2-}$	0.27	2,700
Mg^{2+}	0.13	1,300
Ca^{2+}	0.041	410
K^+	0.039	390
$CO3^{2-}$	0.01	100
Br^-	0.0067	67
St^{2+}	0.0008	8
F^-	0.00013	1.3
I^-	0.000006	0.60

8.3. 물의 순환

앞에서 알아 본 바와 같이 우리가 이용할 수 있는 담수는 극히 제한적이다. 그러나 물의 순환작용 때문에 물은 계속 보충될 수 있는 것이다. 이와 같이 자연적인 물의 이동 현상을 물의 순환이라 한다.

물의 순환은 근본적으로 태양에너지에 의하여 이루어진다. 해양과 숲, 호수, 강, 토양 등의 육상에서 증·발산 된 물이 대기 중에 머무르거나 바람에 의해 이동되기도 하는 과정에서 응결되어 구름으로 변하였다가 비나 눈의 형태로 해양과 육지로 내리는 데 이것을 강우라고 한다. 육지에 내린 강우는 지하수, 호수, 강 등을 구성하기도 하지만 또한 바다로 꾸준히 흘러들어가 순환을 형성한다. 일부 눈은 빙하로 성장하여 수십 년 또는 수천 년 갇히기도 하지만 결국에는 녹아서 증발하거나 바다로 되돌아간다. 이와 같은 순환 과정을 통해 물은 해양, 대륙, 대기에 분배되고 수권은 태양열을 저장하고 분산시키는 역할을 한다(그림 8.2).

지구상에 일어나는 물의 순환에서 대기, 바다, 육지 사이에 물의 순환량은 육지에서는 증발량보다 강우량이 많고 해수면에서는 강우량보다 증발량이 더 많다. 그래서 육지에서 얻은 물의 양과 바다에서 잃은 물의 양이 거의 같게 되므로 바다가 마르거나 육지가 넘치지는 않는 것이다. 이것은 육지에 내린 물이 바다로 흘러 들어가기 때문이다.

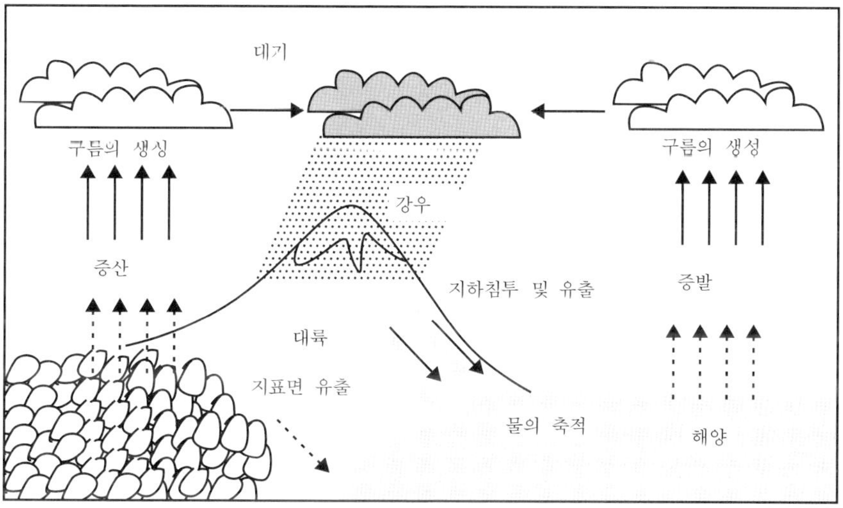

그림 8.2 물의 순환

8.4 물의 특성

물은 물리 · 화학적 특성이 다른 액체와 비교할 때 고유한 특성이 있기 때문에 생물의 생존과 지구환경보전에 기여한다. 구체적으로 살펴보면 다음과 같다.

물은 다량 존재한다는 것이다. 지구표면의 4분의 3이 물로 덮여져 있고 이를 근거로 생태계가 구성되어 있다. 물이 없으면 이 생태계는 파괴될 수밖에 없다. 그리고 물은 생명수다. 사람 체중의 70%는 물로 구성되어 있고 20% 손실되면 탈수가 되어 사망에 이를 수도 있다. 물은 가장 좋은 용매이다. 물은 다른 용매보다 더 많은 물질을 용해시킨다. 용해된 영양물질인 NO_3^-, PO_4^{3-}, Ca^{2+}, Mg^{2+}은 생명체 내 조직과 기관으로 이동하는 역할을 한다. 물의 온도가 높을수록 고체의 용해도는 증가하지만 칼슘(Ca^{2+})을 포함하는 고체는 온도가 증가하면 용해도가 감소되기 때문에 스케일이 발생하고 열전도도 감소되는 특성이 있기도 하다.

예제) $CaCO_3$의 Ksp(25℃)가 5×10^{-9}이라면 용해도가 얼마 이상이 되어야 침전이 발생하겠는가?

sol) i) 반응식 $CaCO_3 \rightleftarrows Ca^{2+} + CO_3^{2-}$

초기	S	0	0
나중	S−X	X	X(용해도)

ii) $5\times10^{-9}=X^2$

$\therefore X=7.07\times10^{-5}M$

물은 투명하기 때문에 수중에 불순물이 없고 맑을 때 빛이 180m까지 통과할 수 있는데 일반적으로는 2~3m깊이까지 통과한다. 이 때문에 수중생물이 광합성을 할 수 있고 수중생태계가 유지될 수 있다.

물은 얼 경우 팽창하는 유일한 액체이다. 그림 8.3에서 보는 바와 같이 4℃에서 물의 밀도가 최대가 된다. 물의 밀도는 온도가 더 낮아지거나 높아지면 감소한다. 현상학적으로 얼음이 물에 뜨는 것을 예를 들 수 있으며 만약에 물이 다른 액체와 마찬가지의 경우로 생각한다면 얼음은 가라앉을 것이고 호수 밑 부분부터 어는 현상이 일어날 것이다. 그리고 호수에서 계절별 물의 밀도에 따른 성층현상 및 전도현상이 생기는데 이를 읽을거리에 실었다.

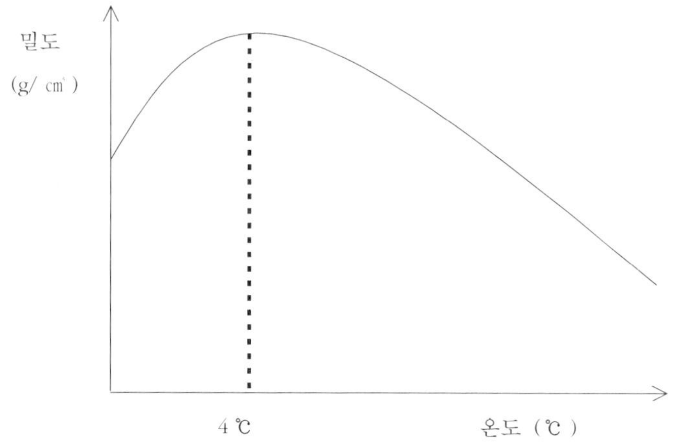

그림 8.3 4℃에서 최대가 되는 물의 밀도

읽을거리 호수의 성층현상(stratification)

성층현상이란 수온의 변화에 따라 물의 밀도가 변하여 호수나 저수지 내에 깊이에 따른 수온층과 밀도층이 형성되는 현상이다. 이는 호수나 저수지에서 여름철에 수면과 바닥의 온도의 차가 15℃정도로 크게 나기 때문이다. 호수의 상층부에는 온도가 높고 밀도가 낮은 표수층이 호수의 바닥 부분에는 온도가 낮으며 밀도가 높은 심수층이 존재하고, 표수층과 심수층 사이에 중간층이 존재한다. 표수층과 심수층은 깊이에 따라 온도의 분포가 일정하나 중간층에서는 온도가 급격히 변화한다.

계절적 특징을 살펴보면 겨울철에는 표수층이 물이 어는 점 0℃에 가깝게 되며 깊은 수심의 수온은 물의 최대 밀도인 4℃를 가져 심수층에서는 무거운 물이, 표수층에서는 가벼운 물이 존재하여 안정한 상태를 유지하게 되는데 이를 성층현상이라 한다. 이에 반하여 봄철에는 표수층의 엄음이 녹으면서 수온이 높아지기 시작하여 4℃가 되면 최대의 밀도를 가짐으로 표수층의 물이 아래로 이동하고 심수층 물이 표수층으로 이동하게 된다. 이를 전도 현상이라 한다.

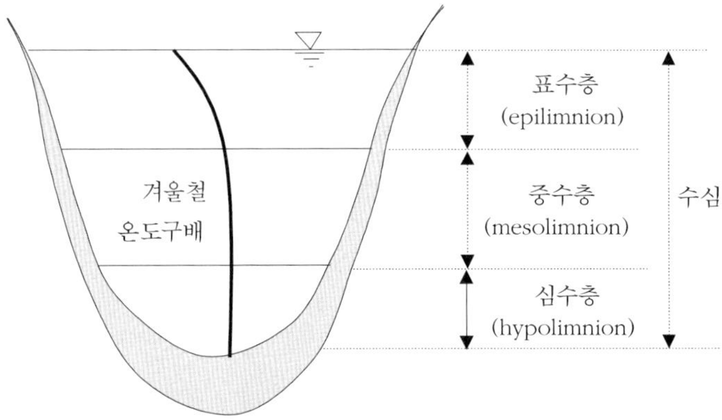

그림 8.4 겨울 및 여름철의 온도 구배층을 형성하는 열적 성층

물은 비열과 열용량이 커서 쉽게 뜨거워지거나 냉각되지 않는다. 비열은 단위 질량의 물질 온도를 1℃ 높이는데 필요한 열량으로 1kg의 물을 1℃높이기 위해서는 4.184kJ의 열량이 필요하다. 어떤 물체의 온도 변화를 하기 위한 능력인 열용량을 식 (8-1)과 식 (8-2)로 나타내었다.

$$Q = m \times C \times \Delta T \quad (8\text{-}1)$$

$$Q = m \times C \times (\Delta T_2 - T_1) \quad (8\text{-}2)$$

여기서, Q: 열용량(㎉)
m: 무게(질량)(kg)
C : 비열(㎉/kg · ℃)
ΔT: 온도변화(℃)

예제) 물의 질량이 200kg이고 비열이 1㎉/kg℃이라면 15℃의 물을 55℃로 변화시키기 위한 열량(㎉)은 얼마인가?

sol) $Q = m \times C_p \times \Delta T$
$= 200kg \times \frac{kcal}{kg℃} \times (55-15)℃$
$= 8000kcal$

또한 물은 잠열이 크다. 물질의 상이 변할 때 온도 변화 없이 에너지를 흡수하거나 방출한다. 단위 질량의 물질이 같은 압력에서 고체로부터 액체로 상변화를 일으키는데 필요한 에너지를 용융 잠열(latent heat of fusion)이라 하고 간단히 용융 엔탈피라고도 한다. 그리고 같은 압력에서 액체에서 증기로의 상변화에 필요한 에너지를 증발 잠열(latent heat of vaporization)이라 하며 간단히 증발엔탈피라 한다. 예를 들어 그림 8.5와 같이 1㎏의 얼음을 녹이는 데는 333kJ의 에너지가 필요한 반면 1㎏의 물을 100℃ 수증기로 전환 시키는데는 2,257kJ의 에너지가 필요하다. 열이 가해짐에 따라 물질의 온도가 변할 때 이때의 열을 현열(sensible heat)이라하고 물질이 상변화를 일으킬 때 가해진 열을 잠열(latent heat)라고 한다. 이러한 특성 때문에 생물체의 체온변화나 지표온도 또는 수온의 변화가 크게 완화되어 생물의 생존에 적당한 환경이 되는 것이다.

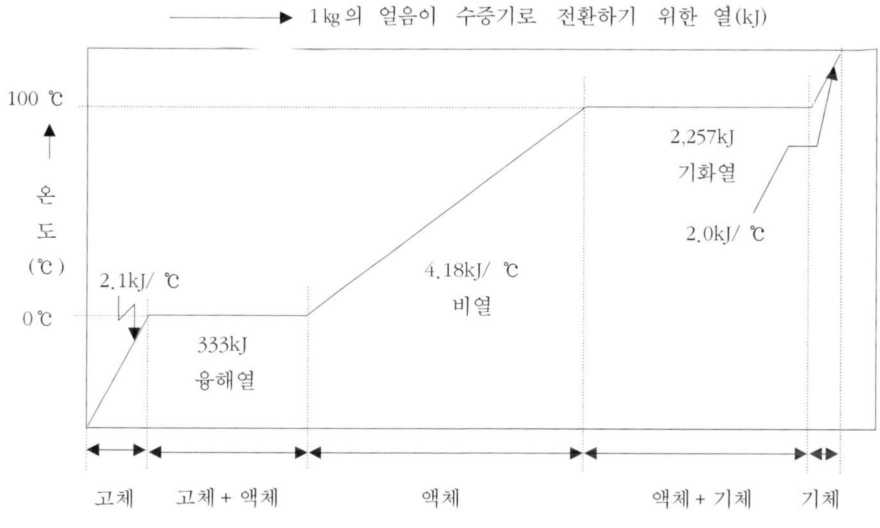

그림 8.5 1㎏의 얼음이 수증기로 전환하기 위한 열

위에서 살펴본 바와 같이 물의 잠열과 비열이 큰 것은 물의 수소적 특성 때문이다. 그림 8.6에서 보는 바와 같이 물 분자는 수소 원자 2개와 산소 원자 1개가 공유 결합하여 굽은형 구조를 가진다. 공유결합은 물분자의 수소원자와 산소 원자가 각각 전자를 내놓아 전자쌍을 만들고 이를 공유하게 된다. 이때 결합에 참여하지 않는 전자쌍인 비 공유 전자쌍이 결합에 참여한 전자쌍인 공유 전자쌍을 강하게 밀기 때문에 물 분자는 굽은 형 구조를 가지게 된다. 그리고 산소의 전기음성도가 크기 때문에 산소는 부분적으로 음전하, 수소

는 부분적으로 양전하를 나타내는 양극성을 가지고 물 분자끼리 수소결합의 형태를 가지게 되는 것이다. 수소 결합 때문에 물은 높은 비열 및 기화열을 갖게 된다. 수소결합을 끊는데 필요한 에너지가 크기 때문에 물은 다른 분자에 비해 상대적으로 가열이 어려운 것이다.

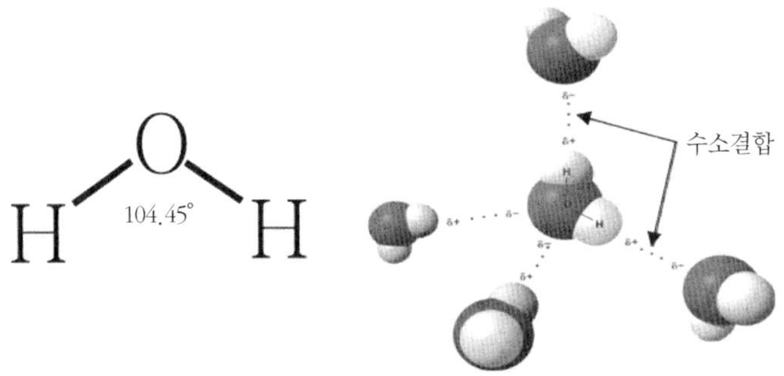

그림 8.6 물의 구조

물은 다른 분자와 달리 표면장력뿐만 아니라 모세관 현상이 일어난다. 표면장력은 표면에 있는 물 분자가 공기 중으로 끌려가지 않고 내부에 있는 물 분자와 수소결합을 하기 때문이고 이러한 현상 때문에 비교적 중량이 무거운 곤충이 수면 위를 미끄러져 갈 수 있는 것이다. 모세관 현상은 그림 8.7에서 보는 것과 같이 표면장력과 흡착력이 작용하여 물이 물체의 측면으로 천천히 흐를 수 있다. 이 모세관의 예는 수목 내 수액이 상승하고, 토양층에서 물이 상승되고, 음식물이 유기체를 통해 이동하게 하여 생명에 있어 결정적인 역할을 하게 된다.

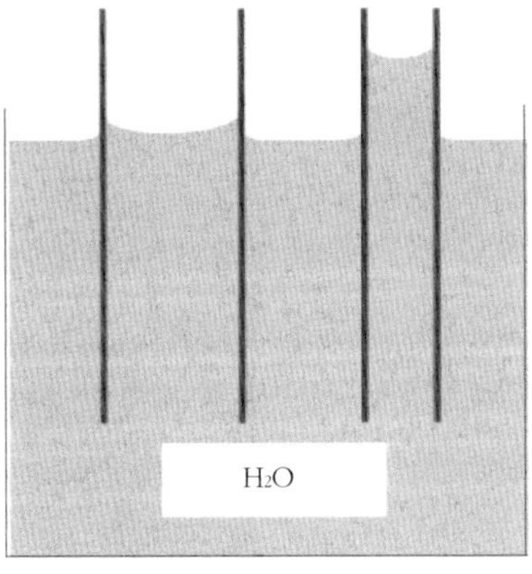

그림 8.7 모세관 현상

물은 점성을 가지고 있다. 점성이란 물 분자가 상대적인 운동을 할 때 분자 간 혹은 물 분자와 고체경계면 사이에 마찰력을 유발시키는 물의 성질을 말 하며 이는 물분자간의 응집력 및 물 분자의 다른 분자간의 점착력 등의 상호작용에 의하여 나타난다. 물 내부에 상대운동이 있으면 점성 때문에 경계면에서 운동에 저항하는 내부 마찰이 작용하여 상대운동은 차차 감소한다. 이와 같이 유체의 점성 때문에 받는 힘을 점성력이라 한다. 물의 점성은 온도에 따라 그 크기가 변하게 된다. 즉 온도가 0℃일 때 점성이 가장 크며, 온도가 높아질수록 점성은 작아진다. 수처리에서 점성이 클수록 폐수처리가 힘들어 진다. 이것은 점성이 입자의 침강을 방해하는 요인으로 작용하기 때문이다. 점성의 크기를 나타내는 고유의 상수를 점성계수 또는 점성계수를 밀도로 나눈 동점성 계수로 표시하고 이를 이해하기 위해 예제로 나타내었다. 구형입자의 침강 속도를 계산하기 위해 간단히 모형화한 것을 그림 8.8에 나타내었다.

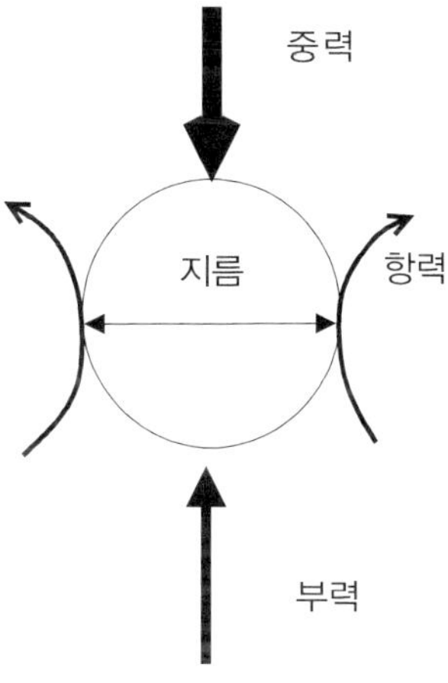

그림 8.8 물속 입자의 침강 시 힘의 균형

입자의 고유 종말속도에 다다르면 그 입자를 잡아당기는 중력은 항력, 부력과 균형을 이루게 된다. 입자의 항력은 레이놀즈(Re: Reynolds Number)의 함수로 다음 식으로 나타낼 수 있다.

$$Re = \frac{\rho V_s d_p}{\mu} \tag{8-3}$$

여기서, ρ: 물의 밀도이다.

V_s: 입자의 침강속도

d_p: 입자의 수력학적 지름

μ : 물의 절대 점도

물속의 입자는 층류, 천이 그리고 난류에 따라 다른 값을 가지지만 여기에서는 층류로 가정하면 항력(F_D)은 다음과 같이 표현될 수 있다.

$$F_D = 3\pi V_s d_p \tag{8-4}$$

이에 따른 중력(F_G)과 부력(F_B)은 식 (8-6)과 식 (8-7)로 나타낼 수 있다.

$$F_G = mg = V_p \rho_p g \tag{8-6}$$

$$F_B = m_w g = V_p \rho g \tag{8-7}$$

여기서, g : 중력가속도

m: 입자의 질량

m_w: 입자로 인하여 대체된 물의 질량분

V_p: 입자의 부피

ρ_p: 입자의 밀도

그림 8.8로부터 입자가 종말 침강 속도에 있을 때 힘의 관계는 식 (8-8)로 나타낼 수 있다.

$$F_G = F_D + F_B \tag{8-8}$$

힘의 균형식에 대입하여 식 (8-9)로 표현되어 질 수 있다.

$$\frac{\pi d_p^3 \rho_p g}{6} = \frac{\pi d_p^3 \rho g}{6} + 3\pi \mu V_s d \tag{8-9}$$

위의 식을 스토크의 법칙으로 간단히 나타내면 식 (8-10)이 된다.

$$V_S = \frac{g\ (\rho_s - \rho)\ d_p^2}{18\ \mu} \qquad (8\text{-}10)$$

예제) 폐수의 점성이 3cp이고 밀도가 1,000㎏/㎥일 때 Re(Reynolds number)는 얼마인가?(단, 유속은 0.1m/sec, d=100㎜이다.)

sol)

$$Re = \frac{관성력}{점성력} = \frac{DV\rho}{\mu}$$

$$Re = \frac{0.1m \times 0.1m/\sec \times 1000kg/m^3}{3 \times 10^{-3} kg/m.\sec} = 3333 : 난류$$

예제) 물의 점성이 2cp이면 동점성 계수는?(단, ρ=1g/cm³이다.)

sol)

$$\nu = \frac{\mu}{\rho} = \frac{2 \times 10^{-2} g/cm.\sec}{1g/cm^3} = 2 \times 10^{-2} cm^2/\sec = 2 \times 10^{-2} stokes$$

8.5 수질오염의 정의 및 오염원

8.5.1 수질오염 정의

수질오염이란 자연수에 오염물질이 유입되어 자정능력을 초과한 상태를 말한다. 자연수는 오염되지 않는 상태의 물로서 물리, 화학적, 생물학적 특성을 만족하여야 한다. 즉, 물리적으로는 물에 부유물질이 없어야 하며 냄새, 맛, 색깔 등의 없고 주위의 기온과 비슷한 수온이어야 한다. 화학적으로는 생물에 필요한 적당한 양의 산소가 녹아 있어야 하고, 무기영양소가 정상적으로 균형 있게 용해되어 있어야 하며, 수소이온농도가 중성이고 유기물 농도가 일정기준 이하이어야 한다. 생물학적으로는 수인성 전염병균이나 기타 세균 등의 없어야 한다. 이와 같은 조건에서 오염물질의 유입량이 적을 경우 자정능력에 의해 치유가 되지만 유입량이 많을 경우 자정능역의 한계를 조과하여 물의 이용가치가 떨어지고 생물이나 인간에 피해를 주게 되는 것을 말한다.

8.5.2 수질오염원

수질오염원은 점오염원과 비점오염원으로 분류할 수 있다. 점오염원은 공장, 폐수처리장, 발전소, 폐광 등과 같이 특정 위치에서 하수관이나 도랑을 통하여 오염물질이 포함된 폐수가 배출되는 오염원을 말한다. 점오염원은 오염물질의 유출경로가 명확하여 수집이 쉽고 계절에 따른 영향이 상대적으로 적은 만큼 연중 발생량 예측이 가능하여 관거 및 처리장 등 처리시설의 설계와 유지관리가 용이하다. 비점오염원은 도시, 도로, 농지, 공사장 등에서 불특정장소에서 불특정하게 수질오염물질을 배출하는 배출원을 말한다. 예를 들어 농작물에 흡수되지 않고 농경지에 남아 있는 비료와 농약 , 초지에 방목된 가축의 배설물, 가축사육종가에서 배출되는 미처리 축산폐수 등이 하천에 흘러 들어오는 것이 될 수 있다. 비점오염원은 오염물질의 유출 및 배출경로가 명확하게 구분되어 있지 않아 수집이 어렵고 발생량 배출량이 강수량 등 기상조건에 크게 좌우되기 때문에 처리시설의 설계 및 유지관리가 어려움이 있다.

8.6 수질오염물질

물은 사용되고 반환될 때 어떤 형태로든 오염이 된다. 예를 들어 농업용으로 사용할 경우 농사를 지으면서 사용되는 농약 등으로 인해 오염이 되고, 공업용은 많은 다양한 화학물질에 의해 오염이 된다. 그리고 도시용으로 사용할 경우 생활하면서 오염이 되는 생활오수 등으로 인하여 오염이 된다. 이렇게 물을 오염시키는 물질은 매우 많다. 여기에서는 중요한 몇 가지 물질 만을 예를 들어 설명한다.

8.6.1 병원균

오염된 물은 여러 가지 전염병을 일으키는 원인으로 알려져 있다. 병원균은 숙주 내에서 성장과 증식을 하고 질병을 야기하는 미생물로 전염되는 방식은 물을 마심으로서 전파되는 수인성질병(waterborne)(콜레라, 장티푸스), 물이 부족할 때 잘 씻질 못해 발생하는 세척성 질병(water-washed)(과립형 결막염, 옴), 물과 접촉을 통해 발생하는 물을 근거한(water-based) 질병(주혈흡충증, 메디나충 질병) 등이 있다. 그리고 물에 숙주인 모기가 서식함으로서 모기를 통해서 발생하는 말라리아나 뎅기열과 같은 질병이 있다.

이 같은 병원균은 미국과 같은 선진국에서는 정수처리를 잘하고 있기 때문에 전염병을 잘 제어하고 있으나 후진국과 같은 경우가 문제이다. 예를 들어 세계보건기구(WHO)의 보고에 따르면 인도네시아에서 1961년에 시작된 콜레라는 전 지구적으로 확대된 것으로 알려져 있다. 1970년까지 아프리카에 도달하여 신속히 퍼진 후 약 20년간 잔존되었다. 최종적으로 1991년 페루로 이동되어 약 4,000명이 사망하였다. 남미에서 이전에는 거의 없었던 콜레라가 매년 40만 건 이상 새롭게 보고되고 있기도 하다.

8.6.2 유기물에 의한 오염

유기물은 수용체인 물에서 산화되는 물질이다. 세균들이 유기물을 분해하면서 용존산소를 사용하게 되고 용존산소의 감소는 어류와 다른 수권 생물체에 위협을 준다. 유기물의 발생원은 주로 도시 폐수나 식품가공 및 제지 생산과 같은 특정 공업 시설에서 배출되는 폐수에 들어 있는 생분해성 유기물질 들이다. 이 외에 자연적으로 발생하는 유기성물질로서 낙엽이나 동물들의 배설물도 지표수에서 산소를 고갈시킬 수 있다. 이렇게 요구되는 산소를 측정하는 방법에는 화학적인 방법과 생물학적인 방법이 있다. 화학적방법인 COD(chemical oxygen demand)는 유기물을 화학적으로 산화시키는데 필요한 산소요구량인데 비해 생물학적인 방법인 BOD(biochemical oxygen demand)는 미생물에 의하여 유기물을 분해하는데 요구되는 산소의 양이다.

8.6.3 영양물질

영양물질은 생명체의 성장에 필수적인 화학물질로 질소, 인, 탄소, 황, 칼슘, 철, 망간 등을 말한다. 수질적인 측면에서 볼 때 영양물질은 그 농도가 수생 식물인 조류를 과도하게 성장시킬 수 있을 정도로 양이 많아질 때를 오염물질로 간주하고 이런 현상을 부영양화(eutrophication)라 한다(제2장 읽을거리 참조). 영양물질이 많아지면 조류의 과대 성장이 초래되어 결국 조류가 사멸하고 분해된다. 조류의 분해과정에서 물속의 산소가 제거되고 DO(dissolved oxygen)수준이 정상적인 생명 유지에 불충분할 정도로 악화된다. 조류와 분해된 유기물질은 제거하기 힘든 색상, 혼탁도, 악취, 그리고 역겨운 맛을 내어 가정 용수원으로의 이용성을 심각하게 감소시킨다.

영양물질의 발생은 생활폐수, 산업폐수, 축산폐수로 분류할 수 있다. 이중에서 생활폐수가 오염원이 가장 크고 다음으로 산업폐수 및 축산폐수의 순이다. 생활폐수에 의한 오염은 합성세제의 사용이다. 합성세제를 구성하고 있는 계면활성제와 인산염 그리고 합성세제의 거품이 수질오염의 원인이 된다. 합성세제는 이온성에 따라 음이온성, 양이온성, 비이온성으로 나누고 생물학적 분해 용이성에 따라 LAS(linear alkyl benzene sulfonate, 연성세제)형과 ABS(alkyl benzene sulfonate, 경성세제)형으로 나눈다. 세척보

조제로 경도가 높은 물질이 비누와 작용하는 것을 막기 위해 사용하는 PO_4^{3-}염은 조류와 미생물의 영양분 역할을 하여 미생물의 성장을 극대화 한다. 이로 인해 물속의 용존산소를 소모시킴으로써 생태계를 파괴할 수 있다. 거품은 수면을 공기로부터 차단하여 산소가 물속으로 녹아드는 것을 방해함으로서 자정작용을 방해할 수 있다.

생활오수 중 분과 뇨의 구성비는 1:10으로 질소와 인 성분이 높다. 이것은 부영양화 물질로 생태계를 파괴할 수 있다. 분뇨의 특징은 비중이 1.02정도여서 물과 비중이 거의 비슷하기 때문에 고액분리가 어렵고 농도가 크기 때문에 생물학적 처리를 위해서는 전처리가 필요하다. 특히 뇨의 경우는 질소화합물이 VS(volatile solid)중 80~90%를 차지하고 있다. 질소화합물은 주로 $(NH_4)_2CO_3$, NH_4HCO_3형태로 존재하기 때문에 알칼리도를 높게 유지하여 PH강하를 막아주는 완충작용을 한다. 분뇨의 일반적인 전처리 방법은 화학적 처리 후 생물학적 처리, 분뇨의 희석 후 생물학적 처리, 호기성 소화, 혐기성 소화를 시키고 활성슬러지 공법으로 처리 하는 방법 등이 있다. 희석에 있어 희석배수를 통하여 처리장의 효율을 구하는 방법을 예제를 통해 나타내었다.

예제) 희석 전 분뇨 COD농도가 50000ppm이고, 희석 후 COD농도가 10000ppm일 때 희석배수는?

sol) $\text{희석배수(P)} = \dfrac{\text{희석 전 농도}}{\text{희석 후 농도}} = \dfrac{50000}{10000} = 5\,(\text{배})$

예제) 다음 그림을 보고 BOD 농도를 구하시오. 그리고 처리장의 효율을 계산하시오.

BOD=20000ppm→ [희석] →BOD=?

Cl^-=1000ppm→ [희석] →Cl^-=50ppm

sol) i) $\text{희석배수} = \dfrac{1000ppm}{50ppm} = 20\text{배}$

ii) $\text{희석 후 농도} = \dfrac{\text{희석 전 농도}}{\text{희석 배수}} = \dfrac{20000}{20} = 1000ppm$

iii) 처리장 효율=

$$\eta = \frac{C_n - C_{out}}{Ci} \times 100 = \frac{20000 - 1000}{20000} \times 100 = 95\%$$

산업 폐수는 생활하수에 비해 양은 적지만 산업 폐수에 포함되어 있는 각종 유해 성분의 농도가 생활하수보다 훨씬 높아서 심각한 피해를 줄 수 있다. 또한 산업 폐수는 대부분이 난분해성 물질로서 호기성 미생물에 의해 분해되지 않는 것들이 많다. 농축산폐수는 농촌지역에서 많이 배출되는 것으로 가축의 분뇨, 농약, 가두리 양식장 등에서 배출되는 물고기들의 배설물과 사체 등을 포함한다. 가축의 분뇨는 생활하수와 마찬가지로 가축의 분뇨에 포함된 질소와 인이 하천을 부영양화시켜 식물성 플랑크톤을 대량 증식시키므로 물속의 산소가 고갈되고 물 속 생태계가 파괴될 수 있다.

질소 성분은 부영양화 문제만 일으키는 것이 아니라 특별한 형태(NO_3)로 보건 상 중대한 위협을 줄 수 있다. 음용수 내 질산염은 모든 사람에게 특정 독성문제를 야기하지는 않는다. 그러나 질산염을 아질산염으로 전환시키는 특정세균이 산성인 성인의 소화기 계통에는 별문제가 없으나 알칼리성인 유아의 소화기에서 발견되고 있다. 즉, 유아에게 혈류 내 헤모글로빈이 아질산에 의해 메트헤모글로빈으로 산화되어 산소 전달을 할 수 없게 된다. 산소결핍으로 인해 유아를 푸른색으로 변색시키는 질병을 청색증 또는 청색소아증후군(blue baby syndrome)이라 부른다.

8.6.4 염

물은 암석과 토양을 거쳐 바다로 가면서 다양한 용존 고형물질 또는 염을 자연적으로 축적하게 한다. 이런 염에는 나트륨, 칼슘, 마그네슘, 칼륨과 같은 양이온과 염소, 황산염, 탄산염과 같은 음이온이 포함되어 있다. 염의 분석 방법은 많지만 가장 효과적으로 나타낼 수 있는 것이 총용존고형물(TDS: total dissolved solid)로 평가를 하는 것이다. 물에 따라 분류해 보면 담수의 TDS가 1,500mg/L 이하이고 소금기가 있는 물이 5,000mg/L까지 이며 염수가 5,000mg/L 이상이고 해수가 30,000~40,000mg/L 정도이다. 염의 지표를 잘 활용하면 물의 활용에 대한 좋은 자료가 될 수 있다. 예를 들어 음용수의 권고치를TDS 500mg/L 이하로 하는 등이 지표로 사용할 수 있다. 토양 내 염의 농도가 1,500mg/L까지 축적되는 것을 방지하기 위해 배수를 충분히 할 경우 곡류 생산량의 감소를 피할 수 있으나, 2,100mg/L 이상에서는 염에 저항성이 높은 곡류를 제외하고는 관개용수로 부적하다는 지표가 될 수 있다.

8.6.5 온배수 문제

화력발전소나 원자력발전소에서는 발전 과정에 대량의 냉각수가 필요하고, 그 결과 온열배수가 발생한다. 배수의 온도가 높아지면 기체의 용해도가 감소할 뿐 아니라 10℃상승하면 수생생물의 신진대사 속도가 2배로 증대되기 때문에 생명체의 산소 요구량을 증대시켜 수중의 산소가 감소하기 때문에 수중의 생태계 변화를 줄 수 있다. 이 때문에 송어와 연어에 피해를 줄 수 있을 뿐만 아니라 물고기의 회유를 방해하는 문제점이 있을 수 있다. 한편으론 일부 어종엔 혜택이 될 수 있고 어떤 제한 범위 내에서 발전소 주변의 어획고를 증가시킬 수도 있다. 그리고 열오염에 의한 생물에 미치는 피해를 줄이기 위해 냉각수를 강이나 바다에 방류할 때는 수온의 차가 3℃ 이내가 되도록 규정하고 있다.

8.6.6 중금속

중금속에 대한 정의에 대해서 정확하지는 않지만 대체적으로 비중이 약 4 또는 5 이상인 금속을 중금속이라 하고 대표적인 것으로 수은, 납, 카드뮴, 비소 등이 있다.

중금속의 종류의 따른 발생원을 살펴보면 수은의 자연 발생원은 바위의 풍화작용, 화산지역의 기체, 화석연료의 연소로 발생되지만 인위적인 배출원은 종이, 펄프, 페인트, 원예 및 제약 산업에서 발생된다. 자연계에 존재하는 수은의 형태는 금속수은, 무기수은 및 메틸수은으로 대표되는 유기수은이다. 이 중 메틸수은은 미나마따병의 원인으로 어패류 중 다량 농축되어 어패류를 많이 섭취하는 일본에서 큰 사회적 문제가 되었다. 카드뮴은 주로 아연 정련의 부산물로서 생성된다. 최근에 건전지(니켈-카드뮴 전지)로도 많이 이용되어 전지 사용 후 처리에 특별한 관심을 가져야 한다. 일본에서는 카드뮴 농축에 의한 중독현상으로 이타이이타이병이 발생하기도 하였다.

중금속은 납과 같이 호흡이나 섭취에 의해 흡입될 수 있다. 신체 내에 흡수되는 정도는 의심이 되는 대상 중금속의 종류와 존재 형태에 따라 달라진다. 예를 들면 액체 수은은 독성이 거의 없이 섭취할 경우 대부분 신체에서 배설되지만, 증기 형태의 수은은 독성이 매우 강하다. 증기가 폐 속으로 흡입되면 혈관에 따라 확산된다. 수은을 포함한 피가 뇌에 도착하면 중추신경 계통에 심각한 손상을 줄 수 있다.

8.6.7 유기 염소계 화합물

유기 염소계 중 대표적인 살충제 DDT는 말라리아(모기), 티푸스(이), 페스트(파리)와 같은 질병을 옮기는 곤충을 제어하기 위해 광범위하게 사용되었고 이 결과로 수 백만명의 생명을 건지기도 했다. 유기 염소계 살충제는 곤충에 대하여 상당한 독성을 보이지만 인체에 대한 급성 독성은 낮다. 급성독성보다는 먹이사슬을 통한 생물의 농축 영향 때문에 선진국에서 판매 금지되고 있지만 개발도상국에서는 아직까지 사용되고 있다. DDT와 그 대사물질인 DDE 또한 조류 체내 칼슘의 분포를 조절하는 효소를 방해하여 껍질을 얇게

하여 부화할 때 어미의 체중을 견디지 못하고 부셔지게 된다. 그리고 염소화탄화수소들은 제초제로 사용되었는데, 월남전에서 고엽제로 사용된 것이 대표적인 예이다. 이 물질은 목초에는 해가 없고, 넓은 잎의 나무들을 죽일 수 있으며, 호수나 저수지 내 수생식물의 과잉성장을 제어한다. 제초제 2,4,5-T(chlorophenoxy 화합물)는 제조 과정 상 독성이 극히 높은 다이옥신 부산물이 생성하기 때문에 부분적으로 생산이 금지되고 있다.

8.6.8 휘발성 유기 화합물

휘발성 유기화합물은 지하수에서 흔히 발견되는 물질이다. 이 물질들은 공업 공정상 용매로 사용되며, 많은 종류가 발암성 혹은 돌연변이 물질로 의심받고 있다. 이 물질들은 휘발성 때문에 지표수에는 농도가 크지 않지만 지하수에서는 수백~수천 배 높은 농도를 보여 준다.

VOC(휘발성 유기 화합물)중 염화비닐, 사염화에틸렌, 삼염화에틸렌, 1,2-이염화메탄, 사염화탄소은 발암물질이다. 사염화탄소는 가장 흔한 가정용 세탁제로 사용되고 근래에는 곡식 훈증제, 소방제 및 용매로 더 널리 사용한다. 이 물질을 섭취할 경우 아주 독성이 높아 몇 mL 만으로도 사망에 이를 수 있다. 하지만 물에는 잘 녹지 않으며 오염된 지하수에서 간혹 발견되곤 한다.

8.7 수질오염지표

수질오염지표는 수질오염정도를 나타내는 척도로 자연수의 물리, 화학적 그리고 생물학적 특성에 따라 설명될 수 있고 수질오염에서 단위는 mg/L, ppm, ppb 등으로 쓰인다. 1mg/L는 1리터 중 1mg을 함유하는 농도이다. 1ppm 역시 1리터 중 1mg을 함유하는 농도이다. 즉, 백만분의 1단위로 물의 경우 비중이 1로 1mg/L와 동일하게 쓰인다. 그리고 1ppb는 1리터 중 1㎍을 함유하는 농도로 10억분의 1단위를 의미한다.

8.7.1 물리적 지표

자연수의 특성에서 살펴본 것처럼 물리적 기준이란 보고 맛보고 냄새를 맡는 감각에 관계되는 특성으로 탁도, 고형물 그리고 색도 등이 있다.

1) 탁도(turbidity)

물에 들어 있는 입자의 크기로 분류하는 부유물질과 콜로이드성 물질의 정도를 나타내는 척도로 빛이 투과할 때 빛을 산란, 흡수, 반사하기 때문에 색깔을 나타내게 된다. 이의 측정은 일정한 세기의 빛을 투과시켜 빛의 투광도나 흡광도로 나타낸다. 오염이 심한 물일수록 탁도가 높다.

2) 총고형물(TS: total solids)

총고형물은 시료수를 103~105℃에서 완전히 증발시켰을 때 잔류하는 모든 물질을 말한다. 그림 8.9와 같이 고형물을 분류하면 물에 존재하는 형태에 따라 부유 고형물(SS: suspended solid)과 용존 고형물(DS: dissolved solid)로 나눈다. 휘발성 여부에 따라 휘발고형물(VS: volatile solid)과 잔류 고형물(FS: fixed solid)로 나눈다. 부유고형물과 용존 고형물을 분류하기 위해서 0.1㎛크기를 가진 여과지를 이용하여 여과를 한다. 즉, 여과지에 걸린 것이 부유 고형물이고 여과지에 통과하는 것이 용존 고형물이다. 용존 고형물에는 지름 0.001~0.1㎛인 콜로이드성 물질이 함께 포함되어 있다. 휘발성 여부를 판단하기 위하여 550±50℃에서 총 고형물을 태운다. 휘발된 것이 휘발성 고형물이고, 이는 유기물에 해당하고, 남은 것이 잔류 고형물인데 이는 무기물에 해당한다.

TS	=	SS	+	DS
‖		‖		‖
VS	=	VSS	+	VDS
+		+		+
FS	=	FSS	+	FDS

주) TS: total solid(총 고형물)
SS: suspended solid(부유 고형물)
DS: dissolved solid(용존 고형물)
VS: volatile solid(휘발성 고형물)
FS: fixed solid(잔류 고형물)
VSS: volatile suspended solid(휘발성 부유 고형물)
VDS: volatile dissolved solid(휘발성 용존 고형물)
FSS: fixed suspended solid(열작 부유 고형물)
FDS: fixed dissolved solid(잔류 용존 고형물)

그림 8.9 고형물의 분류

3) 색도

자연수는 보통 색도를 가지고 있다. 부유 고형물이 나타내는 색을 겉보기 색이라하고,

용존 물질에 의한 색을 진색(true color)이라고 한다. 겉보기 색은 부유물질을 제거하면 없어지지만, 진색은 용존물질의 화학적 처리인 응집을 통해서 제거될 수 있는 색이기 때문에 제어하기에 어려운 점이 있다. 이외에도 조류에 의한 초록색 또는 갈색, 철분에 의한 빨강, 망간에 의한 흑갈색 등이 있다. 폐수의 경우는 보통 밝은 갈색빛의 회색을 띠나 부패가 일어남에 따라 짙은 회색이나 검은 색을 띠게 된다.

8.7.2 화학적 지표

1) 수소이온 농도(pH)

수소이온 농도는 물의 산성도나 알칼리도를 표시한다. 즉, pH는 용액의 산성도를 가늠하는 척도로서 수소이온농도의 역수에 상용로그를 취한 값이다. 또는 수소이온농도의 상용로그 값에 마이너스를 붙여서 구할 수도 있다(식 (8-11)). 보통 자연수는 pH 6.5~7.5 범위에 있고 이를 벗어나면 오염이 된 것으로 판단한다.

$$pH = \log\frac{1}{[H^+]} = -\log[H^+] \tag{8-11}$$

2) 용존산소(DO: dissolved oxygen)

용존산소는 물속에 녹아 있는 산소량을 말한다. 용존산소에 영향을 미치는 요인은 표면적과 온도 등이다. 용존산소는 하천이나 강의 급류에서 수표면적이 커져 공기와의 접촉면적이 증가하여 공기로부터 산소의 전달량이 많아지기 때문에 산소의 농도가 높다. 그리고 온도가 낮을 수록 용존산소의 포화농도는 높아지는데 표 8.3에서 보는 바와 같이 수온이 높아질수록 용존산소가 낮아짐을 확인할 수 있다.

표 8.3 온도에 따른 용존산소의 포화농도

수온(℃)	산소포화농도(㎎/L)
0	14.6
4	13.1
8	11.9
12	10.8
16	10.0
20	9.2
24	8.5
30	7.6

오염된 물일수록 BOD농도는 높고 DO농도는 낮아진다. 유기물질이 물에 유입되면 일부는 자연적으로 미생물 등에 의한 분해되며, 이 과정에서 미생물에 의해 용존산소도 함께 소비됨으로써 용존산소농도가 서서히 감소하게 된다. 즉, 그림 8.10에서 보는 바와 같이 오염물질이 유입되고 유하거리에 따른 BOD와 DO와 관계를 나타낼 수 있는데 이를 용존산소하락곡선(DO sag curve)이라 한다.

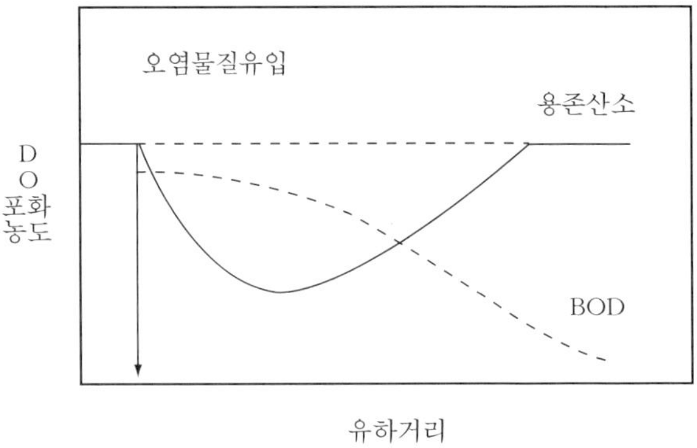

그림 8.10 유하거리에 따른 용존산소의 하락

3) 생화학적산소요구량(BOD, Biochemical Oxygen Demand)

가) BOD 개요

수중의 유기물이 호기성 미생물에 의하여 분해하는데 필요한 산소량을 생화학적산소요구량이라 부른다. 이것은 어떤 폐수가 생물에 미치는 영향을 판단하는 중요한 척도이고 단위는 폐수 단위 부피당 필요한 산소량으로 mg/L 또는 ppm으로 나타낸다.

유기물이 호기성 미생물에 의해 분해되는 반응은 식 (8-12)와 같이 나타낼 수 있다. 생성물로 이산화탄소, 물 등과 같은 안정된 것을 만들어 낼 수 있다. 즉, 예제에서 보는 바와 같이 특정 반응물을 알면 분해 반응식을 통해 이론적인 산소요구량을 양론을 통해 알 수 있다.

$$\text{유기물질} + O_2 \rightarrow CO_2 + H_2O + \text{새로운 미생물} + \text{안정한 생성물}(NO_3, PO_4, SO_4, \cdots) \quad (8-12)$$

나) BOD의 종류

어떤 유기물을 생물학적으로 분해할 때 필요한 산소량은 탄소를 분해하는데 필요한 산소량과 질소를 분해하는데 필요한 산소량으로 구분할 수 있고 이를 총 산소요구량이라 한다.

유기성 탄소를 분해하는 데 필요한 산소량이라 함은 이산화탄소로 산화시키는 데 필요한 산소요구량 또는 20℃에서 유기물을 분해하는데 소비되는 20일 간의 산소소비량 (BOD_u, BOD_{20})을 의미하며, 탄소성 산소 요구량, 1단계 BOD 그리고 CBOD (Carbonaceous BOD)라 한다. 그리고 질소를 분해하는데 필요한 산소요구량은 암모니아 같은 질소화합물을 질산으로 전환시키는데 필요한 산소 요구량으로 질소성 산소 요구량, 2단계 BOD 그리고 NBOD(Nitrogeneous BOD)라 한다.

예제) 글루코오스 농도 120㎎/L을 완전히 산화시키는 데 필요한 산소량은 얼마인가?

sol) $C_6H_{12}O_6 + 6O_2 \rightarrow 6CO_2 + 6H_2O$

180g 192g

120㎎/L X

$$\therefore \ X = \frac{120 \times 192}{180} = 128mg/L(BOD_u)$$ (반응이 완결되는데 필요한 산소량을 의미한다.)

다) 5일 BOD(BOD_5)

그림 8.11은 전형적인 도시 폐수에 나타나는 탄소성 및 질소성 산소 요구량을 나타내고 있다. 여기서 5일간의 실험은 NBOD가 나타나지 않아 질산화 과정에 영향을 받지 않는다는 점이다. 따라서 BOD를 5일 간 측정하게 되는 것이 중요하다. 5일 BOD의 측정 방법을 알아보면 폐수 시료를 BOD병에 넣고 시험초기와 5일 경과 후의 시료 내 용존 산소 농도를 확인하여 소모된 산소의 양으로 BOD_5를 나타낸다. 실험하는 동안 시료 병은 빛을 차단하여 조류의 광합성에 의한 산소의 발생을 막아야 하며, 공기의 유입 방지를 위해 잘 막아야 한다. 실험 절차를 표준화하기 위해 20℃로 고정한 후 실험을 실시해야 하고 이렇게 나온 결과를 예제와 같은 방법으로 BOD를 구한다.

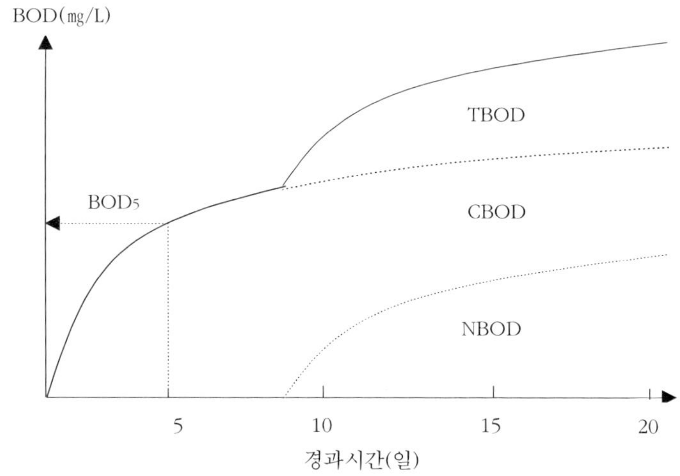

그림 8.11 탄소성 BOD(CBOD)와 질소성 BOD(NBOD)와의 관계

예제) 첫날 BOD병 내의 O_2의 농도가 8ppm이고, 5일 후의 DO의 값이 2ppm이라면 BOD_5는 얼마인가?

sol) $BOD_5 = DO_5 - DO_1 = 8ppm - 2ppm = 6ppm$

라) BOD 1차 반응 모델링

어떤 시료가 생물학적 분해가 가능하다면 시간이 경과함에 따라 잔존해 있는 유기물 농도는 감소할 것이고 요구되는 산소는 증가할 것이다. 그림 8.12를 수학적으로 표현하기 위해 유기물의 분해속도는 폐수의 양에 정비례 한다고 가정하고, t 시간 후의 잔존 BOD 농도을 L_t라하고 1차 반응을 가정하여 해를 구하면 식 (8-13)과 같다. 이 식을 이용하여 유기물의 시간 경과에 따른 잔존 유기물을 예제와 같이 구할 수 있고, 여기에서 밑은 자연대수 또는 상용대수로 사용될 수 있다.

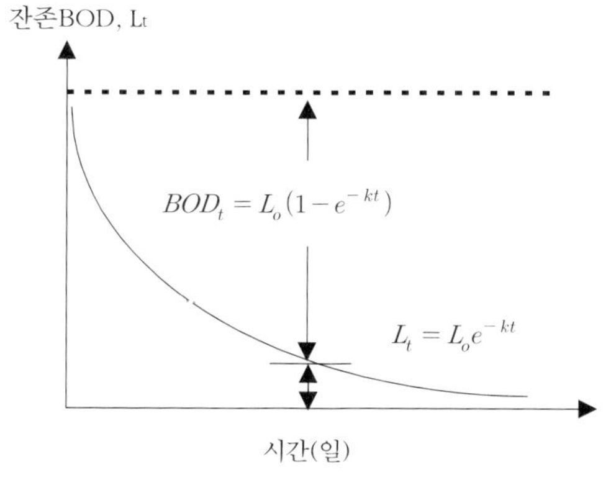

그림 8.12 이상적인 유기물의 잔존량 및 소모된 산소량

$$L_t = L_o e^{-kt} \tag{8-13}$$

여기서, L_t: t 시간 후 남아 있는 BOD 농도(㎎/L)

L_o: 초기 BOD 농도 또는 최종 BOD 농도(BOD_u, BOD_{20})

K: 반응속도 상수(1/day)

t: 시간(day)

예제) 하천 상류의 BOD가 800ppm이고 3일 후의 BOD가 400ppm이라면 50ppm이 되기 위한 시간(day)은? (단, 자연대수를 사용하여 구하시오.)

BOD = 800ppm → [3days] → BOD = 400ppm

BOD = 800ppm → [?] → BOD = 50ppm

sol) ⅰ) $L_t = L_o e^{-kt}$

$400 = 800e^{-k3}$

$\frac{400}{800} = e^{-k3}$

$\mathrm{Ln}\frac{400}{800} = -k3$

$K = 0.23/day$

i) $L_t = L_o e^{-kt}$

$400 = 800e^{-k3}$

$\frac{400}{800} = e^{-k3}$

$\mathrm{Ln}\frac{400}{800} = -k3$

$K = 0.23/day$

최종탄소요구량은 첫 t일 내 폐수의 소모된 산소량과 소모에 필요한 산소 잔존량의 합이기 때문에 식 (8-13)을 식 (8-14)로 대체할 수 있다. 즉, 이 식을 통해 t 시간동안 소모된 산소요구량 농도를 구할 수 있다.

$$BOD_t = L_o(1-e^{-kt}) \tag{8-13}$$

여기서, BOD_t는 t 시간동안 소모 된 산소요구량 농도(㎎/L)이다.

마) 반응속도 상수(K)와 온도(T)와의 관계

유기물은 온도가 증가할수록 생물학적 분해 속도가 증가하기 때문에 반응속도 상수는 식 (8-14)와 같이 보정할 수 있다.

$$K_T = k_{20} \times \theta^{(T-20)} \tag{8-14}$$

여기서, k_{20}: 20℃에서의 반응속도 상수

K_T: T℃에서의 반응속도 상수

θ: 온도보정계수(1.047)

예제) 폐수 내에 글루코스(Glucose)를 다량 함유하고 있다. 이것의 양을 측정하기 위해서 BOD를 측정하고자 한다. 폐수를 희석수로 5배 희석하고, 첫 날 O_2가 8ppm, 5일 후 3ppm이라면 글루코스($C_6H_{12}O_6$)의 농도는 얼마인가?(단, K=0.1/day, 상용대수를 사용하시오.)

sol) i) $BOD_5 = (8-3)ppm \times 5 = 25ppm$

ii) $BOD_u = \dfrac{25ppm}{1-10^{-0.1\times 5}} = 36.56ppm$

iii) $C_6H_{12}O_6$: $6O_2$

180 : 6×32

X : 36.56

$\therefore\ X = \dfrac{180}{6\times 32} \times 36.56 = 34.28ppm$

4) 화학적산소요구량(COD, Chemical Oxygen Demeand)

BOD의 측정은 생물학적인 방법으로 BOD_5를 확인하기 위해서는 5일 동안 실험을 해야 하기 때문에 많은 시간과 노력이 요구된다는 단점이 있다. 이를 해결하기 위해서 화학적인 방법으로 산화제인 중크롬산칼륨($K_2Cr_2O_7$) 또는 과망간산칼륨($KMnO_4$)를 사용하여 시료수 내의 유기물을 산화시킬 때 소모되는 산소요구량으로 자연수와 폐수중의 유기오염물의 양을 나타낼 수 있는데 이것을 COD라 한다. 요구되는 산소요구량을 양론으로 계산하는 방법을 아래에 나타내었다.

예제) HCHO 500mg/L의 이론적 COD값은 얼마인가?

sol) HCHO + O_2 → CO_2 + H_2O

30 32

500 X

X= 533.33mg/L

화학적 산소요구량은 생물화학적 산소요구량과 달리 분해 가능한 물질뿐만 아니라 생물학적으로 분해 불가능한 물질까지도 분해할 수 있다. 이것은 식 (8-15)로 표현할 수 있다.

$$COD = BDCOD + NBDCOD \qquad (8-15)$$

여기서, BDCOD: Biodegradable COD(생물학적 분해 가능한 COD)

NBDCOD: Nonbiodegradable(생물학적으로 분해 불가능한 COD)

식 (8-15)에서 생물학적으로 분해 가능한 COD는 BODu이기 때문에 식 (8-16)으로 표현될 수 있다.

$$COD=BODu+NBDCOD \tag{8-16}$$

BODu는 식 (8-16)으로 부터 식 (8-17)로 유도될 수 있음에 따라 생물학적으로 분해 불가능한 물질을 알 수 있고 이에 대한 예제를 아래에 나타내었다.

$$NBDCOD=COD-\frac{BOD_t}{1-e^{-kt}} \tag{8-17}$$

예제) COD가 1000ppm이고 BOD_5가 300ppm이라면 $\frac{NBDCOD}{COD}$ 는 얼마인가?(단, K=0.1/day, 상용대수를 사용하시오.)

sol) $NBDCOD=COD-\frac{BOD_t}{1-10^{-kt}}=1000-\frac{300}{1-10^{-0.1\times 5}}=561ppm$

$\therefore \frac{NBDCOD}{COD}=\frac{561}{1000}=0.561$

다시 말해서 COD는 생물학적인 방법으로 산소요구량을 측정하는 것보다 약 3시간정도에 오염정도를 알 수 있을 뿐만 아니라 재현성이 뛰어나다는 장점이 있지만 화학적 산화제를 사용하기 때문에 독성를 가질 수 있다. 산화제 중 과망간산칼륨은 유기물의 60% 정도를 분해하고 중크롬산칼륨은 약 80%를 분해하므로 COD값을 나타낼 때는 사용한 산화제를 COD_{Mn} 또는 COD_{cr}으로 명시하는 것이 원칙이다.

5) 질소화합물

오염된 물속에는 단백질, 아미노산, 요소, 요산과 같은 유기질소 화합물과 암모니아성 질소, 아질산성 질소, 질산성 질소화합물이 있다. 유기질소 화합물은 암모니아성질소, 아질산성질소, 질산성 질소 단계로 분해되는데 암모니아성 질소가 검출되었다면 최근에 오염되었음을 알 수 있다. 최종산물은 질산성 질소 이므로 질산성 질소로 질소화합물의 오염을 규제하고 있다.

질산화 반응은 호기성 미생물인 질산화 박테리아가 질소화합물을 분해하고 아래와 같이 2단계의 반응을 통해 질산화가 이루어진다.

1단계의 반응은 식 (8-18)과 같다.

$$2NH_3+3O_2 \rightarrow 2NO_2^-+2H_2O+2H^+ \quad (8-18)$$

1단계의 특징을 살펴보면 관련 미생물은 *nitrosomonas*이고, 산소의 소모량이 크므로 반응이 상당히 느리고 그리고 반응식에서 알 수 있듯이 수소이온이 발생하여 PH가 감소하게 된다.

다음으로 2단계 반응은 식 (8-19)와 같다.

$$2NO_2^-+O_2 \rightarrow 2NO_3^- \quad (8-19)$$

관련하는 미생물은 *nitrobactor*이다. 그리고 산소의 소모량이 적으므로 속도가 빠르고 아질산염의 축적이 잘되지 않고 질산성 질소가 발견되었다면 반응이 종료가 된 것으로 판단한다.

1단계, 2단계 반응의 총괄 반응은 식 (8-20)으로 양론적 해석결과를 예제를 통하여 나타내었다.

$$NH_3+2O_2 \rightarrow H^++NO_3^-+H_2O \quad (8-20)$$

ex) 어느 폐수의 암모니아성 질소 농도가 10mg/L일 때 이것을 질산화시키는데 필요한 산소량(mg/L)은 얼마인가?

sol) NH_3 + $2O_2$ → H^+ + NO_3^- + H_2O

14 : 64

10mg/L : X

$$\therefore\ X = \frac{10 \times 64}{14} mg/L = 45.71 mg/L$$

질산화에 대응하는 탈질화 반응은 질산성 질소(NO_3^--N)가 아질산성 질소(NO_2^--N), 그리고 질소가스(N_2) 형태로 변한다. 이 과정은 산소분자를 사용하지 않고 화합물형태의 산소를 사용하기 때문에 준혐기성(Anoxic: 무산소)이고 유기 탄소원인 메탄올(CH_3OH)이 필요하기 때문에 화학적 종속영양계(Chemoheterotrophic)이다. 종속영양계와 독립영양계의 차이점은 읽을거리를 통하여 확인하기 바란다.

탈질화 반응은 식 (8-21)과 같고 반응에서 보는 바와 같이 OH^-가 발생되므로 PH는 증가한다.

$$6NO_3^- + 5CH_3OH \rightarrow 3N_2 + 7H_2O + 5CO_2 + 6OH^- \quad (8\text{-}21)$$

ex) 질산염(NO_3^-) 30mg/L을 탈질시키는 데 소모되는 메탄올(CH_3OH)의 양은?

sol) $6NO_3^- + 5CH_3OH \rightarrow 3N_2 + 7H_2O + 5CO_2 + 6OH^-$

$6 \times 62 \ : \ 5 \times 32$

$30mg/L \ : \ X$

$$\therefore \ X = \frac{5 \times 32}{6 \times 62} \times 30mg/L = 12.90mg/L$$

읽을거리 종속영양계와 독립영양계의 차이

미생물 분류는 영양원과 에너지원에 따라 분류할 수 있다. 종속영양계는 종속영양박테리아가 산소 이용여부에 따라 호기성, 임의성, 혐기성으로 구분하여 자신의 몸을 만드는데 필요한 탄소와 에너지를 이미 합성된 유기물질의 통해서 얻는다. 즉, 유기탄소가 탄소원이다. 독립영양계는 독립영양 박테리아가 가장 간단한 무기탄소를 이용하여 생존에 필요한 단백질, 효소 그리고 기타 물질을 합성하기 때문에 무기 탄소가 탄소원이 된다.

표 8.4 종속영양계와 독립영양계의 비교

구분	종속영양계	독립영양계
화학합성	화학적 종속영양계 · 탄소원: 유기물 · 에너지원: 화학반응	화학적 독립영양계 · 탄소원: 무기탄소 · 에너지원: 화학반응
광합성	광화학적 종속영양계 · 탄소원: 유기물 · 에너지원: 광화학반응	광화학적 독립영양계 · 탄소원: 무기탄소 · 에너지원: 광화학반응

6) 알칼리도(Alkalinity)

알칼리도는 pH와 마찬가지로 수질오염 정도를 나타내는 지표이기도 하지만 물의 중요한 특성 중의 하나로 pH의 현저한 변화 없이 그 물이 수소 이온을 흡수할 수 있는 능력을 나타내는 물의 완충능력을 표시하기도 한다. 즉, 산이 유입될 때 중화할 수 있는 능력을 $CaCO_3$의 농도(mg/L)로 환산한 값이다.

알칼리도 유발 물질은 수산화물(OH^-), 중탄산염(HCO_3^-), 탄산염(CO_3^{2-}) 등으로 유발 물질의 생성 메카니즘은 공기 중의 이산화탄소가 물과 반응을 통하여 생성되는 것으로 반응식은 식 (8-22), (8-23), (8-24)와 같다.

$$CO_2 + H_2O \rightleftarrows H_2CO_3 \qquad (8-22)$$

$$H_2CO_3 \rightleftarrows H^+ + HCO_3^- \qquad (8-23)$$

$$HCO_3^- \rightleftarrows H^+ + CO_3^{2-} \qquad (8-24)$$

그리고 물과 석회석이 반응하여 알칼리 유발 물질이 식 (8-25)와 같이 생성될 수 있다.

$$CaCO_3 \rightleftarrows Ca^{2+} + CO_3^{2-} \qquad (8-25)$$

알칼리도는 폐수처리에 응용이 될 수 있다. 응집제 투입 시 적정 PH유지 및 응집효과 촉진할 때 활용되는 것으로 식 (8-26)과 같이 황산알루미늄(alum)을 이용하여 응집 할 때 알카리도가 작으면 플록(floc)이 되지 않는다. 황산알루미늄이 가수분해해서 수산화알루미늄($Al(OH)_3$)으로 될 때 알카리도를 필요로 하기 때문이다. 그러므로 알카리도 부족 시에는 알칼리제를 공급해야 한다.

$$Al_2(SO_4)_3 \cdot 18H_2O + 3Ca(OH)_3 \rightarrow 2Al(OH)_3 + 3CaSO_4 + 6CO_2 + 18H_2O \qquad (8-26)$$

황산알루미늄 알칼리제 수산화알루미늄

다음으로 알칼리도는 부식제어에 관련되는 중요한 변수인 랑겔리어 포화지수(LI: Langelier Index)를 계산할 때 사용될 수 있다. 물의 부식성을 판별하기 위하여 가장 일반적으로 사용하는 지수로, 물의 실제 PH와 이론적 PH(수중의 탄산칼슘이 용해도 석출도 되지 않는 평형상태의 pH)의 차를 말하며, 탄산칼슘의 피막형성 여부를 판별할 수 있는 지수로 랑게리어 지수 또는 포화지수라고 하며, 수중에 탄산칼슘이 포화되어 있어 침전물을 형성할지 반대로 물이 부식성을 가지게 될지를 나타내며 식 (8–27)와 같이 정의된다.

$$LI = pH - pHs \qquad (8-27)$$

여기서, pH : 실측된 pH

pHs: 포화시의 $pH=8.313-\log[Ca^{2+}]-\log[A]+S$

$[Ca^{2+}]$(칼슘이온량): meq/L

A(알칼리도): meq/L

S: 용해성 물질에 따른 보정치

계산 결과가 pH〉pHs이면, 즉 실측치가 포화치보다 크면 $CaCO_3$의 과포화로 침전물이 형성된다. 또한 pH〈pHs이면, 즉 실측치가 포화치보다 작으면 불포화로 부식이 발생된다고 판단하는데 이것을 요약하면 다음과 같다.

LI 〉 0 : 탄산칼슘의 석출(침전물의 형성)

LI = 0 : 평형상태

LI 〈 0 : 부식의 발생

마지막으로 알칼리도를 물의 연수화를 위한 석회($CaCO_3$) 및 소다회(Na_2CO_3)의 소요량을 계산하는데 사용될 수 있다. 알카리도에는 P–알카리도(Phenolphthalein Alkalinity)와 M–알칼리도(Methyl Orange Alkalinity)가 있다. P–알카리도는 시료를 산으로 적정할 때 PH가 8.3까지 주입된 산의 양을 $CaCO_3$값으로 환산한 값이고 M–알칼리도는 시료를 산으로 적정할 때 PH가 4.5까지 주입된 산의 양을 $CaCO_3$값으로 환산한 값으로 T–알칼리도(Total Alkalinity)라고도 한다.

예제) 알칼리도 유발물질의 농도가 다음과 같을 때 총 알칼리도를 구하라.(단, OH^-=34 mg/L, HCO_3^-=122mg/L, CO_3^{2-}=120mg/L이다.)

sol) ⅰ) $OH^{-}=34mg/L \times \frac{1meq}{17mg} = 2meq/L$

ⅱ) $CO_3^{2-}=120mg/L \times \frac{1meq}{30mg} = 4meq/L$

ⅲ) $HCO_3^{-}=122mg/L \times \frac{1meq}{61mg} = 2meq/L$

ⅳ) 총 갯수: 8meq/L

ⅴ) $CaCO_3$의 농도: $8meq/L \times \frac{50mg}{1meq} = 495mg/L \ as \ CaCO_3$

7) 경도(hardness)

물의 세기 정도를 나타내는 용어로 물속에 용존 하고 있는 Ca^{2+}, Mg^{2+}, Fe^{2+}, Sr^{2+}, Mn^{2+} 등 2가의 양이온 금속의 함유량을 예제와 같이 $CaCO_3$에 상당하는 양(mg/L)으로 환산하여 표시한 값을 말한다.

예제) 폐수내의 Ca^{2+}의 농도가 80mg/L이고, Mg^{2+}의 농도가 24mg/L이라면 총 경도는?

sol) 화학반응은 당량대 당량으로 일어나므로 Ca^{2+}과 Mg^{2+}의 당량을 먼저 계산하다.

ⅰ) $Ca^{2+}=80mg/L \times \frac{1meq}{20mg} = 4meq/L$ (Ca^{2+}의 당량 계산)

ⅱ) $Mg^{2+}=24mg/L \times \frac{1meq}{12mg} = 2meq/L$ (Mg^{2+}의 당량 계산)

ⅲ) 총경도$=6meq/L \times \frac{50mg}{1meq} = 300mg/L \ as \ CaCO_3$

예제) Ca^{2+}에 의한 경도가 200mg/L as $CaCO_3$라면 Ca^{2+}의 농도는?

sol) ⅰ) $200mg/L \times \frac{1meq}{50mg} = 4meq/L$

ⅱ) $4meq/L \times \frac{20mg}{1meq} = 80meq/L$ as $CaCO_3$

특히 지하수는 이들 이온을 고농도로 포함하기 쉬운데 경도는 다음과 같은 문제점을 나타낼 수 있다.

첫째, 경도가 높은 물인 경수와 비누가 반응하면 끈적한 침전물이 형성한다. 본래 목욕, 세탁, 설거지와 같이 일반 가정에서 모든 세척을 경수로 할 때 많은 어려움이 발생할 수 있다.

둘째, 경수는 데워질 때 탄산칼슘과 수산화마그네슘이 침전되어 돌과 같은 물때를 형성하여 온수 파이프를 막으므로 히터, 보일러, 열교환기의 효율을 떨어뜨릴 수 있다.

경도의 종류에는 탄산경도(CH: Carbonate Hardness)와 비탄산경도(NCH: Non Carbonate Hardness)가 있다. 탄산경도는 일시경도(temporary hardness)라 부르며, 끓임에 의해서 제거되는 경도로서 유발물질은 수산화물(OH^-), 중탄산염(HCO_3^-), 탄산염(CO_3^{2-}) 등이 있다. 자연수 중에서 발생하는 경도의 대부분이 일시경도이다. 비탄산경도는 영구경도(permanent hardness)라 부르며 유발물질로서 SO_4^{2-}, Cl^-, NO_3^- 등이 있고, 끓임에 의해서 경도가 제거되지는 않는다.

경도의 절대적인 기준이 있는 것은 아니지만 일반적으로 허용되는 값은 과거 사용자의 경험에 의하여 결정된다. 예를 들어 지하수를 탄산칼슘으로 환산해 보면 150㎎/L이 넘는 것을 알 수 있다. 이것을 고려하여 표 8.5과 같이 정한 것이다. 실질적으로 지하수 분석 데이터를 가지고 알칼리도, 총경도 그리고 물의 질을 판단한 예를 아래에 나타내었다.

표 8.5 경도에 따른 물의 분류

분 류	meq/L	㎎/L
연성	〈1	〈50
적당한 경도	1~3	50~150
경도	3~6	150~300
강한 경도	〉6	〉300

예제) 어떤 지역에 있는 우물의 수질을 분석한 결과는 Ca^{2+}=20㎎/L, Mg^{2+}=24㎎/L, CO_3^{2-}=120㎎/L, SO_4^{2-}=48㎎/L이다. 이 자료를 이용하여 총경도, 탄산경도, 알카리도를 구하고 경도에 따른 물의 질을 평가하라.(단, Ca: 40g, Mg: 24g이다.)

sol)

이온	mg/L	meq/mg	mg/L as $CaCO_3$
Ca^{2+}	20	1	50
Mg^{2+}	24	2	100
CO_3^{2-}	120	4	200
SO_4^{2-}	48	1	50

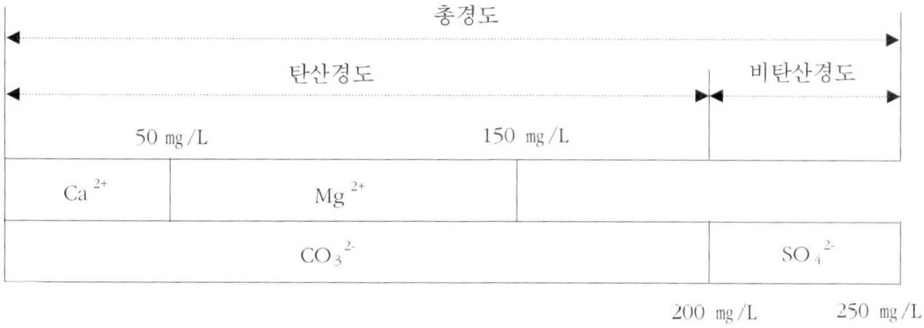

i) 총경도: 150mg/L as $CaCO_3$
ii) 탄산경도: 150mg/L as $CaCO_3$
iii) 알칼리도: 200mg/L as $CaCO_3$
iv) 적당한 경도의 물이다.

8.7.3 생물학적 지표

1) 대장균군

대장균은 그림 8.13과 같이 보통 사람이나 온혈동물의 장내에 기생하는 세균의 일종으로 유당을 분해하여 산과 가스를 생성하는 호기성균이다. 검출되면 분뇨오염을 의심할 수 있고 대장균은 비병원성이지만 병원성세균의 지표로 이용된다. 왜냐하면 소화기계 전염성균 보다 저항성이 크므로 살균 후 대장균이 없다는 것은 다른 병원성세균이 없다는 것을 의미하기 때문에 지표로 이용된다.

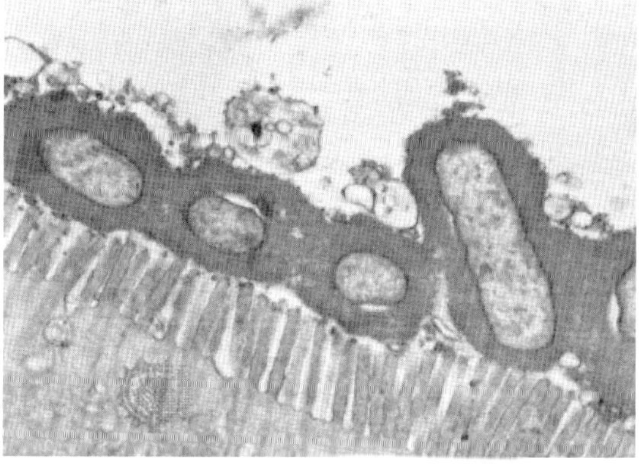

그림 8.13 대표적인 세균으로 에셰리키아속(*Escherichia*)에 속하는 간균인 대장균(*Escherichia coli*)

2) 생물상의 변화

수질오염에 의한 생물상의 변화양상을 조사함으로써 수질오염의 단계를 밝히고 물의 자정효과를 측정하는 지표로 이용할 수 있다. 오염되지 않는 곳은 용존산소가 높은 곳으로 가재, 조개, 매스, 농어 등을 볼 수 있으며 산소농도가 낮은 곳에는 메기, 잉어 등을 볼 수 있으나 오염이 아주 심한 곳에서는 세균이나 곰팡이만을 볼 수 있다.

우리나라의 경우 수질 상태에 따라 서식하는 저서생물, 부착조류 및 어류, 즉, 하천 · 호소의 하부에서 주로 서식하는 다슬기 · 가재 · 지렁이 등을 조사하여 생태계의 건전성을 평가하고 있는데, 선진국에서는 1990년대 초반부터 수질오염물질이 생태계에 미치는 영향을 평가하기 위하여 이와 같은 생태학적 수질평가기법을 도입하고 있다. 물 등급별 생물 지표종은 선진국의 예를 참조하여 그림 8.14와 같이 수질을 4개 등급으로 구분하고 있으며, 생물 지표종은 물리화학적인 수질과의 연계성을 우선 고려하면서 하천 생태계의 건전성을 총체적으로 반영할 수 있는지 여부를 감안하여 선정하고 있다.

<table>
<tr><th rowspan="2">물 등급</th><th colspan="4">생물 지표종</th></tr>
<tr><th colspan="2">어 류</th><th colspan="2">저서생물</th></tr>
<tr><td rowspan="2">매우 좋음 ~ 좋음</td><td>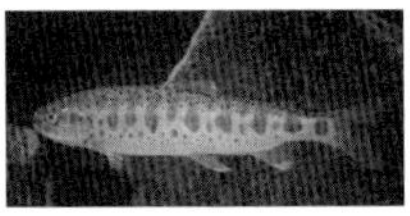
산천어</td><td>
금강모치</td><td>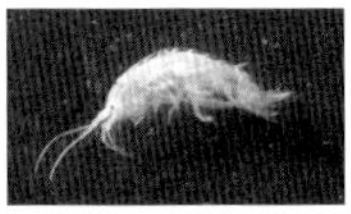
보통옆새우</td><td>
가재</td></tr>
<tr><td>
버들치</td><td>
열목어</td><td>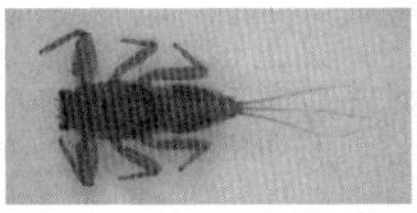
뿔하루살이</td><td>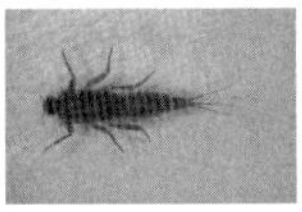
민하루살이</td></tr>
<tr><td rowspan="2">좋음 ~ 보통</td><td>
갈겨니</td><td>
쉬리</td><td>
다슬기</td><td>
조개넙적거머리</td></tr>
<tr><td>
은어</td><td>
쏘가리</td><td>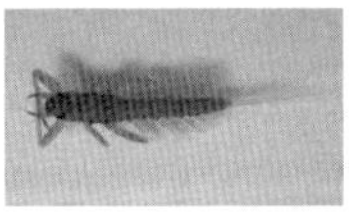
강하루살이</td><td>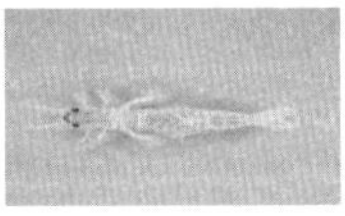
동양하루살이</td></tr>
</table>

물등급	생물 지표종			
	어 류		저서생물	
보통~약간나쁨	 피라미	 끄리	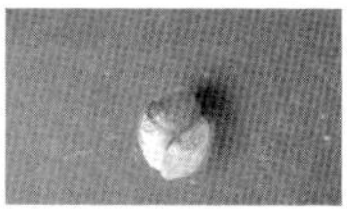 물달팽이	 돌거머리
	 모래무지	 참붕어	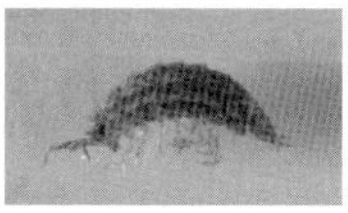 물벌레	 밀잠자리
약간나쁨~매우나쁨	 붕어	 잉어	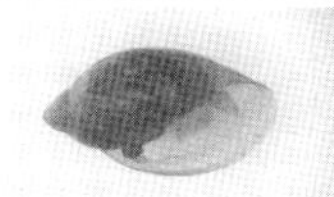 왼돌이물달팽이	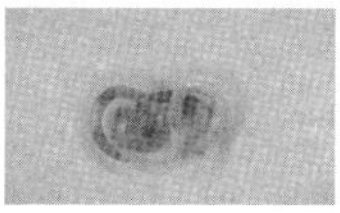 실지렁이
	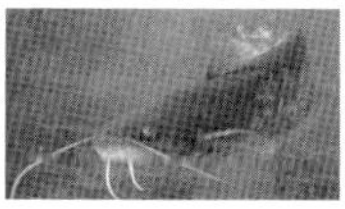 메기	 미꾸라지	 붉은깔다구	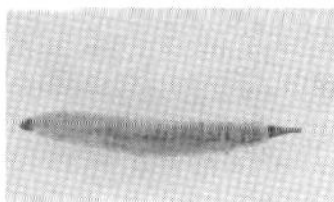 나방파리류

그림 8.14 물 등급별 생물 지표종

8.8 환경미생물

그림 8.15에서의 박테리아, 곰팡이류, 조류 그리고 원생동물과 같은 수질환경에 이용되는 미생물들은 유기물을 분해 안정화하는 등의 중요한 역할을 하고 있기 때문에 자연수계 및 하수 처리장에서 서식하는 미생물의 특징, 기능, 물질대사 및 세포의 합성을 이해하는 일이 중요하다.

8.8.1 박테리아

박테리아는 수질에서 용해성 유기물을 분해하는데 중요한 역할을 한다. 박테리아는 캡슐에 쌓여 있지만 주위 환경에 많은 영향을 받기 때문에 적절한 운영이 필요하다. 박테리아는 단세포 원핵성 세균이고 일반적으로는 광합성을 하지 못한다. 크기는 0.8~5.0㎛정도이며 간균, 구균, 나선균 모양 등을 하고 있고 세포 구성 비율을 보면 수분이 약 80%이고 나머지 20%는 고형물인 특징을 가지고 있다.

8.8.2 곰팡이류(fungi)

곰팡이류는 사체유기물로부터 먹이를 얻는 기생생물로 박테리아와 함께 곰팡이는 생물권내에 탄소화합물의 분해를 담당하는 미생물이다. 균류는 크기가 5.0~10.0㎛이고 대부분 백색을 띠는 미생물로서 효모가 여기에 속하고 세포는 엽록소가 없기 때문에 탄소동화작용을 하지 않고 사상체 구조를 하고 있다. 박테리아 보다 큰 호기성이며 강한 산성용액과 중금속 농도가 높은 용액에서 생존력이 박테리아 보다 강한 것이 특징이다.

8.8.3 조류(Algae)

조류는 성장이 적합한 경우 급격히 증식하기 때문에 하천 및 호수에 녹조를 형성한다. 녹조현상은 부영양화 호소와 생화학적 성장에 필요한 화합물이 너무 많이 유입될 경우 부영양화를 증가시킨다. 조류는 식 (8-28)과 같이 광합성 작용을 함으로써 유기물을 생산하고 무기영양분을 이용하여 생존한다.

$$CO_2+H_2O \rightleftarrows CH_2O+O_2 \tag{8-28}$$

조류의 종류는 남조류, 규조류, 녹조류 등이 있다. 남조류는 세포벽의 형태가 박테리아와 유사하며 섬유상이나 군락상의 단세포 편모가 없으며 엽록소가 엽록체 내부에 있지 않고 세포 전체에 퍼져 있는 원생생물이다. 규조류는 단세포 식물로 규산질을 함유하고 있어 단단하다. 드물게 군락을 이루며, 봄, 가을에 순간적인 급성장을 보인다. 일명 황조류라 부른다. 녹조류는 단세포와 다세포가 있으며 비운동성이 있는가 하면 유영 편모를 갖춘 것도 있고 여름철에 가장 풍부하며 최대 50m까지 자랄 수 있다.

8.8.4 원생동물

원생동물은 세포벽이 없는 단세포 진핵미생물이다. 박테리아 보다 약 10~100배 정도 크기 때문에 콜로이드성 유기물과 함께 박테리아 세포도 섭취할 수 있다. 원생동물의 일부는 혐기성 미생물로 알려져 있지만 대부분은 호기성이나 임의성을 띤 혐기성 화학종속영양생물이다. 원생생물은 박테리아와 같은 미생물을 먹이로 하여 생물학적 하수처리공정의 운전과 하천의 정화에 필수적이다. 상당수의 원생생물은 병원성 미생물이다.

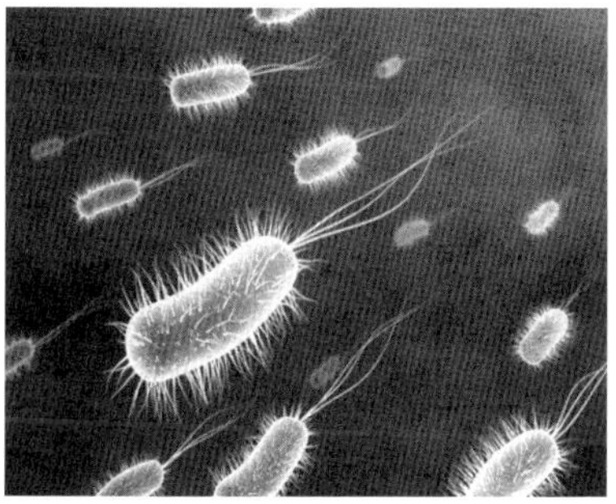

a) 박테리아

b) 곰팡이

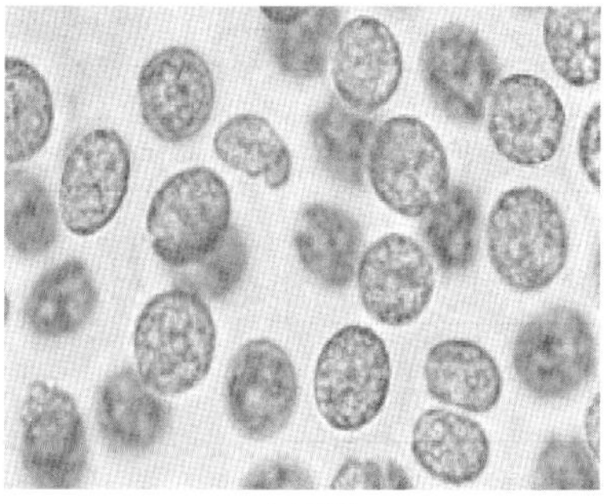

c) 조류

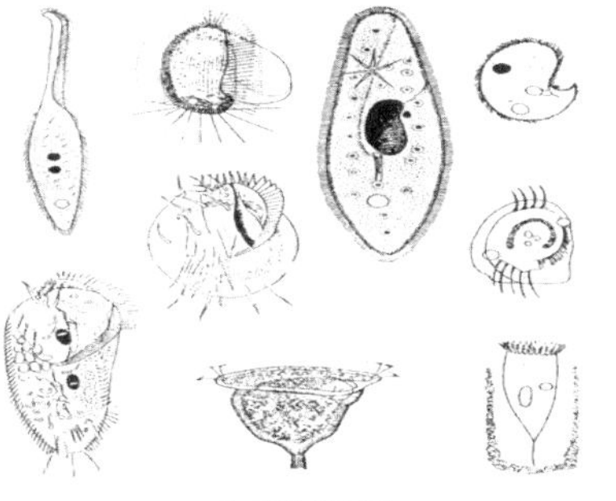

d) 원생동물

그림 8.15 환경미생물

8.9 수질오염의 영향 및 사례

8.9.1 수질오염의 영향

수질오염에 의한 영향은 주체별로 구분하여 분류할 수 있다. 즉, 인체에 미치는 영향, 용수에 미치는 영향, 수중 생태계에 미치는 영향으로 구분은 할 수 있지만 명확하게 구분하기 어렵고 2종류 이상의 물질이 복합적으로 작용하여 영향을 증가시키기도 한다.

인체에 직접적으로 영향을 미치는 것은 유해화학물질과 중금속 및 병원성 미생물 등으로 오염된 물을 마심으로서 급성 중독, 만성 중독, 수인성 질병 및 기생충 감염 등의 영향을 받는 것을 말하고 대표적인 예가 수인성 전염병이다. 그리고 간접적인 것은 수중의 오염물이 어패류나 농작물에 흡수되어 그 오염된 동식물을 인간이 섭취해서 생기는 것을 말한다. 대표적인 예로서 미나마타병이 있다.

음용수에 미치는 영향은 수질의 악화가 매년 증가하여 전국적으로 확장되고 그 원인도 다양화되어 가고 있다. 상수원수가 오염될 때는 여과지가 막히거나 정수처리에 요하는 약품의 양이나 종류의 증가 많아지는 등의 정수기술상의 문제가 발생하여 음용수로서 이용이 불가능한 경우도 있다.

공업용수에 미치는 영향은 전체 공업용수 보급량 중 약 60%가 하천수 등의 지표수, 복류수에 의존하고 있다. 원료용뿐만 아니라 제품처리용, 세정용 등으로 널리 사용하고 있다. 오염물질의 농도와 정도가 높을 경우, 관의 부식과 찌꺼기 부착 등으로 송수 및 배수 능력과 냉각능률의 저하 등으로 공업용수로 사용할 경우에는 수처리가 필요하고, 그 비용이 증대되는 문제가 있다.

농업용수에 미치는 영향은 토양의 이화학성질의 악화에 따른 토지 생산성의 저하, 농촌의 노동환경의 악화 등으로 도시 오수나 펄프공장, 전문공장 등의 배수에서는 유기물의 과다 및 질소분의 과잉 등에 의한 피해가 발생할 수 있고 화학공장이나 광산에서 배출된 무기배수에서는 산성 또는 알칼리성에 의한 고농도 염류나 중금속의 과잉 축적의 피해가 발생할 수 있다.

수중생태계에 미치는 영향으로는 부영양화 현상으로 하천이나 호소에 유기물 또는 질소, 인 등 영양 염류의 과잉 공급으로 식물성 플랑크톤 즉, 조류의 이상 번식을 촉진하여 물 색깔의 변화와 투명도 저하를 초래할 수 있고 조류의 사멸에 의한 잔해는 하부에 침적하여 부패되거나 또는 유하하여 하천의 수질을 악화시킬 수 있다. 호수에서는 녹, 갈색으로 착색되어 소위 물꽃이 발생하고 플랑크톤이 폭발적으로 이상 증식한다. 대개는 식물성 플랑크톤이고 계절적으로는 여름에서 가을에 걸쳐 많이 발생한다. 부영양화의 주요 원인으로 합성세제에 함유된 보강제로써 이 물질이 물속의 녹조류나 적조류의 생장과 미생물의 번식을 촉진하여 부영양화를 유발해서 용존 산소가 고갈되어 물이 썩게 된다.

8.9.2 국내외 수질오염 사례

1) 1950년대 스위스 레만호 오염

레만호의 물은 1950년대 초부터 오염되어 1950년대 말경에는 악취는 말할 것도 없고 생물이 더 이상 살 수 없는 죽음의 호수로 변함에 따라 1962년 스위스와 프랑스는 레만호의 오염 배출원을 조사하여, 행정적 규제를 양국 공동으로 실시하였다.

오염원으로부터 우선적으로 폐수처리장을 설치하고, 20년 동안 약 120개의 폐수처리장이 레만호 유역에 건설되어 대부분의 인이 제거되었다. 20년에 걸친 이와 같은 스위스와 프랑스의 공동 노력에 힘입어 1970년대 말부터 레만호의 물은 맑아지기 시작해서 물고기가 있는 호수가 되었다.

2) 1953년 체코 푸른 아이(blue baby)병

질산이 함유되어 있는 식수로 인해 발생한 질병으로 푸른 아이라는 뜻에서 이름이 붙여졌다. 이 증상이 나타나면 성장발육이 저해되고 빈혈 등으로 인해 심할 경우는 사망하게 된다. 1953년에서 1960년에 걸쳐 5,800명의 어린이 가운데 115명이 이 병에 걸렸고, 그 중 8%가 사망, 52%가 중증, 40%가 가벼운 증상인 것으로 보고되었다. 이 증상을 청색증(청색유아증후군)이라 부르는데 최근에 질산으로 오염된 식수용 지하수에 분유를 타서 유아에게 먹임으로써 나타났다고 보고된 바 있다.

3) 1956년 일본 미나마타병

1953~1959년 동안 일본 규우슈우 미나마타라는 작은 어촌의 빙초산공장에서 메틸수은이 미나마타천을 통해 미나마타만으로 유입된다. 그리고 이것은 어패류에 축적되고 이를 먹은 주민 체내에 축적되어 발병환자 중 46명이 사망하고 121명이 완치되지 못했다. 1964년에도 니이가타현의 아가노와 하천유역에서도 같은 병이 발생한 사례가 있다. 이 병의 증상은 그림 8.16에서 보는 바와 같이 손발이 마비되어 안으로 휘어 들어가고, 말을 할 수가 없고, 걸음걸이도 이상하고 시야협착 등을 나타내며 심하면 중추신경마비로 사망하게 된다. 그리고 아기들은 사산되거나 기형으로 출생하였다.

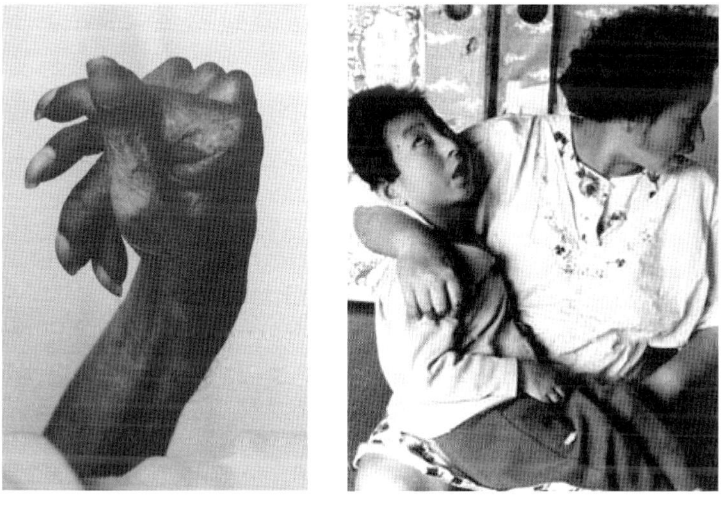

그림 8.16 미나마타병에 의한 굽은 손과 신경마비 아이

4) 1975년 미국버지니아주 제임스강

라이프사이언스라는 살충제 제조공장에서는 종업원의 절반 이상이 두통, 시각장애, 간질환, 신경통, 불임 등 직업병에 시달리고 현상이 발생하였다. 검사 결과 이 공장에서 제조하는 키폰이라는 유독성 살충제가 원인이라는 것이 밝혀지게 되었다. 공장 측은 남아 있던 살충제를 모두 하수구에 버렸고, 하수구에 버려진 살충제는 그 도시의 하수처리장으로 유입되었다. 유입된 살충제로 인하여 하수 분해 미생물이 죽게 되고 하수처리가 불가능해지게 되었다. 하수와 함께 처리수의 수용 하천인 인근 제임스강으로 살충제가 유입되었고 이로 인해 하류 100킬로미터 구간은 생물이 살 수 없는 죽음의 강으로 변한 사례이다.

5) 1986년 스위스바젤사건

라인강 상류유역에 위치하고 있는 스위스 바젤 부근의 화학 및 의약품제조회사인 산도스사의 화학물질 저장고에서 화재가 발생되었다. 창고에는 보관되어 있던 1,300톤에 달하는 90여종의 화학물질이 물과 함께 라인강으로 유입되어 죽음의 강으로 변하고, 부근 토양과 지하수로 스며들어 오염시켰다. 또한 화재로 발생한 유독한 연기는 사람과 주변 생물상에 큰 피해를 유발하였다. 라인강에 서식하던 수중생물은 떼죽음을 당하였고, 사고지점 하류 400킬로미터에 해당하는 하천구간의 생물은 완전히 사라져 버렸다. 피해액은 400억 달러로 추정되고 있으며, 지금도 하천 퇴적물에서는 유해화학물질이 검출되고 있어 본래대로 회복하기까지 매우 오랜 시간이 필요한 실정이다.

6) 1989년 미국 액슨발데즈호 기름유출

1989년 3월 24일 미국 알래스카에서 엑슨발데즈호로부터 원유 4만 2천톤이 유출되는 사고가 발생하였다. 사고 발생 36시간 후에야 오일 휀스가 설치되었고, 유 처리제를 살포하였으나 무풍 상태라 효과가 없었으며, 사고발생 2일째에 유출유 소각을 꾀했으나 효과가 없으므로 중지하였다. 이 사고로 1,600km의 해안이 오염되었으며 이로 인해 30만 마리 이상의 조류와 포유동물이 죽었다.

7) 1993년 영국 브레어호 기름유출

1993년 1월 5일 영국 세트란드 제도에서 브레어호가 암초에 좌초되어 원유 약 85,000톤을 유출하였다. 사고 후 3일째에 서쪽해안 14마일, 동쪽해안 6마일에 걸쳐 50m 폭의 유막이 표류하였고, 사고 후 10일째에 서쪽해안에 400평방마일 정도 확산되었으나 얇은 은색 유막이었으며 동쪽해안 유막은 소실되어 전체 80% 정도가 소실되었다.

당초에는 사상최대의 피해가 우려되었으나 강풍 때문에 유류의 확산, 증발이 빨라 피해규모는 예상외로 적었다. 이 사고로 바다새 약 1000마리가 몰사하였으며, 관광, 어업금지로 인한 손해, 유출 유 처리제의 비산으로 인한 사람, 작물, 가축에 대한 영향이 문제되었다.

8.10 수질관리

8.10.1 상수

상수처리의 목적은 원수를 음용수 즉 먹는물의 수질로 향상시키는 것이다. 먹는물의 수질관리를 위하여 적절한 수질기준 및 적절한 상수처리가 요구된다.

1) 수질기준

수질기준은 인체에 미치는 영향을 고려하여 안전한 수준의 함량을 설정한 것이므로 수질기준에 적합한 물은 안심하고 먹을 수 있다. 그리고 수질기준을 초과하였다 하더라도 단기간 내에 건강상 영향을 미치는 것은 아니다. 특히 산업의 발달에 따라 상수원수 중에 존재할 수 있는 미량유해물질의 종류가 많아지고 농도 또한 높아질 우려가 있으며, 최근에는 바이러스를 비롯한 병원성미생물 관리강화의 필요성이 증대되고 있다. 이에 따라 정수처리공정 중 여과와 소독처리를 강화하여 바이러스 등 병원성 미생물을 안전한 수준까지 제거토록 하는 정수처리기준을 새롭게 도입하고, 병원미생물의 지표수질기준과 할로아세틱에시드 등 소독부산물 5종에 대해 새로운 수질기준을 2002년 7월에 신설하였다. 표 8.6~8.8에서 보는 바와 같이 먹는 물은 통상 먹는데 사용하는 자연 상태의 물과 자연상태의 물을 먹는데 적합하게 처리한 수돗물, 먹는 샘물, 먹는 해양 심층수 등이 있다.

표 8.6 먹는물 수질기준

구분	항목	기준	구분	항목	기준
미생물(4)	일반세균	100 CFU/mL		카바밀	0.07mg/L
	총대장균군	ND/mL		1,2-디브로모-3-클로로프로판	0.003mg/L
	분원성대장균군	ND/mL		1,4-다이옥산	0.05mg/L
	대장균	ND/mL	소독제 및 소독부산물질(10)	유리잔류탄소	4.0mg/L
건강상 유해영향 무기물질(11)	납	0.01mg/L		총트리할로메탄	0.1mg/L
	불소	1.5mg/L		클로로포름	0.08mg/L
	비소	0.01mg/L		브로모디클로로메탄	0.03mg/L
	셀레늄	0.01mg/L		디브로모클로로메탄	0.1mg/L
	수은	0.001mg/L		클로랄하이드레이트	0.03mg/L
	시안	0.01mg/L		디브로모아세트니트릴	0.1mg/L
	크롬	0.05mg/L		디클로로아세트니트릴	0.09mg/L
	암모니아성 질소	0.5mg/L		트리클로로아세트니트릴	0.004mg/L
	질산성 질소	10mg/L		할로아세틱에시드	0.1mg/L
	카드뮴	0.005mg/L	심미적영향물질(16)	경도	300mg/L
	보론	1.0mg/L		과망간산칼륨 소비량	10mg/L
건강상 유해영향 유기물질(17)	페놀	0.005mg/L		냄새(소독외의 냄새)	ND
	1.1.1-트리크로로 에탄	0.1mg/L		맛(소독외의 맛)	ND
	테트라클로로 에틸렌	0.01mg/L		동(구리)	1mg/L
	트리클로로 에틸렌	0.03mg/L		색도	5도
	디클로로 메탄	0.02mg/L		세제	0.5mg/L
	벤젠	0.01mg/L		수소이온농도	pH 5.8 ~ 8.5
	톨루엔	0.7mg/L		아연	3mg/L
	에틸벤젠	0.3mg/L		염소이온	250mg/L
	크실렌	0.5mg/L		증류잔류물	500mg/L
	1.1-디클로로 에틸렌	0.03mg/L		철	0.3mg/L
	사염화탄소	0.002mg/L		망간	0.05mg/L
	다이아지논	0.02mg/L		탁도	0.5NTU
	파라티온	0.06mg/L		황산이온	200mg/L
	페니트로티온	0.04mg/L		알루미늄	0.2mg/L

표 8.7 샘물과 먹는 샘물의 수질기준

구분	항목		샘물(원수) 기 준	먹는샘물 기 준	구분	항목	샘물(원수) 기 준	먹는샘물 기 준
미생물 (7)	일반세균	저온일반세균	20CFU/mL	100CFU/mL	유해영향유기물질 (17)	에틸벤젠	0.3mg/L	0.3mg/L
		중온일반세균	5CFU/mL	20CFU/mL		크실렌	0.5mg/L	0.5mg/L
	총대장균군		ND/250mL	ND/250mL		1,1-디클로로 에틸렌	0.03mg/L	0.03mg/L
	분원성연쇄상구균		ND/250mL	ND/250mL		사염화탄소	0.002mg/L	0.002mg/L
	녹농균		ND/250mL	ND/250mL		다이아지논	0.02mg/L	0.02mg/L
	살모넬라		ND/250mL	ND/250mL		파라티온	0.06mg/L	0.06mg/L
	쉬겔라		ND/250mL	ND/250mL		페니트로티온	0.04mg/L	0.04mg/L
	아황산환원혐기성포자형성균		ND/50mL	ND/50mL		카바릴	0.07mg/L	0.07mg/L
유해영향무기물질 (11)	납		0.01mg/L	0.01mg/L		1,2-디브로모-3-클로로프로판	0.003mg/L	0.003mg/L
	불소		2.0mg/L	2.0mg/L		1,4-다이옥산	0.05mg/L	0.05mg/L
	비소		0.05mg/L	0.01mg/L	심미적영향물질 (16)	경도		500mg/L
	셀레늄		0.01mg/L	0.01mg/L		과망간산칼륨 소비량	10mg/L	10mg/L
	수은		0.001mg/L	0.001mg/L		냄새(소독외의 냄새)	ND	ND
	시안		0.01mg/L	0.01mg/L		맛(소독외의 맛)	ND	ND
	크롬		0.05mg/L	0.05mg/L		동(구리)	1mg/L	1mg/L
	암모니아성 질소		0.5mg/L	0.5mg/L		색도	5도	5도
	질산성 질소		10mg/L	10mg/L		세제	ND	ND
	카드뮴		0.005mg/L	0.005mg/L		수소이온농도(pH)	5.8~8.5	5.8~8.5
	보론		1.0mg/L	1.0mg/L		아연	3mg/L	3mg/L
유해영향유기물질 (17)	페놀		0.005mg/L	0.005mg/L		염소이온	250mg/L	250mg/L
	1,1,1-트리클로로 에탄		0.1mg/L	0.1mg/L		증발잔류물	-	500mg/L
	테트라클로로 에틸렌		0.01mg/L	0.01mg/L		철	-	0.3mg/L
	트리클로로 에틸렌		0.03mg/L	0.03mg/L		망간	-	0.3mg/L
	디클로로 메탄		0.02mg/L	0.02mg/L		탁도	1NTU	1NTU
	벤젠		0.01mg/L	0.01mg/L		황산이온	200mg/L	200mg/L
	톨루엔		0.7mg/L	0.7mg/L		알루미늄	0.2mg/L	0.2mg/L

표 8.8 먹는 해양심층수의 수질기준

구분	항목	샘물(원수) 기 준	먹는샘물 기 준	구분	항목	샘물(원수) 기 준	먹는샘물 기 준
미생물(7)	일반세균 저온일반세균	20CFU/mL	100CFU/mL	유해영향유기물질(17)	에틸벤젠	0.3mg/L	0.3mg/L
	일반세균 중온일반세균	5CFU/mL	20CFU/mL		크실렌	0.5mg/L	0.5mg/L
	총대장균군	ND/250mL	ND/250mL		1,1-디클로로 에틸렌	0.03mg/L	0.03mg/L
	분원성연쇄상구균	ND/250mL	ND/250mL		사염화탄소	0.002mg/L	0.002mg/L
	녹농균	ND/250mL	ND/250mL		다이아지논	0.02mg/L	0.02mg/L
	살모넬라	ND/250mL	ND/250mL		파라티온	0.06mg/L	0.06mg/L
	쉬겔라	ND/250mL	ND/250mL		페니트로티온	0.04mg/L	0.04mg/L
	아황산환원혐기성포자형성균	ND/50mL	ND/50mL		카바릴	0.07mg/L	0.07mg/L
유해영향무기물질(11)	납	0.01mg/L	0.01mg/L		1,2-디브로모-3-클로로프로판	0.003mg/L	0.003mg/L
	불소	2.0mg/L	2.0mg/L		1,4-다이옥산	0.05mg/L	0.05mg/L
	비소	0.05mg/L	0.01mg/L	심미적영향물질(16)	경도	-	500mg/L
	셀레늄	0.01mg/L	0.01mg/L		과망간산칼륨 소비량	10mg/L	10mg/L
	수은	0.001mg/L	0.001mg/L		냄새(소독외의 냄새)	ND	ND
	시안	0.01mg/L	0.01mg/L		맛(소독외의 맛)	ND	ND
	크롬	0.05mg/L	0.05mg/L		동(구리)	1mg/L	1mg/L
	암모니아성 질소	0.5mg/L	0.5mg/L		색도	5도	5도
	질산성 질소	10mg/L	10mg/L		세제	ND	ND
	카드뮴	0.005mg/L	0.005mg/L		수소이온농도(pH)	5.8 ~ 8.5	5.8 ~ 8.5
	보론	1.0mg/L	1.0mg/L		아연	3mg/L	3mg/L
유해영향유기물질(17)	페놀	0.005mg/L	0.005mg/L		염소이온	250mg/L	250mg/L
	1,1,1-트리클로로 에탄	0.1mg/L	0.1mg/L		증발잔류물	-	500mg/L
	테트라클로로 에틸렌	0.01mg/L	0.01mg/L		철	-	0.3mg/L
	트리클로로 에틸렌	0.03mg/L	0.03mg/L		망간	-	0.3mg/L
	디클로로 메탄	0.02mg/L	0.02mg/L		탁도	1NTU	1NTU
	벤젠	0.01mg/L	0.01mg/L		황산이온	200mg/L	200mg/L
	톨루엔	0.7mg/L	0.7mg/L		알루미늄	0.2mg/L	0.2mg/L

2) 상수처리

상수처리를 위한 상수원수는 지표수 내지는 지하수다. 지표수의 처리는 주로 입자상 물질에 초점이 맞추어져 있고 지하수의 처리는 칼슘과 철 이온과 같은 용해된 무기 오염물질의 제거에 초점이 맞추어져 있다. 전형적인 지표수의 정수처리과정을 그림 8.17에 보였다.

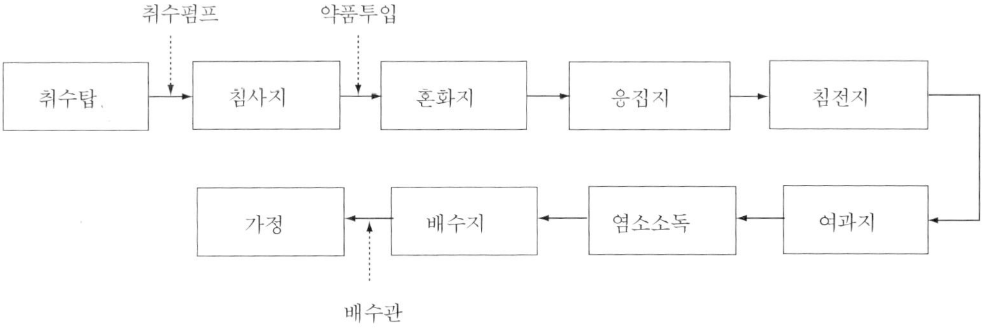

그림 8.17 정수처리과정

취수탑은 상수 원수는 취수하는 곳이다. 이곳에서 나뭇조각 등 큰 고형물이 걸러지고 취수장으로 유입하게 된다. 취수장에 유입된 물은 침사지, 약품 투입실, 혼화지, 응집지, 침전지, 여과지, 소독 등의 과정을 거치는데 단위 공정 기능과 역할을 살펴보면 다음과 같다.

• 침사지: 호수 등에서 취수한 물이 관을 따라 가장 먼저 흘러들어오는 곳으로 원수에 함유된 흙, 모래 및 각종 이물질들 중 침전이 가능한 입자들을 침강시켜 제거한다.

• 약품 투입실: 물속에는 진흙이나 유기물질, 부유물질 및 아주 작은 미생물들이 있다. 이러한 것은 크기가 작고 가벼워서 가라 않질 않는다. 이러한 작은 알갱이를 콜로이드라 부르는데 이것을 제거하기 위해 응집제(황산알루미늄 등)를 투여한다.

• 혼화지: 응집제를 투여하고 응집제를 잘 섞이도록 하기 위해 빠르고 균일하게 혼합하게 된다.

• 응집지: 물속에 콜로이드성 입자는 응집제와 반응을 하여 콜로이드성 입자가 응집제에 의하여 서로 달라붙어 입자가 커지게 되는데 이것을 응집(coagulation)이라 한다.

• 침전지: 응집 현상에 의해 부유성 입자가 침전성 입자로 변하면서 물과 분리할 수 있게 된다. 이 기능을 담당하는 곳이 침전지이고 응집현상의 반응을 식 (8-28)에 나타내었다.

$$Al_2(SO_4)_3+3Ca(HCO_3)_2 \rightarrow 2Al(OH)_3\downarrow +3CaSO_4+6CO_2 \qquad (8-28)$$

• 여과지: 침전지에서 유출되는 상등수를 모래와 자갈 등으로 구성된 여과지를 통과시킴으로서 침전지에서 침강하지 못한 물속에 잔류하는 미세한 응집물을 제거한다.

• 소독실: 주로 살균제로 염소를 많이 사용하는데 염소 가스나 차아염소산과 같은 약품을 주입한다. 살균은 물속에 남아 있는 세균을 죽이고 정수장으로부터 공급되는 물이 최종적으로 가정에 급수되는 과정에 혹시 있을지도 모르는 세균의 침투 증 오염에 대비하기 위해 살균지속력을 유지하기 위함이다.

• 배수지: 정수장으로부터 공급 받은 수돗물을 각 가정이나 소비자에게 보내는 곳으로 일정한 압력으로 수돗물을 공급하기 위해 가압시설과 저류지의 역할을 한다.

8.10.2 폐수

산업의 발달과 인구의 증가로 인하여 고농도의 폐수가 배출됨에 따라 수질오염이 극심해지기 때문에 하 · 폐수는 방류 전에 처리를 필히 하여야 한다. 폐수는 부유 물질과 용존 물질이 들어 있다. 부유 물질은 침전성 물질과 비침전성 물질로 구분하는데 침전성 물질은 중력침강에 의해 제거할 수 있고, 비침전성 물질은 응집제를 사용하여 응집 · 침전시킨다. 용존물질은 유기물과 무기물과 나누는데 무기물은 화학약품으로 처리하고 유기물은 생물학적으로 처리를 한다. 폐수처리 후 염소소독을 통해서 살균을 한다. 그리고 최근에는 폐수중의 염양물질인 N, P을 처리하기 위해 3차 처리로 고도처리방법이 의무화되거나 방류수 수질기준이 강화되고 있다.

전체적으로 폐수를 처리하는 과정을 보면 그림 8.18에서와 같이 스크린, 침사지, 1차 응집침전, 생물학적 처리, 2차 침전, 염소투입으로 이루어진다. 여기에서, 스크린에서 1차 응집침전까지를 1차 처리 또는 물리적 처리라 하고, 생물학적 처리부터 염소 투입까지를 2차 처리 또는 생물학적 처리라 한다.

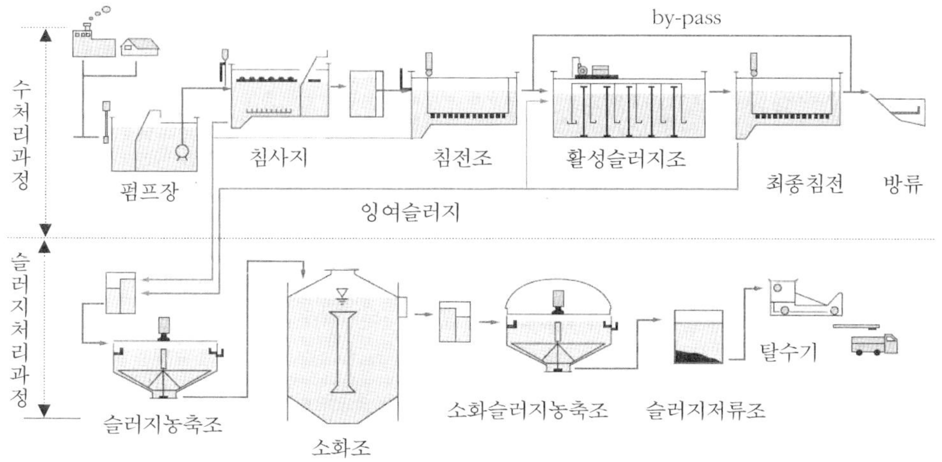

그림 8.18 폐수처리 과정

1) 1차처리

스크린 과정에서는 그림 8.19와 같이 스크린 간격이 2.5㎝인 바스크린으로 큰 부유물질을 제거함으로서 각종 처리 장치뿐만 아니라 펌퍼를 보호한다.

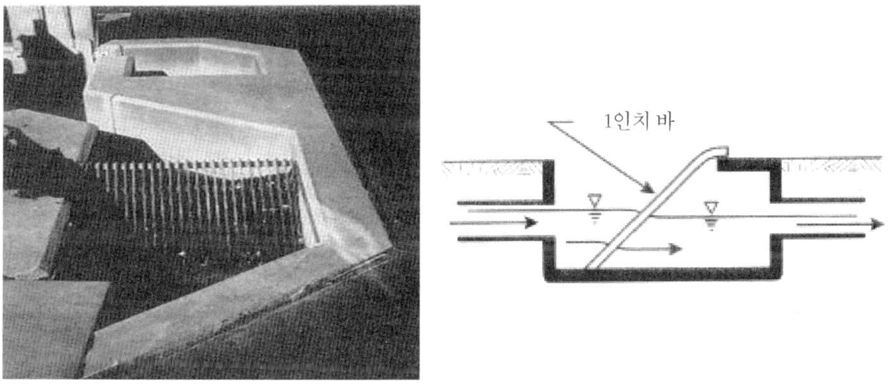

그림 8.19 스크린 바 그림 및 개략도

침사지에서는 무기물과 모래 제거를 통하여 펌프나 유량계와 같은 장치를 손상, 마모시키는 것을 방지한다. 모래는 물보다 2.5배 무거우므로 잘 제거할 수 있다. 그림 8.20의 1차침전지에서는 화학약품으로 응집제를 사용하여 상수처리의 식 (8-28)과 같은 반응으로 응집을 시켜 고형물이 제거된다. 지금까지의 처리가 1차 처리이고 폐수 중 총 유기물 중 30~50%의 고형물이 제거 된다

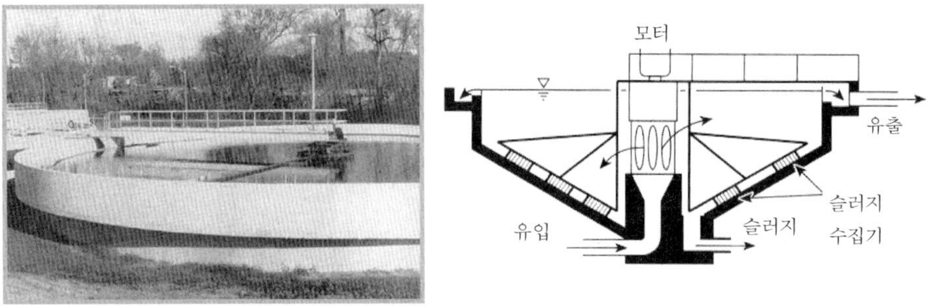

그림 8.20 침전지

2) 2차 처리

1차 처리에서 총 유기물중 30~50%의 고형물이 제거된 나머지가 2차 처리에서 처리된다. 즉 활성슬러지조에서 호기성 미생물에 의한 유기물이 분해된다. 그림 8.21에서 보는 바와 같이 호기성 미생물은 산소를 필요로 하기 때문에 성장에 필요한 산소를 공급하기 위하여 압축 공기를 주입한다.

유기물이 분해됨에 따라 먹이가 없어지면 미생물은 상호 경쟁을 통하여 붙게 되어 무게가 무거워 짐에 따라 2차 침전지에서 물과 분리할 수 있게 된다. 이때 일부 슬러지는 반송을 시킨다. 2차처리가 끝나면 유기물 10~15%만 남고 2차 처리 후 염소 소독을 하거나 3차 처리를 한다.

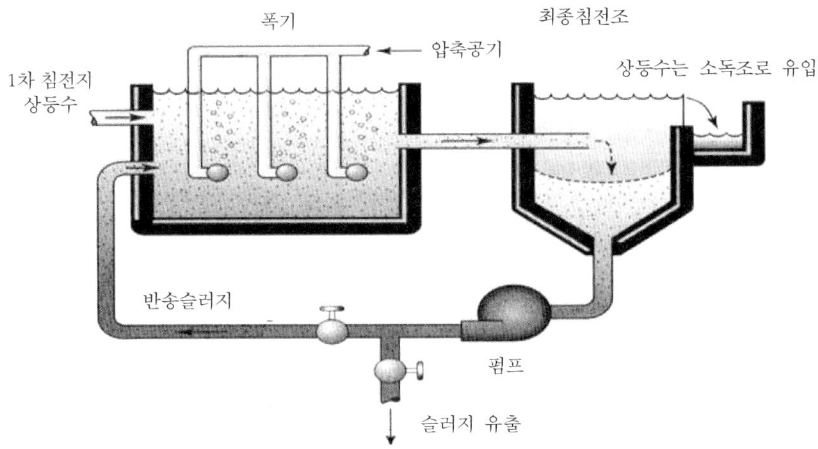

그림 8.21 활성슬러지조 및 최종침전조 모식도

3) 3차 처리(고도처리)

3차 처리는 주로 BOD를 낮추고 고형물, 무기물, 독성물질, 영양염류(N,P)등을 제거하는데 목적이 있다. 인은 화학적으로 처리할 수 있다. 하수에서 인은 여러 형태로 존재하지만 그들 대부분은 결국 오르토인산염($H_2PO_4^-$, HPO_4^{2-}, PO_4^{3-})이 된다. 대개 인 제거는 응집제인 황산알루미늄($Al_2(SO_4)_3$)이나 석회석($Ca(OH)_2$)의 첨가로 행해진다. 황산알루미늄을 포함하는 관련된 반응은 식 (8-29)와 같다.

$$Al_2(SO_4)_3 + 2PO_4^{3-} \rightarrow 2AlPO_4 \downarrow + 3SO_4^{2-} \tag{8-29}$$

이와 같은 처리 후에도 냄새와 색을 나타낼 수 있다. 이들 물질은 그림 8.22에서 보는 바와 같이 활성탄으로 흡착시켜 여과지를 통과시키면 제거된다. 이는 재활용할 수 있을 정도의 수질로 개선이 된다.

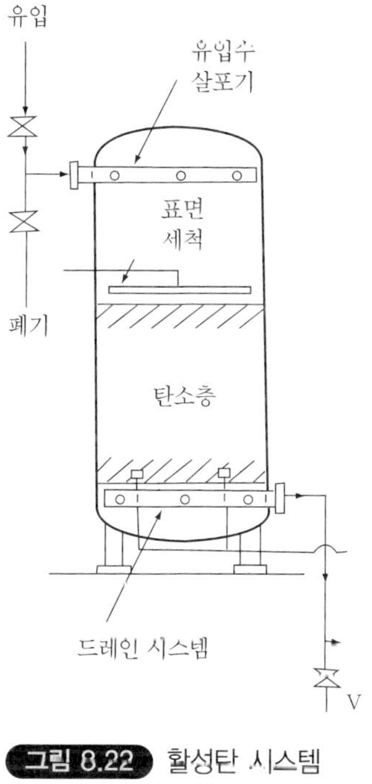

그림 8.22 활성탄 시스템

4) 슬러지 처리

슬러지 처리는 하수슬러지 운영비의 2분의 1 정도가 여기에 쓰일 만큼 중요하다. 슬러지 처리는 혐기성소화로 다음과 같은 단계로 일어난다. 폐 슬러지(유기물)가 산 생성 미생물에 의하여 유기산이 만들어진다. 그리고 이것을 기질로 하여 메탄생성미생물이 관여하여 메탄, 이산화탄소 등이 생성된다. 이때 메탄을 생성하는 미생물은 혐기성 미생물로 온도, 산성도, 독성 물질에 민감하다. 이 과정에서 생성된 메탄은 원료로 사용하고, 소화가 잘 된 슬러지는 악취를 풍기지 않고 비료 성분이 포함되어 있어, 비료로 사용하는 것이 가능하지만, 농민이 꺼리고 있는 실정이다.

✲ 참고문헌

- 양오봉, 김병우, 최정우, 탁용석 공역, 환경공학개론, 교보문고, 2009
- 고광백, 김영관, 윤주환, 이병헌, 임봉수, 임재명, 한무영 공역, 폐수처리공학, 동화기술, 1997
- 민경희, 안태영, 이건형, 이두표, 이장현, 이현환, 조홍범, 한명수, 환경과학의 이해, 교학사, 2010
- 김수생, 신구철 공역, 하수도 · 폐수처리핸드북, 동화기술, 1993
- 김갑수, 김동하, 김주영 공역, 하수의 고도처리기술, 동화기술, 2000
- Tchobanoglous, G., E. D. Schroeder, Water Quality, Addison-Wesley, 1985
- Metcalf and Eddy, Wastewater Engineering Treatment and Reuse, McGraw-Hill, 1991
- Gleick, P. H., Water in Crisis, A Guide to the World's Fresh Water Resources, Oxford University Press, 1993
- Shiklomanov, I. A., World fresh water resources, in Water in crisis, A Guide to the World's Fresh Water Resources, Oxford University Press, 1993
- UNEP, Environmental Data Report, 1993~4, United Nations Environment Programme, 1993
- Davis, M. L., D. A. Cornwell, Introduction to Environmental Engineering, McGraw-Hill, 1991
- Sawyer, C. N., P. L. McCarty, G. F. Parkin, Chemistry for Environmental Engineering, McGraw-Hill, 1994
- Thomann, R. V., J. A. Mueller, Principles of Surface Water Quality Modeling and Control, Harper & Row, 1987

9장

폐기물 관리

9.1 폐기물 관리 체계

폐기물은 그림 9.1에서 보는 바와 같이 가정에서 배출되는 생활폐기물과 사업장 폐기물로 관리하고 있으며, 폐기물관리에 대한 역할은 국가, 광역자치단체, 기초단체로 나누어 분담하고 있다. 국가는 폐기물처리의 연구개발, 재정적정지원, 광역자치단체간의 폐기물 처리사업의 조정을 담당하고, 광역자치단체는 폐기물처리사업조정과 재정적 지원을 담당하고, 기초자치단체는 폐기물의 수거, 운반, 처리를 담당하고 있다. 그리고 업무의 효율성을 재고하기 위하여 국가는 폐기물처리종합계획을 5년마다, 광역 및 기초단체는 폐기물 처리 기본 계획을 10년마다 1회씩 수립하도록 하고 있다.

폐기물의 배출 및 처리 책임을 명시하여 생활폐기물은 기초단체장인 시장, 군수 등이, 사업장폐기물은 배출자 처리를 원칙으로 하고 있다. 예전에는 폐기물에 관계된 사업을 할 때에 특정지역에 특정업체만을 지정하여 허가하는 방식으로 이루어졌으나, 현재는 수집, 중간, 최종 그리고 종합 처리업으로 구분하여 처리가 되도록 하고 있다. 또한 폐기물에 대한 사업을 하는 자가 수집한 폐기물을 처리하지 않고 방치하여 사회문제를 야기하는 것을 막기 위해 방치폐기물이행보증제도를 도입하고 있으며, 폐기물처리시설에 대해서는 시설의 설치 및 관리기준을 정하고 있으며 매립지와 같이 사업 종료 이후에 사후관리가 필요한 곳은 사후 시행 보증 제도를 도입하고 있다.

폐기물 관리에 있어서 정책 방향은 조기에는 난순히 쓰레기를 처리하는 청소의 개념에서 시작하여 재활용 문제로 정책중심이 이동이 되었으며, 최근에는 폐기물 최소화개념이 폐기물 관리 정책의 핵심을 이루고 있다. 폐기물 최소화란 폐기물의 발생억제, 감량, 재이용, 재활용, 에너지 회수를 포괄하는 개념으로 매립이나 소각을 통해 최종 처리되는 폐기물을 최소화하려는 정책이다. 따라서 생산 단계에서부터 폐기물 최소화를 위해 사업장 폐기물 감량화제도, 폐기물 부담금 제도 등을 유통단계에서 폐기물 최소화를 위한 포장방법, 포장 재질 규제와 아울러 포장폐기물 감량화 대책을, 소비단계에서의 폐기물 최소화를 위한 쓰레기 종량제, 음식물 쓰레기 대책, 일회용품 사용억제 시책을 추진하는 등 생산, 유통, 소비의 전 과정을 걸쳐 폐기물 최소화 대책을 추진하고 있다.

9.2 폐기물 관리의 목적, 정의 및 분류

9.2.1 폐기물 관리의 목적

폐기물 관리의 목적은 폐기물의 발생을 최대한 억제하고 발생한 폐기물을 친환경적으로 처리함으로써 환경보전과 국민생활의 질적 향상에 이바지하도록 함에 있다.

9.2.2 폐기물의 정의

폐기물관리법에서 폐기물이란 "쓰레기, 연소재, 오니, 폐유, 폐산, 폐알칼리 및 동물의 사체 등으로서 사람의 생활이나 사업 활동에 필요하지 아니하게 된 물질로 정의하고 있는데, 요약하면 폐기물은 크게 생활과 사업 활동에서 필요하지 아니하게 된 물질 즉, 생활폐기물과 사업장폐기물로 분류됨을 알 수 있다. 좀 더 구체적으로 용어를 정리하면 생활폐기물은 사업장폐기물외의 폐기물을 말한다. 사업장 폐기물이라 함은 대기환경보전법, 수질 및 수생태계 보전에 관한 법률 또는 소음 · 진동 관리법에 따라 배출시설을 설치 · 운영하는 사업장이나 그 밖에 대통령령으로 정하는 사업장에서 발생하는 폐기물을 말하는 것이다. 배출시설을 운영하는 사업장이라 함은 공업배치 및 공장설립에 관한 법률에 의한 공장으로서 배출 시설을 설치 운영하는 사업장을 말하고 있다.

기타 대통령이 정하는 사업장이라 함은 원자력법에 따른 방사성 물질과 이로 인하여 오염된 물질, 수질 및 수생태계 보전에 관한 법률에 따른 수질 오염 방지시설에 유입되거나 공공 수역으로 배출되는 폐수, 하수도법에 따른 오수 · 분뇨 및 가축분뇨의 관리 및 이용에 관한 법률에 따른 가축분뇨, 하수도법에 따른 하수를 제외한 사업장으로 지정폐기물을 배출하는 사업장과 폐기물을 1일 평균 300킬로그램 이상 배출하는 사업장 그리고 일련의 공사 작업으로 인하여 폐기물을 5톤(공사를 착공하거나 작업을 시작할 때부터 마칠 때까지 발생하는 폐기물의 양을 말한다)이상 배출하는 사업장을 말하는 것이다.

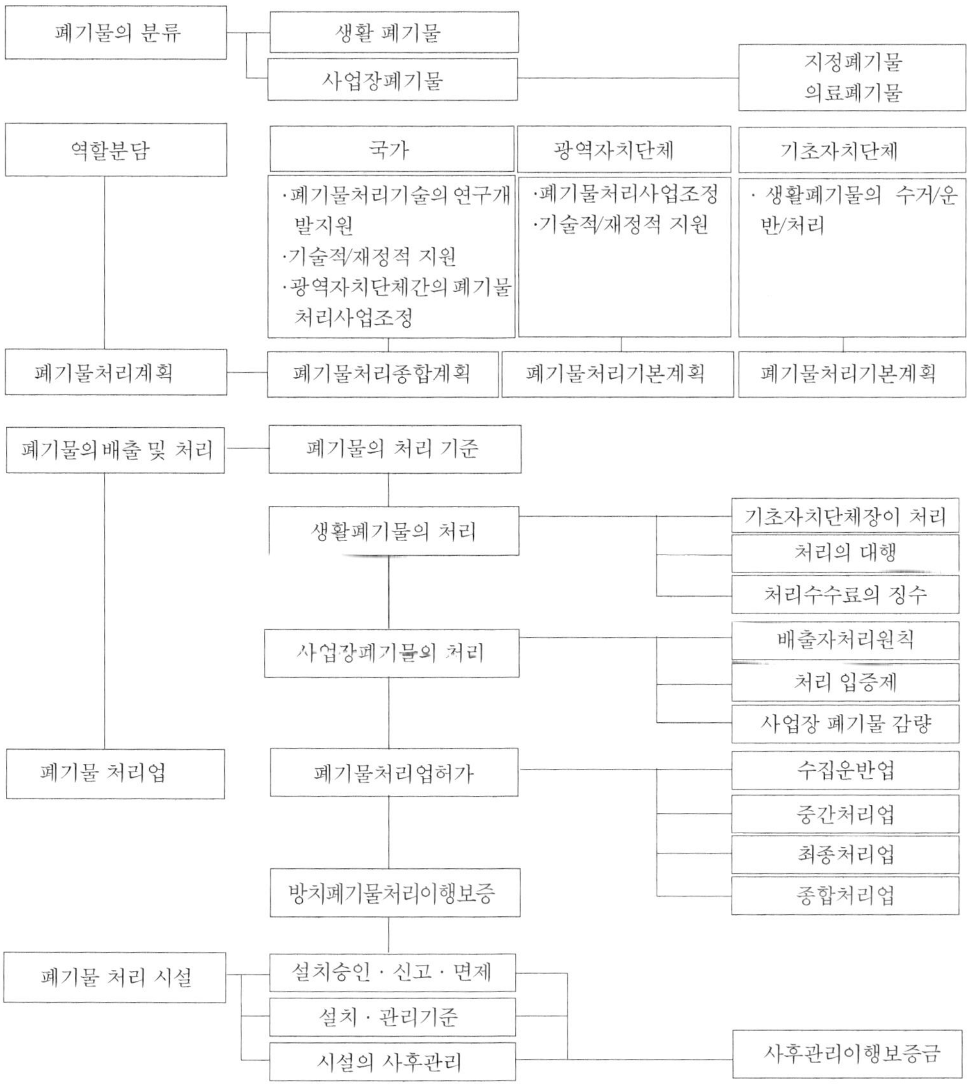

그림 9.1 우리나라의 폐기물관리 체계

9.2.3 폐기물의 분류

폐기물은 발생원, 특성, 그리고 형태에 의해 분류할 수 있다. 그림 9.2에서 보는 바와 같이 국내는 발생원에 따라 크게 생활폐기물, 사업장폐기물로 분류하고, 세부적으로는 사업장폐기물의 특성에 따라 유해한가? 재활용 가능한가?에 따라 배출 시설계 사업장폐기물, 지정폐기물, 건설폐기물로 구분한다. 그리고 형태상으로 고형물이 5% 미만인 폐기물을 액상폐기물, 고형물이 5~15%인 반고상폐기물, 고형물이 15%이상인 폐기물을 고상폐기물 분류하기도 한다.

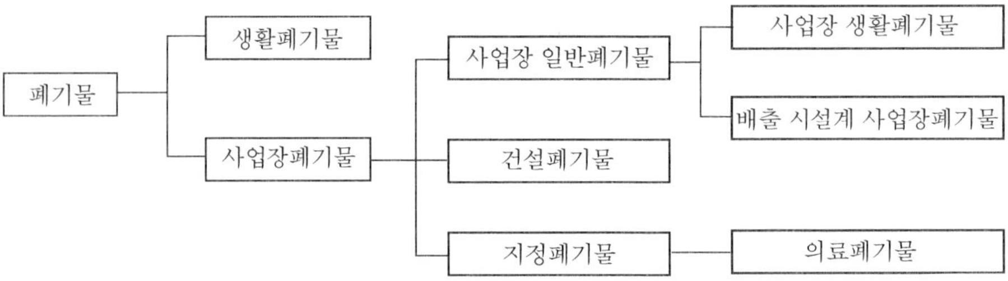

그림 9.2 폐기물의 분류체계

구체적으로 생활폐기물은 사업장폐기물 외의 폐기물로 주로 가정, 상가 등에서 발생하는 폐기물이며 사업장폐기물은 대기환경보전법, 수질 및 수생태계 보전에 관한 법률 그리고 소음 · 진동 규제법의 규정에 의하여 배출시설을 설치 · 운영하는 사업장이나 기타 대통령령이 정하는 사업장에서 발생하는 폐기물을 말한다. 건설폐기물은 건설공사로 인하여 공사 시작에서부터 완공까지 건설 현장에서 발생하는 5톤 이상의 폐기물로서 폐콘크리트, 폐아스콘, 폐벽돌, 폐블럭, 폐기와, 폐목재, 폐합성수지, 폐섬유, 폐벽지, 건설오니, 폐금속류, 폐유리, 폐타일 및 폐도자기, 폐보드류, 폐판넬, 건설폐토석 등과 이들이 혼합된 혼합건설폐기물을 말한다.

지정폐기물은 사업장폐기물 중 폐유 · 폐산 등 주변 환경을 오염시킬 수 있거나 의료폐기물과 같이 인체에 위해를 줄 수 있는 해로운 물질로서 대통령령으로 정하는 폐기물이다. 지정폐기물은 기본적으로 유해성 폐기물로서 인간의 건강 및 자연환경에 해를 줄 수 있는 물질로 지정되어 있다. 지정폐기물로서 분류되는 요건은 유해한 물질과 유해 가능한 물질로 구분된다. 유해물질은 외견상 및 쉽게 유해물질로서 판단할 수 있으나 유해가능성이 있는 폐기물은 외견상 판단이 불가능하기 때문에 용출시험을 거쳐 유해성 여부를 판단하도록 하고 있다. 표 9.1에 지정폐기물을 분류하고 있는 기준을 나타내었다. 여기에서 유해가능성이 있는 물질은 용출성 기준으로 하고 있음을 알 수 있다. 그리고 지정폐기물 분류기준에 의해 분류된 지정폐기물의 종류를 표 9.3에 나타내었다.

표 9.1 지정폐기물 분류 기준

항목	영향	폐기물 종류
부식성	• pH가 매우 높거나 낮아서 물질을 부식시키는 성질을 가지고 있는 물질	폐산, 폐알칼리
인화성 및 폭발성	• 기화점이 낮거나 인화점이 낮아 화재의 발생 우려가 있는 물질과 폭발성을 가지고 있는 물질	폐유, 폐페인트, 폐락카
유해성	• 인간의 건강에 해를 끼칠 수 있는 물질	PCB, 폐농약, 폐석면
용출성[1)]	• 중금속을 함유하는 물질	광재, 분진, 폐주물사 및 샌드블라스트 폐사, 폐내화물, 폐흡수제, 폐흡착제, 폐촉매, 슬러지, 안정화 및 고형화물
난분해성	• 자연계에 환원되어 분해가 되지 않는 물질	폐합성수지, 폐합성고무
감염성	• 병원균에 의해 감염우려가 있는 물질	의료폐기물

주 1) 폐기물 공정시험법에 의한 용출실험 결과 Pb, Cu이 3mg/L, As, Cr^{6+}이 1.5mg/L, CN, 유기인이 1.0mg/L, Cd이 0.3mg/L, Hg이 0.005mg/L이상으로 나타나면 지정폐기물로 분류된다.

의료폐기물은 보건 · 의료기관, 동물병원, 시험 · 검사기관 등에서 배출되는 폐기물로 인체 조직 등 적출물, 실험동물의 사체, 탈지면, 붕대, 주사기 등 보건 · 환경보호상 특별한 관리가 필요하다고 인정되는 폐기물로서 대통령령으로 정하는 폐기물을 말한다. 의료폐기물은 표 9.2와 같이 위해 의료폐기물, 일반 의료 폐기물, 격리 의료폐기물로 크게 나누어 구분하고 있으며 이의 적절한 관리를 위해 그림 9.3과 같이 도형화 하여 의료폐기물을 표시하고 있다.

표 9.2 의료폐기물 종류

위해 의료폐기물	조직물류: 인체 또는 동물의 적출물 등 병리계폐기물: 배양용기, 폐시험관, 슬라이드 등 손상성폐기물: 주사바늘, 수술용 칼, 한방 침 등 생물 · 화학폐기물: 폐백신, 폐항암제, 폐화학치료제 등 혈액오염폐기물: 폐 혈액백, 혈액 투석시 사용한 폐기물 등
일반 의료폐기물	탈지면, 일회용 주사기 등 위해성이나 전염성이 적은 폐기물
격리 의료폐기물	전염병 환자의 폐기물

그림 9.3 의료폐기물을 나타내는 표시

표 9.3 지정폐기물의 종류

구 분	종 류
특정시설 발생 폐기물	폐합성고분자 화합물: 폐합성 수지, 폐합성 고무 등
	오니류: 폐수처리 오니, 공정오니(고형물 함량 5% 이상인 것으로 한정)
	폐농약: 유기인계 농약, 유기염소계 농약
부식성폐기물	폐산: 수소이온의 농도 지수가 2.0 이하인 것 폐알칼리: 수소이온의 농도 지수가 12.5 이상인 것
유해물질함유폐기물	광재[1], 분진, 폐주물사 및 샌드블라스트폐사, 폐내화물 및 재벌구이 전에 유약을 바른 도자기 조각, 소각재[2], 안정화 또는 고형화 처리물, 폐촉매, 폐흡착제 및 폐흡수제
폐유기용제	활로겐족 및 기타 폐유기용제
폐페인트 및 폐락카	페인트 및 래커와 유기용제가 혼합된 것 페인트 보관용기에 남아 있는 페인트를 제거하기 위하여 유기용제와 혼합된 것 폐페인트 용기
폐석면	슬레트 고형화 된 석면제품 등의 연마, 절단, 가공공정에서 발생된 부스러기 및 연마, 절단, 가공시설의 집진기에 모아진 분진
폐유	기름 성분 5% 이상인 것을 포함
폴리클로리네이티드비페닐 함유 폐기물	액체 상태인 것은 2ppm 이상, 액체 상태외의 것은 0.003ppm 이상 함유한 것에 한함.
폐유독물	
의료폐기물	위해의료폐기물 일반 의료 폐기물 격리 의료 폐기물
기타 고시하는 폐기물	

주 1) 광재는 알루미늄제조공정에서 발생된 광재, 납열 처리 및 야금공정에서 발생된 광재, 아연열처리공정에서 발생된 광재 또는 기타 달리 분류하지 아니하는 광재로 나눈다.

2) 소각재는 생활폐기물 소각시설 중에서 바닥재와 비산재가 분리되는 배출시설에서 발생되는 비산재 또는 기타 소각 시설 중에서 바닥재와 비산재가 분리 배출되는 시설 중에서 발생하는 비산재로 구분한다.

9.3 폐기물의 발생 및 관리

9.3.1 폐기물의 발생

생활폐기물은 시간이 경과함에 따라 상품의 가치를 개인적으로 판단하거나 시장가치로 판단해서 쓸모가 없다고 판단한 경우 발생하게 된다. 그림 9.4에서 보는 바와 같이 A곡선은 상품에 대한 개인적인 평가 가치이고, B곡선은 시장가치이다. 물건을 구입할 때에는 시장가치보다 자신이 평가하는 가치가 높은 것으로 생각하고 물건을 구입한다. 이후 D를 기준으로 상품에 대한 개인적인 가치가 없는 것으로 판단되면 그 때부터 폐기물로 발생이 된다. 그렇지만 시장가치의 입장에서 보면 개인적으로 생각하는 가치보다 높기 때문에 D 이후에도 재이용 및 재활용을 하여 상품으로 이용하고 있다. 시장가치도 점점 감소되어 E 지점에서는 시장가치도 부(–)가 되기 때문에 실질적인 폐기물로 발생이 된다.

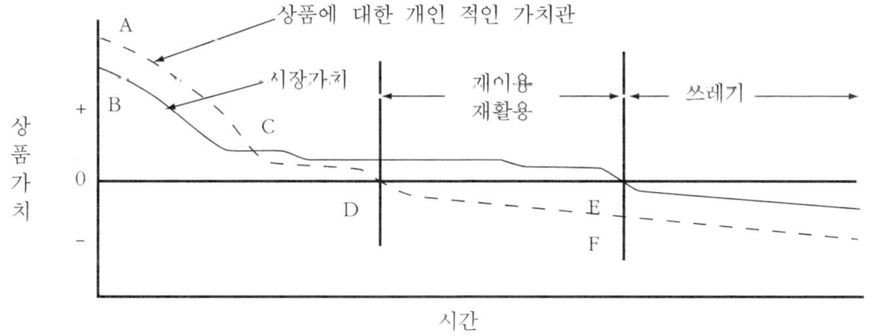

그림 9.4 폐기물 발생 메카니즘

생활폐기물은 폐기물 분류에서 확인한 것과 같이 가정에서 배출되는 폐기물과 1일 평균 300킬로그램 발생되는 사업장인 백화점 및 쇼핑센터에서 발생되고 있다. 생활폐기물의 발생량은 도시규모 및 도시형태, 생활수준, 기후, 사회구조, 문화수준 및 재활용품의 회수 및 재이용 등에 의하여 양에 차이가 있다. 도시규모가 크면 인구밀도가 증가하여 각종 기반시설이 들어오게 되고 가구당의 발생량에는 차이가 없으나 부대시설에서 발생하는 양이 증가하여 전체적으로 발생량이 증가한다. 또한 도시의 형태인 상가지역, 단독주택지역, 공단지역에 따라 발생량에 차이가 있을 뿐만 아니라 성상에도 차이가 있다.

생활수준 측면에서 보면 같은 지역 내에서 공동주택이더라고도 생활수준에 따라 폐기물의 발생량에 차이가 있다. 생활수준이 높을수록 발생량이 증가하는 경향을 보이고 있다. 기후와 관련하여 우리나라의 경우 4계절이 뚜렷하여 계절별 의식주에 차이가 있는 것으로부터 발생하는 폐기물에 큰 차이가 있다. 여름 및 가을철에는 각종 과일 잔재물이 많이 발생하므로 수분 함유량이 증가하고, 겨울에는 상대적으로 발생량이 적으나 김장철 등에는 일시적으로 폐기물 발생량이 증가하는 현상이 특징적이다.

사회구조측면에서 도시 내의 연령 층, 경제능력, 소득의 정도, 교육의 정도에 따라 발생량과 성상에 차이를 보이고 있다. 문화수준 측면에서 최근에 사회체계가 급속하게 변화하면서 계층 간에 문화수준의 차가 넓어지고 있다. 문화수준의 차에 따라 1회용품 및 각종 폐기물 성상에 영향을 미친다. 재활용품의 회수 및 재이용 측면에서 재활용율은 그 지역에 거주하고 있는 주민의 의식수준에 따라 좌우되나, 지역의 재활용에 대한 정책이 어떻게 진행되느냐에 따라 크게 의존한다. 기본적으로 재활용품의 회수 및 재이용이 증가할수록 쓰레기의 발생량이 감소하고 폐기물의 성상에도 많은 차이가 있을 수 있다.

9.3.2 발생량 조사 방법

폐기물 발생량 조사는 관리체계의 설계 및 조작에서 중요한 사항이다. 쓰레기 발생량은 부피와 중량으로 나타낼 수 있다. 부피는 압축 전 후의 차이가 나타나기 때문에 가급적 쓰레기 배출량은 질량으로 표현하는 것이 타당하다. 그리고 배출량은 총 발생량보다는 kg/1인 · 1일 단위발생량으로 표현하는 것이 바람직하다. 쓰레기 발생량은 위에서 본 것처럼 여러 가지 특성에 의해 차이가 날 수 있기 때문에 이를 고려해서 나타내어야 하기 때문이다.

대표적인 쓰레기 발생 조사방법은 적재차량 계수분석법(load-count analysis), 직접계근법(direct weighing method), 물질수지법(material balance method) 등이 있다.

1) 적재차량 계수분석법

최근에는 폐기물의 발생량은 직접 계근하여 측정한다. 그러나 계근하는 시설이 없는 경우에는 이 방법을 사용하게 되는데 일정기간 동안에 수집 운반차량의 숫자를 조사하고 적재된 폐기물의 밀도를 조사하는 것으로 밀도와 차량의 숫자에 의하여 폐기물량을 무게로 환산하는 것이다. 조사는 발생량의 평균량을 알 수 있도록 시간 및 계절적인 변수를 잘 고려하여야 하고 조사지점은 중간 적환장(중계처리장)이 적합하다. 이 방법은 차량에 따라 압축율에 차이가 있을 수 있으므로 정확한 압축정도를 파악하기 힘들 수가 있기 때문에 이를 해결하기 위해 노력하여야 한다.

2) 직접 계근법

적환장, 중간처리장, 매립장 등의 시설입구에 계근기를 설치하여 직접 계근하는 것이다. 이를 위해서, 무게를 측정할 수 있는 계측기를 설치할 수 있는 장소가 우선적으로 확보되어야 한다. 입구에서는 쓰레기와 차량의 총중량을 출구에서는 공차량의 중량을 각각 계근하여 그 차이에 의해 쓰레기 양을 산출하는 것으로 비교적 정확한 쓰레기 발생량의 파악이 가능하지만 작업량이 많은 번거러움이 있다.

3) 물질수지법

적재차량 계수분석법, 직접 계근법은 생활폐기물에 적용되는 방법인데 반해 물질수지법은 사업장폐기물에 적용되는 방법이다. 그림 9.5와 같이 먼저 조사하고자하는 계의 경계(boundary of system)를 설정하고, 그 시스템으로 들어오는 물질과 유출되는 모든 물질의 수지를 세워 폐기물 발생량을 구하는 방법이다. 이것은 데이터가 있는 경우에 사용하고 비용이 많이 들고 다소 복잡할 수 있다.

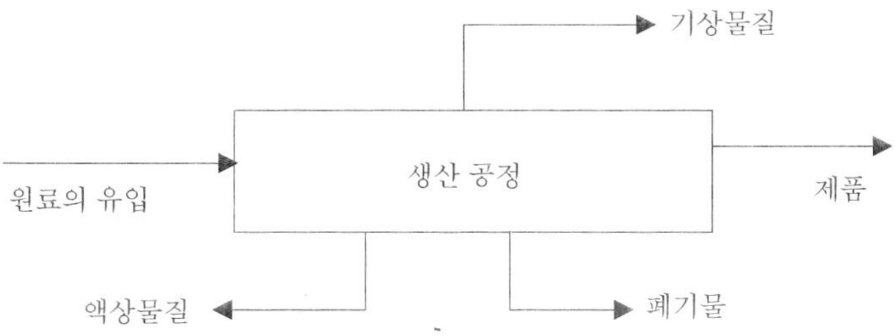

그림 9.5 생산 공정에서의 물질수지

9.3.3 발생 현황

생활폐기물 발생량은 표 9.4에서 1994년에 일일 58,118톤에서 1995년 47,800톤으로 전년도에 비하여 17.8%로 최대의 감소를 보였는데, 이는 1995년 종량제가 시행되어 재활용율이 지속적으로 증가하면서 생활폐기물의 발생이 크게 감소된 것으로 분석하고 있다. 그후 점차 발생량이 감소되어 1998년에 일일 44,600톤으로 최소를 보이다가 2007년에 일일 50,346톤으로 점차 증가하는 경향을 보이고 있다.

1인당 발생량도 마찬가지로 1994년에서 1.301kg/인 · 일에서 2007년 1.02kg/인 · 일으로 줄고 있는 것으로 나타났다. 표 9.5에서 보는 바와 같이 외국과 비교하면 미국이 1.8kg/인 · 일 그리고 대만이 1.6kg/인 · 일로 우리나라 보다 많고, 일본 등 다른 나라에 비해 높은 것으로 나타났는데, 이는 아직까지 식생활 구조상 많이 차린 음식을 먹지 않고 버리는 음식물이 많기 때문이다.

표 9.4 생활폐기물 발생량 현황

연도	발생량(ton/일)	전년대비증가율(%)	1인당 발생량(kg/인 · 일)
1994	58,118	-8.3	1.30
1995	47,800	-17.8	1.20
1996	49,900	4.4	1.10
1997	47,900	-4.0	1.05
1998	44,600	-6.9	0.96
1999	45,614	2.3	0.97
2000	46,438	1.8	0.98
2001	48,499	4.4	1.01
2002	49,902	2.9	1.04
2003	50,737	1.7	1.05
2004	50,007	-1.4	1.03
2005	48,398	-3.2	0.99
2006	48,843	0.9	0.99
2007	50,346	3.1	1.02
2007	50,346	-20.1	1.02

표 9.5 국가별 도시쓰레기 발생량 및 조성

국가	1인당 발생량 (kg/인 · 일)	쓰레기 조성(%)					
		음식물	종이	플라스틱	섬유 · 목재	유리금속	회분 및 기타
한 국	1.3	31.1	21.5	8.9	5.2	5.6	9.5
일 본	1.0	29.8	45.6	8.1	9.9	2.3	4.3
대 만	1.6	27.5	20.0	18.0	12.5	20.5	1.5
싱가포르	1.0	44.4	28.2	11.8	3.0	10.5	4.3
독 일	0.9	30.0	27.0	13.0	1.0	18.0	11.0
영 국	0.9	29.0	37.0	5.0	5.0	18.0	12.0
미 국	1.8	18.9	36.6	7.3	21.5	17.3	8.4
뉴질랜드	-	20.0	28.9	-	27.0	14.0	11.0

9.3.4 생활폐기물 처리 현황

그림 9.6에서 보는 바와 같이 우리나라는 재활용이 크게 확대되고 매립 처리 비율이 크게 낮아진 반면, 소각 처리율은 점진적으로 증가하는 추세에 있다. 즉, 1995년에는 생활폐기물중 72.3%를 매립 처리하고, 23.7%만을 재활용하였으나, 쓰레기종량제 실시 및 재활용정책 등에 힘입어 2007년에는 재활용률이 57.8%로 크게 증가하고 매립처리율은 23.6%로 낮아지는 등 폐기물처리구조가 바람직한 방향으로 변화되고 있다. 생활폐기물 소각율은 전년대비('06년 17.0%, '07년 18.6%) 크게 증가하지 않았으나, 주민 반대 등으로 지연되던 사업들이 점차 추진됨에 따라 증가 할 것으로 환경부는 예상하고 있다.

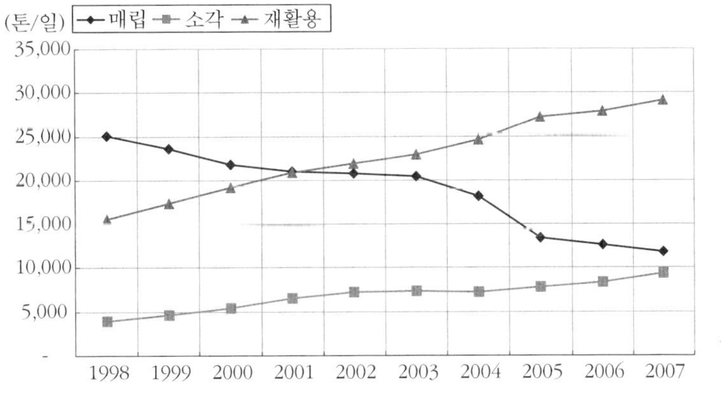

그림 9.6 생활폐기물 처리 현황

사업장폐기물은 그림 9.7에서 보는 바와 같이 생활폐기물과 유사하게 매립에 의한 처리는 지속적으로 감소하고 있으며, 재활용률은 지속적으로 증가하여 2007년의 경우에는 재활용률이 84.2%에 이르고 있다.

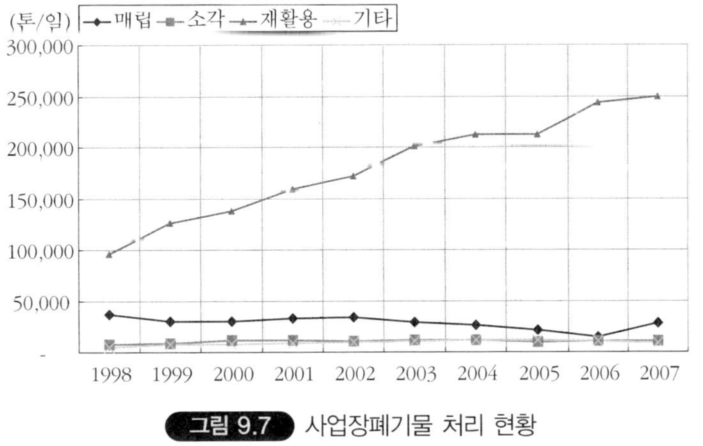

그림 9.7 사업장폐기물 처리 현황

9.4 폐기물의 성상 조사

쓰레기 성상은 연소 특성에 따라 가연성과 불연성, 물리적 형태에 따라 고상, 액상, 기상으로 분류하고 생물학적 특성에 따라 생분해성, 난분해성, 그리고 재활용 여부에 따라 재사용성, 재활용성 등으로 분류될 수 있으며, 그림 9.8에서 보는 바와 같이 성상 항목은 밀도측정에서부터 3성분(가연분, 수분, 회분), 화학적 조성 및 발열량 분석을 하게 된다.

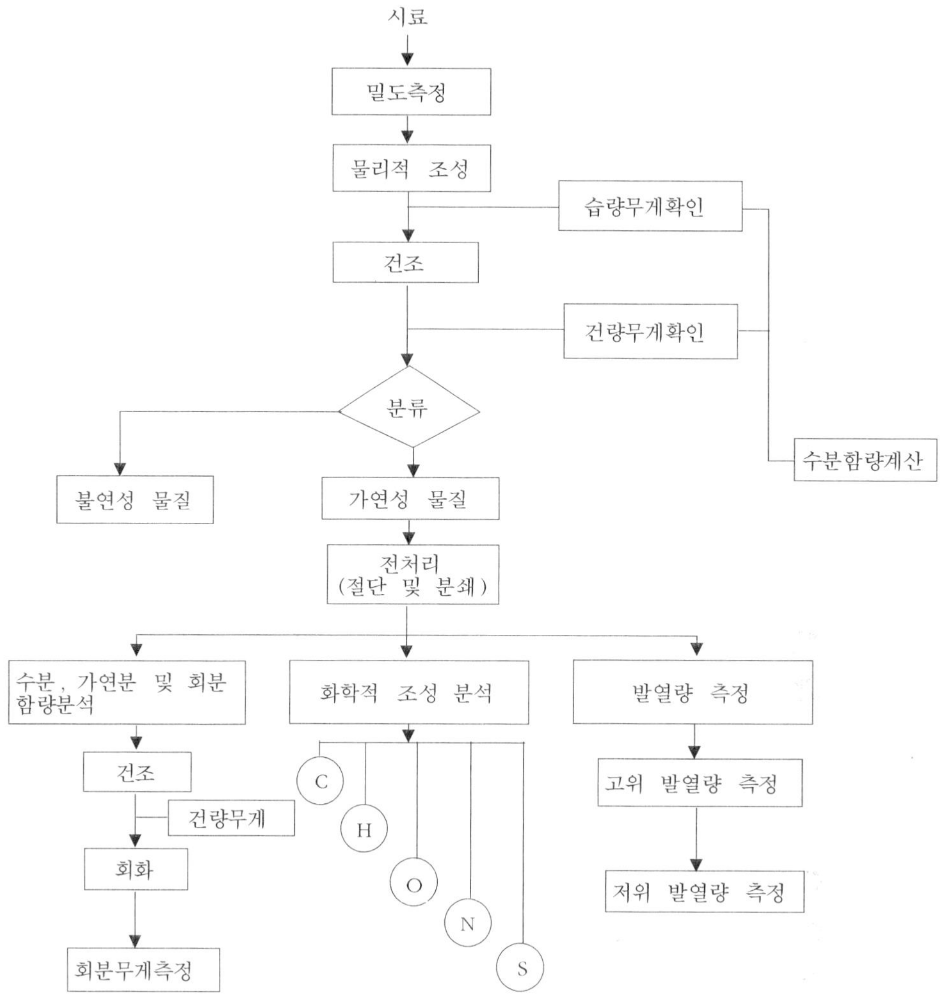

그림 9.8 성상분석 절차도

9.4.1 시료의 채취 및 조정

시료의 채취는 수집 · 운반차에서 채취하는 방법과 쓰레기 저장 용기에서 채취하는 방법이 있다. 수집 · 운반차에서 채취하는 방법은 가능한 대표적인 시료 채취를 위하여 무작위로 수집 운반차 2, 3대 간격으로 시료를 채취한다. 이때 상가지역, 주택지역, 공장지역을 고려해서 채취를 하고 배출량의 비율에 비례하여 차량 대수를 선정할 필요가 있다. 1대 차량에서 10kg이상 채취한 후 원 시료 총량을 200kg 이상으로 한다. 그리고 쓰레기를 저장 용기에서 채취하는 방법은 용기 내 쓰레기를 충분히 섞은 후 200kg 이상 채취한다(그림 9.9).

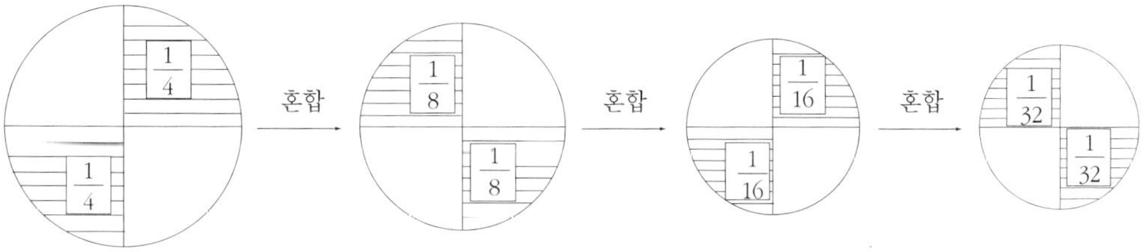

그림 9.9 시료의 채취방법

시료의 조정 방법은 그림 9.10에서 보는 것과 같이 구획법, 교호삽법, 원추 4법이 있다. 이중에서 원추 4분법이 보편적으로 사용된다.

1) 구획법

모아진 대 시료를 네모꼴로 엷게 균일한 두께로 편다. 이것을 가로 4등분 세로 5등분하여 20개의 덩어리로 나눈다. 20개의 각 부분에서 균등량 씩을 취하여 혼합하여 하나의 시료로 한다.

2) 교호삽법

교호삽법은 분쇄한 대 시료를 단단하고 깨끗한 평면위에 원추형으로 쌓는다. 이것을 다른 장소에 원추를 다시 쌓는다. 원추에서 일정량을 취하여 장방형으로 도포하고 계속해서 일정량을 취하여 그 위에 육면체로 쌓는다. 육면체의 측면을 교대로 돌면서 균등량 씩을 취하여 두 개의 원추를 쌓는다. 하나의 원주는 버리고 나머지 원추를 앞의 방법으로 조작을 반복하면서 적당한 크기까지 줄인다.

3) 원추4분법

분쇄한 큰 시료를 단단하고 깨끗한 평면위에 원추형으로 쌓아 올린다. 이것을 다른 장소에 원추를 다시 쌓는다. 원추의 꼭지를 수직으로 눌러서 평평하게 만들고 이것을 부채꼴로 사등분한다. 마주 보는 두 부분을 취하고 나머지 반은 버린다. 반으로 줄인 시료를 앞의 방법으로 조작을 반복하여 적당한 크기까지 줄인다.

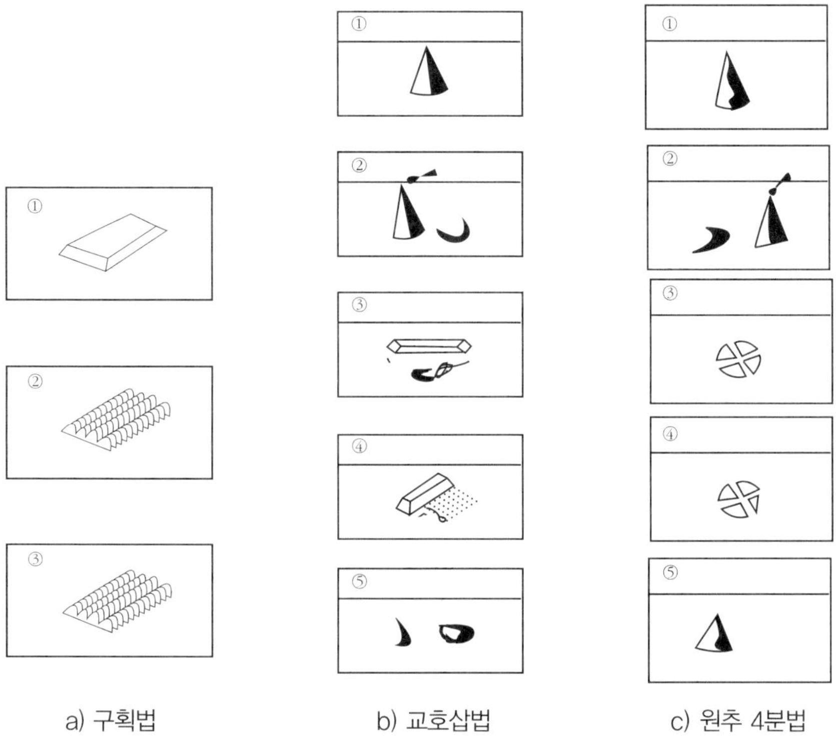

그림 9.10 시료의 조정 방법

9.4.2 밀도 또는 단위 용적 중량

겉보기 밀도는 수집 운반에 있어서 차량의 적재량과 소각시설의 폐기물 피트용량, 크레인설계, 파쇄설비 등 계획 설계상에 있어서 중요한 요소이다. 겉보기 밀도의 확인은 미리 알고 있는 용기(50L 실험용기) 습량기준의 시료를 넣고 30cm 높이의 위치에서 3회 낙하시키고 눈금이 감소하면 감소된 분량만큼 시료를 추가한다. 이런 작업을 눈금이 감소하지 않을 때까지 반복한 후 식 (9-1)로 계산하여 겉보기 밀도를 구할 수 있다.

$$\text{겉보기 밀도(kg/m}^3) = \frac{\text{시료의 중량(kg)}}{\text{용기의 부피(m}^3)} \qquad (9\text{-}1)$$

9.4.3 물리적 조성

축소시료 전량을 비닐시트위에서 주방쓰레기, 종이류, 섬유류, 비닐 및 플라스틱류, 목재류, 고무 및 가죽류, 금속류, 유리 및 도자기류, 연탄재, 기타 10종류를 손으로 선별하고 각 조성별로 무게를 측정하여 습량기준으로 중량비를 구한다.

9.4.4 건조

건조를 통하여 함수율을 계산한다. 종류별로 성상 측정에 사용한 시료의 무게를 측정한 후 수욕상에서 수분을 거의 날려 보내고, 건조기를 이용하여 105±5℃에서 시료의 중량이 일정하게 될 때까지 약 4시간 정도 건조시키고 무게를 측정하여 식 (9-2)를 이용하여 수분함량을 구한다.

$$\text{W(수분함량 \%)} = \frac{\text{건조 전 시료의 중량(kg)} - \text{건조 후 시료의 중량(kg)}}{\text{건조 전 시료의 중량(kg)}} \times 100 \qquad (9\text{-}2)$$

9.4.5 회분함량 분석

수분 측정 후의 건조시료를 분쇄기로 직경 2㎜이하로 분쇄한 후 일부분을 다시 105±5℃에서 2시간 정도 건조시킨 다음 다시 일정량을 채취하여 무게를 측정하고 전기로에서 600±25℃로 강열한다. 강열한 시료를 방냉한 후 105±5℃에서 2시간 정도 건조한 후 30분간 데시케이터에서 방냉하고 무게를 측정한다. 각 시료의 회분은 식 (9-3)으로 산출한다.

$$Ai\,(ash) = \frac{\text{강열후 } i\text{시료의 중량}}{\text{강열전 } i\text{시료의 중량}} \times 100 \qquad (9\text{-}3)$$

전체 쓰레기의 건량기준 회분함량은 식 (9-4)로 계산할 수 있다.

$$A_d = \frac{\sum P_{di} \cdot Ai}{\sum P_{di}} \qquad (9\text{-}4)$$

습량기준의 회분은 식 (9-5)로 계산할 수 있다.

$$A(\%) = A_d \times \frac{100 - W}{100} \tag{9-5}$$

9.4.6 가연분의 함량

습량기준의 가연분은 위에서 측정한 수분함량과 습량기준의 회분을 이용하여 식 (9-6)으로 계산될 수 있다.

가연분=100-수분-습량기준의 회분 (9-6)

9.4.7 개략분석

도시폐기물의 개략분석은 105±5℃에서 약 4시간 건조 후의 수분 함량, 600±25℃로 강열한 후 손실된 양, 휘발성 고형물이 증발된 후 남는 물질인 고정탄소(재)와 불연성물질 4가지 성분으로 구분한다.

9.4.8 화학적 조성 분석

쓰레기 가연분의 화학적 성분 분석 항목은 탄소(C), 수소(H), 산소(O), 질소(N), 황(S)으로 이 물질의 분석은 재래적인 방법과 자동분석에 의한 방법이 있는데, 현재는 대부분 자동분석에 의한 방법으로 사용하고 있다.

CHONS 분석기를 사용하면 탄소, 수소, 질소, 산소 및 황 성분을 자동적으로 간단하게 분석할 수 있다. 탄소, 수소, 질소는 동시 분석이 가능하지만 산소와 황은 연소관, 환원관 및 흡수관의 충전물을 교환함으로서 분석이 가능하다.

9.4.9 발열량 분석

소각로를 설계할 때 가장 기본이 되는 쓰레기의 질적 특성으로 시료 1kg을 완전히 연소할 때 발생하는 열량(㎉)을 말한다. 쓰레기를 연소시켰을 때 쓰레기 속의 수분은 수증기로 되어 연소 가스 속에 포함되게 된다. 열량계로 발열량을 측정할 때는 쓰레기 속의 수분 및 연소에 의해 생성된 수분의 응축열이 포함된 열량이 측정되는데 이를 고위 발열량(H_h: high heating value)이라 한다. 그러나 실제 연소 시설에서는 연소 배기가스속의 수분은 통상 수증기 상태 그대로 배출되기 때문에 응축열로 이용되지 않는 경우가 많으므로 고위발열량에서 응축열을 빼고 남는 열량이 유효하게 이용되는 열량이며 이를 저위발열량(H_L: low heating value)이라 한다.

1) 삼성분에 의한 방법

쓰레기의 저위발열량은 쓰레기의 삼성분인 가연분, 수분, 회분의 조성비를 바탕으로 식 (9-7)에 의하여 추정할 수 있다.

$$H_L(\text{kcal/kg}) = 4500 \times \frac{V}{100} - 600 \times \frac{W}{100} \tag{9-7}$$
$$= (4500V_1 + 8000V_2) - 600 \times \frac{W}{100}$$

여기서, V: 시료 중 가연분의 조성비(%)
W: 시료 중 수분의 조성비(%)
V_1: 플라스틱 이외 가연분 중량비(%)
V_2: 플라스틱의 중량비(%)

이 식은 저위발열량의 간이식으로 시간을 절약할 수 있지만 쓰레기 자체가 불균일성 물질이고, 수분을 50% 이상 함유하고 있을 경우 상당한 오차를 발생할 수 있는 단점을 가지고 있다.

2) 물리적 조성에 의한 방법

물리적 조성 분석치로 부터 식 (9-8)을 용하여 저위발열량을 추정할 수 있다.

$$H_L(\text{kcal/kg}) = 8.82R + 40.5(G+P) - 6W \tag{9-8}$$

여기서, R: 플라스틱 함유량(%)
G: 부엌쓰레기 함량(%)
P: 종이함량(%)
W: 수분(%)

위 식의 각 성분의 비율(%)은 각 성분의 수분량을 구하여 건조 무게로 환산하여야 하며, 저위발열량 데이터를 기준으로 한 실험식이다.

3) 단열 열량계에 의한 방법

건조된 쓰레기를 2㎜ 이하로 분쇄 후 일정양을 취하여 그림 9.11의 열량계로 발열량 측정한다. 분쇄 과정에서 수분의 1~4% 정도가 흡수되므로 측정된 발열량은 풍건식(air dry base)이 된다. 따라서 측정할 시료의 수분 함량을 다시 측정하여 보정하여 줌으로써 정확한 건식(dry base)의 발열량을 얻을 수 있다. 이렇게 각 조성별 건기준 발열량을 구하고 건조 쓰레기의 발열량은 식 (9-9)로 생 쓰레기의 발열량을 식 (9-10)로 구할 수 있다.

$$건조쓰레기\ 발열량(kcal/kg) = \frac{\Sigma C_i E_i}{\Sigma C_i} \qquad (9\text{-}9)$$

여기서, C_i: 조성 i의 가연분 조성(%)

E_i: 조성 i의 열량계 발열량(kcal/kg)

$$생쓰레기의\ 발열량(kcal/kg) = \frac{\Sigma A_i F_i}{\Sigma A_i} \qquad (9\text{-}10)$$

여기서, A_i: 조성 i의 회분 조성(%)

F_i: 조성 i의 습기준 발열량(kcal/kg) (건조쓰레기의 발열량 $\times \frac{(100 - 수분\%)}{100}$)

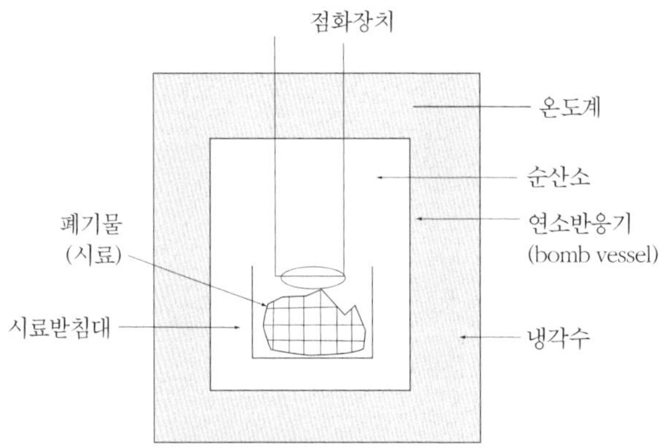

그림 9.11 단열열량계

4) 원소 분석에 의한 방법

원소분석에 의한 방법으로 탄소, 수소, 산소, 질소, 황 성분의 함량을 확인한 후 식 (9-11)을 통해서 고위 발열량을, (9-12)를 통해서 저위 발열량을 구할 수 있다. 이를 Dulong 식에 의한 방법이라 한다(예제 참조).

$$H_h(kcal/kg) = 8100C + 34200\left(H - \frac{O}{8}\right) + 2500S \qquad (9\text{-}11)$$

$$H_L(kcal/kg) = 8100C + 34200(H - \frac{O}{8}) + 2500S - 600(9H + W) \\ = H_h - 600(9H + W) \tag{9-12}$$

예제) 어느 폐기물을 연소 처리하고자 한다. 폐기물의 함유 성분이 다음과 같을 때 폐기물의 저위 발열량을 구하시오.(단, 함수율: 29%, 회분: 14%, 탄소: 26%, 수소: 6%, 산소: 24%, 황: 1%, $H_h = 8100C + 34200(H - \frac{O}{8}) + 2500S$)

sol) $H_h = 8100 \times 0.26 + 34200(0.06 - \frac{0.24}{8}) + 2500 \times 0.01 = 3151kcal/kg$

$H_L = 3151 - 600(9 \times 0.06 + 0.29) = 2653kcal/kg$

9.5 폐기물의 처리

생활폐기물은 일상 생활과 관련하여 가정에서 발생되는 폐기물로 음식물 폐기물을 포함한 주방 폐기물과 각종 폐지, 폐플라스틱, 폐목재, 폐고무, 폐의류, 폐유리, 고철, 폐알루미늄 등 매우 다양한 조성을 가지고 있다. 생활폐기물은 발생원으로부터 재활용, 가연성 등의 기준에 따라 일반적으로 배출 되고 있다.

폐기물은 처리라는 용어 보다는 관리라는 용어가 더욱 적절하게 보인다. 왜냐하면 폐기물은 발생된 후의 처리보다는 발생 전 단계에서의 관리가 더 중요하고 또한 발생원에서부터 최종처분까지 뿐만 아니라 매립지 등에 대한 사후 관리까지도 포함하기 때문이다. 생활폐기물이 발생에서부터 최종 처분까지 흐름도를 그림 9.12에 나타내었다.

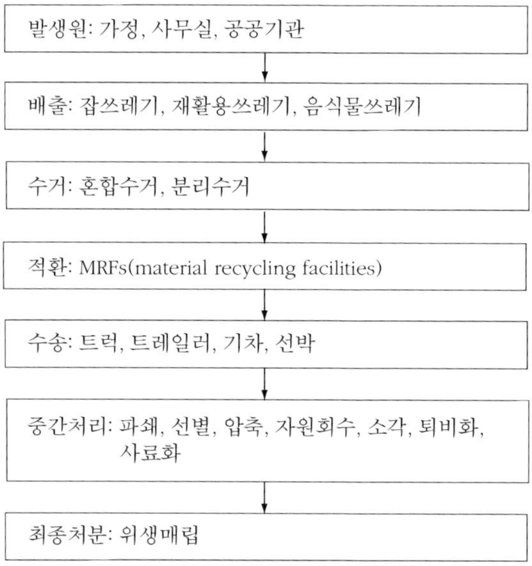

그림 9.12 폐기물의 발생에서 최종 처분까지의 흐름도

9.5.1 발생 및 배출

폐기물이 발생되는 곳을 발생원이라 한다. 발생원은 주택지역, 상업지역, 개방지역, 공장지역 그리고 농업지역으로 나눌 수 있으며, 생활폐기물이 주로 발생되는 곳은 주택지역과 상업지역이다. 주택지역의 대표시설은 단독 및 연립주택, 아파트 등이고 상업지역의 대표시설은 상점, 레스토랑, 시장, 사무실 빌딩, 호텔 등이 있으며 발생 지역마다 쓰레기가 달라진다.

폐기물의 배출은 발생된 폐기물을 지정용기나 봉투 등을 통해 수거가 용이하도록 내어놓는 것으로 여러 가지 방법이 있다. 잡쓰레기는 종량제 봉투로, 대형폐기물은 종류별로 배출 전표를 구매하여 부착한 후 배출하고 있으나, 지자체 별로 처리 기반이 어떻게 되어 있느냐에 따라 배출을 달리하고 있다. 매립 위주로 처리하는 지역에서는 재활용성, 대형폐기물, 매립용폐기물로 3원분리하고 있으며, 소각처리를 기반으로 하는 곳은 재활용성, 가연성, 불연성, 대형폐기물로 4원분리하고 있고, 음식물쓰레기를 별도로 자원화하는 지차체는 재활용, 가연성, 불연성, 대형폐기물, 음식물쓰레기로 5원분리하고 있다. 서울과 같이 형광등, 건전지와 같이 유해성폐기물을 분리하는 곳은 재활용, 가연성, 불연성, 대형폐기물, 음식물쓰레기, 유해성폐기물로 6원분리하여 배출하고 있다.

생활폐기물의 배출은 그림 9.13와 같은 종량제 봉투로 하고 있다. 쓰레기 종량제란 쓰레기 배출량에 따라 배출자에게 폐기물 처리비용을 부담토록 하여 쓰레기 발생량을 억제하고, 재활용품의 분리배출을 촉진하는 경제적 유인책이다. 이 제도는 쓰레기 수수료 부과체계를 종전의 정액 부과방식에서 배출량에 따라 부과하는 체계로 전환한 것으로 1995년 1월부터 전국적으로 시행되었다. 전국적으로 종량제 봉투는 통일되어 있지만, 분리수거를 위한 용기가 지차체 별로 다소 차이가 있다. 종량제 봉투의 재질은 플라스틱이며 생활폐기물의 용량은 5~100L로 구분되어 있다.

그림 9.13 생활쓰레기 종량제 봉투

자원성 폐기물에 대하여는 분리배출표시제도 분리방법에 따라 실시되고 있다. 이는 제2종 지정사업자의 재활용지침과 재활용가능 표시에 관한 규정을 개정하여 제품과 포장재 등에 적용하는 재질분류 표시제와 재활용가능 표시제를 통합한 제도로서 읽을거리를 참고하기 바란다. 예를 들어 아파트와 같은 공동주택에는 일정한 장소에 그림 9.14과 같은 용기를 비치하여 분리배출하고 있으며, 단독주택은 문전 배출하여 분리 수거물을 일괄적으로 회수하여 재활용 센터에서 분리선별하거나, 수거 단계에서 분리 선별하는 경우가 있다. 이 배출 방법은 지자체의 특성에 따라 다소 차이가 있을 수가 있다.

그림 9.14 재활용을 위한 폐기물분리함의 종류

읽을거리 분리배출표시제도

폐기물의 재활용을 촉진하기 위하여 2003년부터 국민생활과 밀접한 소비재에 대하여 생산자는 해당 제품 포장재의 표면에 소비자가 쉽게 식별할 수 있도록 분리배출표시를 의무화하였다. 이에 따라 가정에서는 그림 9.15에 나타낸 표시에 따라 재활용품을 분리배출하고 생산자는 소비자가 쉽게 식별할 수 있도록 표시의 위치, 크기 등을 감안하여 제품에 표시해야 한다.

표시대상품목은 의무표시 품목과 지정표시 품목으로 구분하고 있다. 의무표시품목은 음식품류, 농수산축사물류, 세제류, 화장품류, 의약품 및 의약외품, 부탄가스제품, 살충 살균제품의 포장재에 사용하는 종이팩, 유리병, 금속캔, 합성수지재질의 포장재 등이다. 그리고 지정표시품목은 종이, 유리, 금속, 플라스틱재료를 사용하는 제품포장재중 표시지정을 받은 품목을 표시할 때 규정된 크기를 지켜야 한다. 마크의 최소크기는 분리배출 문자를 제외하고 가로, 세로 각각 8㎜ 이상이 되어야 하며, 마크의 최대크기는 제한이 없으나 분리배출표시제도 도입의 취지에 맞도록 포장재 면적 등을 고려하여 식별이 용이하도록 표시하여야 한다.

마크의 식별을 고려하여야 하며 표시대상제품, 포장재의 전체 색체에 대비되는 색체로 식별이 용이하도록 정면 또는 측면에 표시를 하고 제품 포장재의 표면에 한곳이상 인쇄 또는 각인을 하거나 라벨을 부착하는 방법으로 표시를 하여야 하고 색의 선택은 자유롭게 하지만 선과 폭과 글씨체는 정해진 방법에 따라야 한다.

그림 9.15 분리배출 표시마크(분리배출표시제)

9.5.2 수거

배출된 폐기물을 적환장이나 최종 처분지까지 운송하기 위해 수집하는 것을 수거라 하며, 발생원에서의 배출 형태에 따라 통합수거와 분리수거로 구분된다. 수집의 관리 주체는 지자체로서 운영방식은 폐기물을 직접 수집하는 직영방식 또는 위탁을 통해서 수집하는 대행방식으로 할 수 있다.

폐기물을 수집하는 방법으로는 미화원이 가가호호 방문하여 대문 앞에 있는 쓰레기를 손수레에 적재하거나 직접 수집차량에 적재하고 빈 쓰레기통을 대문 앞에 놓아두는 문전수거 방식, 쓰레기 수집트럭을 일정장소에 세워놓고 종을 울리거나 음악을 이용하여 주민이 쓰레기를 가지고 나오도록 하여 쓰레기를 수거하는 타종방식, 그리고 쓰레기를 수집할 수 있는 콘테이너를 일정 장소에 놓고 주민이 항상 쓰레기를 버릴 수 있도록 하는 콘테이니 수기방식, 요일별로 수거품목을 지정하여 수거하는 연석수거(curb service)방식이 있는데, 과거에는 타종식의 수거가 사용되었지만 현재는 연석수거 방식이 많이 행해지고 있다.

폐기물 관리의 비용 면에서 볼 때 가장 중요한 것이 수거인데, 수거비용의 비율을 보면, 우리나라는 약 70%, 일본은 73%, 미국은 70~87%로 전체 관리비용에서 수거가 차지하는 비중이 매우 높다. 따라서 효과적인 수거 및 경제적인 수거노선의 결정은 그만큼 비용 면에서 효과가 크기 때문에 적절한 수거를 위해서는 무엇보다도 차량의 이동거리를 단축시켜야 하므로 수거노선을 설정할 때 다음사항에 대하여 유의하여야 한다. 다음과 같은 점에 유의를 해야 한다.

- 수거지점과 수거빈도를 정하는데 있어서 기존 정책이나 규정을 참고한다.
- 수거인원 및 차량형식이 같은 기존 시스템의 조건들을 서로 관련시킨다.
- 가능한 지형지물 및 도로경계와 같은 장벽을 이용하여 간선도로 부근에서 시작하고 끝나도록 배치해야 한다.
- 가능한 한 길 양옆에 있는 쓰레기통을 동시에 수거한다.
- 반복운행은 피한다.
- 교통신호의 제약을 적게 받는 노선을 택한다.
- 교통량이 많은 출퇴근 시간을 피하여 수거한다.
- 고지대에서 저지대로 하향식 수거노선을 택한다.
- U자 회선을 피하여 수거한다.
- 출발점은 차고와 가까운 곳으로 하며 수거된 마지막 콘테이너가 처분지와 가장 가까이에 위치하도록 한다.
- 쓰레기 발생량이 많은 지역부터 먼저 수거한다.
- 가능한 한 시계방향으로 수거노선을 정한다.

우리나라는 골목이 많고 경사진 곳이 많을 뿐만 아니라 손수레도 들어가기 힘든 곳이 있기 때문에 수거하는데 어려움이 있다. 따라서 수거효율은 지역에 따라 달라질 수 있는데 수거효율은 쓰레기 1ton을 수거하는데 인부 1인이 소요하는 총 시간인 MHT (man · hour/ton)로 확인할 수 있는데, 문전수거방식이 2.3, 타종수거방식이 0.84, 콘테이너 수거가 1.1로 과거에 사용된 방법으로 타종방식이 효율적인 것으로 나타났고, 효율계산 예제를 아래에 나타내었다.

예제) 30만 인구의 도시 쓰레기량이 연간 40만 톤이고, 수거 인부가 하루 500명이 동원되었다면 MHT는?(단, 1일 작업시간은 8시간, 연간 300일 근무한다.)

sol)
$$\text{MHT} = \frac{\text{수거인부} \times \text{수거인부의 총 작업시간}}{\text{쓰레기 수거량}}$$
$$= \frac{500\text{인} \times 8\text{시간/일} \times 300\text{일/년}}{400{,}000\text{톤/년}}$$
$$= 3(\text{MHT})$$

콘테이너를 이용해서 쓰레기를 수거하는 방법은 견인식과 고정식으로 구분할 수 있다.

1) 견인식 콘테이너 방식

빈 콘테이너를 싣고 가서 쓰레기가 적재된 콘테이너와 교환하여 차량에 싣고 빈 콘테이너는 놓아두는 방식으로 쓰레기를 운반하는 시스템이다. 그림 9.16에서 보는 바와 같이 재래적인 방식과 교환콘테이너 방식이 있다.

2) 고정식 콘테이너방식

그림 9.17에서 보는 바와 같이 콘테이너가 한 장소에 항상 설치되어 있는 상태에서 쓰레기가 어느 정도 차면, 빈 콘테이너를 싣고 가서 쓰레기를 옮겨 싣고 콘테이너는 그대로 두는 방식으로 운반하는 시스템이다.

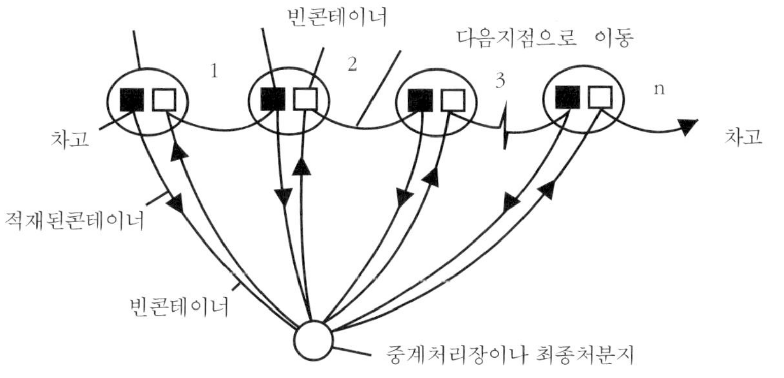

a) 재래식 방식

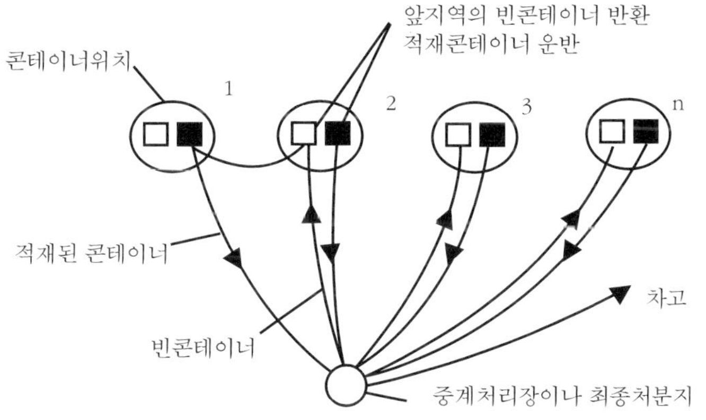

b) 교환콘테이너 방식

그림 9.16 견인식 콘테이너 수거과정

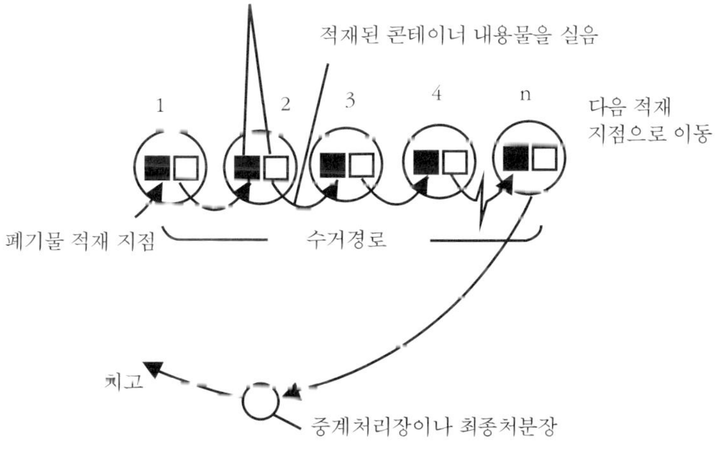

그림 9.17 고정콘테이너 수거 과정

9.5.3 적환 및 수송

1) 적환

수송은 중계 처리하는 방식과 직접 최종 처리장까지 수송하는 방식이 있다. 이 두 방식 중 하나를 결정할 때 고려되어야 할 것은 최종 처리장까지의 운송거리에 대한 비용과 적환장을 사이에 두고 운송거리에 따른 비용을 산정하여 결정하는 것이다.

직접수송 방식과 쓰레기 중계 수송방식의 운송거리에 대한 운송비용을 계산하면 그림 9.18과 같다. 그림에서 두 직선이 만나는 점인 임계점이 존재 한다. 임계점보다 가까운 경우에는 직접 수송하는 것이 경제적이고, 최종처리장이 임계점보다 먼 경우에는 중계처리장을 설치하여 대형 운송차(트레일러 등)로 수송하는 것이 경제적이기 때문에 이런 방법을 통해서 직접수송을 할 것인지 중계수송을 할 것인지 판단한다.

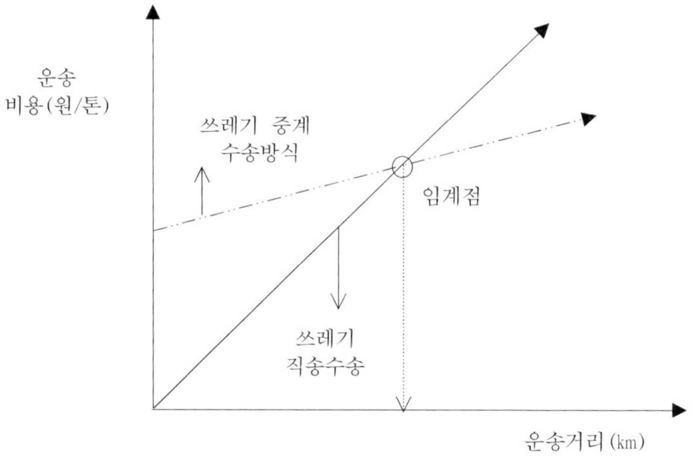

그림 9.18 폐기물 운송거리와 운송비용과의 관계

따라서 적환장은 작은 수집차량에서 큰 수집차량으로 옮겨 싣고 장거리 수송 시 필요하기 때문에 다음과 같은 경우에 설치한다.

- 처분지가 수집 장소로부터 16km 이상 멀리 떨어져 있을 때
- 15m^3 이하의 수집차량을 사용할 경우
- 작은 규모의 주택들이 밀집되어 있을 경우
- 상업지역에서 폐기물 수집에 소형용기를 많이 사용할 때
- 슬러리 수송이나 공기 수송 방식을 사용할 때

소형차량에서 대형차량으로 적재하는 방법은 직접투하방식, 저장투하방식, 직접과 저장의 결합방식이 있다.

가) 직접 투하방식(direct discharge)

소형차에서 대형차로 직접 투하하여 싣는 방법으로 주택가와 거리가 먼 교외지역에 설치가능한 직환장 방식으로 노천형, 지붕형이 있다. 이 적재 방법은 건설비와 운영비가 적어 소도시에 택하기 쉬운 장점이 있으나 압축이 되지 않는 단점이 있다.

나) 저장 투하방식(storage discharge)

쓰레기를 저장 피트에 저장한 후 불도저, 압축기로 적환하는 방식으로 대도시의 대용량 쓰레기에 적합하다. 수거차에 의하여 수거된 쓰레기는 계량기를 거쳐 건물 내로 들어오고 건물 내 투하가능 지점에서 하차 후 다시 수거작업을 행한다. 투하가능 지점은 수거차량이 20분 이상 대기하지 않게 충분히 확보한다. 저장 피트는 보통 2~5m의 깊이, 계획 처리량의 0.5~2일분의 쓰레기를 저장할 수 있는 용량으로 계획한다.

다) 직접 · 저장투하 결합방식(Direct and storage discharge)

직접 상차하는 방식과 저장 후 적환하는 방식 두 가지 모두를 한 적환장 내에서 운용하는 방식이다. 일반 부패성 쓰레기는 직접 상차 투입구로, 재활용이 많이 포함된 쓰레기는 계량기를 거쳐 별도로 마련된 투하지점에 쓰레기를 하차하게 되면 재활용품이 선별한 뒤 불도저나 포집기로 콘테이너 트레일러에 상차하여 매립지로 수송하는 방식이다. 따라서 이는 재활용품의 회수율을 증대시키고자 할 때 적합한 방식이다.

2) 수송

수거된 쓰레기를 수송하는 방법으로는 차량이 주로 사용되고 있으나 경우에 따라서는 철도, 선박 등의 방법이 사용되기도 하고 이외에도 최근에는 파이프라인에 의한 방법이 사용될 수 있다.

가) 모노레일 수송

쓰레기 적환장에서 최종처분장까지 수송하는데 적용한다. 이것은 자동 무인화할 수 있는 장점이 있는 반면에 가설이 어렵고 설치비가 높으며 시설 완료 후에는 경로 변경이 어렵다는 단점이 있다.

나) 컨베이어 수송

지하에 설치된 콘베이어에 의해 각 가정의 쓰레기를 처분장까지 운반할 수 있다. 이 방법은 악취문제를 해결하고 경관을 보전할 수 있다는 장점이 있으나, 시설비가 고가이고 컨베이어 벨트가 마모되므로 정기적인 정비가 필요하다.

다) 콘테이너 철도수송

수집차량 콘테이너를 철도역 기지까지 운반한 후 철도차량에 적재하여 매립지까지 운반하는 방법으로 광대한 지역에 설치할 수 있는 방법이다. 수집차의 집중과 청결 유지가 가능한 철도역 기지의 선정이 어렵고, 사용 후 콘테이너의 세정에 물이 사용되기 때문에 폐수처리의 문제가 있다.

라) 파이프라인을 이용한 수거

관거를 이용한 수거 방법으로 공기수송, 물과 혼합하여 수송하는 슬러리 방식, 캡슐수송방식 등이 있다. 이것은 수거시스템을 완전 자동화시킬 수 있고, 분진 및 소음 진동 등의 없는 장점이 있으나, 설비비가 비싸고 한 번 설치하면 변경이 어렵다는 단점이 있다. 파이프라인 설치 시 장 · 단점을 표 9.6에 나타내었다.

표 9.6 폐기물을 파이프라인으로 수송할 때 장 · 단점

장 점	단 점
• 운반시스템 완전 자동화 • 분진, 악취 문제없음 • 교통체증 없음	• 설비비 비쌈, 가설되면 변경 힘듬 • 장거리 이송에 부적합 • 쓰레기 인한 폐쇄, 화재, 폭발 문제

공기수송은 공기의 동압에 의해 쓰레기를 수송하는 방식으로 진공수송방식과 가압수송방식이 있다. 수송은 현장의 상황에 따라 유연하게 대처하면 된다. 공기수송은 고층주택 밀집지역에 적합하며 쓰레기가 수송관 내를 통과할 때 소음이 발생되므로 소음방지시설이 설치되어야 한다. 진공수송은 쓰레기를 받는 쪽에서 흡인하여 수송하는 방식으로 진공도는 최대 0.5kg/㎠이고 경제적인 수집거리는 약 2㎞ 정도이다. 가압수송은 송풍기로 쓰레기를 불어서 수송하는 방식으로 진공수송보다는 수송거리를 약 5㎞ 정도로 길게 할 수 있으나, 연속 수송을 할 경우에는 크기가 불균일해서 부착되기 쉽고 유동성이 나쁜 쓰레

기를 정압으로 연속 정량 공급하는 것이 곤란하다.

슬러리수송은 쓰레기를 파쇄 또는 분쇄하여 슬러지 상으로 하여 펌프로 수류에 투입하거나 하수도에 흘러 보내는 방식이다. 따라서 관의 마모도 적고 대체로 동력도 적게 소모되는 장점이 있다. 반면에 슬러지 수송은 물과 쓰레기의 비중이 비슷하기 때문에 쓰레기가 부유하거나 현탁이 되기 쉽고, 고형물의 양이 8% 정도로 제한되어 있고, 쓰레기를 파쇄하기 위한 파쇄장비가 필요하고, 상당량의 물이 필요하기 때문에 폐수처리 등의 문제가 생길 수 있다.

캡슐수송은 쓰레기를 충전한 캡슐을 수송관 내에 삽입하여 공기나 물의 흐름을 이용하여 수송하는 방식과 각 캡슐에 구동 장치를 설치한 수송 방식이 있다. 캡슐수송에 소요되는 동력은 공기수송에 소요되는 동력보다는 훨씬 적게 소요되며 수송거리는 비교적 제약되지 않고 수 ㎞에서 수십 ㎞까지 수송할 수 있다. 캡슐수송은 진공수송에 의해서 중계기지에 모아진 쓰레기를 캡슐에 봉입하여 수집 차에 의해서 원격 처리장으로 대량 수송하는데 적합하다. 그러나 쓰레기를 캡슐에 넣거나 꺼내는 것이 상당히 어렵기 때문에 수집에는 적합하지 않는 것으로 알려져 있다.

9.5.4 중간처리

중간처리는 수집된 폐기물 양을 줄여 최종처리를 위한 처리비를 줄이는데 목적이 있다. 중간처리방법에는 파쇄, 선별, 압축, 소각, 사료화, 퇴비화 등의 방법이 있다. 중간처리방법의 선택은 전적으로 수집된 폐기물의 성상, 최종 매립지까지의 거리 등을 종합적으로 고려하여야 한다.

1) 압축

부피 감소가 주된 목적으로 폐기물의 운반, 저장을 쉽게 하고 매립지의 수명 연장을 시킬 수 있다. 압축은 주로 선별된 재활용품이나 매립 폐기물의 부피 감소를 위해 이용되므로 압축성이 크고 복원력이 작은 폐기물을 대상으로 하고 있다. 폐지나, 금속 스크랩의 베일은 대표적인 예라 할 수 있다(그림 9.19).

그림 9.19 금속캔을 압축하여 만든 베일(bale)

폐기물을 압축할 수 있는 압축기의 종류는 고정압축기, bag압축기, 포장기(baler), 수직식 압축기(vertical compactor), 회전식 압축기(rotary compactor)등이 있다(그림 9.20).

가) 고정식 압축기

주로 수압에 의해 압축시키고 압축의 방법에 따라 수평식 압축기와 수직식 압축기가 있다. 그림 9.20 a)에서 보는 바와 같이 폐기물은 호퍼로 투입시키고 수동식, 자동식으로 운전이 가능한 압축 피스톤은 강철로 된 적재함으로 폐기물을 밀어 넣는다. 폐기물이 적재함에 완전히 채워지면 압축 피스톤은 후진하고 다시 압축을 하는 반복 동작을 실시하여 압축을 한다.

나) 백압축기

백압축기는 종류가 다양하다. 수동식, 자동식, 수평식, 수직식, 다단식과 1단식, 연속식 및 회분식 등으로 구분할 수 있다. 그림 9.20 b)를 보면 낱개 백압축기로 백을 하나씩 새로 부착시켜 작동시켜야 한다. 여러 개를 연결시켜 복수 백 압축기로도 사용이 가능하다.

다) 수직식 압축기

기계적 작동이나 유압 또는 공기압에 의해 작동하는 압축 피스톤을 가지고 있다. 그림

9.20 c)를 보면 손으로 쓰레기를 공급하도록 만들어져 있고, 압축이 끝난 폐기물은 종이로 만든 상자나 플라스틱 또는 종이로 백에 모아진다. 압축 가능한 포장 부피는 0.08~0.17㎥이고 이 때 요구되는 압력은 192~481kg/㎠로 1/10까지 부피 감소가 가능하다.

라) 회전식 압축기

그림 그림 9.20 d)의 회전식 압축기는 회전판 위에 열려진 상태로 놓여 있는 종이나 휴지로 만든 백에 비교적 부피가 작은 폐기물을 넣고 포장하는 식으로 압축 피스톤의 조합으로 구성되어 있다. 압축 피스톤 아래에 위치한 백이 충진 되면 회전하기 때문에 빈 상자가 압축피스톤 아래로 와서 충진되고 그 사이에 충진이 끝난 상자는 포장이 이루어진다. 1개의 백은 0.4㎥의 부피를 갖고 있고 압축기는 8~10개의 백을 갖고 있고, 큰 것은 20~30개의 백도 있다.

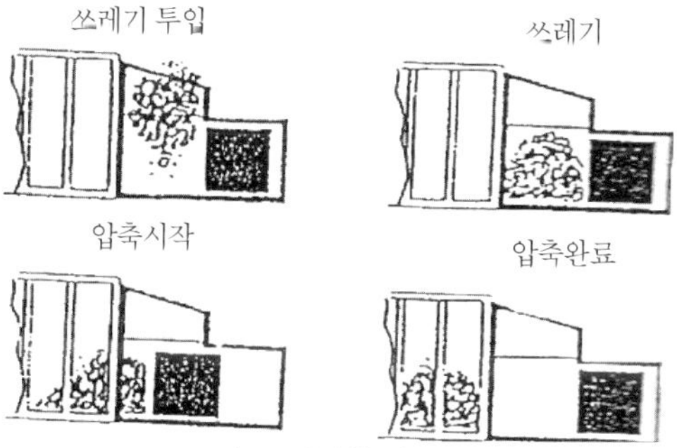

a) 고정압축기

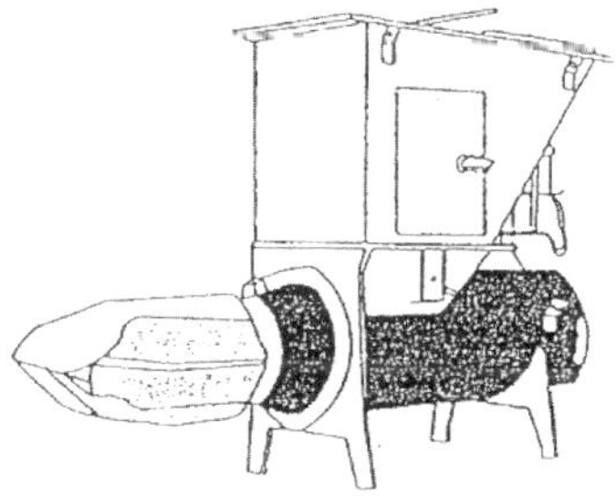

b) bag압축기

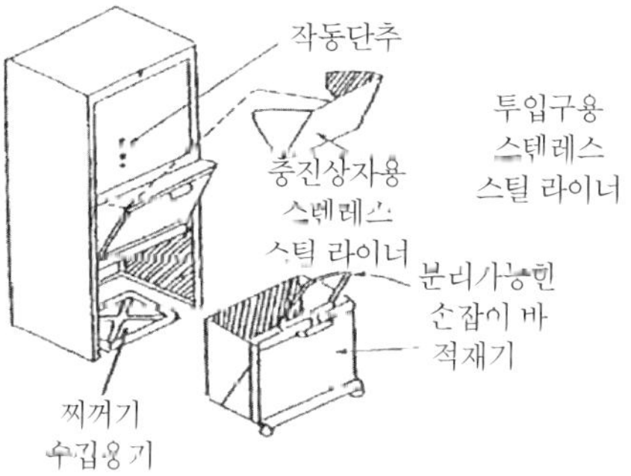

c) 수직압축기

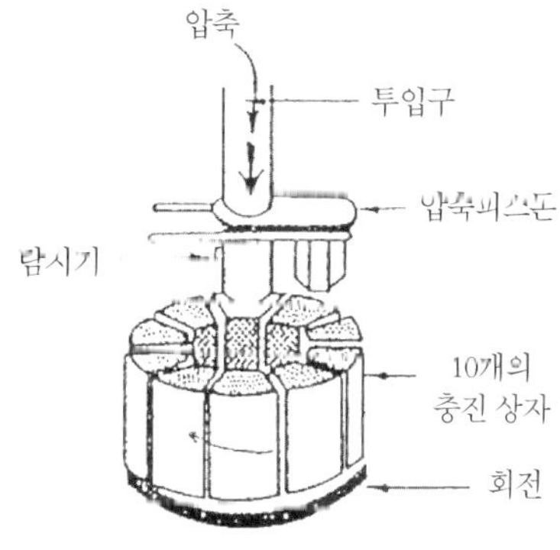

d) 회전식압축기

그림 9.20 압축기의 종류

압축기의 주사용 목적은 부피 감소이므로 다음과 같이 다짐율과 부피 감소율로 그 성능을 표시할 수 있다.

$$C_R = \frac{V_1}{V_2} \tag{9-13}$$

$$V_R = \frac{V_1 - V_2}{V_1} \times 100 \tag{9-14}$$

$$= 1 - \frac{V_2}{V_1} \times 100 \tag{9-15}$$

$$= 1 - \frac{1}{C_R} \times 100 \tag{9-16}$$

여기서, C_R (Compaction Ratio): 다짐율(압축비)

V_R (Volume Reduction): 부피 감소율(%)

V_1 : 압축전의 부피(m^3)

V_2 : 압축후의 부피(m^3)

위 식을 이용하여 압축비와 부피 감소율과의 관계를 나타낼 수 있다. 즉, 그림 9.21을 보면 부피 감소율이 증가함에 따라 압축률의 증가율은 비례적으로 증가하는 것이 아니라, 처음에는 서서히 증가하나 나중에 80% 이상이 되면 갑작스럽게 증가함에 따라 부피 감소율이 80%로 하는 것이 가장 경제적이라는 것을 알 수 있고 이에 대한 예제를 나타내었다.

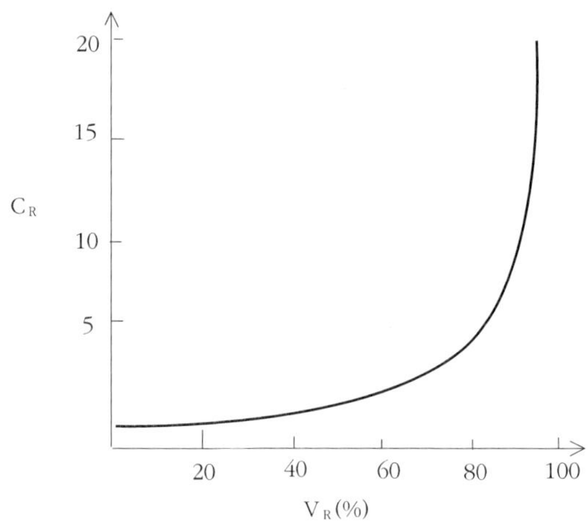

그림 9.21 압축비와 부피 감소율과의 관계

예제) 밀도 680kg/m³인 쓰레기 200kg이 압축되어 밀도가 960kg/m³로 되었다. 압축비는 얼마인가?

sol) $C_R = \frac{V_1}{V_2} = \frac{200kg \times m^3/680kg}{200kg \times m^3/960kg} = 1.44$

2) 파쇄

폐기물은 파쇄에 의해 입경이 작아지며 부피 감소가 되면서 겉보기 비중이 증가하기 때문에 폐기물의 취급, 특히 대량의 폐기물 운반, 저장 등을 쉽게 할 수 있다. 그리고 폐기물을 파쇄할 경우 각 물질마다 파쇄 되는 크기가 달라 물리적으로 선별이 가능하다. 따라서 파쇄된 폐기물로부터 재활용품 등의 기계적 선별이 가능하며 대부분의 선별 시설이나 재활용품회수시설(MRFs: material recovery facilities)은 전처리 조작으로 파쇄 시설을 채택하고 있다. 그리고 파쇄에 의한 표면적의 증가로 연소효율을 증가시킬 수 있으며 유기성 폐기물의 경우 퇴비화 공정에 분해 효율도 증가시킬 수 있다.

가) 파쇄원리

폐기물 파쇄는 압축작용, 충격작용, 전단작용에 의하여 일어나며, 온도에 따라 상온파쇄, 냉동파쇄로 나누기도 한다. 물의 사용 여부에 따라 건식, 습식으로 분류하기도 한다. 건식파쇄의 원리, 적용되는 대상 폐기물 그리고 특징들을 표 9.7에 나타내었다.

나) 압축파쇄

두 개의 면에 대상물을 끼우고 압축 파쇄하는 방법으로 기계적 압축 파쇄는 굳고 단단한 것, 점성이 적은 것, 파쇄 후의 최소 입도를 40㎜ 정도로 만들어 낼 수 있다.

다) 충격파쇄

충격작용에 의한 파쇄는 대개 회전식이다. 투입된 폐기물은 중심축의 주위를 고속회전하고 있는 회전 해머의 충격에 의해 파쇄된다. 회전해머로 한 번의 충격에 의해 파쇄되지 않는 폐기물은 충돌판에 충돌하여 파쇄되고 충돌 시에 튕겨 나온 것은 다시 회전 해머와의 사이에 끼어 전단파쇄 된다. 충격파쇄기는 유리나 목질계 등을 파쇄하는데 이용된다.

라) 전단파쇄

전단파쇄기는 고정칼, 왕복 또는 회전칼의 조합에 의하여 폐기물을 전단한다. 이것은 대체로 충격파쇄기에 비해 파쇄속도가 느리고 이물질의 혼입에 대하여 약하나 파쇄물의 크기를 고르게 할 수 있다는 장점이 있다. 전단파쇄기는 목재류, 플라스틱류 및 종이류를 파쇄 하는데 주로 이용된다.

표 9.7 건식파쇄의 비교

구분	압축파쇄	충격파쇄	전단파쇄
파쇄원리	• 캐터필러(caterpillar)와 같은 것을 이용 폐기물 압축 파쇄	• 회전 암(arm)에 해머(hammer)를 부착하여 폐기물 충격 파쇄	• 고정날과 가동날 사이에 폐기물 투입 절단
대상폐기물	• 폐콘크리트 1차 파쇄, 유리계 등	• 폐콘크리트 2차 파쇄, 유리계, 건조 목질계 등	• 목질계, 고무계, 플라스틱계 등
특징	• 대형쓰레기의 전처리 • 깨지기 쉬운 폐기물에 적합	• 소각로 목질계 전처리에 많이 이용 • 대량처리가 가능 • 이물질에 대한 대응력 강함 • 분진, 소음 · 진동의 문제	• 대량, 연속파쇄에 부적당 • 이물질에 대한 대응력 약함

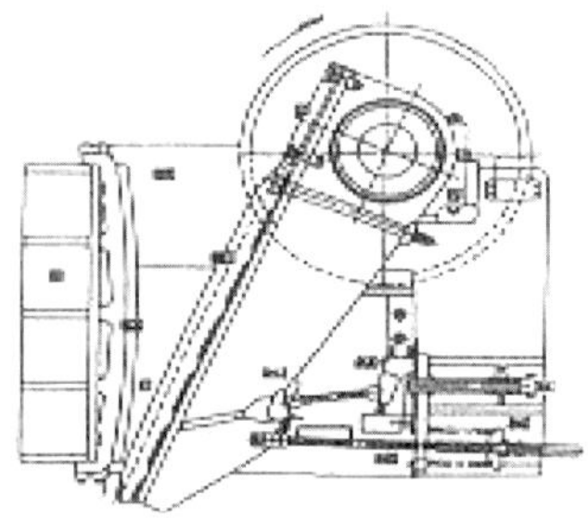

a) 압축파쇄기

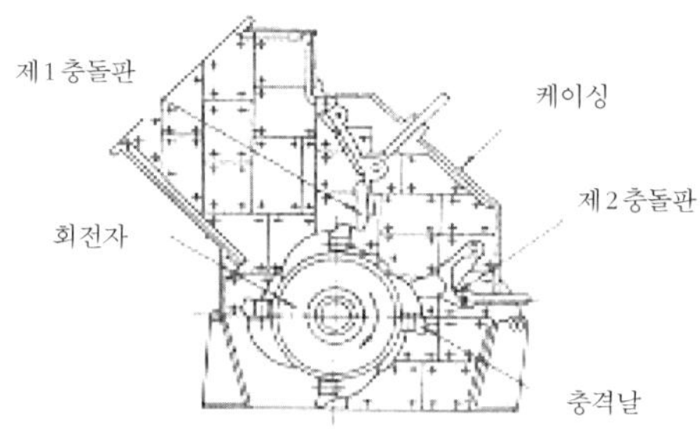

b) 충격파쇄기

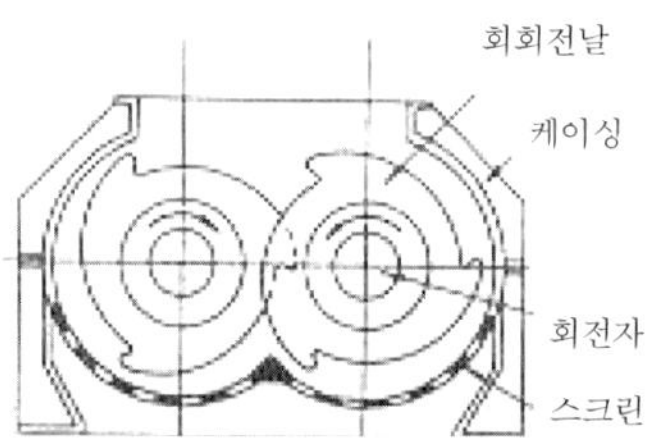

회전 커트식 전단파쇄기

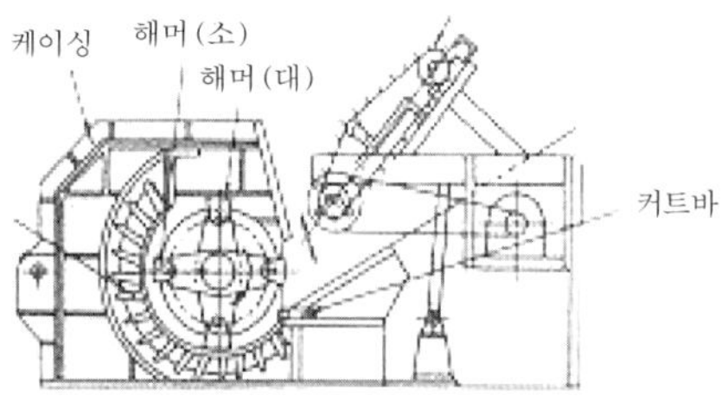

횡형 충격 전단파쇄기

c) 전단파쇄기

그림 9.22 파쇄기의 종류

마) 파쇄기의 동력

파쇄기의 에너지 소모량은 다른 것에 비하여 매우 높으며 파쇄기의 에너지를 예측하기 위한 하나의 모델로 파쇄입도와 에너지와의 관계를 나타내면 식 (9-17)과 같다.

$$\frac{dE}{dd_P} = -Cd_P^{-n} \tag{9-17}$$

여기서, E: 폐기물의 파쇄 에너지

d_P: 파쇄입자의 크기

C, n: 상수

n=1이라 가정하고 적분하면 식 (9-18)이 된다. 미세하게(3㎝미만) 파쇄하는 2차 파쇄 공정에 잘 적용되고 흔히 Kick's law라 부른다.

$$E = Cln\left(\frac{d_{P1}}{d_{P2}}\right) \tag{9-18}$$

여기서, d_{P1}: 초기입자의 크기

d_{P2}: 최종 파쇄입자의 크기

C: 상수

n=2이라 가정하고 적분하면 식 (9-20)이 된다. 이것은 거칠게 파쇄하는 1차 파쇄공정에 잘 적용되고 Rittinger's law라 부른다.

$$E = Cln\left(\frac{1}{d_{P2}} - \frac{1}{d_{P1}}\right) \tag{9-20}$$

여기서, d_{P1}: 초기입자의 크기

d_{P2}: 최종 파쇄입자의 크기

C: 상수

바) 입자 크기의 분포

파쇄 과정에서 입자의 크기를 나타내는 평균입경(mean particle diameter)은 입자의 무게 기준으로 50%가 통과할 수 있는 체의 크기를 의미하고 중위경, 메디안경이라고도 한다. 유효입경(effective size)은 10%를 통과할 수 있는 체의 크기이고, 특성입자크기는 63.2%가 통과할 수 있는 체 눈의 크기이다.

입자의 크기 이외에 입자 크기 분포에 대한 이해가 필요하고 도시 폐기물의 입자 크기 분포에 대하여 여러 가지 수학적 모델이 제안되어 왔는데, 그 중 대표적인 것이 Rosin Rammler이고 아래와 같이 표현될 수 있다. 적산분포(R)는 일정한 입경보다 큰 입자가 전체의 입자에 대하여 몇 %있는가를 나타내는 수치로, 체상백분율이(W_t%)라고도 하고 그 나머지는 체하백분율 Y(W_t%)이 된다.

$$R = 100e^{-\beta {d_p}^n} \quad (9-21)$$

$$Y = 1 - (100e^{-\beta {d_p}^n}) \quad (9-22)$$

여기서, d_P: 입자의 직경

n: 상수

β: $0.063(1 - \frac{1}{e})$

예제) 어느 먼지의 입경 A㎛의 분포를 적산 분포상 R로 표시하면 $R = 100e^{-0.063 \times 10}$로 된다. 이 먼지는 입경 10㎛이하의 것은 전체의 몇%인가?

sol) $R = 100e^{-0.063 \times 10}$
$= 53.2592(\%)$
$Y = 1 - 53.2592$
$= 46.7408(\%)$

3) 선 별

폐기물을 처리 또는 처분하기 전에 재활용 가능한 성분을 선별 수집하는 것을 말한다. 선별하고자 하는 물질은 상이한 성질을 가지기 때문에 특성에 따라 무거운 것, 가벼운 것으로 나누든지, 자석으로 분리할 수 있는지 여부를 결정하여 분리 선별할 수 있다. 선별은 크게 손으로 선별하는 방법과 기계로 선별하는 방법으로 나눌 수 있다.

가) 분리이론

그림 9.23에서 보는 바와 같이 폐기물을 선별할 경우 투입구는 하나이고 배출구는 둘이며 각각의 흐름에는 선별 대상 물질과 기타 물질이 포함되어 있다.

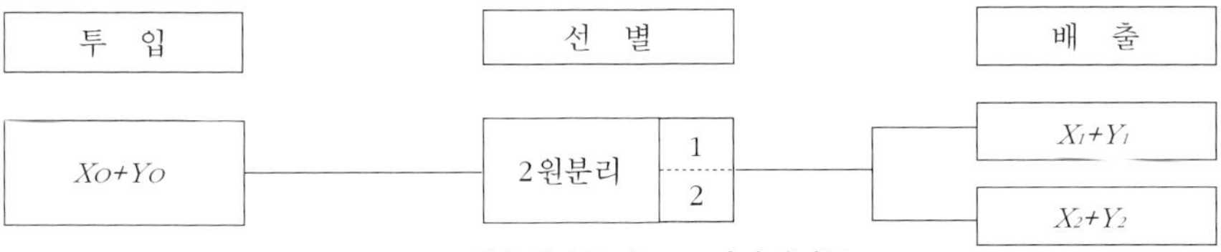

X: 회수대상물질 Y: 기타폐기물
0: 투입 1: 회수 2: 제거

그림 9.23 2원 분리를 위한 물질수지

폐기물의 선별효율을 나타내는 지표로 두 가지 방법이 이용되고 있다. 우선 Worrell이 제안한 회수율은 다음과 같다.

$$X\text{회수율} = \frac{X_1}{X_0} \tag{9-23}$$

여기서, X_1: 회수된 양 중 X의 순량
X_0: 투입된 X의 총량

회수율이 아무리 높아도 기타 도시폐기물이 회수된 물질 내에 많이 포함되어 있을 경우 선별의 의미가 없다. 그래서 기타 도시폐기물이 선별되는 양이 적고 도시폐기물이 제거되는 양이 많아야 한다. 그리고 기각률은 식 (9-24)와 같이 정의 할 수 있다.

$$Y\text{기각률} = 1 - \frac{Y_1}{Y_0} = \frac{Y_0 - Y_1}{Y_0} = \frac{Y_2}{Y_0} \tag{9-24}$$

여기서, Y_0: 투입된 기타 폐기물 양
Y_1: 회수된 기타 폐기물 양
Y_2: 제거된 기타 폐기물 양

선별효율이 높기 위해서는 X 회수율과 Y 기각률을 동시에 높여야 하고 이를 수식화하면 다음과 같다.

$$선별효율(E) = (\frac{X_1}{X_0}) \times (\frac{Y_2}{Y_0}) \quad (9-25)$$

다음으로 Rietema가 제안한 선별효율을 다음과 같이 나타낼 수 있다. 절대기호를 이용한 것은 선별효율이 음의 값을 가지는 것은 의미가 없기 때문이다.

$$선별효율== |(X회수율) - (Y회수율)| = \left| \frac{X_1}{X_0} - \frac{Y_1}{Y_0} \right| \quad (9-26)$$

나) 선별방법

폐기물을 선별하기 위한 방법으로 폐기물의 크기에 따라 분류하는 입경차에 의한 방법, 비중차에 의한 방법, 광학 성질에 의한 방법, 정전기 및 와전류에 의한 방법, 자력분리에 의한 방법이 있다.

(1) 입경 차에 의한 방법

스크린의 크기에 따라 분류하는 방식으로 유리를 회수하거나 재 등의 미세 물질과 종이나 플라스틱 같은 유기물질을 회수할 수 있기 때문에 퇴비화의 전처리 장치로도 사용이 가능하다. 스크린의 종류에는 회전스크린과 진동스크린이 있다. 회전스크린은 도시폐기물의 선별에 많이 사용되고 진동스크린은 골재의 분리에 많이 사용된다.

그림 9.24에서 보는 회전스크린의 대표적인 형태가 트롬멜 스크린이다. 원통은 2–3° 경사지게 설치하여 10~30rpm으로 회전을 한다.

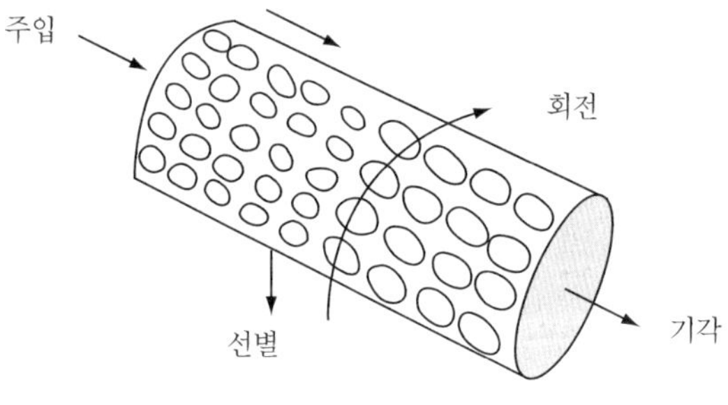

그림 9.24 트롬멜 스크린

트롬멜 스크린은 스크린 중에서 선별효율이 가장 좋고 또한 유지 관리상의 문제가 적은 것으로 알려져 있다. 트롬멜의 선별효율에 영향을 주는 인자로는 체의 크기, 폐기물의 부하와 특성, 직경, 경사도, 회전속도가 있는데, 회전속도의 경우 어느 정도까지는 증가할수록 선별효율이 증가하나 어느 정도 이상이 되면 원심력에 의해 막힘 현상이 일어난다. 이때의 속도를 임계속도라 하며 임계속도와 최대 효율을 위한 속도 사이에 다음과 관계가 있다.

$$\text{최적속도} = \text{임계속도}(N_c) \times 0.45 \tag{9-26}$$

임계속도는 식 (9-27)로 유도될 수 있고 이에 대한 예제를 나타내었다.

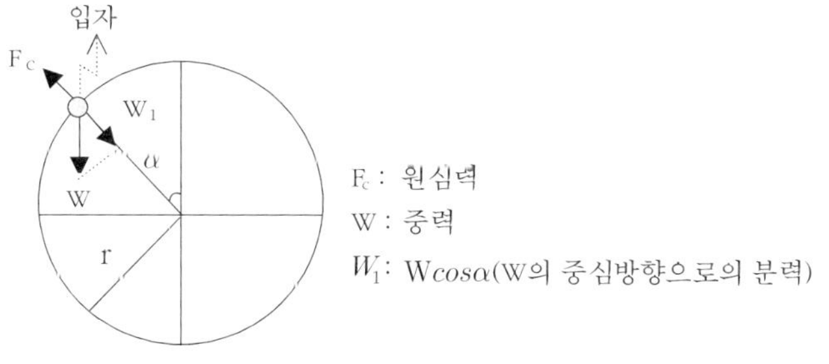

그림 9.25 임계속도를 구하기 위한 스크린 단면

$$N_c = \frac{1}{2\pi}\sqrt{\frac{g}{r}} \times 60 \tag{9-27}$$

여기서, r: 반경(m)이다.

예제) 반경이 2.5인 trommel screen의 임계속도를 구하면 얼마인가?

sol) $N_c = \frac{1}{2\pi}\sqrt{\frac{g}{r}} \times 60 = \frac{1}{2\pi}\sqrt{\frac{9.8}{2.5}} \times 60 = 18.92 \fallingdotseq 19rpm$

진동스크린은 좌우로 진동되면서 스크린 눈금자에 의하여 입자 크기별로 선별하는 방법이다.

(2) 비중 차에 의한 방법

(가) 부상 선별

대상폐기물을 물에 넣어 밀도 차에 의하여 뜨는 것을 선별하는 방법이다. 유리조각 등은 가라앉고 유기물은 뜨기 때문에 분리가 가능하다.

(나) 스토너(stoner)

수용액 중에서 무거운 것을 고르는 지그와 원리가 유사하다. 약간 경사진 판에 진동을 줄 때 무거운 것이 빨리 위로 올라가는 원리를 이용한 것이다. 실제 처리장에 적용한 예는 드물고 알루미늄을 선별하거나 퇴비로부터 유리조각을 고르는데 이용될 수 있다.

(다) Jig

이 방법은 사금을 선별하기 위하여 오랜 전부터 사용되던 방법으로 그림 9.26와 같이 스크린 위에 분류하려는 폐기물을 넣고 수위를 변화시키면 무거운 물질과 가벼운 물질이 분류된다.

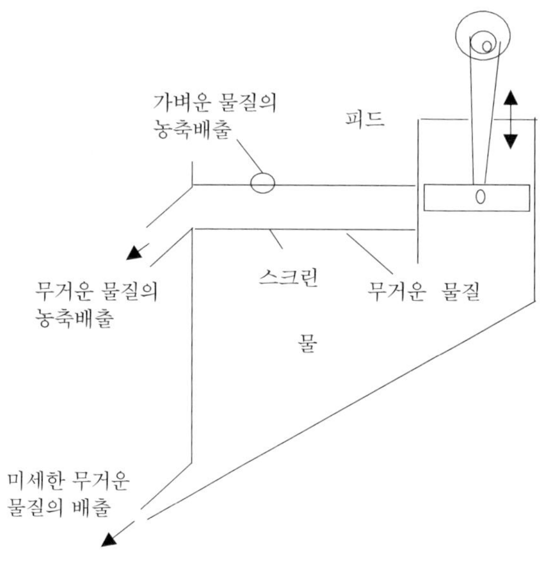

그림 9.26 jig

(라) 풍력선별

그림 9.27에서 보는 바와 같이 공기를 주입시켜 입자와 접촉시켜서 무거운 물질과 가벼운 물질을 분류시키는 방법이다.

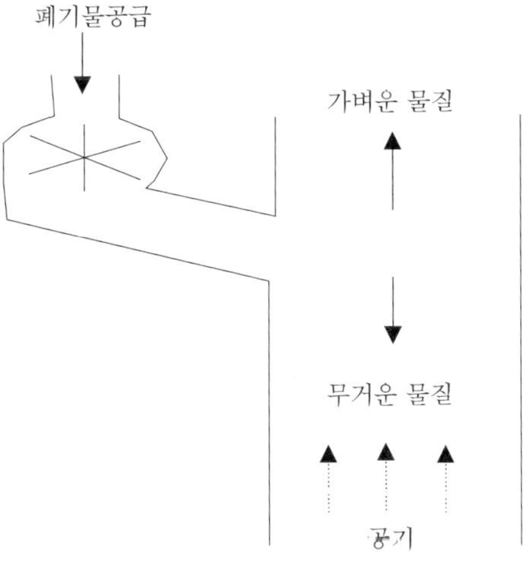

그림 9.27 풍력선별

(마) 관성선별

유럽에서 광범위하게 사용하고 있는 방식으로 분쇄된 폐기물을 가벼운 유기물과 무거운 무기물을 분리하기 위하여 중력이나 탄도학을 이용한다.

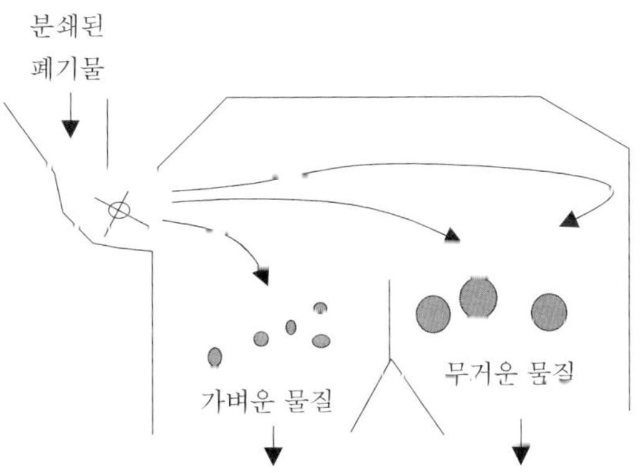

그림 9.28 관성 선별

(3) 광학선별

물질 표면의 광 투과 및 반사 특성을 이용한 것으로 투과의 차이를 감광 장치로서 감지하고 압축공기를 분사시켜 물질을 분리하는 방법이다. 선별 단계는 다음과 같으며 색유리와 보통유리를 분리 할 수 있다.

- 입자는 기계적으로 투입
- 광학적으로 조사
- 조사결과는 전기 전자적으로 평가
- 선별대상입자는 압축공기 분사에 의해 정밀하게 제거

(4) 정전기 · 와전류 선별

(가) 정전기 선별

고전압 발생장치에 의해 전극과 회전통의 사이에 형성되는 이온의 작용에 의하여 구리와 같은 전도성 물질이 원통으로부터 반발하여 낙하하고, 또 절연성 물질과 수지 등은 원통에 부착하여 브러시에 의해 원통으로 떨어져 각각 분리된다. 이 방법은 종이와 플라스틱의 분리에 적용이 가능하여 수분을 흡수한 종이가 전도체로 되고, 플라스틱은 비전도체이기 때문에 분리가 가능하다.

(나) 와전류 선별

와전류선별장치는 비철금속의 분리 회수에 이용된다. 자력선이 도체가 스칠 때에 진행방향과 직각방향으로 힘이 작용하는 것을 이용해서 비철금속을 분리하는 것이다. 연속적으로 변화하는 자장 속에 비자성이며, 전기전도성이 좋은 금속인 구리, 알루미늄, 아연 등을 넣으면 금속 내에 소용돌이 전류가 발생하여 반발력이 생긴다. 이 반발력의 차이를 이용하여 분리시킨다.

(5) 자력 선별

자석 선별은 처음에는 광산에서 많이 이용되는 선별방식으로 원료로부터 철 성분을 제거하거나 철성분의 회수를 위해 이용되었다. 일반적으로 자석의 선별은 도시폐기물에서 철 성분을 회수하는데 이용되는 방법으로 고도의 기계적 설계나 높은 회수율을 얻기 위해 다른 여러 가지 형태의 장치로 발전되어 가고 있다. 자력선별기의 위치는 선별 목적 등에 따라 차이가 있지만 대개는 아래와 같다.

- 파쇄 → 자석분리 → 공기선별
- 파쇄 → 공기선별 → 자석선별
- 자석선별 → 파쇄
- 스크린 선별 → 자석선별 → 공기선별

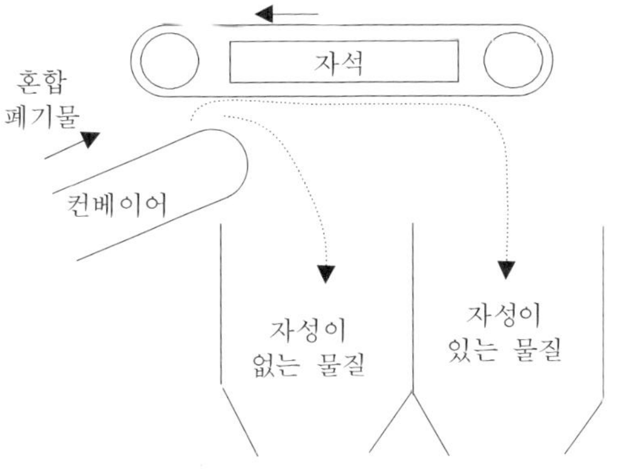

그림 9.29 자력분리

9.5.5 소각(incineration)

1) 연소계산

가) 연소의 정의

연소는 빛과 열이 있는 급격한 산화 현상이며 일종의 화학반응이기 때문에 일반화학반응 원리와 법칙이 적용된다. 연료의 계산은 이 법칙에 따라 연소 반응계와 생성계 사이에서 존재하는 양적관계를 계산하는 것이다.

연료의 연소는 연료조성에 따라 여러 가지로 다르지만 연료조성 중 가연성분인 탄소(C), 수소(H), 황(S)의 연소라 할 수 있다. 이 연소 반응을 통하여 필요한 산소량과 연소 가스량을 계산할 수 있다. 고체 및 액체 성분의 가연성분의 연소반응은 식 (9-28), (9-29), (9-30)로 나타낼 수 있다.

$$C+O_2 \rightarrow CO_2+8100㎉/kg \quad (9-28)$$

$$H_2 + O_2 \rightarrow H_2O + 34200 kcal/kg \quad (9-29)$$

$$S + O_2 \rightarrow SO_2 + 2500 kcal/kg \quad (9-30)$$

기체연료의 탄화수소계 연료로 메탄(CH_4, LNG), 에탄(C_2H_4), 프로판(C_3H_8, LPG), 부탄(C_4H_{10}, LPG), 옥탄(C_8H_{18}, 가솔린) 등이 있다. 그리고 이에 대한 이론 연소 양론식을 다음과 같이 나타낼 수 있다.

$$C_mH_n + (m + \frac{n}{4})O_2 \rightarrow mCO_2 + \frac{n}{2}H_2O \quad (9-31)$$

나) 연소에 필요한 공기량

(1) 이론적산소요구량(Oo: theoretical oxygen demand)

가연물질을 이론적으로 완전 연소시키기 위해 필요한 산소량을 말한다. 화학 양론적 연소반응식을 이용하여 이론적인 산소요구량을 구할 수 있다. 고체 · 액체인 경우 필요공기량을 중량단위로 계산할 수 있는데 각각의 성분을 중량단위로 유도해서 종합한 결과를 다음과 같이 나타내었다.

$$Oo(sm^3/kg) = 1.867C + 5.6H + 0.7S - 0.7O = 1.867C + 5.6(H - \frac{O}{8}) \quad (9-32)$$

$$C \quad + \quad O_2 \rightarrow CO_2$$

$$12kg \quad 22.4sm^3$$

$$C \quad x$$

$$12kg : 22.4sm^3 = C : x$$

$$x = \frac{22.4sm^3}{12kg} \times C$$

$$x = 1.867C$$

$$H_2 \quad + \quad \frac{1}{2}O_2 \quad \rightarrow \quad H_2O$$

$2kg \quad 11.2sm^3$

$H \qquad x$

$2kg : 11.2sm^3 = H : x$

$$x = \frac{11.2sm^3}{2kg} \times H$$

$x = 5.6H$

$$S \quad + \quad O_2 \rightarrow \quad SO_2$$

$32kg \quad 22.4sm^3$

$S \qquad x$

$32kg : 22.4sm^3 = S : x$

$x = 0.7S$

$$O_2 \qquad \rightarrow \quad X$$

$32kg \quad 22.4sm^3$

$O \qquad x$

$32kg : 22.4sm^3 = O : x$

$x = 0.7O$

고체 · 액체인 경우 필요산소량을 부피단위로 나타낸 결과이다.

$$Oo(kg/kg) = 2.667C + 8H + S - O = 2.667C + 8(H - \frac{O}{8}) + S \qquad (9-33)$$

$$C \quad + \quad O_2 \quad \rightarrow \quad CO_2$$

$12kg \quad 32kg$

$C \qquad x$

$12kg : 32kg = C : x$

$$x = \frac{32kg}{12kg} \times C$$

$x = 2.667C$

$$H_2 \quad + \quad \frac{1}{2}O_2 \quad \rightarrow \quad H_2O$$

$$2\text{kg} \qquad 16\text{kg}$$

$$\text{H} \qquad x$$

$$2\text{kg} : 16\text{kg} = \text{H} : x$$

$$x = \frac{16\text{kg}}{2\text{kg}} \times \text{H}$$

$$x = 8\text{H}$$

$$S \quad + \quad O_2 \quad \rightarrow \quad SO_2$$

$$32\text{kg} \qquad 32\text{kg}$$

$$\text{S} \qquad x$$

$$32\text{kg} : 32\text{kg} = kg : x$$

$$x = \frac{32\text{kg}}{32\text{kg}} \times \text{S}$$

$$x = \text{S}$$

$$O_2 \qquad\qquad \rightarrow \quad X$$

$$32\text{kg} \qquad 32\text{kg}$$

$$\text{kg}$$

$$x = \frac{32\text{kg}}{32\text{kg}} \times \text{O}$$

$$x = \text{O}$$

기체 연료인 경우 이론 연소 양론식을 세워 다음과 같은 방법으로 이론산소량을 확인할 수 있다.

$$\text{이론산소량}(\text{sm}^3/\text{sm}^3) = m + \frac{n}{4} \tag{9-34}$$

(2) 이론공기량(Ao: theoretical Air)

연소반응에 소요되는 산소를 공급하기 위해 산소를 다량 함유하고 있고 손쉽게 얻을 수 있는 대기 중의 공기를 이용한다. 연소에 필요한 이론적인 산소요구량을 공기량으로 환산한 이론적인 공기소요량을 계산할 수 있다. 고체, 액체인 경우 아래와 같이 유도될 수 있고 이해를 돕기 위해 예제를 실었다.

$$Ao(sm^3/kg)=Oo(sm^3/kg)\times\frac{1sm^3}{0.21sm^3} \tag{9-35}$$

$$Ao(kg/kg)=Oo(kg/kg)\times\frac{1kg}{0.232kg} \tag{9-36}$$

예제) 석탄 1kg조성이 C: 80%, H: 10%, S: 3%, Ash; 5%, N: 2%일 때 이론적 산소요구량(sm^3), (kg)을 구하라.

sol) 1) $O_o(sm^3/kg)=\frac{22.4sm^3}{12kg}\times 0.8+\frac{11.2sm^3}{2kg}\times 0.1+\frac{22.4sm^3}{32kg}\times 0.03$
$=2.0743(sm^3/kg)$

2) $O_o(kg/kg)=\frac{32kg}{12kg}\times 0.8+\frac{16kg}{2kg}\times 0.1+\frac{32kg}{32kg}\times 0.03$
$=2.9633(kg/kg)$

예세) 위의 결과를 이용하여 이론 공기량(sm^3), (kg)을 구하라.

sol) 1) $A_o(sm^3/kg)=2.0743(\frac{sm^3}{kg})\times\frac{1sm^3}{0.21sm^3}=9.8776\frac{sm^3}{kg}$

2) $A_o(kg/kg)=2.9633(\frac{kg}{kg})\times\frac{1kg}{0.232kg}=12.7728\frac{kg}{kg}$

기체인 경우 이론 양론식을 세워 아래와 같은 방법으로 이론 공기량을 구할 수 있다.

$$\text{이론공기량}(sm^3/sm^3)=\frac{m+\frac{n}{4}}{0.21} \tag{9-37}$$

(3) 이론 가스량(Go: theoretical Gas)

연료에 이론공기량을 주입하여 완전 연소시킬 때 생성되는 연소가스의 발생량을 이론 가스량이라 한다. 이것은 연소생성물과 공기 중의 질소를 포함하는 것으로 다음과 같이 나타낼 수 있다

연료+이론공기→연소생성물(product)+이론 공기 중 질소량 (9-38)

$$G_O=\Sigma product+(A_O-0.21A_O) \tag{9-39}$$

$= \Sigma product + (1-0.21)A_O$

연료 중에 수소를 연소하면 수증기가 생성된다. 이 수증기를 포함한 가스량을 이론 습가스량(Gow:theoretical wet gas)이라 하고, 수증기를 제외한 가스량을 이론 건가스량(God: theoretical dry gas)이라 한다. 이에 대한 관계는 식 (9-40)과 같다.

$$G_{od} = G_{ow} - \Sigma H_2O \tag{9-40}$$

예제) 중유 1kg의 조성이 C: 80%, H: 10%, S: 2%, O: 3%, N: 5%일 때 $G_{OW}(sm^3)$, $G_{Od}(sm^3)$을 구하시오.

sol)

1) $C + O_2 \rightarrow CO_2 (80\%)$

$H_2 + \frac{1}{2} O_2 \rightarrow H_2O (10\%)$

$O_2 \rightarrow X (3\%)$

$N_2 \rightarrow N_2 (5\%)$

$S + O_2 \rightarrow SO_2 (2\%)$

2) $$G_{ow}\left(\frac{sm^3}{kg}\right) = (1-0.21)A_o + \Sigma \text{product}$$

$$= (1-0.21)\left\{\left(\frac{22.4}{12}\times 0.80 + \frac{11.2}{2}\times 0.10 + \frac{22.4}{32}\times 0.02 - \frac{22.4}{32}\times 0.03\right)/0.21\right\}$$

$$+\left(\frac{22.4}{12}\times 0.80 + \frac{22.4}{2}\times 0.10 + \frac{22.4}{28}\times 0.05 + \frac{22.4}{32}\times 0.02\right)$$

$$= 10.3654$$

3) $$G_{od}\left(\frac{sm^3}{kg}\right) = G_{ow} - \Sigma H_2O$$

$$= 10.3654 - \frac{22.4}{2}\times 0.1$$

$$= 9.2454$$

예제) 에탄의 이론 가스량을 구하시오.

sol) 1) $C_2H_6 + 3.5O_2 \rightarrow 2CO_2 + 3H_2O$

2) $G_{ow}(\frac{sm^3}{kg}) = (1-0.21)A_o + \Sigma\text{product}$

$$= (1-0.21)\left\{(\frac{3.5\times 22.4}{1\times 30})/0.21\right\} + (\frac{2\times 22.4}{1\times 30}) + (\frac{3\times 22.4}{1\times 30})$$
$$= 13.5644$$

3) $G_{ow}(\frac{sm^3}{sm^3}) = (1-0.21)A_o + \Sigma\text{product}$

$$= (1-0.21)\left\{(\frac{3.5\times 22.4}{1\times 22.4})/0.21\right\} + (\frac{2\times 22.4}{1\times 22.4}) + (\frac{3\times 22.4}{1\times 22.4})$$
$$= 18.1667$$

4) $G_{ow}(\frac{kg}{kg}) = (1-0.232)A_o + \Sigma\text{product}$

$$= (1-0.232)\left\{(\frac{3.5\times 32}{1\times 30})/0.232\right\} + (\frac{2\times 44}{1\times 30}) + (\frac{3\times 18}{1\times 30})$$
$$= 17.0920$$

5) $G_{ow}(\frac{kg}{sm^3}) = (1-0.232)A_o + \Sigma\text{product}$

$$= (1-0.232)\left\{(\frac{3.5\times 32}{1\times 22.4})/0.232\right\} + (\frac{2\times 44}{1\times 22.4}) + (\frac{3\times 18}{1\times 22.4})$$
$$= 22.8910$$

예제) 프로판과 부탄으로 구성된 기체연료 $1sm^3$의 부피비가 3:2일 때 가스량(sm^3)은?

sol) 1) $G_{ow} = (1-0.21)A_o + \Sigma\text{product}$

$$= (1-0.21)\left\{\left[(\frac{5\times 22.4}{1\times 22.4}\times 0.6) + (\frac{6.5\times 22.4}{1\times 22.4}\times 0.4)\right]/0.21\right\} + \left\{(\frac{3\times 22.4}{1\times 22.4}\times 0.6) + (\frac{4\times 22.4}{1\times 22.4}\times 0.4)\right\} + \left\{(\frac{4\times 22.4}{1\times 22.4}\times 0.6) + (\frac{5\times 22.4}{1\times 22.4}\times 0.4)\right\}$$
$$= 28.8667\frac{sm^3}{sm^3}$$

2) $C_3H_8 + 5O_2 \rightarrow 3CO_2 + 4H_2O(60\%)$

$C_4H_{10} + 6.5O_2 \rightarrow 4CO_2 + 5H_2O(40\%)$

(4) 실제 가스량(G)

실제 가스량은 연료와 과잉공기가 반응하여 생성되는 가스로서 이론가스량과 과잉공기의 합으로 다음과 같이 정의할 수 있고 이를 수식화하면 다음과 같다.

$$\text{연료+과잉공기}\rightarrow\text{이론가스량+과잉공기량} \quad (9-41)$$

$$G=\text{이론가스량+(실제공기량}-\text{이론공기량)} \quad (9-42)$$

$$=\Sigma\text{product}+(1-0.21)A_o+\text{A}-A_o(\text{m}=\frac{A}{A_o},\ \text{m}\geq 1)$$

$$=\Sigma\text{product}+A_o-0.21A_o+\text{mAo}-A_o$$

$$=\Sigma\text{product}-0.21A_o+\text{m}A_o$$

$$=\Sigma\text{product}+(\text{m}-0.21)A_o$$

이론가스량과 마찬가지로 실제가스량도 생성물 중 수증기를 포함하는 습가스량(G_W: wet gas)과 수증기를 배제하는 건가스량(G_d: dry gas)으로 나누어 계산할 수 있다.

예제) 고체연료가 C: 85%, H: 12%, S: 3%로 구성되어 있다. 과잉공기 30%로 완전연소하였을 때 가스량($\frac{sm^3}{kg}$)을 구하시오.

sol) 1) $C+O_2\rightarrow CO_2$

$H_2+\frac{1}{2}O_2\rightarrow H_2O$

$S+O_2\rightarrow SO_2$

2) $$G_w(\frac{sm^3}{kg})=(m-0.21)A_o+\Sigma\text{product}$$

$$=(1.3-0.21)\left\{(\frac{22.4}{12}\times0.85+\frac{11.2}{2}\times0.12+\frac{22.4}{32}\times0.03)/0.21\right\}$$
$$+(\frac{22.4}{12}\times0.85+\frac{22.4}{2}\times0.12+\frac{22.4}{32}\times0.03)$$
$$=14.7842$$

(5) 배출가스의 농도

연소가스 중 탄산가스, 최대탄산가스, 이산화황, 질소 그리고 산소의 백분율은 식 (9-43), (9-44), (9-45), (9-46), (9-47)과 같은 방법으로 간단히 계산할 수 있다. 최대탄산가스율(CO_{2max}%)을 이론 공기량으로 가연물질을 완전 연소시켰을 때 발생하는 이론 건소

연소 가스량에 대한 최대 탄산가스의 용적 백분율로 나타낼 수 있다. 이해를 돕기 위해 예제를 실었다.

$$CO_2\% = \frac{CO_2}{G} \times 100 \tag{9-43}$$

$$CO_{2max}\% = \frac{CO_2}{G_{od}} \times 100 \tag{9-44}$$

$$SO_2\% = \frac{SO_2}{G} \times 100 \tag{9-45}$$

$$N_2\% = \frac{0.79A}{G} \times 100 \tag{9-46}$$

$$O_2\% = \frac{(m-1)A_o \times 0.21}{G} \times 100 \tag{9-47}$$

예제) CO의 $CO_{2max}\%$는 얼마인가?

sol) $CO_{2max}\% = \frac{CO_2}{G_{od}} \times 100 = \frac{1}{2.8809} \times 100 = 34.7$

1) $CO + \frac{1}{2}O_2 \rightarrow CO_2$

2) $G_{od}(\frac{sm^3}{sm^3}) = (1-0.21)A_o + \Sigma\text{product}$

$= (1-0.21)\left\{(\frac{0.5 \times 22.4}{1 \times 22.4})/0.21\right\} + (\frac{1 \times 22.4}{1 \times 22.4})$

$=2.8809$

예제) CO를 공기비 1.2로 연소하였을 때 배출가스 중 $O_2\%$, $N_2\%$는 얼마인가?

sol) $O_2\% = \frac{(m-1)A_o \times 0.21}{G_d} \times 100 = \frac{(1.2-1)\left\{(\frac{0.5 \times 22.4}{1 \times 22.4})/0.21\right\} \times 0.21}{3.3571} \times 100$

$=2.9788$

$N_2\% = \frac{0.79A}{G_d} \times 100 = \frac{0.79mA_o}{G_d} = \frac{0.79 \times 1.2 \times \left\{(\frac{0.5 \times 22.4}{1 \times 22.4})/0.21\right\}}{3.3571} \times 100$

$$O_2\% = \frac{(m-1)A_o \times 0.21}{G_d} \times 100 = \frac{(1.2-1)\left\{(\frac{0.5\times 22.4}{1\times 22.4})/0.21\right\}\times 0.21}{3.3571} \times 100$$

$$=2.9788$$

$$N_2\% = \frac{0.79A}{G_d}\times 100 = \frac{0.79mA_o}{G_d} = \frac{0.79\times 1.2\times\left\{(\frac{0.5\times 22.4}{1\times 22.4})/0.21\right\}}{3.3571}\times 100$$

1) $CO + \frac{1}{2}O_2 \rightarrow CO_2$

2) $G_d(\frac{sm^3}{sm^3}) = (1.2-0.21)\left\{(\frac{0.5\times 22.4}{1\times 22.4})/0.21\right\} + (\frac{1\times 22.4}{1\times 22.4}) = 3.3571$

2) 연소의 조건

완전 연소를 시키기 위해서는 충분한 산소 이외에 충분한 온도(Temperature), 연소시간(Time), 충분한 혼합(Turbulence)인 3T가 잘 유지되어야 한다.

가) 산소

유기물을 완전 산화시키기 위해 필요한 산소량은 이론 산소량으로 쉽게 구할 수 있다. 만약 충분한 산소 공급이 되지 않는다면 불완전 연소가 되기 때문에 주의를 할 필요가 있다. 보통 연소과정에서 필요 이상의 여분의 공기를 50~200%가량 공급되고 있는데 이 공기는 유기물질의 완전연소와 아울러 연소기의 연소온도를 감소시켜 주는 역할도 하고 있다.

나) 온도

연소온도는 물질의 발화온도, 수분함량, 사용되는 공기량, 연소기의 모양에 따라 변하는데 도시폐기물의 발화온도는 260~370℃가량이 되나 연소기의 최소온도는 650℃ 정도이다. 연소온도가 너무 높으면 NOx가 형성되고 공기를 보다 많이 주입하여 냉각시켜야 한다. 온도가 낮으면 불완전 연소에 의한 HC, CO 등이 발생되며 냄새가 난다. 수분함량이 크면 연소온도가 저하된다. 연소온도가 높게 되면 일반적으로 연소시키는데 소요되는 시간이 짧아져도 되므로 어느 정도 이상의 온도에서는 연소시간이 그리 중요하지 않게 된다.

다) 혼합

연소기내의 혼합은 투입되는 공기나 그레이트(grate) 이동에 의해서 형성되며 연소기 내에 단회로가 형성되면 불완전 연소된 가스가 외부로 나가서 문제가 될 수 있으므로 이 때는 베이플(baffle)을 설치하여 단회로를 방지하도록 한 것이다.

3) 소각처리 공정

폐기물 처리 공정은 그 형식과 규모에 상관없이 여러 가지 장치와 설비들을 조합시켜 가연성 성분의 완전 연소를 해야 한다. 소각 처리 공정의 일반적인 시설 계통도는 크게 폐기물 반입공급계통, 폐기물 소각(연소)계통, 연소가스 처리계통, 소각재 처리계통, 배출수 처리 계통, 여열회수 및 이용계통으로 나눌 수 있다

가) 폐기물 반입공급계통

폐기물 반입공급계통은 반입되는 폐기물의 중량을 계측하는 계량장치, 폐기물 수집차량이 폐기물 저장 피트(pit)에 폐기물을 투입하기 위해 설치하는 플랫폼과 차량 출입을 위한 반입반출 도로, 폐기물 저장 피트, 저장된 폐기물을 소각로 호퍼로 이송하는 크레인 등으로 구성된다. 또한 폐기물 소각을 위한 전처리 시설로 파쇄설비를 설치하는 경우가 많다.

나) 폐기물 소각(연소) 계통

연소실은 소각로로 불리고 연속적으로 연료를 주입시키는 경우 내화재를 충진한 연소로와 기다란 물파이프가 충진된 경우의 수냉벽(water wall)연소기로 구분된다. 내화재로 충전된 연소로의 경우는 슬래그가 생기지 않도록 여분의 공기를 주입하여 냉각 배출하므로 가스량이 많아 대기오염물질 제어시설의 크기를 크게 할 수 있다.

수냉벽 연소기는 여분의 공기가 많이 소요되지 않으므로 대기오염물질의 제거장치의 규모는 그리 크지 않다. 연소실의 운전척도는 공기/연료비, 혼합정도, 연소온도 등인데 연수실의 크기는 충분히 커야 한다.

연소실은 주입된 폐기물을 건조, 휘발, 점화시켜 연소시키는 1차 연소실과 1차 연소실에서 미 연소된 부분을 연소시키는 2차 연소실로 구성이 되어 있고, 연소실의 모양은 직사각형, 수직원통형, 혼합형, 로터리 킬른형 등이 있는데 대부분 직사각형의 형태로 연소실의 기본적 구조를 그림 9.30에 나타내었다.

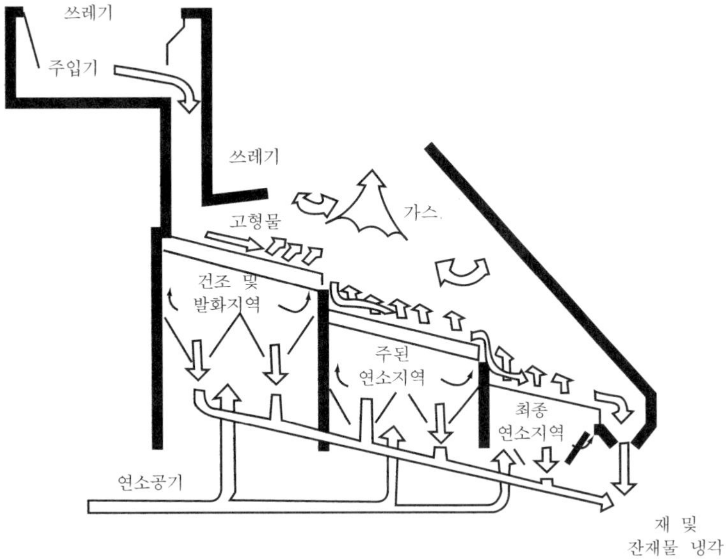

그림 9.30 기본적인 연소실의 구조

다) 연소가스 처리계통

연소가스 처리계통은 크게 연소가스 냉각설비, 배출가스 처리설비, 통풍시설로 구성된다. 우선 연소가스 냉각설비는 폐기물의 연소 과정에서 발생하는 고온의 연소가스를 적절한 온도로 냉각하기 위한 설비로서 배출가스 중에 물을 분사하는 물분사식 가스 냉각방식, 보일러를 사용하는 방식, 물분사식과 보일러를 겸용하는 방식 등이 있다.

보일러를 사용하는 냉각방식에서는 발생하는 증기를 냉각하여 순환시키기 위한 부수적인 설비가 필요하다. 배출가스 처리설비에는 연소에 의해서 발생하는 고온가스 중에 포함되어 있는 분진을 제거하기 위한 집진장치와 규제대상 유해가스를 제거하기 위한 유해가스 처리장치 등으로 구성되어 있다.

라) 소각재 처리 계통

소각재 처리계통에는 배출가스 처리시설 및 연소가스 냉각시설에서 배출되는 분진을 원활하게 이송하는 분진배출장치, 소각시설에서 배출되는 소각재로 인한 화재 발생을 방지하기 위해 소각재 온도를 낮추는 소각재 냉각장치, 냉각된 소각재를 이송하기 위한 소각재 이송 켄베이어, 반출된 소각재를 저장하기 위한 소각재 피트, 소각재 피트로부터 소각재 최종 차량으로 이송하기 위한 크레인 등이 있다.

마) 배출수 처리 계통

배출수 처리 계통은 소각처리 전체 계통에서 배출되는 폐기물 저장 피트 배출수, 물 분사 배출수, 연소가스 처리 배출수, 보일러 배출수, 세차 배출수 및 생활 배출수 등 각종 배출수를 종합적으로 처리할 수 있는 폐수 처리 장치로 구성된다.

바) 여열 이용계통

여열 이용계통은 연소가스의 폐열을 이용하여 온수를 얻는 온수발생장치 그리고 보일러를 설치한 경우 발전설비, 급탕 및 냉난방설비 등으로 구성된다.

4) 소각로의 종류 및 특성

소각로의 종류는 소각로의 가동시간에 따라 24시간 연속 운전하는 연속식, 하루에 16시간 운전하는 준 연속식 그리고 하루에 8시간 미만 운영하는 회분식으로 구분할 수 있다. 최근에는 회분식에 대한 법적 규제가 강화됨에 따라 회분식이 없어지는 추세이고 대부분 준 연속이상의 공정이 많이 운영되고 있다.

연소가스의 유동방식에 따른 분류로 폐기물의 흐름과 연소가스의 방향이 반대 형식인 향류식은 수분이 많고 질이 낮은 폐기물에 적용된다. 폐기물의 흐름과 연소가스의 방향이 같은 형식인 병류식은 발열량이 높은 양질의 폐기물에 적용된다. 그리고 향류식과 병류식의 중간 형태인 중간류식은 폐기물의 변동이 클 때 적용될 수 있다. 마지막으로 2회류식은 폐기물 흐름의 상부와 하부에 가스 출구가 있는 형식으로 댐퍼 조절에 의해 향류식과 병류식으로 조절하여 쓰는 방식이다(그림 9.31).

폐기물의 구조 및 형식에 따라 스토카토식(화격자 소각로), 상 연소방식, 유동층 연소방식, 분무 연소방식으로 분류할 수 있다.

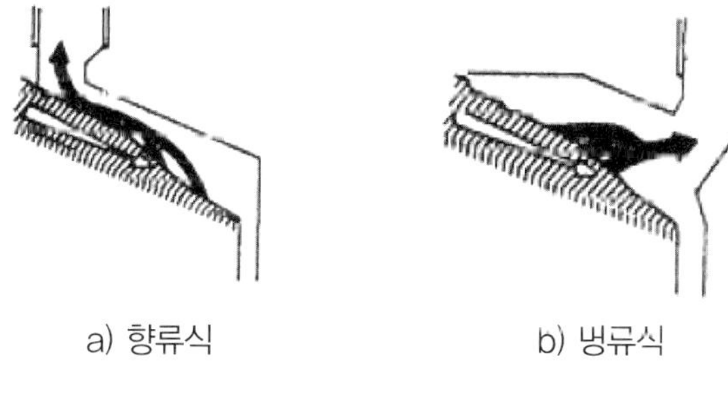

a) 향류식 b) 병류식

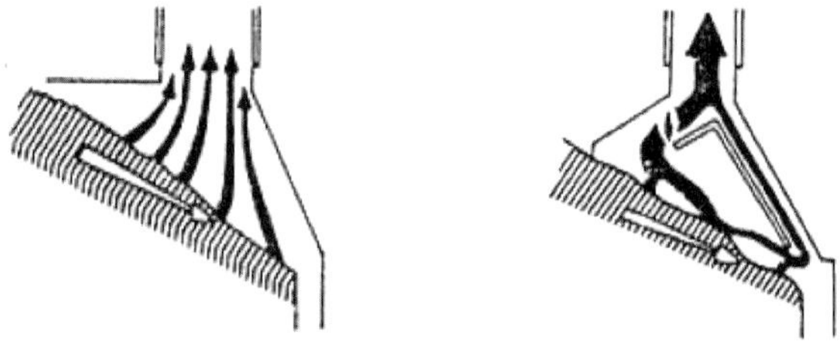

c) 중간류식 d) 2회류식

그림 9.31 연소가스의 유동방식에 따른 소각로의 분류

가) 화격자 소각로(stoker식)

소각로 내에 고정화격자 또는 가동화격자를 설치하여 이 위에 소각물을 올려서 태우는 방식으로 재가 낙하하여 하부에서 재를 수집하는 방식이다. 연소 공기의 유동은 그림 9.32에서 보는 바와 같이 아래쪽에서 위쪽으로 통과시키는 상향식 연소로 화격자 위에 있는 소각물의 연소를 촉진시킨다. 휘발성이 많고 열분해 하기 쉬운 폐기물을 연소시킬 때는 하향식 연소방식을 취한다. 왜냐하면 발연성이 큰 폐기물을 상향 연소시키면 불완전 연소로 연소 가스 발생이 많아지고 비교적 저온 부근을 통과해서 연소실로 나오기 때문에 검댕이 많이 발생한다.

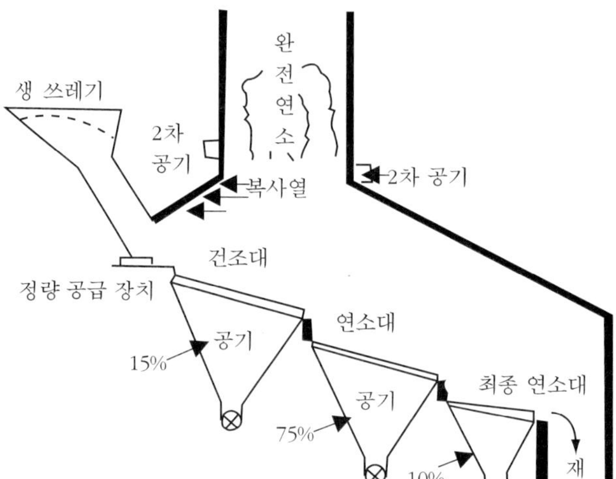

그림 9.32 화격자 소각로의 연소원리

화격자는 주입된 폐기물을 운반시켜 적절히 연소시키는 역할을 한다. 또한 화격자 사이로 공기가 유동되도록 되어 있다. 화격자의 기능으로 볼 때 건조용, 점화용, 연소용 등으로 분류하나 일반적인 종류를 보면 그림 9.33에서 보는 것과 같은 이동식 화격자(travelling grate), 회전식 화격자 그리고 부채형 반전식 화격자 등이 있다. 이동식 화격자는 폐기물을 잘 운반시키지만 뒤집지는 못하는 문제가 있어 부채형 반전식 화격자가 양호한 것으로 나타나고 있다.

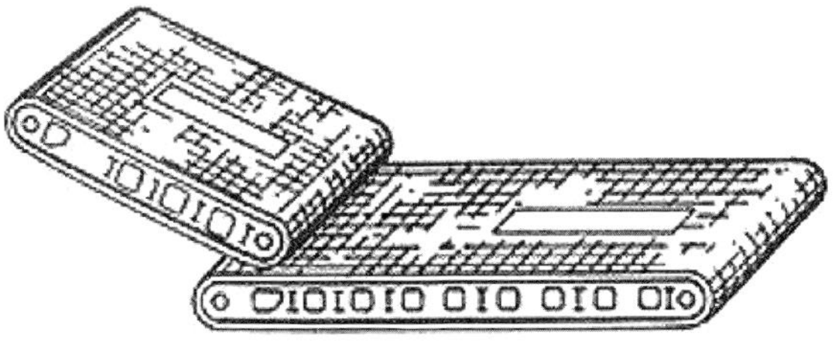

a) 이동식 화격자

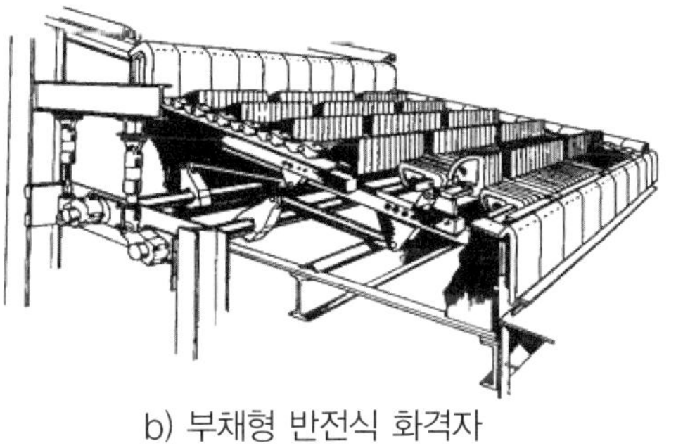

b) 부채형 반전식 화격자

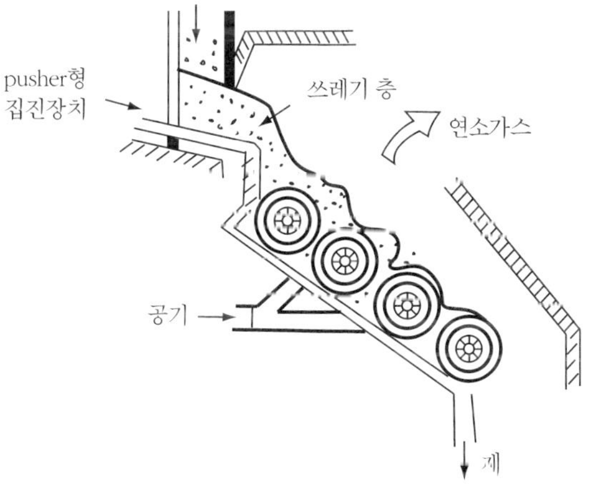

c) 회전식 화격자

그림 9.33 화격자의 종류

나) 고정상 소각로

소각로의 화상위에서 소각물을 태우는 방식으로 화격자로 적재가 불가능한 슬러지, 입자상 물질, 열을 받아 용융해서 착화 연소하는 물질의 연소에 적합하다.

구조에 따라 경사식, 수평식, 원호 곡면식으로 구분하고 경사식은 소각물의 건조와 연소에 있어서 기계적인 가동부분이 없고 건설비가 싸지만 소각물의 성상이 일정하고 점착성이 없어야 한다. 수평식은 회분이 적은 고분자계폐기물의 소각에 알맞고 소각로 밖에 설치된 공기 송풍기에 의해 연소공기를 균등하게 분산해서 강제 주입한다.

다) 회전로(rotary kiln)

회전하는 원통형소각로는 그림 9.34와 같이 내면에 내화물을 부착한 로체를 0.5~8%의 구배로 설치하고 하부에 롤러를 설치해 구동장치에 의해 천천히 회전한다. 이때 윗부분에 있는 투입호퍼에 투입된 피소각물을 교반을 반복하면서 로타리 킬른의 하위 단 또는 상위 단에 설치된 고정버너의 연소가스와 향류 또는 병류접촉을 하면서 건조 후 착화하고 점차 아래로 보내면서 연소가 완결된 잔재를 배출하도록 설계되어 있다. 또한 회전로는 비교적 간단하고 경사진 구조로 되어 있으며길이와 직경의 비 2~10이고 회전속도는 0.3~1.5rpm, 주변속도는 5~25㎜/sec정도이다. 처리율은 보통 45~2000㎏/hr로 설계되며, 연소온도는 800~1600℃이다.

로타리 킬른은 넓은 범위의 액상, 고상 폐기물을 소각할 수 있으며 액상이나 고상 폐기물을 각각 수용하거나 혼합하여 수용할 수 있다. 용융상태의 물질에도 적용할 수 있고, 대형용기를 그대로 넣을 수 있기 때문에 공급 장치의 설계에 있어서 유연성이 있다.

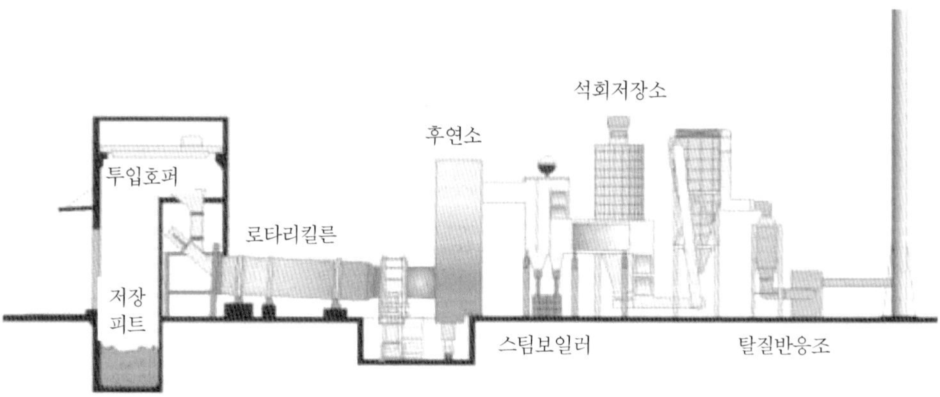

그림 9.34 로터리 킬른 소각로 공정도

라) 다단로(multiple hearth)

그림 9.35에서 보는 바와 같이 다단로는 내화물을 입힌 가열판, 중앙의 회전축, 일련의 평판상을 구성하는 교반팔로 구성되어 있다. 이 밖에 공기 송풍기, 연료버너, 소각재 배출설비, 폐기물 공급설비가 부착되어 있다. 이것은 하수슬러지, 하수, 타르와 같은 고상, 액상, 기상, 가연성 폐기물의 연소에 사용할 수 있다. 슬러지나 입상 고형폐기물이 나선형 공급장치나 벨트식 문, 날개식 문로 공급된다. 회전축은 폐기물을 상부 상에서 하부로 이동해서 최종 재가 배출될 때까지 연속적으로 이루어진다.

다단로는 3개의 가동 영역을 가지고 있다. 건조 영역은 상부 영역으로 폐기물의 수분 함량이 약 48%까지 건조되는 부분이다. 다음으로 연소, 탈취 영역으로 온도가 750~1000℃범위의 영역이며 연소와 탈취가 일어나는 부분이다. 냉각 영역은 뜨거운 재가 유입 공기에 의해 냉각된다. 배출 가스는 250~600℃이며 소각재는 거의 불활성이다. 슬러지케이크의 경우 주입된 양의 10%가 재로 배출되며 재는 1% 미만의 휘발성 연소 성분을 가지고 있다.

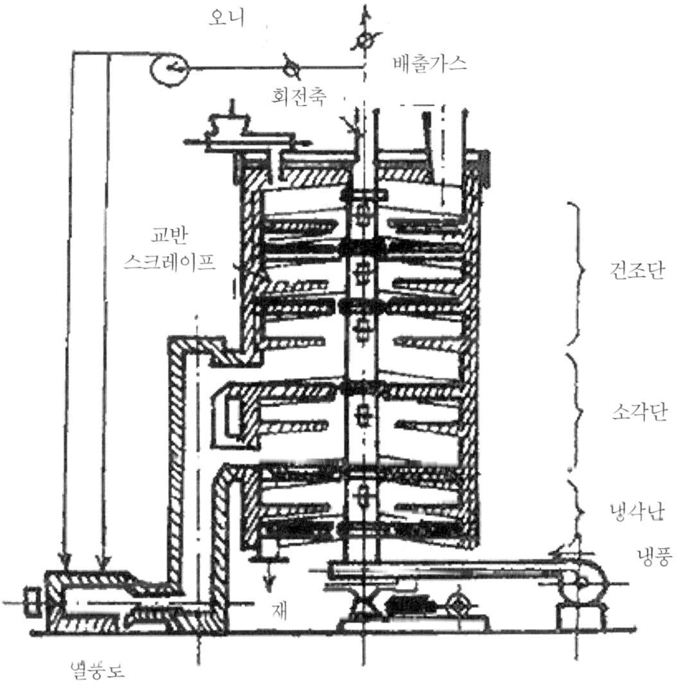

그림 9.35 다단로의 모식노

마) 유동층 소각로(fluidized bed incinerator)

유동층 소각로는 그림 9.36처럼 아래에서 가스를 주입하여 불활성층인 모래를 띄운 후 이를 가열시키고 상부에서 폐기물을 주입하여 태우는 방식이다. 상의 온도는 760~860℃이고 불활성층이 미리 가열된 상태에서 태우기 때문에 폐기물은 순간적으로 연소하고 열효율이 좋은 장점이 있지만 폐기물을 주입하기 전에 파쇄해야 한다.

유동층의 열용량은 1.42×10^5㎉/㎥ 정도로 보유열량이 높아 폐기물 연소에 있어 최적 연소 조건을 형성한다. 유동층 내의 층은 700~800℃에 해당하는 열을 보유하고 있으므로 유동층 물질의 구비 조건은 아래와 같다.

- 불활성일 것
- 열 충격에 강하고 융점이 높을 것
- 비중이 작을 것
- 내마모성이 있을 것
- 입도 분포가 균일할 것

유동층 소각로는 난연성 폐기물 소각에 적합하다. 특히 슬러지 및 폐유, 폐윤할유 계통의 소각에 탁월한 성능을 보이고 있다.

유동층 소각로의 장점을 정리 하면 다음과 같다.

- 유동매체의 열용량이 커서 다종 폐기물을 혼합하여 소각이 가능하다.
- 균일하게 분산되고 소각 시간이 짧아서 화상부하율이 높고 국부 가열이 적다.
- 연소효율이 높아서 미연소분 배출이 적다.
- NOx가 적게 배출된다.
- 기계적 구동 부분이 적어 열회수가 용이하다.
- 과잉 공기율이 적다.
- 단기간 정지 후 정상 가동이 가능하다.
- 로 내 온도 제어가 용이하다.
- 유동매체로 석회, 돌로마이트 등의 활성 매체를 혼입함으로서 로 내에서 바로 상당한 양의 탈황, 탈염소, 탈질을 기대할 수 있다.

유동층 소각로의 단점은 다음과 같다.

- 투입 시 전처리로서 파쇄가 필요하다.(입경 50㎜이하)
- 유동 매체의 보충이 필요하다. (모래의 소모율: 300시간에 5% 정도)

- 유동층의 압력손실이 크고 동력비가 많이 소요된다.
- 회분의 분리가 어렵다.
- 로의 마모율이 높다.
- 단위 체적 당 건설비, 동력비가 높다.
- 가스화 속도가 빨라 공급방법에 따라 다량의 매연이 발생한다.
- 분진의 발생량이 많다.

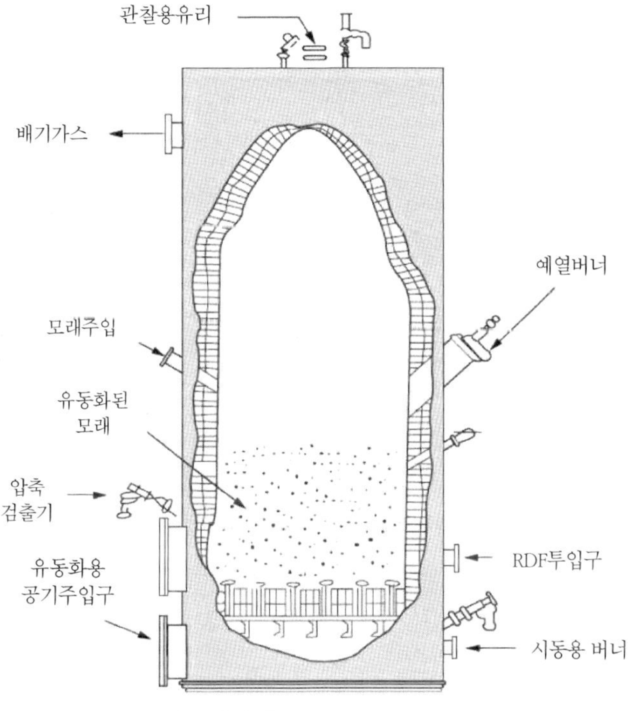

그림 9.36 유동층 소각로

바) 분무 연소방식

그림 9.37의 분무화기(atomizer)에 의해 액체 폐기물을 미세한 액적으로 만들어 표면적을 증대시켜 로 내에 분사하고, 로 내에서 복사, 대류 전열, 증발, 가스화를 촉진시키면서 공기 공급에 의해 연소속도와 연소효율을 높이는 방식이다.

액체의 연소는 일반적으로 기화한 상태에서 양호하다. 액적의 연소시간은 분무 입경의 제곱에 비례하며, 미립화하면 불완전연소에 의한 분진 생성 감소에 현저한 효과가 있다. 소각처리 적용 폐기물로는 석유화학 공정에서 발생하는 수분 함량이 높은 가연성 고농도 유기성폐액이나 PCB같은 유해물질을 함유한 폐액 등을 들 수 있다.

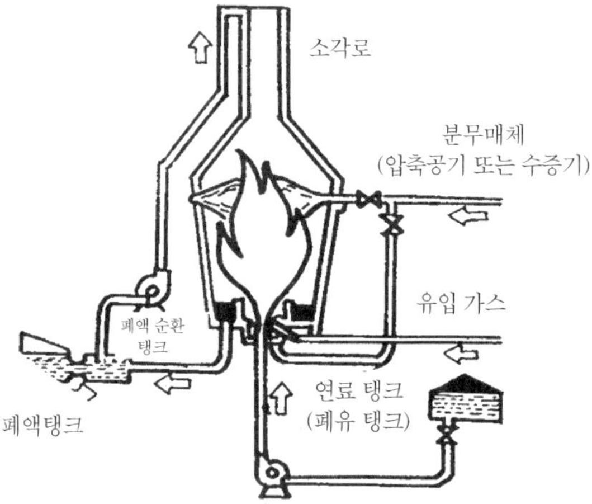

그림 9.37 분무 연소식 소각로

사) 열분해

열분해는 열분해로에 공기의 유입 없이 폐기물을 넣고 외부 가열로 폐기물을 분해하는 방식으로, 분해된 유기물은 메탄, 수소, CO 등의 가스상 물질과 타르상 물질 그리고 챠(char)라고 부르는 탄소를 주성분으로 한 고체상 물질이 얻어진다.

온도에 따라 생성물이 액화 또는 가스화될 수 있다. 액화공정은 열분해 온도를 350~450℃의 저온을 유지하면서 액체 생성물에 중점을 둔 열분해 공정이고, 가스화 공정은 500~900℃에서 이루어지는 공정으로 저온법 또는 열분해(pyrolysis)라고 한다. 생성물은 고상, 액상, 기상으로 존재하고 반응식은 (9–48)과 같다.

$$6C_6H_{10}O_5 \rightarrow 7CO+5CO_2+3H_2+CH_4+6H_2O+3C_4H_9O_3+8C+\text{기타} \qquad (9-48)$$

또한 1,100~1,500℃에서 이루어지는 공정을 고온법 또는 가스화(gasfication)라 한다. 이것도 저온법과 마찬가지로 아래 반응식 (9–49)에서 보는 바와 같이 고상, 액상, 기상 모두 존재하고 적용폐기물은 난분해성 폐기물, 고발열 폐기물, 유독성 폐기물, 폐합성 고분자 화합물, 유기성 슬러지, 폐타이어 등을 소각할 수 있다.

$$6C_6H_{10}O_5 \rightarrow 11CO+10CO_2+6H_2+H_2O+3C_4H_9O_3+C+\text{기타} \qquad (9-49)$$

열분해 장치는 고정상 방식, 유동상 방식, 부유상 방식으로 구분할 수 있다. 고정상(fixed bed)방식은 폐기물이 상부로부터 주입되어 하부로 이동되면서 건조, 열분해(건류), 가스화(환원), 연소(산화)반응을 거치는 사이에 발생된 열분해 가스는 상부에서 포집되고 슬래그(slag) 또는 재는 하부로 배출되는 형식이고, 유동상(fluidized bed)방식은 고정상과 부유상의 중간 형태로 주입된 폐기물이 유동 매체 중에서 유동화 가스와 격렬하게 접촉되면서 열분해되는 방식이다. 그리고 부유상(suspension)방식은 유동매체를 사용하지 않고, 미립화된 폐기물과 유동화 가스를 직접 접촉시켜 열분해하는 방식이다. 열분해와 소각처리의 차이를 표 9.8에 비교해서 나타내었다.

표 9.8 열분해법과 소각처리의 비교

구 분	소 각	열분해
반응	• 발열반응	• 흡열반응
오염물질발생	• SOx, NOx, 다이옥신 등 발생	• 오염물질 발생량 적음
공기공급	• 산소 충분히 공급	• 산소 적거나 없는 상태
배기 가스량	• 많음	• 적음
운영조건	• 산화성 분위기($Cr^{3+} \rightarrow Cr^{6+}$ 전환)	• 환원성 분위기
중금속	• 배기가스 중 배출	• Ash속 고정 배출(황 포함)

5) 폐열회수 및 이용설비

폐기물을 소각하는 경우에는 이들의 발열량에 해당하는 양의 열량이 발생하므로 배기가스의 온도가 올라가게 되어 이를 냉각시켜 배출하여야 한다. 냉각설비에는 폐열 보일러식, 물 분사식, 공기 혼입식, 간접 공냉식이 있으나 폐열 보일러식은 폐열을 회수하여 이를 이용할 수 있으므로 바람직하다고 할 수 있다.

가) 보일러

보일러는 연료의 연소열을 압력 용기 속의 물로 전달하여 소요 압력의 증기를 발생시키는 장치이다. 보일러에서 발생한 증기는 그대로 저압 포화증기로서 공장생산용 열원 및 난방용 등 광범위하게 사용하는 경우와 보일러에서 고압과열 증기로 만들어 증기 터어빈으로 보내어 동력을 발생시킨 다음 그 배기를 생산용 열원으로 사용하는 경우가 있다.

보일러는 본체의 구조 형식, 물의 순환 방식, 가열 방식, 증발하는 유체나 연료의 종류 등에 따라 분류할 수 있다.

나) 열 교환기

폐열을 회수 이용하는데 열 교환기도 중요한 일부를 차지한다. 그러나 열 교환기는 폐열을 전량 흡수하기에는 부피가 상당히 커야 하므로 독자적인 폐열 회수 시설이기 보다는 보일러 등에 설치, 보조적으로 폐열을 회수하도록 되어 있다. 열 교환기에는 과열기, 재열기, 절탄기 및 공기 예열기 등이 있다.

(1) 과열기

과열기는 보일러에서 발생하는 포화 증기에 다수의 수분이 함유되어 있으므로 수분을 제거하고 과열도가 높은 증기를 얻기 위해 설치한다. 과열증기는 온도가 높을수록 효과가 크며 과열도는 사용 재료에 따라 제한된다. 과열기 재료는 탄소강을 비롯하여 니켈, 몰리브덴, 바나듐 등을 함유한 특수 내열 강관을 사용하고 있다.

(2) 재열기

재열기는 과열기와 같은 구조로 되어 있으며 대개는 과열기의 중간 또는 뒤쪽에 배치된다. 재열기는 증기 터어빈 속에서 소정의 팽창을 하여 포화증기에 가까워진 증기를 도중에 이끌러 내어 그 압력으로 재차 가열하여 다시 터어빈에 되돌려 팽창시키는 경우에 사용한다.

(3) 절탄기

절탄기는 연도에 설치되며 보일러 전열면을 통하여 연소가스의 여열로 보일러 급수를 예열하여 보일러의 효율을 높이는 장치이다. 그 부대 효과로 급수 예열에 의해 보일러수와의 온도차가 감소하므로 보일러 드럼에 발생하는 열응력이 경감되는 것을 들 수 있다. 또 주의할 점은 급수온도가 낮은 경우 연도가스 온도가 저하하면 절탄기 저온부에 접하는 가스온도가 노점에 달하여 절탄기를 부식시킴에 유의를 해야 한다.

(4) 공기 예열기

공기 예열기는 온도 가스 여열을 이용하여 연소용 공기를 예열하여 보일러의 효율을 높이는 장치이다. 이의 부대 효과로서는 연료의 착화와 연소를 양호하게 하고 연소온도를 높이는 효과가 있다.

6) 소각시설의 설치기준

폐기물처리시설 중 소각로의 설치기준은 폐기물관리법 시행규칙 제35조로 정하고 있고 그 내용은 공통기준과 개별기준으로 분류하고 있고 세부적인 내용을 아래에 나타내었다.

가) 공통기준

- 연소실 · 열분해실(가스화실을 포함) 및 고온용융실의 예열 및 온도를 조절할 수 있도록 보조버너 등 충분한 용량의 보조연소장치를 설치하여야 한다.
- 연소실 · 열분해실 및 고온용융실의 연소용 공기 또는 산소 등이 안정적으로 공급될 수 있는 장치(공급량을 조절할 수 있는 기능을 갖는 것만 해당)를 설치하여야 한다.
- 뚝을 설치하는 경우에는 통풍력과 배기 가스의 대기 확산을 고려한 높이와 구조를 가져야 한다.
- 폭발사고와 화재 등에 대비한 안전한 구조이어야 하며, 소화기 등 필요한 장비를 갖추어야 한다.
- 시설규모, 처리대상 폐기물의 종류, 소각방식, 설계 · 시공자명 및 연락처 등 필요한 사항을 지워지지 않고, 파손되지 않는 방법으로 표시한 표지를 붙여야 한다.
- 소실 · 열분해실 및 고온용융실에는 시설 내의 압력변화를 감지할 수 있는 압력측정계를 설치하여야 한다. 다만, 지정폐기물 외의 폐기물을 처리하는 시설로서 시간당 처리능력이 200킬로그램 미만인 시설의 경우에는 그러하지 아니하다.
- 시간당 처리능력이 2톤 이상인 경우에는 반입되는 폐기물의 무게를 측정할 수 있는 계량 시설을 설치하여야 한다. 다만, 시 · 도지사나 지방 환경관서의 장이 인정하는 경우와 다른 곳의 계량 시설을 이용하여 반입되는 폐기물의 무게를 측정할 수 있는 경우에는 그러하지 아니하다.
- 연소실 · 열분해실 및 고온용융실의 최종 출구에는 출구온도 측정공을 설치하고, 각 시설의 출구온도 기준보다 섭씨 300도 이상까지, 대기오염 방지시설 중 최초 집진시설의 입구에는 섭씨 600도 이상(시간당 처리능력이 2톤 이상인 시설만 해당) 측정할 수 있는 온도지시계 및 온도변화를 연속적으로 기록할 수 있는 자동온도기록계를 붙여야 한다.
- 연소실 · 열분해실 및 고온용융실의 외부를 철판으로 덮은 경우에는 본체의 고온부위를 내열도료로 색질 또는 단열처리하거나 내화난얼벽돌, 캐스터블내화물 등으로 시공하여 그 외부 표면온도를 섭씨 80도 이하(시간당 처리능력이 200킬로그램 미만인 시설의 경우에는 섭씨 120도 이하)로 유지할 수 있는 구조이어야 한다. 다만, 회전식

소각시설 등 구조상 단열을 충분히 할 수 없는 경우에는 그러하지 아니하다.

- 대기오염 방지시설 중 최초 집진시설에 흘러 들어오는 연소가스를 섭씨 200도 이하(시간당 처리능력이 2톤 미만인 시설의 경우에는 섭씨 250도 이하)로 냉각시키기 위한 냉각시설이나 폐열회수시설을 설치하여야 한다. 다만, 시간당 처리능력이 200킬로그램 미만인 시설로서 대기오염 방지시설의 처리공정상 연소가스의 냉각이 필요하지 아니하는 경우에는 그러하지 아니한다.
- 「대기환경보전법 시행령」 제17조에 따른 굴뚝 자동측정기기를 부착하여야 하는 소각시설은 같은 법 시행령 제17조 및 같은 법 시행규칙 제37조에 따라 굴뚝 자동측정기기를 설치하고 운영 · 관리하여야 하며, 대기오염 방지시설의 입 · 출구 및 굴뚝에는 배출가스의 온도, 대기오염물질의 농도 등을 측정할 수 있는 측정공을 대기오염공정시험방법에 맞게 설치하여야 한다.
- 폐기물 투입구 및 청소구는 고온에 견딜 수 있는 재질로 만들어야 하며, 외부공기가 흘러 들어오거나 연소가스가 새어 나가는 것을 방지할 수 있는 구조이어야 한다.
- 내부의 연소상태를 볼 수 있는 구조이어야 하며, 소각재의 제거 시 재의 흩날림을 방지할 수 있는 구조이어야 한다.
- 폐기물반입장 · 저장조 등에서 발생하는 악취가 처리시설의 외부로 새어나가는 것을 방지할 수 있는 시설을 설치하여야 한다. 다만, 시간당 처리능력이 2톤 미만인 시설인 경우에는 공기차단시설 등 간이시설을 설치할 수 있다.
- 시간당 처리능력이 25킬로그램 이상인 소각시설은 「잔류성유기오염물질 관리법 시행규칙」 별표 3 제1호가목 · 제2호가목 · 제4호가목에 따른 다이옥신 배출기준을 지킬 수 있는 시설을 설치하여야 한다.
- 허가 · 승인을 받거나 신고한 시간당 처리능력을 초과하여 설치하여서는 아니 된다.

나) 개별기준

(1) 일반소각시설

- 연소실(연소실이 둘 이상인 경우에는 최종 연소실)의 출구온도는 섭씨 850도 이상(의료폐기물을 대상으로 하는 소각시설 외의 시설로서 시간당 처리능력이 200킬로그램 미만인 경우에는 섭씨 800도 이상)이어야 한다. 다만, 종이, 목재류만을 소각하는 경우에는 섭씨 450도 이상이어야 한다.
- 연소실은 연소가스가 2초 이상(의료폐기물을 대상으로 하는 소각시설 외의 시설로서

시간당 처리능력이 200킬로그램 미만의 경우에는 0.5초 이상, 시간당 처리능력이 200킬로그램 이상 2톤 미만인 경우에는 1초 이상) 체류할 수 있고, 충분하게 혼합될 수 있는 구조이어야 한다. 이 경우 체류시간은 섭씨 850도(의료폐기물을 대상으로 하는 소각시설 외의 시설로서 시간당 처리능력이 200킬로그램 미만인 경우에는 섭씨 800도, 종이 · 목재류 및 마늘피 등 초근목피류를 소각하는 경우에는 섭씨 450도)에서의 부피로 환산한 연소가스의 체적으로 계산한다.

- 바닥재의 강열감량이 10퍼센트 이하(지정폐기물 외의 폐기물을 소각하는 시설로서 시간당 처리능력이 200킬로그램 미만인 소각시설의 경우에는 15퍼센트 이하)가 될 수 있는 소각 성능을 갖추어야 한다. 다만, 2008년 1월 1일 이후 가동 개시되는 생활폐기물 소각 시설은 강열감량이 5퍼센트(시간당 처리능력이 200킬로그램 미만의 경우에는 10퍼센트) 이하가 될 수 있는 소각 성능을 갖추어야 한다.
- 2차 연소실이 없는 연소방식 중 연속투입방식의 경우에는 폐기물을 투입할 연소실과 외부공기가 차단되도록 이중문 등의 구조이어야 하며, 이 경우의 연소실은 출구기준온도 이상이 유지될 수 있는 구조이어야 한다.
- 폐기물을 일괄 투입하여 연소하는 방식의 경우에는 소량의 공기로 가스화시키는 가스화실과 이에 접속된 연소실을 가진 구조이어야 하며, 이 경우 가스화실은 연소가스 체류시간을 산정할 때에 연소실로 보지 아니한다.
- 의료폐기물을 대상으로 하는 소각시설(시간당 처리능력이 200킬로그램 이상인 시설만 해당한다)에는 폐기물을 자동으로 투입하는 장치와 투입되는 폐기물의 양을 자동계측하는 장치를 갖추어야 한다.

(2) 고온소각시설

- 2차 연소실의 출구온도는 섭씨 1,100도 이상이어야 한다.
- 2차 연소실은 연소가스가 2초 이상 체류할 수 있고, 충분하게 혼합될 수 있는 구조이어야 한다. 이 경우 체류시간은 섭씨 1,100도에서의 부피로 환산한 연소가스의 체적으로 계산한다.
- 고온소각시설에서 배출되는 바닥재의 강열감량이 5퍼센트 이하가 될 수 있는 소각 성능을 갖추어야 한다.
- 1차 연소실에 접속된 2차 연소실을 갖춘 구조이어야 한다.

(3) 열분해시설

- 폐기물투입장치, 열분해실(가스화실을 포함), 가스연소실(열분해가스를 연소시키는 경우만 해당) 및 열회수장치가 설치되어야 한다.
- 열분해가스를 연소시키는 경우에는 가스연소실의 출구온도는 섭씨 850도 이상이 되어야 한다.
- 열분해가스를 연소시키는 경우에는 가스연소실은 가스가 2초 이상(시간당 처리능력이 200킬로그램 미만인 시설의 경우에는 1초 이상) 체류할 수 있고 충분하게 혼합될 수 있는 구조이어야 한다. 이 경우 체류시간은 섭씨 850도에서 부피로 환산한 연소가스의 체적으로 계산한다.
- 열분해실(가스화실을 포함)에서 배출되는 바닥재의 강열감량이 10퍼센트 이하(시간당 처리능력이 200킬로그램 미만인 시설의 경우에는 15퍼센트 이하)가 될 수 있는 성능을 갖추어야 한다. 다만, 열분해 시 발생하는 탄화물을 재활용하는 경우에는 그러하지 아니하다.

(4) 고온용융시설

- 고온용융시설의 출구온도는 섭씨 1,200도 이상이 되어야 한다.
- 고온용융시설에서 연소가스의 체류시간은 1초 이상이고 충분하게 혼합될 수 있는 구조이어야 한다. 이 경우 체류시간은 섭씨 1,200도에서의 부피로 환산한 연소가스의 체적으로 계산한다.
- 고온용융시설에서 배출되는 잔재물의 강열감량은 1퍼센트 이하가 될 수 있는 성능을 갖추어야 한다.

7) 소각로의 관리 기준

폐기물처리시설 중의 소각로의 관리기준은 폐기물 시행규칙 제 42조에 정해져 있는데 소각로의 설치기준과 마찬가지로 공통기준과 개별기준으로 나누고 세부적인 내용을 아래에 나타내었다.

가) 공통기준

- 해당 시설에서 처리가 가능한 폐기물만을 소각하여야 한다
- 연소실에 폐기물을 투입하려는 경우에는 보조연소장치나 그 밖의 방법을 사용하여 섭씨 800도(「대기환경보전법」 제32조에 따른 측정기기를 붙이고 같은 법 시행령 제

13조의2에 따른 굴뚝자동측정관제센터와 연결하여 정상적으로 운영되는 의료폐기물 외의 폐기물을 대상으로 하는 소각시설의 경우에도 600도, 종이 · 목재류만을 소각하는 경우에는 450도)까지 온도를 높인 후 폐기물을 투입하여야 하고, 시설의 가동을 멈출 때에는 폐기물이 완전히 연소한 후 온도를 낮추어야 한다.

- 시간당 처리능력이 2톤 이상인 생활폐기물 소각 시설의 경우에는 일산화탄소 농도를 4시간 평균 50ppm(표준산소농도 12%로 환산한 농도로서 4시간 평균치를 말함) 이내로 배출되도록 유지 · 관리하여야 한다.
- 소각시설의 연소실 · 열분해실(가스화실을 포함) 또는 고온용융실의 최종 출구온도를 연속적으로 측정 · 기록하여야 하며, 시간당 처리능력이 2톤 이상인 소각시설의 경우에는 대기오염 방지시설 중 최초 집진시설(전기 · 여과집진시설이 설치되어 있으면 전기 · 여과집진시설을 최초 집진시설로 봄)의 입구온도 및 배출가스 중의 일산화탄소 · 산소 · 분진농도를 연속적으로 측정 · 기록하여야 한다. 다만, 「대기환경보전법」 제32조에 따라 측정기를 붙이고 이를 같은 법 시행령 제13조의2에 따른 굴뚝자동측정관제센터와 연결하여 정상적으로 운영하는 경우에는 연속적으로 측정 · 기록한 것으로 본다.
- 대기오염 방지시설 중 최초 집진시설에 흘러드는 연소 가스는 섭씨 200도(시간당 처리능력이 2톤 미만인 시설의 경우에는 섭씨 250도) 이하로 유지 · 관리하여야 한다.
- 소각시설의 유지 · 관리를 위하여 운전관리자를 선임하고 운전지침서를 갖추어 두어 운전 중에는 운전관리자가 계속 머물면서 운전지침서에 따라 운영하도록 하여야 한다.

나) 개별기준

(1) 일반소각시설

- 연소실(연소실이 둘 이상인 경우에는 최종 연소실)의 출구온도는 섭씨 850도(의료폐기물을 대상으로 하는 소각시설 외의 시설로서 시간당 처리능력이 200킬로그램 미만인 경우에는 섭씨 800도, 종이 또는 접착제 · 페페인트 · 기름 및 방부제 등이 묻어있지 아니한 순수한 목재류만을 소각하는 경우에는 섭씨 450도) 이상을 유지하여야 한다. 다만, 기계고장 · 이물질 유입 등으로 불가피한 경우에는 출구온도를 기준온도보다 20도 낮은 온도의 범위에서 상애세거와 정상가동에 필요한 시간 동안 일시적으로 유지할 수 있다.

- 연소실은 연소가스가 2초(의료폐기물을 대상으로 하는 소각시설 외의 시설로서 시간당 처리능력이 200킬로그램 미만의 경우에는 0.5초, 시간당 처리능력이 200킬로그램 이상 2톤 미만인 경우에는 1초)이상 체류하여야 한다.
- 바닥재의 강열감량이 10퍼센트(지정폐기물 외의 폐기물을 소각하는 시설로서 시간당 처리능력이 200킬로그램 미만인 소각시설의 경우에는 15퍼센트) 이하가 되도록 소각하여야 한다. 다만, 2008년 1월 1일 이후 가동이 시작되는 생활폐기물 소각 시설은 강열감량이 5퍼센트(시간당 처리능력이 200킬로그램 미만의 경우에는 10퍼센트) 이하가 되도록 소각하여야 한다.

(2) 고온소각시설

- 연소실(연소실이 둘 이상인 경우에는 최종 연소실)의 출구온도는 섭씨 1,100도 이상을 유지하여야 한다. 다만, 기계고장 · 이물질 유입 등으로 불가피한 경우에는 출구온도를 기준온도보다 50도 낮은 온도의 범위에서 장애제거와 정상가동에 필요한 시간 동안 일시적으로 유지할 수 있다.
- 연소실은 연소가스가 2초 이상 체류하여야 한다.
- 바닥재의 강열감량이 5퍼센트 이하가 되도록 소각하여야 한다.

(3) 열분해시설

- 열분해가스를 연소시키는 경우에는 가스연소실의 출구온도는 섭씨 850도 이상을 유지하여야 한다. 다만, 기계고장 · 이물질 유입 등으로 불가피한 경우에는 출구온도를 기준온도보다 20도 낮은 온도의 범위에서 장애제거와 정상가동에 필요한 시간 동안 일시적으로 유지할 수 있다.
- 열분해가스를 연소시키는 경우에는 가스연소실은 가스가 2초 이상(시간당 처리능력이 200킬로그램 미만인 시설의 경우에는 1초 이상) 체류하여야 한다.
- 열분해 잔재물의 강열감량이 10퍼센트(지정폐기물 외의 폐기물을 소각하는 시설로서 시간당 처리능력이 200킬로그램 미만인 소각시설의 경우에는 15퍼센트) 이하가 되도록 소각하여야 한다.

(4) 고온용융시설

- 고온용융시설의 출구온도는 섭씨 1,200도 이상을 유지하여야 한다. 다만, 기계고장 · 이물질 유입 등으로 불가피한 경우에는 출구온도를 기준온도보다 50도 낮은 온

도의 범위에서 장애제거와 정상가동에 필요한 시간 동안 일시적으로 유지할 수 있다.

- 고온용융시설은 연소가스가 1초 이상 체류하여야 한다.
- 고온용융시설에서 배출되는 잔재물의 강열감량은 1퍼센트 이하가 되도록 용융하여야 한다.

9.5.6 퇴비화(composting)

퇴비화는 호기성 조건하에서 생물학적으로 유기물을 안정화시키는 고형폐기물 자원화 방법 중 하나이다. 즉, 도시폐기물 중 음식물쓰레기, 축산폐기물, 낙엽 또는 하수처리장 슬러지와 같은 유기물을 안정한 상태의 부식토로 변환시키는 생물학적 공정으로 반응을 식 (9-50)과 같이 표현될 수 있다.

$$\text{복잡한 유기물} + O_2 \rightarrow \text{보다 덜 복잡한 유기물(humus)} + CO_2 + H_2O + NH_3 + \text{열} \quad (9\text{-}50)$$

부산물인 퇴비는 100% 안정된 유기물은 아니며 퇴비내의 유기물질은 매우 느린 속도로 3~4주간 계속 분해가 진행된다. 퇴비화 과정은 호기성이기 때문에 그 기간 동안 혼합에 의해 공기가 공급되어야 하며 생물학적 과정에 의해 분해가 일어나면서 병원균을 파괴시킬 수 있는 55℃ 이상이 되어야 한다.

반응에서 생성된 humus는 악취가 없는 안정한 유기물이고, 병원균이 사멸되어 거의 없는 것이 특징이다. 왜냐하면 퇴비화기간 중 발생된 열에 의해 많은 병원균을 파괴했기 때문이다. 물 보유력과 양이온교환능력이 좋기 때문에 토양 개량제로서 역할을 할 수 있는 물질이다. 이외의 퇴비화의 장 · 단점을 표 9.9에 나타내었다.

표 9.9 퇴비화에 따른 장 · 단점 비교

장 점	단 점
• 유기물의 안정화 • 부피감소 • 병원성미생물, 해충알 사멸 • 퇴비, 토양개량제 등 부산물 생산	• 생산 퇴비 비료가치 낮음 • 품질표준화 어려움 • 소요부지 넓음 • 악취발생

1) 퇴비화 과정

퇴비화는 호기성과 혐기성으로 나누는데 악취발생문제와 영양염류의 손실을 방지하기 위해 주로 호기성 방법이 선호된다. 따라서 여러 종류의 많은 중온성, 고온성 미생물이 관여를 한다.

그림 9.38에서 보는 것과 같이 분해 과정은 크게 3부분으로 나누어진다. 첫 번째는 유기물 중에 있는 분해가 쉬운 물질인 당류, 아미노산 등이 미생물에 의하여 섭취되는 1~2일간으로 퇴비더미 온도가 오르기 시작하는 단계이다. 두 번째는 고온성 분해과정으로 주로 유기성 폐기물 중의 셀룰로오스, 펩틴 등의 분해가 이루어지며 보통은 수주 간 지속이 된다. 세 번째는 숙성단계로 온도가 떨어지고 분해속도가 느려지며 다시 중온성 미생물 등이 정착한다.

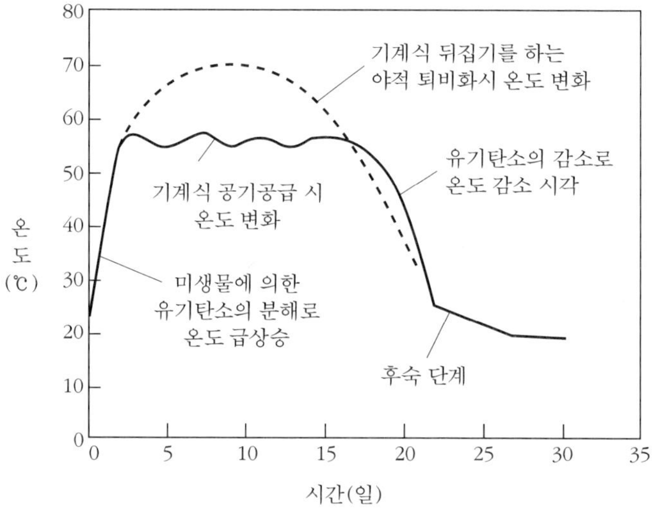

그림 9.38 퇴비화 과정에서 온도의 변화

가) 초기단계

퇴비화 과정의 초기에는 중온성 진균과 세균들이 주로 유기물을 분해하고 이들 작용에 의해 퇴비더미가 40℃ 이상으로 상승됨에 따라 고온성 세균과 방선균으로 대체되기 시작하는 단계이다.

나) 고온단계

초기단계의 중온성 미생물에 의한 폐기물의 분해로 열이 발생하고 퇴비더미에 열이 축적되면 온도가 상승하고 동시에 중온성 미생물의 밀도와 분해활동이 급격히 감소하는 대신에 고온성 미생물의 밀도는 증가된다.

고온단계에서 퇴비의 온도는 대개 50~60℃가 계속적으로 유지되지만 때에 따라서는 더 온도가 상승하여 60℃ 이상으로 오르기도 하는데 60~65℃에서는 퇴비중의 고온성 세균 및 방선균 등의 미생물이 모두 사멸하여 미생물의 다양성이 급격히 감소하고 열에 견딜 수 있는 포자형성 세균만 남게 되어 퇴비화 효율이 급격히 떨어진다.

다) 숙성단계

고온성 미생물의 작용에 의한 분해가 끝나면 대부분 분해 가능한 유기물이 분해되었기 때문에 분해속도가 훨씬 느려짐에 따라 퇴비온도는 40℃ 이하로 떨어진다. 이때 다시 중온성 미생물이 재정착을 하는데 초기 단계의 미생물 종류와 밀도와는 약간의 차이가 있는 것은 숙성단계의 유기물들은 상당부분 더 이상 분해가 쉽게 되지 않는 부식질로 변하기 때문이다. 부식질은 리그닌 함량이 높고 가용 영양분의 함량이 낮기 때문에 이러한 환경에 적합한 방선균이 많아진다.

2) 퇴비화 공정에 영향을 미치는 인자

가) 온도

퇴비화 과정에서 온도는 퇴비화 완료 여부를 나타내는 지표로서 활용될 만큼 중요한 인자이다. 폐기물이 생물학적으로 안정화 되려면 폐기물질 내의 분해 가능한 물질이 분해되어야 하는데 이 분해는 곧 발열반응이므로 온도상승이 분해 작용의 판단 기준이 된다.

일반적으로 최적온도는 55~60℃이나 실제로는 70℃ 넘는 경우가 흔하다. 이때는 공기 공급량을 증가시킴으로서 온도 조절을 할 수 있다. 이렇게 하는 이유는 60℃ 온도에서 분해효율이 떨어지기 때문이다.

나) 수분

수분함량은 미생물의 활동에 결정적인 영향을 미치는 환경요인이다. 퇴비화 도중 수분함량은 감소하기도 한다. 수분감소는 열의 발생으로 인한 수증기의 증발로 감소된다. 그리하여 퇴비화 진행 중 퇴비더미를 과도하게 뒤집거나 공기함량을 많이 하게 되면 수분감소에 의한 미생물의 활동이 줄어들어 퇴비화의 효율이 떨어진다.

퇴비화에 적당한 수분함량은 50~60%로 40% 이하가 되면 분해율이 감소하고 60% 이상이 되어도 산소확산이 잘되지 않아 혐기적 생물작용에 의한 악취가 발생되거나 퇴비화 효율이 떨어지게 된다.

다) 탄소/질소비(C/N 비)

유기성 폐기물의 탄질비는 미생물의 분해 대상인 유기물의 특성으로 효과적으로 퇴비화를 진행시키기 위한 가장 직접적인 중요 인자이다. 탄소는 미생물이 생장하기 위한 에너지원으로 질소는 생장에 필요한 단백질합성에 주로 쓰인다. 보통 미생물 세포의 탄질비가 5~15로 미생물에 의한 유기물의 분해는 탄질비가 미생물 세포와 비슷해질 때까지 이루어진다.

보통 퇴비화에 적합한 폐기물의 초기 탄질비가 26~35로 분해가 진행될수록 낮아져 최종적으로는 10정도가 된다. 탄소가 많으면 유기산 등이 발생하여 pH를 낮추고 역시 미생물의 활동도 억제한다. 반대로 탄질비가 20보다 낮으면 질소가 암모니아로 변하여 pH를 증가시키고 악취발생의 원인이 된다.

라) 공기

퇴비화 과정은 유기물의 호기적 산화 분해로 산소의 존재는 필수적이다. 유기물이 반응에 의하여 이산화탄소, 물, 미생물 세포, 열 그리고 분해 뒤 부식질로 바뀌어 진다.

퇴비화에 공급되는 공기는 미생물이 호기적 대사를 할 수 있도록 하고, 온도를 조절하고, 수분과 이산화탄소와 다른 가스 등을 제거하는 역할을 한다. 과도하게 많은 공기를 공급하면 수분의 제거와 퇴비 온도 저하로 퇴비화가 늦어질 수도 있다. 퇴비화 과정 중 연속적으로 공급되는 공기의 산소함량이 5~15% 범위에 있어야 한다고 판단하고 있다. 이를 위한 공기 주입율은 대개 50~200L/min · ㎥ 정도이다.

여러 가지 폐기물은 그 물리적 성상에 따라 공기가 드나들 수 있는 공간 부피가 다른데 대략 퇴비 부피의 30~36%가 퇴비화에 적합한 것으로 제안되었다. 공간의 부피는 수분의 함량과도 밀접한 관계가 있으며 수분이 많으면 상대적으로 공간이 적어지고 공기의 자유로운 유동이 억제된다. 폐기물의 종류에 따라 공간의 부피를 늘리기 위해 몇 가지 팽화제를 첨가하기도 하는데 이는 탄질비, pH조절 효과도 있다.

마) pH

퇴비화를 위한 폐기물의 적합한 pH 범위는 폐기물 발생 장소에 따라 약간씩 차이가 있겠지만 대략 미생물의 생장이 활발한 pH는 5.5~8.0 범위이다. 폐기물의 종류에 따라 pH가 퇴비화에 적절하지 못한 산성 또는 알칼리성인 것인 탄산칼슘, 생석회 또는 수산화칼슘 등을 첨가하기도 하지만 퇴비화 진행에는 그다지 큰 영향을 미치지는 않는 것으로 보고되고 있다.

3) 퇴비화 공정

가) 야적퇴비화법(windrow composting)

1930년 영국인 Howard에 의해서 생활쓰레기, 가축분뇨, 하수슬러지, 짚과 흙을 층층히 쌓아 퇴비화하는 방법으로 Indore법이라고 한다. 우리나라에서는 농촌에서 짚단과 잡개, 그리고 인, 축의 분뇨를 섞어 야적하여 발효시킨 후 퇴비로 사용해 온 방법과 유사하다. 퇴비화 기간은 6개월 정도이고 유기온도는 65~75℃로 고온이다.

나) 통기식퇴비단법(Aerated static pile composting)

탈수슬러지와 반송퇴비 또는 첨가물을 혼합하여 수분, pH를 조정한 후 일정 높이로 퇴적하고 하부에서 공기를 공급하여 퇴비화시킨다. 퇴적고를 2m 정도로 하고 악취방지를 위해 혼합물의 상부를 약 30㎝ 정도 숙성퇴비로 덮거나 배출가스를 강제로 혼입하여 숙성 퇴비 사이를 통과시켜 처리한다(그림 9.39).

통기는 송풍기로부터 통기관을 이용해 주입하는 간단한 방법을 이용하는 경우가 많으며 뒤집기는 불도저를 사용하는데 이 방법은 설비비가 싸지만 넓은 부지를 필요로 하는 단점이 있다.

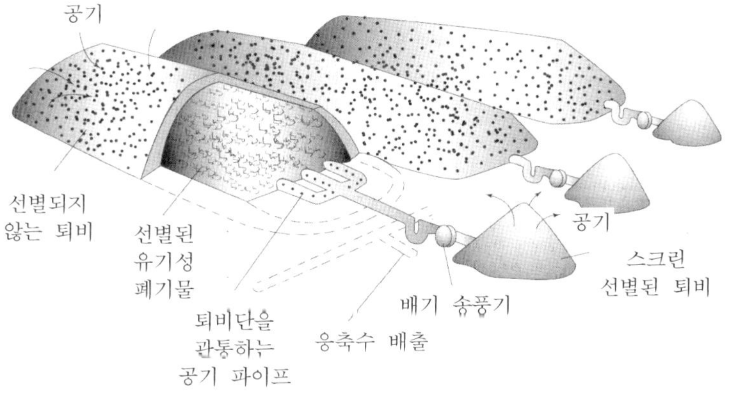

그림 9.39 통기식 퇴비단법

다) 고속퇴비화법(high rate composting)

공기, 온도, 수분, C/N비 등 최적의 호기성 발효조건을 인위적으로 부여하면서 퇴비화를 고속으로 진행시키는 방법으로 일명 기계법이라고도 한다. 기계식 퇴비 반응조의 한가

지인 수직형 퇴비화 반응조는 폐기물의 주입 및 공기공급 등 운영상의 어려움이 있으나 부피를 적게 차지 한다는 장점이 있다. 수평형 퇴비반응조의 경우 운영상의 문제는 적은 반면 그림 9.40와 같이 부피를 많이 차지 한다는 단점이 있다.

퇴비화시간은 40시간에서 최장 7일 정도이다. 이 방법은 초기에 시설비가 많이 투자되는 반면에 처리능력이 공정에 따라 다수 차이가 있지만 야적법에 비하여 10배 정도 높다. 현재 우리나라 음식물 폐기물 퇴비화는 모두 고속 퇴비화법으로 하고 있다.

그림 9.40 고속퇴비화법

9.5.7 최종처분

폐기물을 분리수거하여 재활용물질을 회수하고 나머지 폐기물은 중간처리를 거쳐 다시 분리 과정을 거친 후 최종 처리되어야 한다. 최종 처리하는 방법은 크게 대지 처분, 해양 처분, 대기와 우주에 처분하는 방법으로 나눌 수 있다. 해양처분은 슬러지 처분에 이용해 오고 있는 방법이고 대기로의 처분은 폐기물을 소각하여 대기로의 처분을 의미한다.

1) 폐기물 매립

매립에는 매립방법, 매립구조, 매립 공법에 따라 분류될 수 있는데 매립방법은 단순매립, 위생매립, 안전매립이고 매립구조에 따라 혐기성 매립, 혐기성 위생 매립, 개량혐기성 위생매립, 준호기성 매립, 호기성 매립으로 나눌 수 있다. 그리고 매립공법에 따라 내륙 매립과 해안 매립으로 나누고 내륙매립은 샌드위치 공법, 셀공법, 압축매립공법, 도랑형 공법이 있고 해안 매립은 내수배제 도는 수중투기 공업, 순차투입공법, 박층뿌림공법이 있다.

가) 매립 방법에 따른 분류

단순매립은 비위생적 매립이고 위생매립은 일반폐기물처분에 가장 경제적이고 흔히 사용하는 방법으로 알려져 있다. 그리고 안전매립은 유해폐기물의 최종처분방법으로 환경오염을 최소화하기 위하여 유해폐기물을 자연계와 완전 차단시키는 방법이다.

나) 매립위치에 따른 분류

매립위치에 따라 내륙매립과 해안매립으로 구분한다. 매립부지가 충분히 확보된 경우에는 내륙매립이 시행되나 여의치 않을 때 해안매립을 하게 된다. 예를 들어 난지도가 내륙매립의 대표적이고 수도권매립지가 해양매립의 대표적인 예로 생각하면 된다.

다) 매립구조에 따른 분류

(1) 혐기성 매립

기존의 산간지나 지습지에 폐기물을 단순 투기하는 방법으로 환경에 미치는 영향이 크고 현재는 법적으로 투기를 금지하고 있다.

(2) 혐기성 위생매립

약 2~3m로 폐기물을 쌓고 그 위에 50cm 정도 복토하는 방법으로 악취, 파리, 곤충들과 매립지 화재에는 어느 정도 해결될 수 있으나 침출수와 가스 문제는 그대로 남아 있는 공법이다.

(3) 개량형 혐기성 위생매립

혐기성 위생매립에서 문제가 되는 침출수와 가스 문제를 해결하기 위해 저부에 불투수층과 침출수 배세관을 설치하여 오수 대책을 세운구조이다. 현재 시행되고 있는 위생매립이 바로 이 형태이다.

(4) 준호기성 매립

오수를 가능한 빨리 매립지 외로 배제하여 폐기물 층과 저부의 수압을 저감시켜 지하토양으로의 오수의 침투를 방지함과 동시에 집수하는 단계에서 가능한 침출수를 정화할 수 있도록 집수 장치를 설계한 구조이다. 집수를 위해 유공흄관 집수 장치를 사용하기 때문에 배수가 잘되어 매립내부의 수위가 저하되고 신선한 공기가 매립층 내부로 침투하기 쉬워 호기성 영역이 확대된다. 수도권매립지가 한 예이다.

(5) 호기성매립

호기성매립은 매립층 내에 강제적으로 공기를 불어넣어 층 내를 호기성 상태로 하여 폐기물을 보다 빨리 분해하여 안정시키게 하는 구조이다.

혐기성매립구조의 안정화 속도를 미생물의 동역학으로 비교해보면 호기성 매립의 안정화속도는 3배정도 빠르지만 운영비가 높다는 단점이 있다.

라) 매립공법에 의한 분류

매립공법이란 일반폐기물을 매립할 경우 계획된 매립량, 폐기물 층의 안정화, 매립지반의 역학적 특성, 매립 후 토지의 이용성 및 매립작업효율 향상을 도모할 수 있도록 순서와 방법이 고려되어야 하고 장비의 선정을 하는 것이다.

(1) 샌드위치 공법

그림 9.41에서 보는 바와 같이 쓰레기를 수평으로 고르게 깔아 압축하고 복토를 해서 쓰레기층과 복토층을 교대로 쌓는 것으로 좁은 산간지 등에 이용하고 있다.

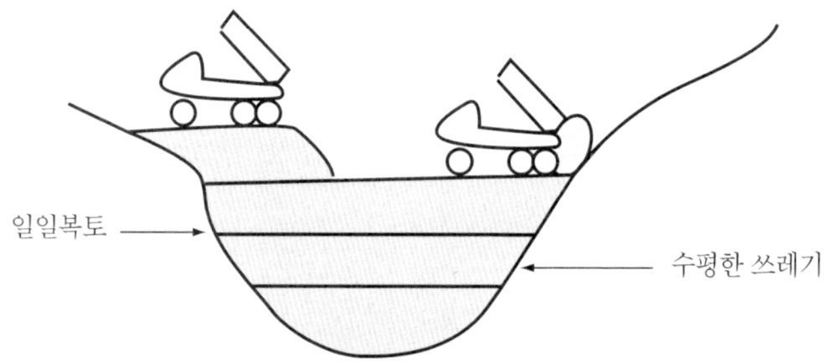

그림 9.41 샌드위치 공법

(2) 셀공법

셀공법은 셀모양으로 셀마다 일일복토를 해나가는 방식으로 현재 가장 많이 사용하고 있는 방식이다. 쓰레기 비탈면의 경사는 15~25%의 구배를 두는 것이 좋다. 셀마다 독립 매립층이 완성됨에 따라 화재의 발생 및 확산을 방지할 수 있는 반면에 발생가스 및 매립층 내에 수분의 이동이 억제될 수 있는 가능성이 있기 때문에 침출수 처리시설이나 가스 처리시설 설치를 이를 충분히 고려할 필요가 있다(그림 9.42).

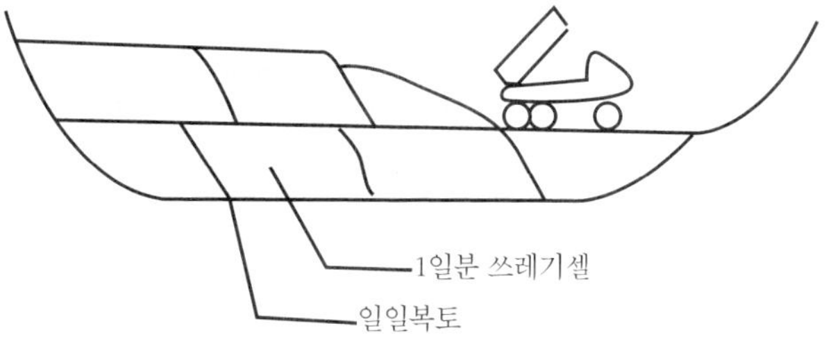

그림 9.42 셀공법

(3) 압축매립공법

그림 9.43처럼 쓰레기를 매립하기 전에 감용화를 목적으로 먼저 쓰레기를 일정한 더미 형태로 압축하여 부피를 감소시킨 후 포장을 실시하여 매립하는 방법이다. 이 방법은 쓰레기의 발생량이 증가하고 있고 쓰레기 매립지의 확보 및 사용기간이 크게 문제가 되고 있기 때문에 운반이 쉽고 안정성이 유리하다는 것과 지가가 비쌀 경우에 유효한 방법이다.

더미의 매립방법은 층별로 정렬하는 방법이 보편적이며 반드시 매립 층별로 5~10cm 정도의 복토을 실시하여야 한다. 최종 복토층은 향 후 토지이용을 고려하여 실시하되 1.5~2m 두께 정도가 필요하다.

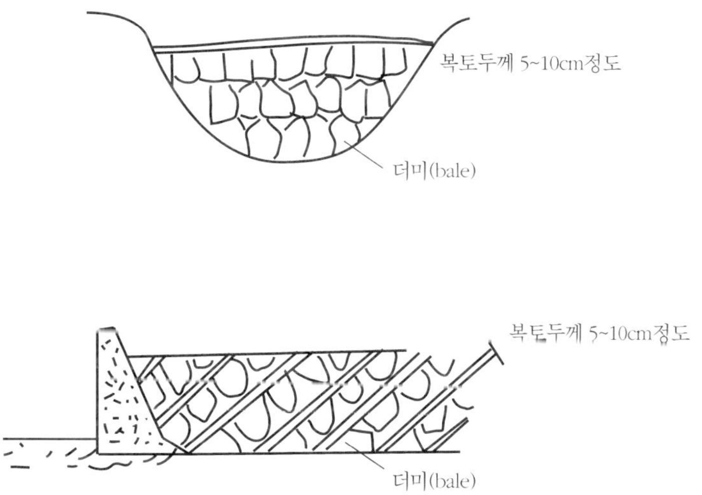

그림 9.43 압축매립공법

(4) 도랑형 공법

도랑형 매립은 약 2.5~7m 정도의 깊이로 도랑을 파고 이 도랑에 폐기물을 묻은 후 다지고 다시 흙을 덮는 형식이다(그림 9.44). 이 경우 파낸 흙은 복토재로 이용할 수 있다. 토양처리 공법과 동시에 활용할 수 있고 안정된 지역의 폐기물을 토지개량제로 활용할 수 있을 경우에는 그 자리에 다시 매립할 수 있으므로 토지 이용의 효율화를 도모할 수 있다.

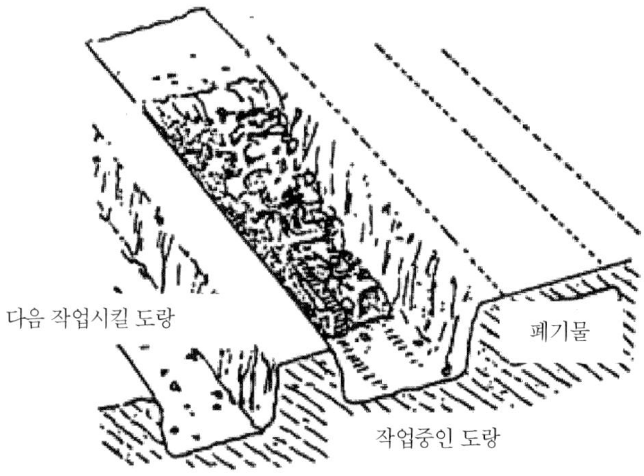

그림 9.44 도랑형 공법

(5) 내수배제 또는 수중투기 공법

수중의 매립방법은 외주호안이나 중간제방 등에 의해 고립된 매립지 내의 해수 등을 그대로 놓아둔 재 쓰레기를 투기하거나 또는 내수를 일부 내지는 전부를 배제하고 매립하는 방법이 있다.

내수배제를 하지 않고 매립하는 방법은 호안 등에 수압의 영향이 적고 구조상 유리한 반면 쓰레기 투입에 따라 오염된 내수를 처리해야 하며 쓰레기의 부유 및 화재시의 대책 등 관리의 문제가 생기기 때문에 부유하지 않는 쓰레기를 선택적으로 매립할 필요가 있다. 내수배제를 실시하는 경우는 외주호안 등에 부가되는 수압이 증대되어 과대한 구조가 되기 쉽다. 따라서 양자를 택일하기 위해서는 토질조건, 수압, 외주호안을 비롯한 저류구조물의 구조, 건설비, 환경보전, 방재대책 등을 종합적으로 고려해야 한다.

(6) 순차투입공법

그림 9.45처럼 호안에서부터 순차적으로 쓰레기를 투입하여 매립하는 방법이다. 수심이 깊은 처리장은 내수를 완전히 제거하기 위해서 건설비의 상승이 많이 될 때 이 방법을 선택한다. 이 방법은 바닥이 연약지반일 경우 쓰레기의 하중에 의해 연약층이 유동하거

나, 부유성 쓰레기의 수변 확산에 의해 수면부와 육지부와 구분이 어렵게 되는 경우에 매립장비의 매립사고가 발생할 우려가 있기 때문이 주의를 기울여야 한다.

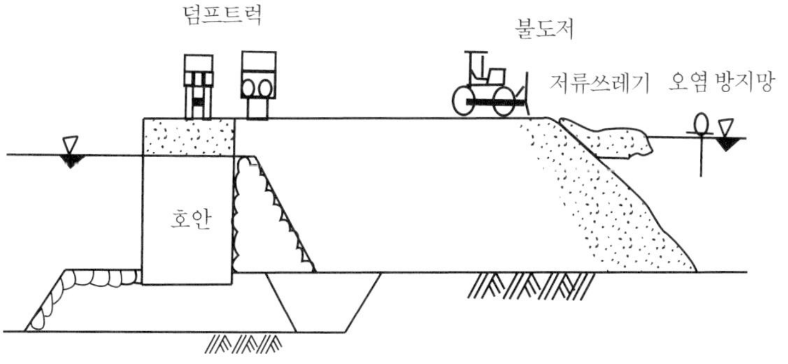

그림 9.45 순차투입공법

(7) 박층뿌림공법

매립후의 토지이용을 고려하여 순차투입을 하면 바닥지반 개량을 한 경우 파괴가 될 우려가 있다. 이때 밑면이 뚫린 바지선 등으로 쓰레기를 박층으로 떨어뜨려 바닥지반의 하중을 균등하게 해주는 방법이 사용된다(그림 9.46). 이것은 쓰레기 지반 안정화 및 매립부지 조기 이용 등에 유리하지만 매립효율이 떨어지는 단점이 있다.

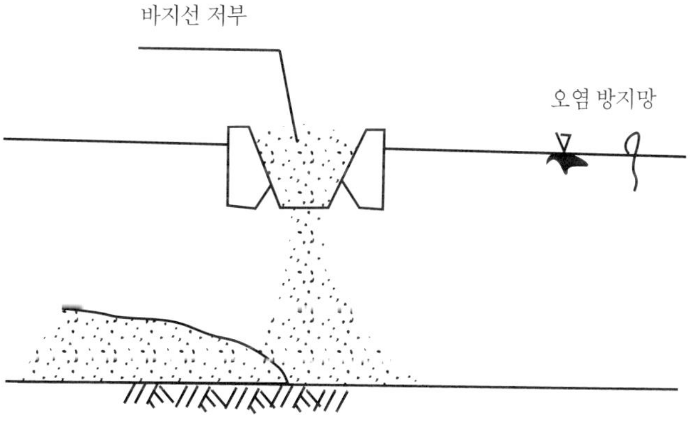

그림 9.46 박층뿌림공법

2) 매립지 내의 반응

생활폐기물 매립지의 경우는 분해 가능한 유기물이 많기 때문에 분해가 활발하게 일어나면서 생성물인 침출수와 가스의 량도 상당히 많은 편이다. 따라서 매립지의 효율적인 설계 및 운영을 위해서 매립기간 중의 매립기간 후 매립지 내의 반응을 이해하는 것이 중요하다.

반응은 생물학적, 물리적, 화학적으로 나누어 질 수 있는데 구체적으로 살펴보면 다음과 같다.

- 부패하기 쉬운 물질의 호기성, 혐기성 분해
- 화학적 산화
- 매립지내 가스의 이동 및 방출
- 침출수의 발생 및 이동
- 침출수에 의한 유기물질과 무기물질의 용출
- 공극사이로의 물질의 침투에 의한 불규칙한 매립 층의 침하

그리고 매립지의 반응은 일반적으로 분해, 가스와 침출수의 발생, 매립지의 침하 등으로 나눌 수 있다.

가) 매립지내 분해

고형물내의 생물 분해 가능한 유기성분은 매립과 동시에 분해가 시작된다. 초기에는 호기성 상태에서 분해가 시작되고 매립지내 산소가 거의 소비되면 혐기성 상태로 분해가 지속된다. 유기물의 분해는 물질의 특성과 수분의 함량에 따라 달라진다. 유기물질은 탄수화물, 지방, 단백질 등 분해가 용이한 유기물, 섬유질과 그 화합물을 포함한 유기물, 플라스틱, 고무, 가죽류 등으로 나눌 수 있다. 섬유질인 목재, 종이 등은 분해가 속도가 느리고 탄수화물, 지방, 단백질과 같은 유기 물질은 분해속도가 비교적 빠르다. 제한된 양의 수분과 무기염류는 위의 물질과 결합되어 존재한다. 폐기물이 분해되면서 혐기성 분해의 최종 산물은 부분적으로 안정된 유기물, 중간대사물질인 유기산 그리고 CO_2, CH_4, NO_2, H_2, H_2S와 같은 가스이다.

나) 가스의 발생

매립지에서 발생하는 가스는 메탄, 이산화탄소, 질소가 주된 성분이고 그 이외에 공기, 암모니아, 일산화탄소, 수소, 황화수소, 산소 등으로 시간의 경과에 따라 조성이 달라진다. 매립초기에는 이산화탄소의 함량이 많지만 2년 후 정도는 이산화탄소와 메탄가스의 비율이 거의 비슷하게 된다.

그림 9.47에서 보는 바와 같이 시간에 따른 매립가스 생성과정은 4단계로 나눌 수 있

다. 1단계에서는 호기성 단계로 매립 후 몇 일 또는 몇 개월 지속되는데 폐기물 내에 수분이 많은 경우는 반응이 가속화되어 용존산소가 쉽게 고갈되어 2단계로 넘어간다. 2단계는 혐기성단계지만 메탄이 형성되지 않는 임의성 미생물에 의하여 SO_4^{2-}, NO_3^-가 환원되는 단계이다. 이 반응에서 이산화탄소가 생성되며, 수분이 충분한 경우에 3단계로 넘어간다. 3단계는 혐기성단계로 메탄이 생성된다. 즉 메탄 함량이 증가하고 온도가 55℃까지 증가하게 된다. 4단계는 혐기성 단계로 가스내의 메탄과 이산화탄소의 함량이 거의 일정한 정상상태의 단계이다.

매립지내에서는 혐기성 분해가 주요 반응이 되며 매립 2년 후가 되면 대체로 메탄가스 55%, 이산화탄소 45%정도를 차지한다. 초기에 탄산가스의 함량이 높은 것은 호기성 반응의 결과이다.

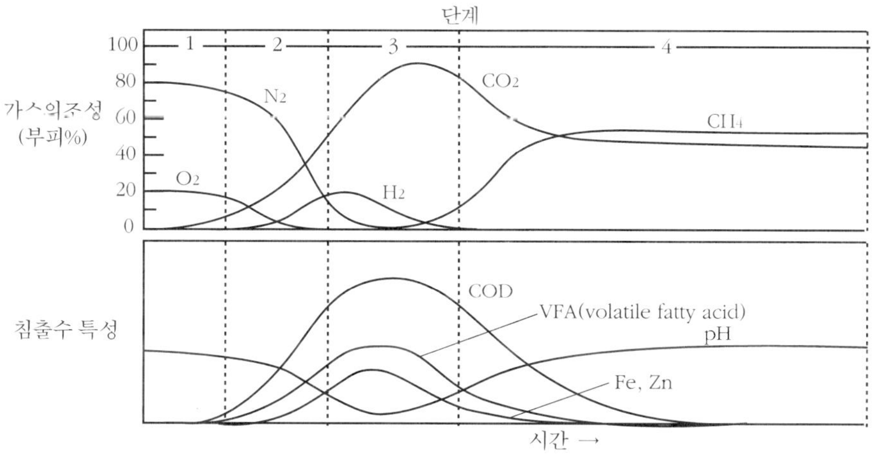

그림 9.47 매립 후 경과시간에 따른 가스의 조성 및 침출수의 특성

디) 침출수의 발생

침출수란 폐기물의 분해과정에서 생성되거나 외부로부터 유입된 물로서 매립지를 통하여 침투되어 바닥으로 흘러내리는 액체를 말한다. 침출수에 의한 지하수의 오염가능성 때문에 방지기술이 요구된다. 침출수 발생에 영향을 미치는 인자는 다음과 같다.

- 유입수의 특성(우수, 표층수 등)
- 매립지내에 매립한 폐기물의 종류
- 매립지의 분해상태

• 주변토양의 특성
• 매립지의 사용연수

대부분의 침출수는 매립지내에 강우량에 의하여 결정된다. 매립지 내에서 발생하는 침출수를 처리하기 위한 용량의 선정 시에는 일강우량을 기준으로 하여 여러 가지 인자를 고려해야 한다. 침출수의 수질 정도는 매립됨 폐기물의 종류, 강우량, 매립 후의 경과연수 등에 따라 많은 차이가 있다. 매립초기에는 높은 농도를 보이며 매립 후 기간이 경과할수록 농도가 점점 저하되는 경향이 있다.

3) 폐기물 매립지의 입지 선정

폐기물매립지의 목표인 인간 환경오염의 최소화, 자연환경에의 영향최소화, 매립지 설치운영의 용이성 극대화를 달성할 수 있도록 입자가 선장되어야 한다. 폐기물 매립지 입지 선정 시 검토하여야 할 사항을 크게 대별하면 다음과 같고 각 사항들을 어느 때에 검토하는가 하는 입지선정절차 또한 중요한 검토 대상이 된다

• 정책적 사항 – 관련법규 등
• 회적 사항 – 주민의견 수렴
• 기술적 사항 – 입지 선정 기준
• 경제적 사항

관련법규, 지역안배 또는 장래 국토이용계획 등 국가적 차원의 정책적 배려는 가능한 입지선정절차 초기에 반영하는 것이 바람직하다. 주민 및 공공단체 등에게 처음부터 매립지 계획에 대하여 알리는 것이 바람직하나 주민의 의견을 수렴하는 것은 일차적인 기술검토가 끝난 이후가 바람직하다.

입지선정항목 중 기술적 사항은 필요에 따라 여러 방법으로 대별될 수 있다. 가장 흔한 방법은 아래와 같이 물리적 조건에 기초하여 지형, 수문지질, 위치, 생태학적 고려, 토지이용, 기타 등이고 각 항목별로 세분화하여 표 9.10에 나타내었다.

표 9.10 폐기물 매립지 선정 시 입지선정기준 항목

대 항목	소 항목
1. 지형	(1) 충분한 부지확보 가능성 (2) 덮개흙 조달 용이도 (3) 토공량 (4) 우수배제 용이도
2. 수문지질	(1) 최고지하수위 (2) 지하수 용도 (3) 바닥층 토양 특성
3. 위치	(1) 시각적 은폐 (2) 교통 (3) 폐기물 운반거리 및 수집 · 운반의 효율
4. 생태	(1) 수림상태 (2) 특정동식물 서식
5. 토지이용	(1) 매립지 주변의 주민기주 현황 (2) 매립 후 부지 사용 (3) 매립지 주변의 토지이용현황 (4) 지역계획과의 연계성
6. 기타	(1) 접근로 (2) 사후관리용이도 (3) 바람방향 (4) 침출수처리를 위한 인근 폐수처리장 유무 (5) 저해에 대한 안전성

4) 매립지의 이용

국내의 매립장은 주로 저습지등 농업 또는 수산, 산림에 용도가 적었던 지역을 이용함으로 매립 이후 토지이용효율을 증가시키기도 했다. 이와 같은 이유는 과거 쓰레기의 주성분이 연탄재로서 비교적 토양성분과 유사했기 때문에 토지 이용이 큰 어려움이 없었다.

그러나 근래에 와서 폐기물 성분도 다양해지고 동시에 연탄재의 함유량이 크지 않기 때문에 매립 후 매립장의 재이용은 2차 환경오염 등으로 크게 제약을 받고 있다. 따라서 매립장을 조성할 때는 장래 토지이용계획을 감안하여 사전 계획 아래 매립장을 조성하고 관리를 하여야 한다.

매립장은 보통 초기에는 가스가 생성되고 부등침하가 계속되는 등으로 인하여 식물의 성장에 큰 제약을 받게 되지만 일정한 시간이 지나면 식복이 가능하므로 초기의 이용형태를 보면 다음과 같다.

- 녹지대 조성
- 수림대 조성
- 체육 및 놀이시설 조성
- 상가
- 소음방지구역
- 주차시설
- 특정과수재배
- 농업 및 목축시설

그리고 토지를 조기 이용하기 위해선 다음과 같은 항목을 제어해야 한다.

- 지하수위의 강하조치
- 가스배제
- 호기성 상태 유지
- 매립쓰레기의 퇴비이용

5) 매립지의 사후관리

폐기물 매립지에 대한 검사는 다음 사항들이 포함되는 것이 바람직하다.

- 지하수 검사
- 불포화층
- 유출수
- 인근지표수
- 발생가스
- 매립지 경사부분인 최종덮개설비의 안정성

지하수 오염여부는 사후 관리 중 가장 중요한 부분이다. 최근 들어 더욱 지하수 검사에 대한 관심이 높아지고 있기 때문에 지하수 검사공을 설치하여 지하수를 수시로 점검해야 한다. 불포화층의 검사는 매립지 차수설비에 이상이 발생했는지를 사전에 알아냄으로써 지하수 오염에 대한 사전 대책을 세울 수 있기 때문에 실시한다.

매립지 운영 중 매립지에서 발생된 유출수는 저류시킨 후 수질검사를 하여 자연계 방출을 결정하여야 한다. 인근지표수는 수질검사를 하여 매립지가 인근 지표수에 미치는 영향을 검사하여야 한다. 특히 유해폐기물 매립지의 경우 주변의 발생가스를 조사하여 인체에 해로운 가스의 발생여부를 검토하여야 하며 매립지 최종덮개설비 특히 경사면 부분의 안정성을 정기적으로 검사함으로서 사면붕괴에 따른 재해를 사전에 방지하여야 한다.

매립지 주변의 지하수를 검사함으로써 매립지에 대한 기초자료를 축적하고 매립지로부터 침출수의 누출을 확인하여 오염이 더욱 확산되기 전에 사후대책을 수립할 수 있으며 법에 규정되어 있으면 법을 준수함으로써 법적 의무수행을 주장할 수 할 수 있다. 지하수 검사에 대해 고려되어야 할 사항들은 아래와 같다.

- 매립 전 지하수 수질검사
- 지하수 검사공의 위치, 깊이 및 개수
- 지하수 시료채취 빈도
- 시료채취방법 및 보관
- 분석항목

9.5.8 폐기물의 자원화

최근에 매립지는 부지의 확보가 어렵고 소각은 배출기준을 만족해야 하기 때문에 막대한 비용이 소요된다. 이 때문에 소각, 매립의 의존도를 줄이기 위하여 폐기물을 자원화하고 있다. 도시폐기물의 경우 유기물의 경우는 가스화 등을 통해서 에너지 자원인 연료를 생산하고 무기물의 경우는 고화 및 용융슬래그 등으로 만들어 도로나 건축자재로 활용하고 있다.

1) 매립가스 자원화 기술

가) 매립가스 이용

소규모 매립지에서 발생하는 가스는 공기 중으로 발산시키거나 태워 버리는데 대규모 매립장은 가스를 이용하는 경우가 많다. 이를 가스로 활용하기 위해선 다음과 같은 조건을 만족해야 한다.

- 폐기물에 약 50%의 분해 가능한 물질이 포함될 것
- 이 물질의 약 50%가 실제 분해하여 기체를 발생시킬 것
- 발생기체의 50% 이상을 포집할 수 있을 것
- 폐기물 1kg당 0.37m³ 이상의 기체가 생성될 것
- 기체의 발열량이 2,200kcal/sm³ 이상일 것

매립지 가스를 이용하기 위해선 물, 이산화탄소 및 질소기체를 제거하여 메탄의 순도를 높이는 정제 공정이 필요하다. 물을 제거하기 위해선 탈수공정(dehydration process)은 흡수, 흡착 및 응축조작을 이용하고 이산화탄소 제거를 위한 공정으로 물리적, 화학적 흡수조작을 이용한다. 또한 부식을 방지하기 위하여 황화수소를 제거하는 탈황공정이 필요할 수도 있다.

나) LFG 처리기술

(1) 전처리공정

수도권 매립지에서의 LFG 전처리공정은 매립가스의 이용을 위한 전처리공정은 크게 3가지로 Cyclone type dehydrator 및 Compressor를 이용한 물리적 수분제거, Molecular sieve 흡착탑을 이용한 화학적 수분제거, Activated carbon 흡착탑을 이용한 미량 유해 성분제거 공정이다.

(가) Molecular sieve 흡착탑

보통 molecular sieve를 사용하여 수분, 탄화수소류 및 황화합물에 대한 제거 공정으로 쓰인다. 유효 반지름이 10Å 이상인 분자에 대해서는 제거효율을 나타내지 못하고 실제공정에서는 두 개의 흡착탑을 병렬로 설치하여 흡착과 재생공정을 교대로 거치는 시스템으로 쓰이고 있다.

(나) Activated carbon 흡착탑

미량유해성분에 대한 제거공정으로 쓰이는 입상 활성탄은 VOCs에 대한 포괄적인 흡착성능을 지닌 흡착제로서 널리 쓰인다. Molecular sieve 흡착탑과 마찬가지로 병렬로 연결되어 흡착과 재생공정을 교대로 거치는 시스템으로 쓰인다.

(2) 메탄가스의 정제

(가) 응축수의 제거

매립지 가스는 거의 100%에 가까운 상대습도를 가지고 가스관로를 통과하기 때문에 관로가 냉각될 때에 결로가 생겨 관로 내에 물이 고이기 때문에 드레인 제거기를 배관의 중간에 설치한다.

(나) 탈황

바이오가스 중에 황화수소는 500~2,000ppm이 포함되어 있어, 이 황화수소는 황산염을 환원하는 황환원 세균등에 의하여 생성하는 유도가스이다. 황화수소는 독성이 강하기 때문에 황화수소가스의 제거가 필요하며, 탈황법은 습식법과 건식법으로 나누어진다. 습식법은 물에 황화수소를 용해시키는 방법이며, 건식법은 수산화철을 함유하는 탈황제에 반응시키는 방법이다.

(다) 이산화탄소의 제거

카르바민산법에 의한 이산화탄소의 제거는 카르바민산(R_2NCOOH)를 이용한 분리시스템이다. 이산화탄소를 흡수한 카르민산 · 옥탄용액은 보일러에서 130~135℃로 가열하면, 열분해하여 이산화탄소을 탈리한다. CO_2를 흡수한 이산화탄소는 카르바민산아민으로 돌아오게 된다. PSA법에 의한 이산화탄소의 제거는 제오라이트(Zeolite, Molecular shieve)를 이용한 압력 스윙법에 의하여 제오라이트에 이산화탄소를 흡수하고, 메탄으로 분리하는 것이 가능하다. 이산화탄소막에 의한 분리는 박소재로서 초산셀룰로스, 폴리슬폰등의 수소분리막이 이용되고 있다.

다) 매립가스의 자원화

(1) LFG를 이용한 발전

수도권매립지에서는 6.5MW의 발전시설을 완공하고 본격적인 가동을 시작하였는데 이 발전 사업은 그동안 단순소각 처리하던 매립지가스의 95% 이상이 기후변화협약에 의한 대표적인 규제대상인 메탄가스와 이산화탄소로 이루어져 있는 온실가스의 배출저감 효과가 있을 뿐만 아니라 청정개발체계(CDM)에도 가장 근접한 사업 중의 하나라고 할 수 있다.

보통 전기 생산의 경우에 있어 가스엔진은 메탄농도 45~50%, 가스터빈은 35~40%, 증기터빈은 20% 정도의 메탄농도도 적용 가능한 것으로 알려지고 있다. 또 하나의 발전방식은 마이크로 터빈을 이용하는 것인데 규모가 작고 매립기간이 짧은 매립지에서 사용할 수 있는 소형 발전기이다. 이 터어빈의 장점은 보수유지비가 저렴하며 쉽게 설치가 가능하다. 마이크로 터빈 한 시스템(터어빈, 발전기, 전력조절설비)의 크기가 매우 작기 때문에 매립량이 변화하고 이에 따른 가스량의 변동이 생겨 전력생산 능력을 증가시키려면 시스템을 증설하면 되고 또한 상황에 따라 감소시킬 수 있기 때문에 매우 효율적으로 운영할 수 있다. 또한 대기오염물질의 발생이 미미하기 때문에 엄격한 대기오염기준을 가진 매립장에서의 운영에 유리한 점을 들 수 있다.

(2) 메탄올 생산

LFG를 메탄올로 전환시키는 방법은 니켈 촉매 하에 수증기를 공급하면 다음과 같은 반응이 일어나며 H_2, CO, CO_2를 생성하게 되고 이들은 다시 메탄올을 생성하게 된다. 이러한 공정은 아직은 경제성이 낮은 것으로 알려져 있다.

$$CH_4 + H_2O \rightarrow 3H_2 + CO \tag{9-50}$$

$$CO + H_2O \rightarrow H_2 + CO_2 \tag{9-51}$$

$$CO + 2H_2 \rightarrow CH_3OH \tag{9-52}$$

$$CO_2 + 3H_2 \rightarrow CH_3OH + H_2O \tag{9-53}$$

(3) 기타 LFG 이용기술

수소제조공정은 메탄올 생산공정의 중간단계로서 LPG와 나프타에서 불순물을 제거 정제한 후에 수증기와 LFG를 정제하여 CH_4와 CO로 전환시키고 보다 고온에서 다시 H_2와 CO로 전환시키는 공정이다. 또한 LFG를 LNG(액화천연가스)로 전환시키는 새로운 기술이 개발되고 있는데 이 기술로 생산된 메탄연료는 97% 이상의 메탄, 2% 이하의 에탄, 나머지는 불활성 기체로 이루어져 있는데 이 메탄연료 80%에 20%의 디젤연료를 혼합하여 수거차량의 연료로 이용할 수 있다.

2) 쓰레기 전환연료(RDF)

폐기물 내의 수분함량을 비롯하여 불순물과 입자의 크기, 재의 함량 등을 조절하여 생산하는 연료를 RDF(refuse derived fuel)라고 한다. RDF는 일반적으로 5700~17700J/g의 열량을 가지는데 열량은 수분의 함량과 재의 함량에 따라 달라진다.

가) RDF제조법

재의 함량을 감소시키기 위하여 폐기물을 분쇄하여 자석선별 후 공기 선별법을 통하여 가벼운 물질을 가지고 연료로 만드는데 이때 셀룰로오스가 많아 입자의 크기가 커지므로 황산을 가한 후 열을 가해 셀룰로오스 부분을 파괴하여 건조시킨 후 손가락 크기의 펠릿을 만들거나 다시 분쇄하여 분말상의 연료로 만들기도 한다.

나) RDF형상

형상은 펠릿이나 분말상으로 그림 9.48에서 보는 바와 같이 펠릿의 크기는 일반적으로 직경 10~20㎜이고 길이는 20~50㎜의 원통형으로 밀도가 크고 부피가 작아 장거리운반이 가능하다. 그리고 분말형태는 0.5㎜ 이하의 분말형태이며 개선된 유류 연소로 및 분탄사용로에서 사용이 가능하다. 분말형은 분쇄과정에서 수분이 제거되어 수분함량이 4% 이하이므로 반영구적인 보관이 가능하고 조개탄형은 구식 화격자로에서 사용이 가능하다.

그림 9.48 지름 15mm, 길이 50mm의 펠릿(pellet)

다) RDF 특징

RDF의 조성이 부패하기 쉬운 유기물질이기 때문에 수분함량이 증대되면 부패하기 때문에 수분함량을 15% 이하로 해야 한다. RDF내의 염소함량이 크기 때문에 이를 제거하기 위해 PVC 함량을 감소시킬 필요가 있다. 쓰레기의 조성이 종이, 플라스틱 등 태울 있는 성분이 상당량 포함되어야 하며 전처리에 상당한 동력 및 투자비가 소요되는 특징이 있다.

라) RDF품질요건

쓰레기 전환연료를 대량생산하고자 할 때는 다음과 같은 요건을 만족해야 한다.

- 칼로리가 높을 것
- 함수율이 낮을 것
- 재의 양이 적을 것
- 대기오염이 적을 것

- RDF조성이 균일 할 것
- 저장 및 수송이 간편할 것
- 기존 고체연료 사용로에서 사용이 가능 할 것

3) 슬러지전환오일(SDO, Sludge Derived Oil)

가) 정의

슬러지오일(SDO, Sludge Derived Oil)은 슬러지를 열분해하여 추출한 오일을 의미하며 슬러지를 열분해하여 오일(Oil)을 추출함으로써 부가가치가 높은 에너지를 회수할 뿐 아니라 공해를 유발하는 슬러지를 무해화하고자 하는 것이다.

나) 제조기술

열분해를 이용하여 슬러지에서 오일을 추출하는 방법은 슬러지의 함수율에 따라 2가지로 분류할 수 있다.

(1) 고온 · 고압 열분해공정

고온 · 고압 열분해공정으로 슬러지의 함수율이 70~80%인 탈수 슬러지를 밀폐 반응기에 투입하고 반응기 내부의 온도를 250~350℃로 유지할 때 슬러지내의 수분이 기화하면서 생기는 고압을 유지하는 공정이다. 이 방법은 슬러지의 건조가 불필요하여 탈수 케익에 직접 적용이 가능하나 고온 · 고압 상태를 유지하여야 하는 반응 조건 때문에 장치가 복잡하고 운전이 어렵다는 단점이 있다.

(2) 고온 · 저압 열분해공정

고온 · 저압 열분해공정으로 슬러지의 고형물 함유량이 90%이상 되도록 건조시켜 반응기에 투입하고 반응기 온도를 300~550℃로 하는데, 이때 반응압력은 대기압 수준으로 유지한다. 투입된 슬러지는 생성된 열에 의하여 건조되며, 아울러 이 열을 이용하여 반응기내의 반응온도를 유지시킬 수 있다. 슬러지내의 중금속은 거의 전량 Char로 흡착된다. 재(ash)발생량은 건조 슬러지량의 20~30% 정도, 탈수 슬러지량의 5~7%이다.

다) 특징

- 배기가스가 적으며 NOx의 발생량이 적다.

• 유해성 중금속의 최소화
• 슬러지처리와 에너지원의 확보 동시 달성

✻ 참고문헌

• 배재근, 폐기물처리공학, 구미서관, 2008
• 환경부, 환경백서, 2009
• 환경부, 환경백서, 2010
• 정재춘, 폐기물 처리, 신광문화사, 1996
• 서울특별시, 서울의 환경: 환경백서, 2008
• 유엔 환경계획 한국 위원회, 바젤협약, 유넵프레스, 2002
• 남영우, 한금석, 국내 하수슬러지 처리 현황 및 개선 방안(기술자료), 한국폐기물자원순환 학회지 28권 1호, 2011
• 정재춘, 이재영, 심범보, 이건주, 배재근, 최석순, 차형준, 박찬혁, 유해폐기물 처리, 향문사, 2004
• 박갑성, 유해폐기물관리, 동화기술, 1997
• 이정전, 권영두, 송재준, 최정영, 유해폐기물처리기술, 신광문화사, 1997
• Katherine H. Baker, Diane S. Herson, Bioremediation, McGraw-Hill, 1994
• McBean E. A., F. A. Rovers, G. J. Farquhar, Solid Waste Landfill Engineering and Design, Prentice Hall, 1995
• U.S. EPA, Composting Yard Trimmings and Municipal Solid Wastes, Solid Waste and Emergency Response, EPA/530-R-94-003, Washington, DC., 1994b
• U.S. EPA, Hazardous Waste Incineration: Questions and Answers, Environmental Protection Agency, Office of Solid Waste, EPA/530-SW-88-018, Washington, DC., 1998b

3부

넓은 범위의 환경영향

10장

지구온난화

10.1 지구온난화(global warming)

지구온난화는 인간의 다양한 경제활동으로 인해 배출되는 이산화탄소(CO_2), 메탄(CH_4), 아산화질소(N_2O), 과플루오르화탄소(PFCs), 수소플루오르화탄소(HFCs), 육플루오르화탄소(SF_6)등의 온실효과(greenhouse effect) 가스가 대기 중에 누적되어 지구의 온도를 상승시켜 지구 생태계 전체에 영향을 미치는 현상을 말한다.

태양광선이 입사될 때 0.5㎛ 정도의 광선이 반사될 때는 4~100㎛의 열적외선이 된다. 이때 지구 대기는 광 에너지에 대하여 완전히 투명하게 되나 열적외선에 대하여 대단히 불투명한데 특히 탄산가스는 그 정도가 심해서 도중에 열적외선을 흡수하여 다시 지구로 반사되는데, 이 과정에서 지구 대기의 기온이 상승하게 되는 현상을 온실효과라고 한다.

지구는 생물들이 서식하기에 적절한 온도수준을 유지하기 위해 온실가스가 필요하다. 그러나 이 기체들이 필요한 양 이상으로 존재하는 경우는 방출된 열이 과다하게 흡수되어 지구의 열적 평형에 변화가 생기게 된다. 이로 인해서 자연적 온실효과에 의해 적절했던 온도가 조금씩 높아져 지구의 평균온도는 상승한다. 이러한 효과를 강화된 온실효과(enhanced green house effect)라 한다.

지구온난화에 대한 과학적인 근거는 이미 19세기 말부터 읽을거리에 있는 것처럼 일부 과학들에 의하여 제기되어 왔고, 1960~1970년대에 들어 다수의 대기과학자들이 대기 중의 이산화탄소가 증가했다는 사실을 발표하였다. 1980년대에 들어서면서 이산화탄소 이외의 미량의 기체들도 온실효과를 유발한다고 발표하였으며 여러 가지 대기온도 예측모델을 통해 과거의 온도 변화가 지구온난화 예측모델의 결과와 일치한다는 사실을 확인한 바 있다.

이산화탄소의 증가는 산업혁명 이후 석탄, 석유, 천연가스 등 화석연료의 연소에 의해 생성되었으며, 벌목과 시멘트제조 등 산업 활동에 의해서도 대기중으로 방출되기도 한다.

이러한 증가 속도는 최근 2만 년 동안 전례 없는 것으로 평가되고 있다.

10.2 지구의 연간 에너지 평형

지구의 한 지역에 있어서 평균 기온이 매년 큰 차이를 보이지만 지구 전체의 평균 기온은 해가 바뀌어도 큰 차이를 보이지 않는다. 이는 지구가 매년 태양으로부터 받은 만큼의 에너지를 우주로 방출하고 있음을 뜻한다. 같은 유형의 에너지 균형은 지표면과 대기 사이에도 존재한다. 만약 그렇지 않으면 지구의 평균 표면 기온은 변할 것이다.

그림 10.2에서와 같이 태양에너지 100단위가 지구에 도달한다고 가정하면 구름, 지표, 대기는 평균적으로 이중 30단위를 반사, 산란해 우주공간으로 되돌려 보내고, 대기와 구름이 합쳐져 19단위를 흡수하며 직 · 간접 태양에너지 51단위는 지표면에서 흡수된다. 지표면과 대기에 흡수된 태양복사에너지와의 관계는 지표면에 도달하는 51단위 중 23단위는 물을 증발시키는 데 사용되고 약 7단위는 전도와 대류를 통해 잃게된다. 나머지 21단위는 적외선 에너지로 복사된다. 좀 더 구체적으로 지구표면은 실제 117단위라는 엄청난 양을 위로 복사한다. 지구는 낮 동안에만 태양 에너지를 받지만 적외선 에너지를 밤낮 가리지 않고 끊임없이 방출하기 때문에 그런 결과가 나오는 것이다. 더욱이 상공의 대기는 아주 작은 부분 6단위 만을 우주공간으로 통과시킨다. 117단위 중 대부분인 나머지 111단위는 주로 수증기와 이산화탄소 등 온실기체와 구름에 흡수된다. 이 중 대부분인 96단위는 지구로 되돌아와 온실효과를 나타낸다. 이러한 교환에서 지구 표면에서 잃는 에너지인 147단위와 지표면에서 얻는 147단위와 정확히 평형을 이룬다. 그러나 산업 활동이 계속되면서 온실기체들이 필요이상으로 대기에 축적되고 그 결과 열이 과다하게 대기에 축적되면서 지구는 점점 더워지고 있는 것에 대해 많은 과학자들이 우려를 하고 있고, 실질적으로 현상으로 나타나고 있다.

읽을거리 지구온난화의 역사적 고찰

지구의 온실효과에 대해 최초로 제기한 과학자는 프랑스의 수학자이며 물리학자로 열전도와 확산을 연구한 것으로 유명한 장 바티스트 푸리에였다. 이는 1827년에 대기는 태양의 밝은 광선은 통과시키지만 지면으로부터의 검은 광선은 통과 못하는 특징을 가지고 있는 것을 발견했다.

대기 중의 어떤 기체가 열 적외선 복사를 선택적으로 흡수한다는 것을 최초로 인식한 사람은 빛과 작은 입자들 사이의 상호관계를 연구한 아일랜드의 실험물리학자인 존 틴들이었다. 1865년에 틴들은 수증기가 건조공기보다 열 적외선 복사를 흡수한다고 발견하였고 수증기가 지구를 온화하게 하는 것을 알렸다.

지구온난화 이론을 최초로 제안한 사람은 스웨덴의 화학자인 스반테 아레니우스였다. 1896년 그는 18세기 영국에서 일어난 산업혁명 이후 석탄연소로 인한 이산화탄소의 혼합비가 2배되면 온도가 5℃ 증가할 수 있다고 제안하였다. 이는 이산화탄소가 2배가 될 때 온도가 2℃ 증가할 수 있다는 최근의 결과와 높은 수치이지만 이론 자체는 타당한 것으로 받아들여지고 있다.

그림 10.1 스웨덴의 화학자 스반테 아레니우스

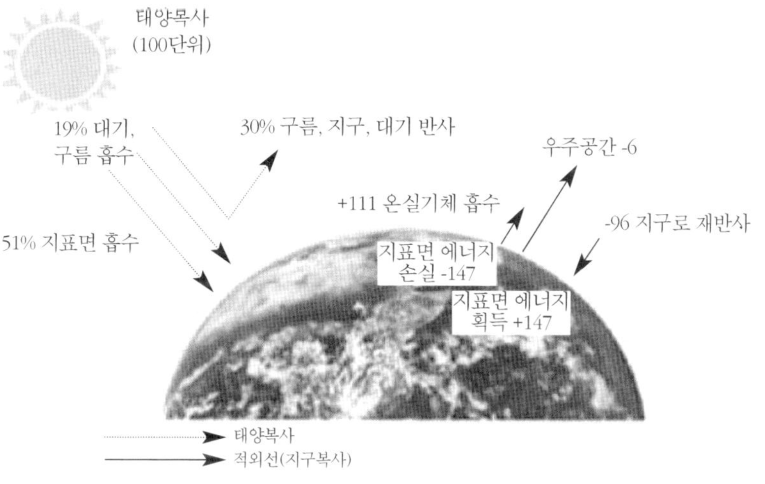

그림 10.2 지구의 에너지 수지

10.3 온실가스

유엔기후변화협약(UNFCCC: united nations framework covention on climate change)에서 정하는 온실가스는 이산화탄소(CO_2)외에 메탄(CH_4), 아산화질소(N_2O), 과플루오르화탄소(PFCs), 수소플루오르화탄소(HFCs), 육플루오르화탄소(SF_6) 등이 있다. 온실화가스 중 수증기, 염화플루오르화탄소(CFCs)는 제외하고 있다. 그 이유는 수증기는 인간이 제어하기 불가능하기 때문이고, 염화플루오르화탄소는 과거 냉매, 소화제, 분무제 등으로 많이 사용되었으나 오존층 파괴물질로 알려지면서 현재는 생산뿐만 아니라 사용도 금지되었기 때문이다. 이를 대신하기 위해 과플루오르화탄소, 수소플루오르화탄소 등이 대체물질로 개발되었지만 이 역시 온실유발 유발하는 것으로 알려져 염화플루오르화탄소는 제외되고 과플루오르화탄소, 수소플루오르화 탄소는 포함된 것이다.

10.3.1 이산화탄소(CO_2)

탄소는 이산화탄소의 형태로 대기에 존재한다. 그리고 광합성을 통해 식물의 유기체의 내부 또는 해양에 흡수되어 탄산이온(CO_3^{2-})의 형태로 지표면에 저장된다. 즉 탄소는 생태계 내에서 정체하는 것이 아니라 여러 형태로 존재하면서 순환을 하는데 이러한 순환 속에서 대기 중 이산화탄소의 농도가 해양, 토양, 생물 등의 탄소 저장소와 유기적 관계에 의해 상호평형을 이루고 있다. 그러나 산업 활동, 발전, 가정, 수송 등에서 사용하는 석유, 석탄, 천연가스 등의 화석연료의 연소와 폐기물 소각 등의 이산화탄소가 과다하게 배출되면서 이 평형이 깨어지게 되어 이산화탄소의 지속적인 증가가 일어나고 있다.

대기 중 이산화탄소 증가는 1958년부터 그림 10.3의 미국 하와이주 마우나 로아(Mauna Loa) 관측소에서 측정된 대기 중 이산화탄소 농도변화에서도 확인이 되었다.

그림 10.3 미국 하와이주 마우나 로아(Mauna Loa) 관측소

연평균 이산화탄소 농도가 인간의 활동에 의해 생성된 이산화탄소의 일부가 대기 중에 남아서 축적되는 것 이외에 이산화탄소 농도의 계절에 따른 변화를 볼 수 있는데 이는 북반구의 봄과 여름철 동안 식물의 광합성작용에 의해 대기 중의 이산화탄소의 양이 줄어들

며, 가을과 겨울에는 호흡작용에 의해 이산화탄소의 양이 늘어나기 때문이다. 이런 이유로 그림 10.4에서 보는 바와 같이 1958년부터 지속적으로 증가해오고 있는 이산화탄소의 평균 농도는 1990년의 평균이산화탄소 농도는 354ppm에 달하였으며 1년에 약 1.6ppm씩 빠르게 증가하였다. 2006년에는 380ppm에 이르고 있으며 매년 2ppm씩 이산화탄소 농도가 증가될 것으로 예상하고 있다.

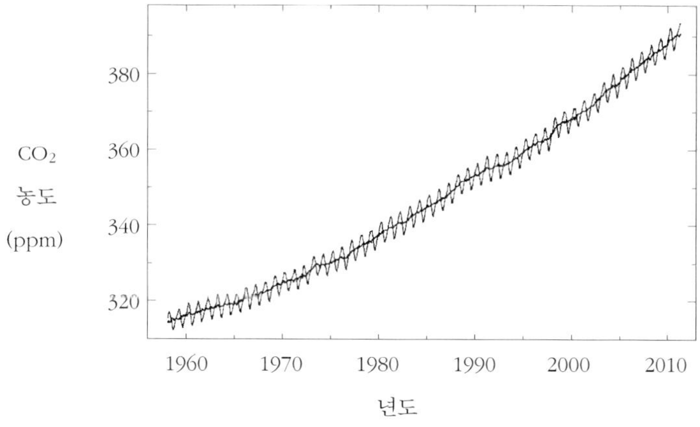

그림 10.4 1958년부터 측정된 년도에 따른 이산화탄소 변화

10.3.2 메탄(CH_4)

메탄은 인간 활동과 생물의 활동에 의해 발생되고 현재 대기 중의 농도가 약 2ppm 정도로 1960년대 말의 1.3~1.4ppm에 비하여 꾸준히 증가하고 있다. 현재 지구상에서 메탄의 발생원을 살펴보면 자연현상으로 생산되는 양은 연간 총생산량의 약 30% 정도로 습지 (swampy land)나 논(paddy field) 등 수중환경에서 발생되고, 흰개미(termite)의 소화과정에서도 메탄이 발생된다. 또한 인간 활동에 의한 메탄의 발생은 가축의 소화 작용, 논에서의 벼 재배, 석탄채굴, 천연가스 생산 및 공급과정, 석유산업공정, 쓰레기 매립장에서의 분해 작용, 축산폐기물의 부패 작용, 가정용 하수처리 등이 있다. 여기서 화석연료연소가 주요발생원인 이산화탄소의 경우와 달리 전체 발생량의 70%가 인위적인 메탄 발생으로 인간 활동의 결과로 초래되었다는 점이다. 이와 같은 메탄의 주된 발생 원인은 물에 잠긴 토양이나 동물의 소화기 내의 무산소 환경(anaerobic environment)에서 일어나는 발효작용으로, 미생물은 셀루로오스(cellulose) 같은 탄수화물을 분해하면서 부산물로 메탄이 만들어진다. 메탄의 내부분은 내기 중에서 산화되지만 약 6%에 달하는 메탄은 대기 중에 남아 메탄 농도를 증가시키는데 기여하고 있다.

10.3.3 아산화질소(N_2O)

아산화질소는 자연에서 발견되는 기체이며 인간 활동에 의하여 그 양이 증가하는 물질이다. 현재 대기 중 농도는 320ppb이며 산업혁명 이전의 275ppb에 비해 약 16% 증가된 수치이다. 아산화질소가 증가하는 원인은 화석연료의 사용, 질소비료의 사용 증가, 인구 증가로 인한 식량증대와 농경지 확대로 볼 수 있다. 즉, 경작지의 증가와 질소비료, 암모늄 비료의 사용과 해양에서의 질산화에 의해 아래와 같이 아산화질소가 형성되어 대기 중으로 방출되기 때문이다.

$$NH_4^+ \rightarrow N_2 \rightarrow N_2O \rightarrow NO_2^- \rightarrow NO_3^- \qquad (10-1)$$

대류권 내에서 아산화질소가 흡수되거나 사라지는 양은 거의 무시할 만한 수준이며 성층권에서 느리게 광화학 반응에 의하여 분해된다. 즉 성층권에서 산소원자와 반응하여 NO로 변하여 오존과 반응하여 오존층을 파괴하기도 한다. 대기 중에서 약 120년이라는 오랜 시간 동안 체류하므로 자연 순환과정에서 오랫동안 계속해서 영향을 미치게 된다.

10.3.4 염화플루오르화탄소(CFCs), 수소플루오르화탄소(HFC), 과플루오르화탄소(PFC)

할론 카본은 기본 물질인 탄소에 염소, 불소 또는 브롬이 결합된 분자들을 말한다. 할론 카본의 종류는 수소를 포함하지 않고 탄소, 플루오르, 염소만으로 구성된 염화플루오르탄소, 수소를 포함하고 플루오르, 탄소로 구성된 수소플루오르탄소 등이 있고 이를 표 10.1에 나타내었다. 할론 카본 기체들은 자연 상태에서 존재하는 것이 아니고 인간의 필요에 의해 인위적으로 만들었기 때문에 복사 강제력을 가지고 있는 다른 기체들과 구분한다.

할로카본의 탄소-불소 결합에 의하여 9㎛ 주변의 파장을 흡수하고, 구조 내 다른 결합의 신축과 구부러짐이 대기 복사창 내의 진동범위에서 일어나므로 모든 할론 카본은 매우 강력한 온실가스로 분류된다. 이들은 온난화에 기여할 뿐만 아니라 성층권에서 염소(Cl), 브롬(Br) 원자들은 오존층 파괴에 대한 촉매로 작용하기 때문에 환경 문제에 있어서 매우 중요한 물질이기도 하다. 이는 오존층 파괴에서 다시 설명될 것이다.

표 10.1 할론 카본의 종류

화학식		물질	대기 체류 시간(년)
CFCs	$CFCl_3$	CFC-aa	50
	CF_2Cl_2	CFC-12	102
	$CF_2ClCFCl_2$	CFC-113	85
HCFCs	CHF_2Cl	HCFC-22	12.1
	CH_3CFCl_2	HCFC-141b	9.4
	$CF_3CF_2CHCl_2$	HCFC-225ca	2.1
HFCs	CF_3CH_2F	HFC-134a	14.6
	CH_3CF_3	HFC-143a	48.3
PFCs	CF_4	Tetrafluoromethane	50,000
	C_2F_6	Perfluoroethane	10,000
Halons	CF_3Br	H-1301	65
	CF_2ClBr	H-1211	20
Other	CH_3CCl_3	Methyl Chloroform	4.9
	CH_3Br	Methyl bromide	0.7
	CCl_4	Carbon tetrachloride	26

염화플루오르화탄소는 비가연성, 비 반응성, 비수용성의 특성을 지니고 있는 무해한 물질로서, 이 물질이 처음 합성되었을 때에는 이상적인 화학물질로 여겨졌다. 그러나 불활성 및 비수용성 때문에 이들은 화학 반응에 의하여 파괴되지 않으며, 또한 비에 의하여 대류권에서 제거도 되지 않는다. 표 10.1에서 보는 바와 같이 50년부터 102년까지 대기 중에서 오랫동안 안전하게 존재하며 지금까지 알려진 분해 반응은 이들 물질이 성층권에 도달된 후에 단파장의 태양빛에 의하여 일어나는 광화적 분해뿐이다. 광분해 동안 유리된 염소는 연속적으로 성층권의 오존을 파괴한다. 마찬가지로 브롬을 함유하고 있는 할론도 대류권에서 제거되지 않으므로 성층권에서 광화학 반응에 의하여 오존을 파괴하는 브롬을 방출하면서 분해된다. 구체적인 오존파괴 메카니즘은 12.2장과 12.3장을 참고하시기 바란다.

수소플루오르탄소는 염소를 가지고 있지 않으므로 성층권 오존 보호의 측면에서 볼 때 HCFC보다 매우 좋은 물질이다. CH_2FCF_3(HFC-134a)는 자동차의 냉방용 및 냉각장치의 냉매로 사용되기 시작하였으나, 대기 중 14.6년의 체류시간을 가지고 있으며, 이산화탄소 보다 1,400배 더 강력한 온실 가스이다. 과플루오르화탄소는 탄소와 불소만을 포함하는 탄화수소 화합물로서 매우 안정하며, 인화성과 독성이 없고, 오존 파괴 지수가 0이며 높은 지구 온난화지수를 가지고 있다. CF_4의 대기 체류시간은 50,000년이며 지구 온난화지수는 이산화탄소의 6,500배에 달한다.

10.4 지구온난화 지수(GWP: Global Warming Potential)

상대적인 의미에서 다양한 기체들의 방출이 장래의 기후시스템에 어떤 영향을 미치는지를 확인하기 위해 복사 특성을 기본으로 단순화한 지수의 한 종류이다.

정부 간 기후변화위원회(IPCC)에서는 온실가스에 대해서 지구온난화지수를 주기적으로 발표한다. 즉, 온실기체가 대기 중에 방출된 후 특정기간(보통 100년) 동안 그 기체 1kg의 적외선흡수 능력(가열효과)을 이산화탄소 1kg의 가열효과와 비교해 나타낸 것으로, 그 값은 아래와 같은 식으로 산출한다. 온실가스 흡수량의 계산은 20년, 100년, 500년간으로 구분한 적산자료를 제시하고 있다.

$$GWP_g = \frac{\int_o^t F_g \cdot R_g(t)dt}{\int_0^t F_{CO_2} \cdot R_{CO_2}(t)dt} \tag{10-2}$$

여기서, F_g : 임의의 온실 가스 1kg당 복사 강제력((W/m²)/kg)

F_{CO_2} : CO_2 1kg당 복사 강제력((W/m²)/kg)

$R_g(t)$: 온실가스 1kg이 임의의 시간 t에 남아 있는 비율

$R_{CO_2}(t)dt$: CO_2 1kg이 임의의 시간 t에 남아 있는 비율

교토의정서에 따른 제1차 의무 이행기간인 2008~2012년 동안, 이산화탄소 배출량을 계산하는데 이용되는 지구온난화 지수는 교토의정서 제5조 3항에 따라서, IPCC(intergovernmental panel on climate change, 기후변화에 관한 정부 간 패널)에서 채택하고 제3차 당사국총회에서 결정된 것인 표 10.2에 나타낸 IPCC 3차 보고서 온난화 지수 중 제2차 보고서의 지구 온난화 지수를 사용하도록 하고 있다.

표 10.2 IPCC 1차(1990), 2차(1995), 3차(2001) 보고서[1]의 지속시간 100년의 GWP비교

온실가스	화학식	GWP 1990	GWP 1995	GWP 2001
이산화탄소	CO_2	1	1	1
메탄	CH_4	22	21	23
아산화질소	N_2O	270	310	296
수소불화탄소	HFCs			
HFC-23	CHF_3	10,000	11,700	12,000
HFC-32	CH_2F_2		650	550
HFC-41	CH_3F		150	97
HFC-43-10mee	$C_5H_2F_{10}$		1,300	
HFC-125	C_2HF_5	NA[2]	2,800	3,400
HFC-134	$C_2H_2F_4(CHF_2CHF_2)$		1,000	1,100
HFC-134a	$C_2H_2F_4(CH_2FCF_3)$	1,200	1,300	1,300
HFC-143	$C_2H_3F_3(CHF_2CH_2F)$		330	330
HFC-143a	$C_2H_3F_3(CF_3CH_3)$		3,800	4,300
HFC-152a	$C_2H_4F_2(CH_3CHF_2)$	150	140	120
HFC-227ea	C_3HF_7		2,900	3,500
HFC-236fa	$C_3H_2F_6$		6,300	9,400
HFC-245ca	$C_3H_3F_5$		560	640
과불화탄소	PFCs			
Perfluoromethane	CF_4		6,500	5,700
Perfluoroethane	C_2F_6		9,200	11,900
Perfluoropropane	C_3F_8		7,000	8,600
Perfluorobutane	C_4F_{10}		7,000	8,600
Perfluorocyclobutane	$c\text{-}C_4F_8$		8,700	10,000
Perfluoropentane	C_5F_{12}		7,500	8,900
Perfluorohexane	C_6F_{14}		7,400	9,000
육불화황	SF_6	NA*	23,900	22,200

주 1) 1차 보고서: Intergovernmental Panel on Climate Change, Climate Change 1990
2차 보고서: Intergovernmental Panel on Climate Change, Climate Change 1995: The Science of Climate Change(Cambridge, UK: Cambridge University Press, 1996)
3차 보고서: Intergovernmental Panel on Climate Change, Climate Change 2001: The scientific basis(Cambridge, UK: Cambridge University Press, 2001)

2) Not Applicable. GWP was not yet estimated for this gas

지구온난화 지수를 사용함으로써 지구온난화 지수와 각 온실 가스 배출량을 비용으로 응용하여 기후 변화를 방지하기 위해 각 국가가 취할 수 있는 최소비용접근 방법을 알 수 있다. 지구온난화 지수의 사용은 국가들 사이에서 방출량 감소분에 대한 무역거래를 촉진할 수 있다. 예를 들어 한 나라에서 이산화탄소 배출량을 상쇄시키기 위해 가장 저렴한 방법으로 다른 분야에서 메탄 배출을 줄이는 방법을 선택할 수 있고 국가 간의 탄소 배출량의 차이를 거래할 수 있다. 지구의 기후 변화에 기여하는 정도에 대하여 국가별로 서열을 정하는 것이 가능하고 앞으로 감소량에 대한 정량적 목표를 세울 수 있다. 다른 지표와 함께 환경영향을 평가할 때 환경 영향 평가의 한 항목이 될 수 있다.

10.5 지구온난화의 예측

GCM(global climate model 혹은 general circulation model)은 복잡한 대규모 대기 운동을 계산할 수 있는 수치모델(numerical model)이다. GCM은 대기의 구성요소를 변수로 하여 그 변화를 계산함으로서 미래의 기후를 예측하는 것을 목적으로 하고 있다.

GCM은 여러 개의 더 작은 모델들로 구성되어 있는데 이러한 소 모델들은 대기와 해양 사이의 열 교환 같은 특정대기 혹은 해양 현상을 다루고 있다. GCM에서 대기권은 수직형 기둥들로 나누어지고, 각 기둥 내의 몇 개의 고도에서 계산이 진행된다. 모델을 이용한 계산은 일정한 시간간격으로 반복되며 전 지구 표면에 걸쳐 미래의 어떤 시점인 10년, 20년 혹은 100년 후 에서의 온도 및 강수량을 예측하는 식으로 진행된다. GCM을 이용한 기후예측은 1975년 프린스턴 대학의 마나베(S. Manabe)와 위더럴드(R. Wetherald)에 의해 시작되었다고 볼 수 있다. 그들의 원래 연구목적은 GCM이 갖는 한계에 대한 과학적 논의에 있었으나, 연구 결과는 대기 중 이산화탄소 농도가 2배로 되면 지표온도는 약 4 ℃ 상승할 것이라는 추정이 포함되어 있다.

이후, 1980년대 중반까지 4개의 새로운 GCM이 등장하였고, 오늘의 GCM은 기후변화를 예측하는 연구 분야에서 널리 받아들여지고 있는 방법 중의 하나가 되었다. 기후계가 어떻게 변화하는지에 대한 이해가 부족하므로, 기후변화에 대한 연구결과는 상당한 불확실성을 내포하고 있다. 그러나 과학자들은 다음과 같은 점에 대하여 대체로 동의하고 있는데, 첫째는, 인간이 배출한 온실기체는 대기 중에 남아서 온실효과를 상승시켰고 둘째, 지난 100년 동안 지구표면의 평균기온은 약 0.3~0.6 ℃ 증가하였는데 아마도 이는 온실효과의 직접적인 결과라 판단하고 있다. 셋째, 온실기체의 배출량이 변하지 않으면 향후 100년 동안 10년에 0.3℃씩 지구평균기온이 증가할 것이라는 예측하고 있다. 만약, 온실

기체의 배출속도를 줄일 수 있다면 10년에 0.1~0.2℃ 정도에서 기온상승이 머무를 수 있다는 예측결과도 있다.

전 지구적 기후모델들의 결과에 따르면, CO_2 농도가 660ppm으로 되면 지구평균기온이 1.5~4.5℃ 상승할 것으로 예측되는데 흔히 인용되는 평균치는 약 4℃이다. 이것이 매우 높은 수치라는 것은 마지막 빙하기(ice age)에 지구의 평균기온이 지금보다 약 5℃ 정도 낮았다는 사실로 미루어 알 수 있다. 현재의 추세대로 이산화탄소 농도가 증가한다면 2050년 내지 2090년경에 이산화탄소 농도가 약 660ppm에 이를 것으로 예상되고 지구온난화현상은 다음과 같은 여러 요인들이 상호작용하여 생긴 결과로 판단하고 있다.

- 이산화탄소에 의한 온난화는 대기 중 수증기의 양을 증가시키는데 수증기 역시 강력한 온실기체로 작용하여 결국 온난화현상을 가속화시킨다.
- 지표면 온도의 상승은 고위도지역의 얼음이나 눈을 녹여 그 면적을 감소시키므로 지구전체 태양복사 반사율(albedo)이 감소하게 된다. 이는 얼음이나 눈의 반사율이 식생이나 토양의 반사율 보다 높기 때문인데, 지구 전체의 태양복사 반사율감소는 지구의 태양 복사 에너지흡수율의 증가를 의미하므로 지표온도는 더욱 상승하게 된다.
- 토양, 특히 고위도지방의 토양은 온도가 상승하면 토양 내 미생물에 의한 분해 작용이 증가하여, 이러한 결과 토양으로부터 더 많은 이산화탄소가 방출되고 이는 온실효과를 더욱 상승시킨다.

지구대기 중 이산화탄소 농도가 660ppm에 이르게 되면 전 지구표면의 평균온도는 상승하지만, 온도가 상승하는 정도는 위도와 계절에 따라 큰 차이가 날 것으로 예상된다. 온도상승은 특히 고위도지역에서 늦가을에서 겨울에 걸쳐 심하게 나타날 것으로 예상되는데, 극지방의 경우는 12℃까지 상승할 것으로 예측되고 있다. 북미주와 유럽의 경우는 4~6℃ 정도인데, 단 미국 북동부의 경우는 그보다 훨씬 높을 것으로 예상된다. 이와 같이 온도 상승폭이 다른 것은 얼음으로 덮힌 해양과 눈으로 덮힌 지표면의 면적이 변하기 때문이다. 중위도 내륙지방에서는 여름기온이 평균이상으로 더 많이 상승할 것으로 예측되며, 저위도 지역에서는 계절의 차이 없이 2~3℃ 정도 온도상승이 예상되고 있다.

10.6 지구온난화의 영향

10.6.1 생물종의 다양성 상실

100년에 3℃의 기온 상승이 일어날 경우 기후대는 연간 10km의 속도로 이동하지만 식생은 연간 2km 정도의 속도를 가지고 있기 때문에 식생은 기후에 적응하지 못하고 다음과 같은 결과를 초래할 수 있다.

- 식생분포가 축소
- 식생의 멸종
- 고산식물의 대부분은 서식 영역이 좁아져서 결국에는 멸종

10.6.2 해수면의 상승

지구온난화로 기온이 상승하면 극지방이나 고산의 빙산이 녹아 바다로 흘러 들어가고 해수의 열팽창으로 인해 해수면이 상승하게 된다. 따라서 연안지역이 침수되어 육지의 면적이 줄어들 뿐만 아니라 논이나 양어장의 피해가 예상하고 있다.

과거 100년 동안의 변화를 보면 1년에 1.0~1.5㎜의 속도로 해면의 상승을 보였지만 최근 50년간은 년 간 2.4㎜의 상승을 보이고 있다. IPCC의 최종 보고서에는 이산화탄소 등의 온실효과 가스의 배출량을 규제하지 않는다면 해수면은 2030년에 18㎝, 2100년에 88㎝까지 상승할 것이라 예측하고 있다. 그리고 21세기 중간까지는 대략 1년에 1㎝의 비율로 상승할 것이라고 예상하고 있는데 이는 과거 100년의 상승 속도보다 10배 정도 높은 수치이다.

10.6.3 수온상승에 의한 해양 생태계의 변화

지구온난화로 인해 수온이 상승하면 환경변화 때문에 바다의 생태계의 생태계 및 환경은 다음과 같은 결과를 초래할 수 있다.

- 해수의 수온 상승으로 열대나 아열대의 얕은 바다에 있는 산호초가 마치 표백된 것처럼 하얗게 되어 죽는 현상이 일어날 수 있다.
- 물속의 용존산소 감소로 많은 어패류의 생존에 치명적인 영향을 초래할 수 있다.
- 수온의 상승에 따른 물의 증발량 증가로 태풍, 허리케인, 사이클론 등 열대성 저기압의 세력이 더욱 강해져 폭풍과 홍수에 의한 피해가 더욱 증가하게 될 것이다.

10.6.4 기후의 변화

지구의 온난화로 인해 발생할 수 있는 기온과 강수의 변화는 다음과 같다. 하층대기 및 지표는 더워지나 반대로 성층권은 차가워진다. 그리고 고위도 지방은 겨울에 더욱 따뜻해지며 여름은 더욱 더워진다. 한편, 적도 지방에서는 온난화가 심하게 나타나지 않으며 계

절의 변화도 적다. 강수량은 지구가 따뜻해질수록 더욱 증가하며, 전 지구적으로 3~5% 정도 증가가 예상된다. 그리고 중위도 지방에서는 겨울 강수의 증가가 예상되나 아열대 건조대의 강수변화는 현저하지 않을 것이다.

이와 같은 기후의 변화로 건조한 지역은 더욱 더 건조해져서 토양속의 수분이 소실되어 사막화가 촉진되고, 습윤한 지역은 더욱 습윤화 된다. 또한 강수량이 어떻게 변화될지 모르기 때문에 농업생산에 관한 예측은 어렵게 된다. 한편 말라리아 등과 같은 열성 전염병의 증가와 농업생산에 영향을 미치는 해충의 분포가 확대될 것이라는 우려가 지적되고 있다.

10.7 지구온난화 대책

10.7.1 과학적 연구의 불확실성을 해결하려는 노력

지구온난화현상이 실제로 일어나고 있고, 이에 따라 지표환경도 변하고 있다면 인류는 대책을 세우지 않으면 안 된다. 그러나 지구온난화에 대한 과학적 연구결과는 상당한 오차 혹은 불확실성을 내포하고 있어 정확한 과학적 근거에 바탕을 두고 대책을 마련하기란 현재로서는 거의 불가능한 실정이다. 이러한 불확실성의 원인은 지구기후계(global climate system)를 구성하고 있는 여러 요인들의 상호작용이 매우 복잡하다는데 있다. 결국 이러한 불확실성은 다음과 같은 것에 영향을 받을 것이고 이를 해결하기 위해 꾸준히 노력해야 한다.

- 온실기체의 농도는 얼마나 빨리 증가할 것인가?
- 기후계를 구성하는 중요한 요소이면서 동시에 가장 큰 열용량(heat capacity)을 지닌 대양이 기후변화에 얼마나 빨리 반응을 할 것인가
- 기후변화는 지구표면을 덮고 있는 얼음과 구름에 어떤 영향을 미칠 것인가?
- 수백 년의 시간범위에서 나타나는 자연적인 기후변화의 폭은 얼마나 큰가?

이와 같은 복잡성을 잘 보여주는 예가 구름과 기후변화 사이의 관계이다. 만약 대기권 하부의 온도가 상승하면 대양으로부터 증발하는 수증기의 양은 많아질 것이다. 따라서, 대기 속의 수분이 증가함에 따라 구름의 양도 많아지게 된다. 그러나 많아진 구름은 태양 복사열을 더 많이 지구 밖으로 되돌려 보낼 수 있으므로, 즉 알비도(albedo)가 증가함에 따라 지표의 공기는 냉각될 것이고 결국 지구온난화와는 반대의 결과를 조래할 것이다.

10.7.2 사회적, 정치적 불확실성의 해소

위협에 대응하는 정책을 마련하기 위해서는 두 가지 요인을 고려해야만 한다. 하나는 지구온난화를 막기 위한 정책을 실행할 경우, 현재 지불해야하는 막대한 사회 · 경제적 비용이고, 다른 하나는 미래의 환경변화 때문에 당하게 될지도 모를 전 지구적 규모의 엄청난 재앙이다. 물론 그런 재앙은 도래하지 않을지도 모른다. 결국 세계의 많은 정책 입안자들은 지금 인류가 지구온난화 문제 해결에 착수하지 않으면 미래에 인류가 안게 되는 위험 부담이 너무 크다는 것이기 때문에 다음이 항목의 의견 불일치를 염두에 두고 접근해야 할 것이다.

- 전 세계국가는 지구온난화의 위협에 당면하여 이에 합당한 대책을 마련하는데 의견의 일치를 볼 수 있을 것인가?
- 온실기체의 양을 줄이거나 동결한다는 것은 정말 가능한 일인가?
- 만약 이것이 가능하다면 기후변화를 멈추거나 혹은 지금까지 일어났던 변화를 역전시킬 수 있을까?
- 온실기체의 배출을 억제한다면 이에 따른 사회 · 경제적 영향은 어떠할 것인가?

10.7.3 화석연료 사용 자제

지구온난화현상은 화석연료를 사용할 때 배출되는 이산화탄소가 주원인이므로 우선적으로 석탄에너지 사용 자제를 하기 위해서 다음과 같은 사항을 준수되어야 한다.

- 원자력, 태양에너지, 수력 발전 등과 같은 청정에너지(대체에너지)를 개발하고 사용함으로서 화석연료 사용을 줄일 수 있다.
- 각 가정에선 에너지 소비를 최대한 줄이려는 노력이 필요하다.
- 산업계에서는 발전과 산업 설비의 에너지 효율을 높이는 방법을 찾도록 노력하여야 한다.

10.7.4 국제협력

1979년 개최된 제1차 국제 기후총회에서는 기후변화문제의 심각성을 서로 공유하였고, 1988년 11월에는 유엔환경계획(UNEP)과 세계기상기구(WMO)가 공동주관으로 기후변화 현상 규명, 영향 및 대응전략 분석 등 광범위한 검토를 위해 IPCC를 설립하였다. IPCC에서 제1차 보고서를 통하여 지구가 더워지고 있다는 과학적 증거를 제시하였고 국제사회는 이를 해결하기 위해 기후변화협약(UNFCCC: united framework convention on climate change)이라는 국제협약을 채택하였다.

1994년 기후변화협약 발효이후 해마다 당사국 총회가 개최되어 왔으며 온실가스 배출을 줄이기 위하여 의무규정 등의 구속력이 있는 장치를 마련할 필요가 있다는 논의 결과에 따라 1997년 12월에 마침내 교토의정서(kyoto protocol)가 채택되었다. 교토의정서에서는 부속서1 국가에 대해 온실가스 감축을 의무화하고 있다. 즉, 2008년부터 2012년까지 각 나라별로 표 10.3와 같이 구체적인 감축목표치를 바탕으로 선진국 전체적으로 1990년 대비 평균 온실가스 배출량을 5.2% 줄이는 것을 목표로 하고 있다. 목표량은 유럽연합은 8%, 미국은 7%를 줄여야 하고, 오스트레일리아는 10%이상 증가해서는 안 되는 것으로 해서 정해져 있지만 대부분 국가들은 온실가스 배출량이 해마다 늘어나는 추세이므로 약 20년 전 수준으로 유지하기 위해서는 실제 배출량의 20~30%정도 감축해야 할 수치이다.

표 10.3 교토의정서에서 1990년 배출수준 기준으로 설정하고 있는 나라별 온실가스 감축 목표

나 라	감축목표
EU(유럽연합), 독일, 영국, 네델란드, 프랑스, 덴마크, 룩셈부르크, 포르투칼, 스페인, 벨기에, 이태리, 아일랜드, 오스트리아, 스웨덴, 핀란드, 불가리아, 체코공화국, 루마니아, 슬로바키아, 슬로베니아, 에스토니아, 라트비아, 리히텐슈타인, 리투아니아, 그리스, 모나코, 스위스	-8%
미국	-7%
일본, 캐나다, 폴란드, 헝가리	-6%
크로아티아	-5%
뉴질랜드, 러시아 연방, 우크라이나	0%
노르웨이	+1%
오스트레일리아	+8%
아이슬란드	+10%

의무감축국이 경제적인 방법으로 목표를 달성하고 개발도상국의 지속가능한 발전을 지원하기 위한 방법으로 공동이행제도(JI: Joint Implementation), 청정개발체제(CDM: clean development mechanism) 그리고 배출권거래제도(ET: emission trading)를 도입하였는데 이를 교토메카니즘(kyoto mechanism)이라 한다. 청정개발체계는 감축의무국이 비 의무국에 투자하여 발생한 온실가스 배출 감축 분을 자국의 감축 실적으로 인정하는 제도이고, 공동이행은 감축의무국이이 다른 의무국에 투자하여 발생한 온실가스 감축량의 일정분을 자국의 배출감축 실적으로 인정하는 제도이다. 그리고 배출권거래제도

는 온실가스 가스 감축 의무국이 의무감축량을 초과하여 달성하였을 경우 이 초과분을 다른 부속서 국가에 팔수 있기도 하고 의무를 달성하지 못한 국가는 부족분을 다른 부속서 국가로부터 구입할 수 있도록 하는 제도이다. 즉, 배출권을 거래하는 제도를 말한다.

✲ 참고문헌

- 김경익, 김영섭, 김해동, 류찬수, 서명석, 오재호, 이재규, 하경자, 허창회 공역, 생활환경과 기상, 동화기술, 2005
- 윤일희, 대기환경 무엇이 문제인가, 경북대학교 출판부, 2008
- 기상청, 기후변화 2007(과학적 근거), 2007
- 이민부, 최영은 공역, 지구온난화, 한울아카데미, 2007
- 김명남 역, 불편한 진실, 좋은 생각, 2006
- 박헌렬, 지구온난화, 그 영향과 예방, 우용출판사, 2005
- UNFCCC, GHG data from UNFCCC
- Intergovernmental Panel on Climate Change, Climate change 2001, Cambridge University Press, 2001
- U.S. EPA, Solid Waste Management and Greenhouse Gases: A Life-Cycle Assessment of Emissions and Sinks, Washington, DC., 2006b
- Intergovernmental Panel on Climate Change(IPCC), Climate Change 2007: The Physical Science Basis, Cambridge University Press, 2007
- Houweling, S., T. Kaminski, F. Dentenser, J. Lelieveld, Inverse modeling of methane sources and sinks using the adjoint of a global transport model, Nature, 439, 187~191, 2006
- International Panel on Climate Change, Climate Change 1995: The Science of Climate Change, Cambridge University Press, 1996
- Swisher, J. N., G. M. Masters, Buying environmental insurance: Prospects for trading of global climate-protection services, Climate Change, 1991

11장

산성비

11.1 산성비의 정의

산성비 문제는 대기오염으로 인하여 발생한다. 자연 상태에서 대기 중의 기체성분과 평형을 이루는 순수한 물의 수소이온농도(pH)는 대기 중 이산화탄소농도(2000년 현재 약 370ppm 정도)에 의해 결정된다. 이산화탄소는 물에 녹아 탄산(H_2CO_3)을 생성하고 탄산은 일부 해리되어 수소이온(H^+)과 중탄산이온(HCO_3^-)을 생성하므로 자연 상태에서 순수한 물은 약산성인 pH는 5.7이 된다.

$$CO_2(gas) \leftrightarrow CO_2(aq) \quad (11-1)$$

$$CO_2(aq)+H_2O \leftrightarrow H_2CO_3 \quad (11-2)$$

$$H_2CO_3 \leftrightarrow H^+ + HCO_3^- \quad (11-3)$$

이를 화학식을 이용하여 계산해 보면 다음과 같다. 여기에서 $[H^+]$가 2.1×10^{-6}mol/L이기 때문에 $pH = -\log[H^+] = 5.7$이 된다. 이산화탄소 중 일부는 화석연료의 연소와 같은 인간 활동의 결과로 생성된 것이지만 산성비의 원인이 되는 황산, 질산에 비교하여 보면 산도에 미치는 영향이 훨씬 적으므로 pH 5.7을 산성비의 기준으로 삼는다. 따라서 pH 5.7 미만인 경우 강수는 산성비(acidic rain) 또는 산성눈(acidic snow)이라 한다.

실제 자연계에서는 이산화탄소 이외에도 빗물의 산도에 영향을 미칠 수 있는 성분이 있으므로 빗물의 pH는 5.7과 다른 값으로 나타날 수 있다. 화산분출 시 대기로 유입되는 SO_2 이외에 자연 발생적인 산성 물질은 황화2메틸(dimethyl sulfide, DMS, $(CH_3)_2S$), 황화수소(H_2S), 유기산(organic acids), 염산(HCl) 등이 있다. 이 중 DMS는 생물의 활동에 의해 방출되며 열대우림이나 대양에서 빗물의 산도를 높이는 주요 원인이 된다. 실제로, 오염원으로부터 멀리 떨어진 아마존 열대우림의 일부지역에서 pH 5.0 정도인 산성비가 관측된 적이 있다. 자연적 알칼리성 물질(alkaline substance)의 대표적 예는 건조기후 지역에서 흔히 볼 수 있는 토양 입자(특히 $CaCO_3$)와 유기물 분해에 의해 생기는 암모니아(NH_3)가 있다.

농도가 높은 SO_2, NO 및 NO_2기체는 직접 동 · 식물에 피해를 주고 인간의 건강을 위협하며 강철 등으로 만들어진 건축 구조물을 부식시킨다. 이와 같이 산성 기체가 직접 지표에 내리는 것을 건성침착(dry deposition)이라 하며, 건성침착은 기체성분들이 방출되는 근원지에서 가장 심하게 나타나는데, 이는 이러한 기체가 대기 중에서 화학반응에 의해 황산이나 질산을 생성하기 때문이다. 이러한 산성 물질들은 비나 눈의 형태로 지표에 내려오기 전까지 멀리 이동하여 오염원의 근원지로부터 멀리 떨어진 토양이나 물을 산성화시킬 수 있다. 이와 같이 비나 눈의 형태로 산성 물질이 지표로 내려오는 것을 습성침착(wet deposition)이라 한다. 산성화 정도는 두 가지 요인에 의해 영향을 받는데, 하나는 해당지역으로 들어오는 오염물질의 양이며, 다른 하나는 토양 혹은 물이 산성화에 대해 저항할 수 있는 능력, 즉 완충능력(buffer action capacity)이다.

읽을거리 산성비의 역사

산성비에 대해서는 1853년 로버트 스미스(Robert Angus Smith)가 영국 맨체스터시 주변 빗물의 화학에 대해서 발표한 것이 처음 인 것으로 알려져 있다.

20세기에 들어서서 대기화학과 분석화학의 획기적인 발전의 결과로 빗물의 산성도를 pH로 표현하기 시작하였으며 1948년에 스웨덴의 에그너(Egner)가 최초로 산성비 측정망을 설치하였다.

1961년 스웨덴의 스반테 오덴(Svante Oden)은 지표수 측정망을 운영하여 산성비의 원인이 대기오염물질의 장거리 이동임을 알아내고 빗물의 주요 이온과 계절적 변화가 있음을 발표하였다. 그의 주장에 근거하여 스웨덴은 1972년 환경유엔회의에서 산성비에 대한 주장을 하였으며 그 이후 산성비는 범지구적인 관심의 대상이 되었다.

11.2 산성비 원인물질 발생원

11.2.1 이산화황

전 세계적으로 볼 때 빗물의 산도는 3분의 2가 이산화황에 의해 나머지 3분의 1은 질소산화물에 의해 생긴다고 알려져 있다. 그러나 지표에 도달한 질산이온은 식물에 의해 흡수되기 때문에 실제로 이산화황이 산성화에 기여하는 정도는 3분의 2보다 크다고 볼 수 있다. 각 지역에서 관측되는 산도에 질산이나 황산이 기여하는 정도는 해당지역의 산업화 및 도시화 유형에 따라 달라진다. SO_2는 석유와 석탄의 연소에 의해 생성된다. 원유의 경우 황의 함량은 0.1~3% 정도인데 대부분이 유기물에 포함되어 있다. 석탄의 황 함유량은 석유보다 많은 것이 보통인데, 주로 황철석(pyrite, FeS_2)의 형태로 존재하는 무기질 황이 많고 유기물 황은 상대적으로 작은 편이다. 일반적으로 천연가스의 황 함유량은 매우 낮은 편이다. 전 세계적으로 인간 활동에 의해 대기 중으로 방출되는 황은 연간 약 8천만 톤 정도이며, 지하에 매장된 석유와 석탄에 포함된 황의 약 5% 만이 SO_2의 형태로 대기로 방출되었다고 알려져 있다. 자연환경에서 생성되어 대기로 회귀하는 황 화합물 중에서 황산을 만드는 것은 화산에 의한 SO_2의 생성이나 대양에서 생물활동에 의한 DMS가 등이 있으나 이들이 도시화된 지역에서 내리는 산성비에 기여하는 정도는 일반적으로 적은 편이다.

11.2.2 질소산화물

SO_2이외에 산성화를 일으키는 주된 오염물질은 질소산화물로 주로 NO와 NO_2인데 대기오염에서 정의 한 것처럼 보통 NOx라 표기한다. 질소산화물은 고온연소 시 대기 중의 N_2와 O_2가 반응하여 생성되는데 온도가 높을수록 그 양이 많아진다. 오늘날 대기로 방출되는 질소산화물의 주요근원은 내연기관을 사용하는 운송기관과 화력발전소 등이다. 최근 황의 방출량은 둔화되는 추세에 있고, NOx의 방출양은 계속 증가하고 있기 때문에 산성화에 NOx가 기여하는 정도는 상대적으로 커지고 있다.

농업에서 질소비료의 사용은 대기 중 암모니아의 양을 증가시키며 산성비를 중화시키는 역할을 할 수도 있다. 그러나 NH_3는 NH_4^+로 변하여 식물에 영양분으로 흡수되는데 필요이상의 질소는 NO_3^-의 형태로 생태계로부터 방출된다. 자연수 내에서 증가된 NO_3^-는 음용수의 수질을 떨어트리고 부영양화를 초래하며 토양의 산성화를 강화하는 요인으로 작용한다. 이러한 산성화의 결과로 알루미늄(Al)과 같은 유해한 물질이 토양으로부터 유출될 수 있다.

11.3 산성비 형성 과정

11.3.1 질산화물

NO는 내연기관이나 화력발전에 의해 식 (11-4)처럼 질소가 산소와 반응하여 생성된다.

$$N_2 + O_2 \rightarrow NO \quad (11-4)$$

기체 상태에서 NO는 O_3, HO_2 및 유기 과산화물에 의해 다음과 같은 식 (11-5)와 식 (11-6) 두 가지 형태로 산화된다.

$$NO + O_3 \rightarrow NO_2 + O_2 \quad (11-5)$$

$$NO + HO_2 \rightarrow NO_2 + OH \quad (11-6)$$

이렇게 생성된 NO_2는 OH기와 반응하여 식 (11-7)와 같이 된다.

$$NO_2 + OH \rightarrow HNO_3 \quad (11-7)$$

HNO_3는 물에 용해되어 식 (11-8)와 같이 해리된다.

$$HNO_3 \rightarrow H^+ + NO_3^- \quad (11-8)$$

이러한 경우, NOx가 HNO_3로 바뀌는데 걸리는 시간은 상당히 빠른 약 하루 정도인 것으로 알려져 있다.

11.3.2 황산화물

SO_2는 석탄에 포함된 황철석 및 석유 속의 유기질 황이 산소와 반응하여 식 (11-9)로 된다.

$$S(\text{fossil fuel}) + O_2 \rightarrow SO_2 \quad (11-9)$$

기체 상태에서 SO_2는 다음과 같이 반응하여 식 (11-12)의 생성물인 황산이 된다.

$$SO_2+OH+M \rightarrow HOSO_2+M \text{ (M:촉매)} \quad (11-10)$$

$$HOSO_2+O_2 \rightarrow HO_2+SO_3 \quad (11-11)$$

$$SO_3+H_2O \rightarrow H_2SO_4 \quad (11-12)$$

액체 상태에서의 반응은 기체 SO_2가 구름 속 물방울에 의해 흡수되어 H_2O_2혹은 O_3와 반응한다.

H_2O_2에 의한 산화(pH가 낮은 경우, pH〈4) 반응을 아래에 나타내었다.

$$SO_2(g)+H_2O \rightarrow SO_2(aq)+H_2O \quad (11-13)$$

$$SO_2(aq)+H_2O \rightarrow H^++HSO_3^- \quad (11-14)$$

$$HSO_3^-+H_2O_2 \rightarrow SO_2OOH^-+H_2O \quad (11-15)$$

$$SO_2OOH^-+H^+ \rightarrow H_2SO_4 \quad (11-16)$$

O_3에 의한 산화 (pH가 높은 경우) 반응을 식 (11-17)에 나타내었다.

$$SO_2(aq),\ HSO_3^-,\ SO_3^-+O_3 \rightarrow O_2+H_2SO_4,\ HSO_4^-,\ SO_4^{2-} \quad (11-17)$$

11.3.3 산성 물질의 중화작용

대기 중에는 자연적으로 혹은 인간 활동에 의해 생성된 알칼리성 물질이 존재하고 있으며 이러한 물질은 산성 강수를 중화(neutralization)시킬 수 있다. 알카리성 물질은 산성 물질이 지표면의 물에 도달하면 산성화를 막아주는 완충작용(buffer reaction process)을 한다. 예로서 1950년대 미국 중서부지방에서 내린 비의 pH는 5.7에 가까운데 이는 당시 산성 대기오염 물질의 배출이 많았음을 고려하여 볼 때 상당히 높은 pH값이다. 이러한 이유는 오랫동안 지속된 가뭄 때문에 생긴 대기 중 토양 먼지들에 포함된 Ca 및 Mg 등이 산성비를 중화시켰을 것으로 분석되었다.

1970~1994년 사이 미국 동부지방에서는 산성 오염물질의 배출량을 줄이려는 노력이 효과를 거두어, 대기로 방출되는 SO_2의 양이 상당히 감소하였다. 그럼에도 불구하고 관측된 빗물의 pH는 크게 변하지 않았음이 알려졌다. 흥미롭게도, 같은 기간 동안 미국 동

부지방의 빗물 속에 포함된 알칼리성 금속이온의 양 또한 급격히 감소되었다는 사실이 밝혀졌는데, 이는 또한 분진상태의 알칼리성 오염물질 양을 줄이려는 노력이 결실을 보았기 때문이다. 감소한 알칼리성 금속이온의 양을 환산해보면 줄어든 SO_2 양의 50~100%에 해당된다. 물론, 해당기간 동안 미국 동부지역의 기상현상에는 큰 변화가 없었다. 따라서 pH의 변화가 거의 없었던 주된 원인은 SO_2 방출량 감소에 의한 pH 상승효과가 알칼리성 분진이 줄어들어서 생긴 pH 감소효과에 의해 상쇄되었기 때문이다.

1980년대 중반 중국 북경지역에 내린 빗물의 pH는 약 6.5이지만 그 속에는 높은 농도의 황산이온(13~20mg/L) 및 알칼리성 양이온이 포함되어 있었다. 이 경우에는 대기 중 산성 오염물질이 NH_3와 $CaCO_3$에 의하여 중화되었다고 믿어지는데, 이들 알칼리성 물질이 없다고 가정할 경우 빗물의 pH는 약 3.5로 계산될 수 있는 것이었다. 자연환경에서 중화과정은 식 (11-18)처럼 주로 물속에 녹아있는 중탄산이온이 수소이온과 반응하여 일어나는데 중탄산이온은 탄산염암의 용해에 의해 공급될 수 있다.

$$2H^{+}+SO_4^{2-}+2HCO_3^{-} \rightarrow CO_2+2H_2O+SO_4^{2-} \qquad (11-18)$$

따라서 탄산염암 지역에서는 토양이나 지표수의 산성화가 일어나기 어려우며 대기로부터 공급되는 H^+의 양이 공급되는 중탄산이온의 양보다 많아져야 산성화가 일어나게 된다. H^+의 공급이 증가하여 pH가 더 감소하게 되면 다른 종류의 완충작용이 시작되고 그 결과 알루미늄 화합물이 용해되기 시작한다. 토양 내에서 자유롭게 이동할 수 있는 알루미늄 이온은 식물의 뿌리를 손상시키며, 지하수에 포함되어 호수나 늪 등으로 유입되면 물고기의 개체 수를 감소시키는 등 생태계 파괴의 원인이 된다.

11.4 지표환경에 미치는 영향

11.4.1 호수와 강

호수와 강의 산성화는 토양 산성화와 밀접한 관계가 있다. 이것은 이들 지표수의 90% 정도가 일단 지표에 도달한 후 땅속을 통과하기 때문인데, 나머지 10% 만이 비나 눈의 형태로 직접 호수나 강에 내린다. 산성화의 피해를 가장 쉽게 받는 곳은 토양의 완충능력이 약한 지역에 있는 빈영양호(oligotrophic lake)이다. 산성화된 호수의 물은 매우 맑아 보이는 것이 특징이다. 호수가 산성화되어 나타나는 대표적인 현상은 물고기가 사라지며 동 · 식물의 종 수가 감소하고 플랑크톤(plankton)이 존재하지 않아 물이 혼탁하게 보이지 않는 것이다. 물이 맑아지는 주된 이유는 물 속의 유기물이 호수 바닥으로 침전되어 제거되기 때문이다. 단순히 물이 산성이기 때문에 동 · 식물이 생명의 위협을 받아 생물종수가 감소하게 되는 것만은 아니다. 산성 호수에서는 알루미늄 이온(Al^{3+})의 양이 많아지는데 Al^{3+}는 물고기의 아가미를 자극하여 보호 점액을 만들게 하는데, 이러한 보호 점액은 물고기가 질식하는 원인이 된다. Al 함량이 많은 물고기를 먹은 새들은 Al이 체내에 농축되어 쇠약해지는 원인이 된다. Al뿐 아니라 Cd, Zn, Pb 같은 중금속의 양도 증가하게 되는데, 이러한 금속 성분은 호수 주변의 산성 토양으로부터 유입되는 것이다.

산성 호수에서 일어나는 생물학적 변화가 단순히 호수의 화학적 변화 때문에 생기는 것은 아니다. 호수에서 물고기가 사라지면 물고기의 먹이였던 곤충들의 숫자가 증가하게 되는데 특히 물풍뎅이류와 잠자리 유충들이 이에 해당한다. 물고기가 없어지면서 이런 곤충들이 점차 호수에 서식하는 주된 동물군으로 변해간다. 여기서 주의할 점은 이러한 현상이 산성 호수에서만 일어나는 것은 아니라는 점인데, 산성화 이외의 다른 이유로 물고기가 사라진 경우에도 유사한 결과를 초래할 수 있다. 따라서 이러한 곤충들은 산성 조건이 좋아서 더 잘 번식하는 것이 아니며 천적인 물고기가 사라졌기 때문에 즉, 산성화의 간접적인 생물학적 효과로 번식이 잘 되는 것이다.

호수의 산성화 정도는 계절에 따라 다르게 나타날 수 있는데 이런 현상은 강물이나 시냇물 같이 흐르는 물에서 더 잘 관측되고 있다. 이렇게 산도(acidity)가 변화하는 원인 중 가장 대표적인 것이 산성이류(acidic flush)이다. 이 현상은 겨울동안 쌓였던 많은 양의 산성눈이 봄에 갑자기 녹아내리기 때문에 생기는 것이며 이렇게 생긴 산성수는 주위의 호수나 강물로 흘러 들어가게 된다. 이때 산성수에 포함된 H^+의 양이 토양의 완충능력에 의해 중화될 수 있는 H^+의 양보다 많으면 호수나 강물의 산도는 갑자기 증가하게 된다. 이런 현상은 특히 여름이나 가을철에 폭우가 내리는 경우에도 일시적으로 관측될 수 있다.

11.4.2 토양

토양 내에서 일어나는 산성화 작용 중 대표적인 것은 식물에 의한 금속 영양 원소의 흡수이다. 식물은 생장에 필요한 금속 양이온들을 흡수하면서 그 대신에 H^+를 내놓고, 식물이 죽어 분해되면 반대 현상이 일어난다. 따라서 성장과 분해가 균형을 이루고 있는 생태계에서는 토양의 산성화가 나타나지 않으며, 벌목이나 농작물의 수확 등으로 인해 이런 균형 (balance) 혹은 순환(circulation)이 깨어져야만 산성화작용이 우세해진다. 물론 이런 경우라 할지라도 풍화작용(weathering)에 의하여 산성화 작용이 상쇄될 수 있으며 그 정도는 토양의 종류에 따라 다르게 나타난다. 일반적으로 농지의 경우 작물재배가 산성화

원인 중의 하나이며, 자연 상태의 삼림 생태계에서는 외부로부터 산성 물질이 공급되지 않는 한 산성화가 일어나지 않는 것이 보통이다.

토양산성화는 토양 pH의 감소, 토양수의 독성금속원소 양의 증가, 그리고 토양 중 영양분 손실 등과 같은 과정을 통하여 생물계에 영향을 미친다. 토양 내 독성금속원소, 특히 Al의 증가는 식물 뿌리의 생장을 저해한다. 또한 Cd와 같은 중금속이 증가하면 식물이 이를 흡수하게 되고, 그런 식물을 먹은 사슴, 토끼 등의 간(liver)과 콩팥(kidney)에서 Cd이 농축된 것이 발견된 예가 있다. 반면 산성화에 의해 용탈작용이 증가하면 식물이 흡수할 수 있는 K, Ca, Mg 같은 알칼리성 금속원소의 양은 줄어들고, 식물의 생장에 나쁜 영향을 미치게 된다. 산성화로 인한 Ca 성분의 감소로 달팽이들이 집을 짓지 못해 그 숫자가 감소하는 경우도 보고되고 있다. 토양이 일단 산성화되면 토양내의 벌레들과 세균의 숫자가 감소하게 되고, 균류(fungi)에 의한 분해활동은 더 활발해진다. 균류에 의한 분해 작용은 상대적으로 속도가 느리기 때문에 영양분이 다시 생성되는 속도 또한 느려지게 되어 결국 산성화는 더욱 심해지게 된다. 일반적으로 토양의 산성화는 호수나 강물의 산성화보다 느리지만 산성화된 토양이 회복되는 속도 또한 느리므로, 일단 산성화된 다음에는 산성물질이 토양으로 들어가는 속도가 줄어도 토양산성화는 단 시간 내에 쉽게 그치지 않을 수 있다. 여기서, 한 가지 주의할 점은 오늘날 농지가 산성화되는 주된 이유는 산성비가 아니라 비료의 사용에 있다는 것이다. 암모늄비료의 사용은 토양 내 질산이온의 양을 증가시켜 산도를 증가시킨다. 생산된 농작물의 대부분은 수확되기 때문에 농작물에 흡수된 영양 원소 또한 제거된다. 따라서 토양의 완충능력은 점점 작아지고 pH는 감소하게 된다.

특히 지의류 및 이끼류 식물이 산성화에 약한데 이는 왁스 코팅(wax coating)이 없기 때문이다. 산성 대기오염물질이 식물의 잎에 흡수될 경우, 산이 가지고 있는 탈수성과 반응성에 의해 잎이 부식된다. 그 결과 식물의 잎이 하얗게 되고 구멍이 생기는 백화현상(chlorosis)과 엽록소가 파괴되어 잎이 누렇게 되어 조기 탈락하는 탈저현상(necrosis)이 생긴다. 산성 물질이 잎 속의 영양분을 용탈시키면 식물병과 해충에 대한 저항성이 떨어지므로 풀이나 나무는 쉽게 병이 들거나 최종적으로는 죽게 된다.

11.4.3 지하수

지하수의 산성화는 크게 세 단계로 나누어 볼 수 있다. 첫 단계는, 강수를 중화할 수 있는 토양의 완충능력이 감소하면서 지하수 내의 Ca^{2+}, K^+ 및 SO_4^{2-}의 양이 증가한다. 그러나 수질에는 큰 영향을 미치지 않는다. 둘째, 토양의 완충능력이 소모됨에 따라 지하수는 부식성이 강하게 된다. 그러나 pH가 감소하는 경향이 명확하게 나타나는 것은 아니다. 마지막으로, 지하수의 완충능력이 완전히 사라지고 pH가 감소하기 시작한다. 지하수 내 금속성분 양이 증가하며 부식성은 더욱 강하게 된다. 지하수의 산성화가 더욱 진행되면, 중금속성분이 증가하므로 물을 섭취하게 되면 건강에 나쁜 영향을 끼칠 수 있다. 이러한 중금속으로는 Cd, Cu, Pb 등이 있다.

11.4.4 인체 및 구조물

이산화황과 이산화질소는 인간이 호흡하는데 나쁜 영향을 주며 식물의 생장을 방해하고 여러 물질을 부식시킨다. 특히 철 구조물이나, 콘크리트 구조물이 특히 산성비에 약한데 이는 산성비에 포함된 황산이나 질산이 건축물의 철 혹은 석회질 성분을 부식하거나 용해시키기 때문이다. 특히 그림 11.1에 보는 바와 같이 탄산칼슘 성분을 함유하는 암석으로 만들어진 조각품이나 건축물이 야외에 방치된 경우 많은 피해를 볼 수 있다.

a) 부식 전

b) 부식 후

그림 11.1 산성비에 의한 부식(출처: Jacobson, 2002)

11.5 산성화 문제의 해결책

지표환경 산성화에 대한 해결책은 단기적 대책과 장기적 대책으로 나누어 볼 수 있다.

즉, 단기적 대책은 석회물질이나 석회암 분말 등을 이용하여 토양이나 지표수의 알칼리도를 증가시키는 것인데 토양 및 담수 환경에 비교적 쉽게 적용할 수 있다. 장기적 대책은 산성 오염물질의 배출을 억제하는 방법뿐이다. 그 대표적인 예가 화력발전소나 화로를 사용하는 공장에서 나오는 황산화물을 제거하기 위하여 사용되는 탈황 장치이다. 그러나 자동차의 내연기관으로부터 나오는 질소산화물을 줄이기 위해서는 보다 진보된 기술이 필요하며, 당분간은 그 배출량을 억제하기가 어려울 것으로 보인다. 특히 경제발전이 지속적으로 이루어지고 있는 국가에서는 내연기관을 사용하는 운송 기기의 숫자가 꾸준히 증가될 것이므로, 이들로부터 배출되는 질소산화물은 산성강수 생성의 보다 주요한 원인이 될 전망이다.

우리나라에 내리는 강수의 산도가 가까운 장래에 어떻게 변할지를 예측하기 위해서는 다음과 같은 요인들을 고려해야 한다. 첫째, 한국 및 동북아시아 국가들의 산성 오염물질 배출량 및 그 이동량의 변화이다. 둘째, 황사 및 알칼리성 분진량의 변화이며, 셋째, 우리나라에서의 농업, 특히 축산업의 영향에 대한 것이다. 동북아시아의 산성 대기오염물질 배출량 변화는 중국의 영향이 매우 크다. 이산화황의 배출량을 보면, 한국이나 일본의 경우 증가율이 많이 둔화되고 있으나 중국의 경우는 당분간 매년 5% 정도 증가할 것으로 예상된다. 동북아시아 지역은 세계적으로 인구 밀도가 매우 높고 경제 발전 속도가 상당히 빠른 지역이다. 따라서 이 지역의 국가들로부터의 산성 대기오염물질 배출량은 매우 클 수 밖에 없다.

우리나라의 대기 중 분진농도는 매우 높지만 현재는 부유분진농도가 감소하는 추세에 있다. 대기 중 먼지 또는 분진의 감소는 산성비를 중화시켜주는 알칼리성 양이온의 공급이 줄어드는 것을 뜻하므로 빗물의 pH 또한 상대적으로 낮아지게 될 것이다. 독일의 경우 구 동독지역의 비효율적인 소각시설이 폐쇄되었음에도 불구하고, 집진설비의 설치로 말미암아 빗물의 pH가 낮아지는 것이 관찰된 바가 있다.

우리나라의 경우 산성비가 산림 생태계에 가시적인 피해는 주지 않은 것으로 조사되었다. 즉, 산성비보다는 가뭄, 기온변화나 병충해의 영향이 산림 생태계에 더 중요한 것으로 알려져 있다. 그러나 위에서 살펴본 요인들로 인하여 향후 빗물의 pH가 낮아진다면 산림이나 기타 생태계에 영향을 줄 수 있을 정도로 빗물이 산성화될 가능성을 배제할 수 없다.

결론적으로 우리나라의 산성비 대책은 인접국가의 영향을 고려하여야만 실효성이 있으며, 산성비를 포함한 동북아 3개국 간의 광역적인 대기오염 문제는 관계국가 사이의 긴밀한 협조가 없다면 해결될 수 없다. 특히, 중국의 경제 발전단계와 사용 가능한 에너지원을 고려해 볼 때 앞으로도 석탄 연소에 의한 산성비 원인물질 배출이 크게 증가할 것으로 전망되고 있다. 이러한 문제를 해결할 수 있는 가장 실효성 있는 방법은 대기오염물질 배출 저감을 위한 환경기술을 제공하거나, 기술개발을 위한 재정적 지원을 하는 것이다.

✲ 참고문헌

- 박헌렬, 지구촌의 환경과 인간, 우용출판사, 2002
- 임제빈, 전병영, 안희관, 임재규, 정태섭, 최재구, 대기오염과 방지기술, 동화기술, 2006
- C. Donald Ahrens, Meteorology Today, West Publishing Company, 1998
- Jacobson, Mark Z., Atmospheric pollution-history, science, and regulations, Cambridge University Press, 2002
- Chestnut, L. G., D. M. Mills, A fresh look at the benefits and costs of the Acid Rain Program, Journal of Environmental Management, 77(3), 2005
- Hill, Marquitak., Understanding Environmental Pollution, Cambridge University Press, 1997
- Seinfeld, J. H., S. N. Pandis, Atmospheric chemistry and physics, John Wiley&sons, 1997
- Jacob, D. J., Introduction to Atmospheric Chemistry, Princeton University Press, 1999

12장

오존층 파괴

오존(O_3)이란 산소원자(O) 세 개가 모여 이루어진 불안전한 가스 분자로 쉽게 산소분자(O_2)하나와 산소원자(O) 하나로 분해된다. 오존은 반응성이 매우 크고, 산화력이 강하고 물에 난용성인 기체이다. 지상에 있는 오존은 배출 가스 중의 NOx로부터 광화학 반응으로 생성되나, 성층권에서는 태양광선의 자외선에 의한 O_2의 광해리에 의하여 만들어진다. 그림 12.1에서보는 바와 같이 대기 중의 오존은 20~30㎞에 분포되어 있으며 농도는 10ppm으로 이를 오존층(ozone layer)이라 한다. 최근에 낮은 고도에서 오존의 양은 증가하고 높은 고도에서는 오존의 양이 감소하는 경향을 나타내고 있기도 하다. 특히 남극지방 상공의 오존량이 급격히 감소하고 있어 태양 복사선중 자외선 양의 증가로 인간이나 지구 생태계에 대한 자외선의 영향이 커져 피부암 및 식물 및 동물에 대한 악영향이 가속화 되고 있다.

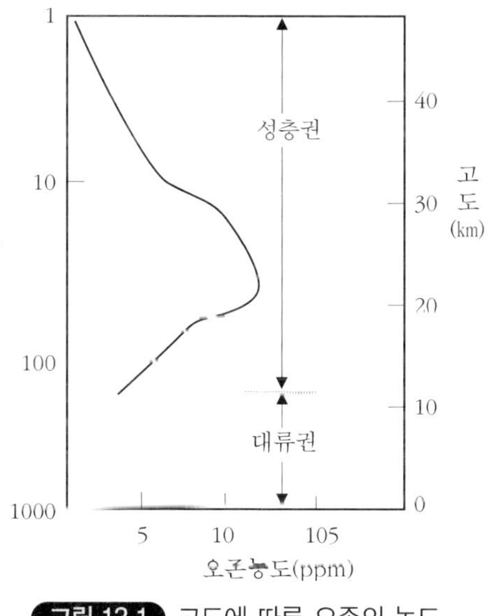

그림 12.1 고도에 따른 오존의 농도

12.1 오존층의 구성과 역할

오존층의 오존은 대기 중에 질소, 산소나 아르곤에 비하면 무시할 정도의 아주 적은 양이 존재하고 있다. 우선 대류권에 전체 오존량의 10%가 존재하고 성층권에 전체 오존량의 90% 이상이 집중되어 있는데, 여기에 분포한 오존은 지구의 자연 생태계를 유지하게 하는 중요한 역할을 한다.

첫째, 오존은 태양에서 복사되는 태양빛 속의 자외선을 차단하는 역할을 한다. 자외선 중 가장 해로운 파장은 거의 제거하고 비교적 덜 해로운 파장도 70~90%나 제거한다. 즉, 태양빛 속에 포함된 강한 자외선을 차단해 인간을 비롯한 각종 동 · 식물이 살아가는데 지장이 없도록 만들어 준다. 이런 이유로 성층권의 오존 농도가 1%만 감소하여도 피부암 환자가 3%나 증가하며, 백내장(눈의 수정체에 흰 테가 끼는 현상) 환자도 0.3% 이상 증가한다는 연구 보고가 있다. 또한 강한 자외선은 인체의 면역기능을 저하시켜 여러 가지 병에 걸릴 위험이 높아지기도 하고, 자외선 증가는 농작물과 동물의 피해, 해양의 식물성 플랑크톤 성장 억제를 하기도 한다.

둘째, 오존은 지구 온도 조절에 있어서 여러 가지 중요한 기능을 한다. 이산화탄소나 다른 온실효과 가스(greenhouse effect gas)와 마찬가지로 오존도 온실효과 가스 중의 하나이다. 때문에 대기 중 지표면에서 가까운 부분의 오존 농도가 증가하면 지표면에서 발생하는 적외선의 흡수량이 증가하여 우주로 방출되는 적외선의 양이 감소함과 동시에 지구 대기의 온도가 상승하게 된다. 또한 대기의 상층부에 존재하는 오존은 자외선을 흡수하여 지구온도 조절기능을 한다.

12.2 오존의 생성과 파괴

성층권에 있어서 오존의 생성은 다음 두 반응에 의존한다. 즉, 산소분자가 파장 240nm 이하의 태양자외선에 의하여 해리하여 2개의 산소원자가 생성되어 산소분자와 결합하여 식 (12-2)와 같이 오존이 된다.

$$O_2 + hr \rightarrow O + O \qquad (12\text{-}1)$$

$$\lambda \ \langle \ 240\text{nm}$$

$$O + O_2 + M \rightarrow O_3 + M \qquad (12\text{-}2)$$

여기서, M: 반응전후에 에너지와 운동량의 보존을 위하여 필요한 제3의 원자 또는 분자이다.

오존의 소멸은 성층권에서 오존이 산소로 광분해 됨으로서 생기는데 반응을 3가지 반응으로 요약할 수 있다.

$$O_3 + hr \rightarrow O + O_2 \quad (12\text{-}3)$$

$$\lambda < 1{,}140\text{nm}$$

$$O + O_3 \rightarrow O_2 + O_2 \quad (12\text{-}4)$$

$$O + O + M \rightarrow O_2 + M \quad (12\text{-}5)$$

12.3 오존파괴물질

오존의 분해와 관련된 가스물질은 주작용이 촉매작용으로 그 자체는 화학적으로 변하지 않으면서 오존의 분해 과정에서 촉매로서 작용한다. 이 촉매 기능을 가지는 화학물질은 표 12.1에서 보는바와 같이 염화플루오르화탄소(CFCs, 일명 프레온), 일산화질소(NO), 염화메틸(CH_3Cl), 메탄(CH_4), 사염화탄소(CCl_4), 할론(Halon, 염화브롬화탄소) 등이다. 이러한 미량 가스들은 오랜 기간 동안 대류권에 잔류하면서 결국 성층권에 유입되어 자외선에 의해 수소, 질소, 염소, 플루오르, 브롬 등과 같이 고도의 화학적 활성을 가진 물질로 분해되어 오존의 파괴를 일으킨다.

표 12.1 오존층 파괴 물질의 종류 및 용도

종류	화학식	오존파괴 잠재력	용 도
CFC-011	$CFCl_3$	1.0	냉각, 에어로졸, 발포제
CFC-012	CF_2Cl_2	0.9~1.0	냉각, 에어로졸, 발포제, 살균, 식품냉동, 열탄지, 경보장치, 화장품, 가압송풍장치
CFC-113	CCl_3CF_3	0.8~0.9	용제, 화장품
CFC-114	$CClF_2CClF_2$	0.7~1.0	냉각
CFC-115	$CClF_2CF_3$	0.4~0.6	냉각, 거품크림 안정제
할론 1301	$CBrF_3$	10.0~13.2	소화제
할론 1211	$CClBrF_2$	2.2~3.0	소화제
HCFC-22	$CHClF_2$	0.05	냉각, 에어로졸, 발포제, 소화제
메틸클로로폼	CH_3CCl_3	0.15	용제
사염화탄소	CCl_4	1.2	용제

이들 중 가장 문제가 되고 있는 것은 염화플루오르화탄소로 이는 매우 안정하기 때문에 대류권에서는 분해되지 않고 성층권까지 이동하여 자외선에 의해 분해되어 오존파괴의 촉매로 작용하는 염소원자를 방출한다. 방출된 하나의 염소 원자는 약 십 만개의 오존을 파괴 시킬 수 있는데 이에 대한 반응은 식 (12-6)~식 (12-8)으로 나타낼 수 있다.

$$2Cl+2O_3 \rightarrow 2ClO\cdot+2O_2 \qquad (12-6)$$

$$ClO\cdot+ClO\cdot \rightarrow Cl_2O_2 \qquad (12-7)$$

$$Cl_2O_2 \rightarrow 2Cl\cdot+O_2 \qquad (12-8)$$

브롬화합물도 마찬가지로 오존 파괴를 가속화 시킬 수 있는데, 그 반응은 식 (12-9)~(12-11)로 나타낼 수 있다.

$$Br\cdot+O_3 \rightarrow BrO\cdot+O_2 \qquad (12-9)$$

$$Cl\cdot+O_3 \rightarrow ClO\cdot+O_2 \qquad (12-10)$$

$$BrO\cdot+ClO\cdot+hr \rightarrow Br\cdot+Cl\cdot+O_2 \qquad (12-11)$$

위에 제시된 반응은 특히 온도가 낮은 대기권 상부에서 생성되는 구름 속에서 빠르게 진행되는데 이것이 바로 남극에 오존구멍이 생기는 주된 원인이 된다.

읽을거리 프레온가스와 할론가스

프레온가스

프레온가스는 1931년에 Du Pont사에 의하여 공업화 되었다. CFC-011, CFC-012는 4염화탄소에서 CFC-021, CFC-022는 클로로포름(chloroform)에서 제조된다.

프레온가스는 열적, 화학적으로 비교적 안정하다. 그 이유는 구조가 C-F결합으로 되어 있기 때문이다. 용도로는 냉매, 에어로졸분사제, 우레탄폼발포제, 정밀기기의 세정제 등 폭넓게 사용되고 있다.

프레온가스가 에어로졸에 쓰이는 이유는 불연성으로 독성이 작아 취급이 편리하고 분산성이 좋으므로 미세하게 발포하고, 열전도성이 낮으므로 이 가스를 봉입하여 단열성을 높인다. 특히 에어로졸에는 약제를 잘 녹이고 분산성이 좋으며, 스프레이 입자가 미세하게 되고 냄새가 없고 인체에도 거의 무해하여야 한다. 세정제로는 침투성이 양호하고 구석에 까지 세정이

가능하고 속건성이고 기름을 녹이나 플라스틱과 작용하지 않는 선택성이 우수하여야 한다.

할론가스

할론가스는 프레온가스와 비슷한 물질로 프레온의 염소대신에 브롬원자가 들어 있다. 브롬원자가 방출되면 염소원자보다도 오존층을 파괴하는 능력이 크므로 규제대상이 되고 있다.

할론은 불에 타지 않는 성질을 이용하여 불을 끄는데(소화제) 많이 이용되고 있다.

12.4 오존층 파괴의 현황

1974년 캘리포니아 대학의 모리나(Monlina)와 로우랜드(Rowland) 박사는 염화플루오르화탄소가 오존층을 파괴한다는 내용의 논문을 과학잡지(Nature)에 처음 발표하였다. 그 후 1985년에 남극 오존층을 정기적으로 관측하고 있던 영국 남극 조사팀에 의해 남극 오존층 파괴 현상이 처음 발견되었다. 그림 12.2에서 보는바와 같이 그 후로도 남극의 오존층은 계속 파괴되어 가고 있음이 확인되고 있다

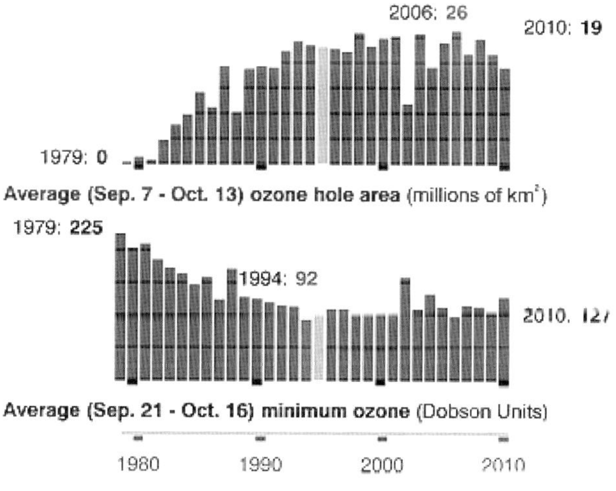

그림 12.2 남극 오존층의 변화(자료: NASA, Ozone Hole Watch)

특히 남극의 오존층이 심하게 파괴되고 있는 것은 남극의 성층권으로서 겨울에 영하 80

℃까지 온도가 내려가서 수증기가 얼음으로 변하고, 남극 주위의 대기 순환은 폐쇄적이어서 저위도에서 남극으로 공기가 섞이지 못하는 등으로 그림 12.3과 같이 오존의 파괴 반응을 촉진하는 조건이 만들어지기 때문이다.

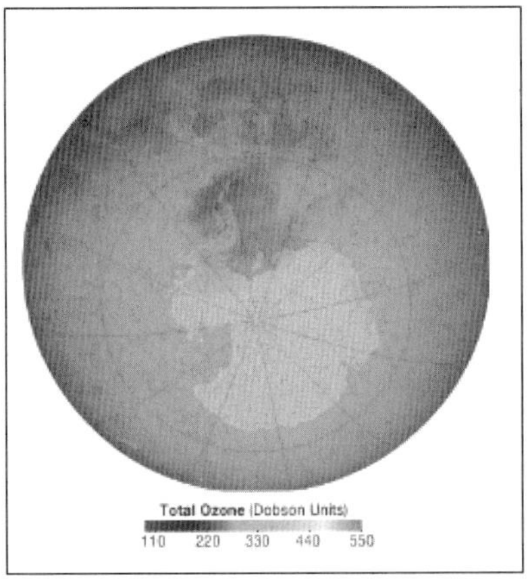

그림 12.3 남극상공의 오존홀(자료: NASA, Ozone Hole Watch, 2010,12)

12.5 오존층 파괴의 영향

오존층의 파괴를 통해 자외선 유입량이 많아지면서 지구에 미치는 영향은 인간과 자연 생태계에 대한 피해와 지구온난화로 인한 지구의 기후변화로 크게 나눌 수 있다.

12.5.1 피부의 노화 및 피부암 증가

오존층이 파괴되면 자연이 유해한 자외선을 흡수하는 양이 줄어드는 반면에 지표에 도달하는 자외선의 양은 비정상적으로 증가한다. 자외선은 태양광선 중 파장이 가시광선보다 짧고 X선 보다는 긴, 눈에 보이지 않는 빛으로 화학작용이 강하여 화학선이라고도 한다. 햇빛에 오래 노출되었을 때 피부가 그을리는 것은 바로 자외선 때문이다.

태양복사선중에는 엄청난 양의 자외선이 들어 있지만 성층권의 오존층에 의해 많은 양이 흡수된다. 자외선이 인체나 동물에 악영향을 미치는 가장 큰 이유는 인체나 동물 세포의 기본인자인 DNA나 핵산(nucleic acid)과 단백질(protein)이 파장 260nm와 278nm의 자외선을 최대로 흡수하기 때문이다. 즉, 이 파장과 일치하는 UV-C 영역의 자외선을 효과적으로 흡수하여 세포의 광산화 반응을 통해 피부의 노화를 촉진시킨다.

또한 오존층 파괴에 의해 가장 민감하게 증가하는 자외선은 280~320nm 사이의 UV-B이다. 이 자외선은 인체의 피부에 홍반을 유발시키는 최대 파장 영역이어서 오존층 파괴는 피부 홍반을 생기게 한다. 그리고 이러한 악성 피부홍반을 피부암으로도 진행되어 치명적인 결과를 초래한다. 특히 290nm의 파장에서는 돌연변이와 피부종양을 일으키는 원인 물질의 생성율이 330nm의 파장에서보다 천 배나 더 많다. 실제로 과거 20년 사이에 미국에서는 5%의 오존층 파괴에 의해 평소보다 년간 8만명이나 더 많은 피부암 환자가 발생하고, 7,000여 명이 사망한다는 보고가 있다.

12.5.2 백내장 증가

UV-B 자외선의 증가는 인간들의 눈에 치명적이다. 한 예로 오랫동안 배를 탔던 선원들의 눈을 조사한 결과 백내장의 증세를 보인 경우가 많았다. 즉, 눈이 UV-B에 노출되는 정도가 두 배 증가하면 백내장 발생률은 1.6배 증가되는 것으로 알려져 있다. 이러한 백내상도 피부 홍반과 마찬가지도 각막의 단백질이 자외선을 흡수하여 광화학 반응을 일으켜 단백질을 변형시키기 때문이나.

12.5.3 동물의 면역기능 저하

인간 이외에도 동물이나 식물에 미치는 영향 또는 크게 나타나고 있다. 최근 동물 실험에 의하면 UV-B의 증가로 특정 면역 세포가 파괴되어 정상적이 면역 기능이 저하된다는 사실이 관찰되었다. 이러한 면역 기능의 저하는 자외선에 의한 동물들의 피부암과 기타 질병들의 유발을 촉진시키는 것으로 알려져 있다.

12.5.4 식물의 생산성 저하 및 생리적 장애

자외선의 증가는 식물의 생장을 저해하여 생산성을 떨어뜨린다. UV-B 자외선은 물속의 상당한 깊이까지 침투할 수 있어서 광합성이 가능한 단세포 조류에 특히 위험하며, 영양단계가 높아질수록 그 피해가 크게 나타나 수생 생태계에 악영향을 미치게 된다.

식물에 대한 영향 또한 예외가 아니다. 식물들은 종류에 따라 UV-B 자외선에 민감하게 영향을 받는다. 또 많은 꽃들의 개화도 자외선의 증가로 방해받는데, 이와 같은 자외선의 악영향으로 인해 꽃의 개화 시기에 변동이 생기면 꽃가루를 운반하는 곤충들의 활동주기와 시차가 생겨 곤충들의 혼란과 화분 수정이 안되는 등 농업과 자연 생태계의 변화에 중요한 결과를 초래하게 된다.

12.5.5 지구의 온난화

지구의 온도는 특히 대류권 상층부 및 성층권 하층부의 오존의 양에 큰 영향을 받는다.

대기 중의 오존량이 감소할 경우 두 가지 반대되는 현상이 나타나는데, 우선 오존층의 파괴로 자외선의 흡수량이 적어지면 많은 양의 자외선이 지표면에 도달하여 지구의 온도를 높인다. 반면에 성층권에 흡수되는 자외선의 양이 줄어들어 성층권 자체의 온도는 내려간다. 따라서 성층권에서 방출되는 열선인 적외선의 양이 줄어들어 지구 온도가 내려간다.

다른 하나는 대류권에서의 오존은 온도조절에 완전히 다른 기능을 수행한다. 대류권에서 오존량의 증가는 이산화탄소와 마찬가지로 온실효과 가스의 기능을 가지고 있어서 이 효과에 따라 오존에 의하여 대기의 온도가 상승하게 된다. 즉, 오존은 장파장의 광선을 투과 시키는 성질이 다른 가스보다 상대적으로 약해서 지표면에서 복사되는 장파장의 광선 일부를 흡수하여 지구온도의 자연적 냉각 기능을 저해시키고 지표면 및 대기의 온도를 점차 상승시킨다.

12.6 CFC 대체물질의 개발

CFCs가 오존층 파괴물질이라는 사실이 확인됨에 따라 국제적으로 1996년부터 CFCs의 생산이 전면 금지되었다. 따라서 CFCs를 대신할 대체물질이 개발되어 현재 시판되고 있다. 이에 따라 기존의 CFCs와 비교하여 물성(무색 · 무취, 열적 · 화학적으로 안정, 무독성)이 비슷하고, 오존층 파괴에 대한 문제를 해결할 수 있는 대체물질의 개발이 계속해서 이루어지고 있다.

현재까지 개발된 CFCs의 대체물질은 크게 PFCs(perfluoro carbon)와 HFCs(hydrofluoro carbon)로 나눌 수 있다. PFCs는 C와 F만으로 분자가 구성된 매우 강력한 결합을 가진 화합물로 기존의 CFCs의 분자결합보다 더욱 안정된 물질이다. 따라서 성층권에서 분해되어 오존층을 파괴시키지 않고 더욱 고층에서 분해된다.

HFCs는 CFCs 분자의 염소 대신에 수소(H)를 대체시킨 것으로 대류권에서 쉽게 파괴되어 대류권의 오존이 높은 성층권까지 도달하지 못한다. 즉, CFCs의 염소대신 수소를 치환함으로써 아주 안정한 화합물을 비교적 불안정한 화합물로 만든 것이다. 그러나 이러한 대체물질도 완벽한 것이 아니며, 오존층 파괴에 대한 영향은 크게 감소하였으나 온실가스로서의 역할과 아직도 적지만 오존층 파괴능력이 있다(염화플루오르화 탄소의 1/10). 또한 플루오르가스의 증가 등으로 인해 다른 문제를 야기할 수 있다.

✲ 참고문헌

- 한명수 역, 지구의 수호신 성층권 오존-왜 주는가? 줄면 어떻게 되는가?, 전파과학사, 1989
- 김광렬, 권문선, 권재혁, 김문현, 김정권, 김정배, 김태동, 박광하, 배재근, 송재준, 신택수, 연익준, 이장훈, 임봉수, 차규석, 홍상표, 인간과 환경, 동화기술, 2009
- NASA, Ozone Hole Watch Website, 2010
- Solomon, S., R. W. Garcis, F. S. Rowland, and D. J. Wuebbles, On the depletion of Antarctic ozone, Nature, 1986
- Solomon, S., G. H. Mount, R. W. Sanders, R. O. Jakoubek, and A. L. Schmeltekopf, Visible spectroscopy at McMurdo station, Antarctica, 2 observations of OClO, J. Geophys. Res., 92, 1987
- WHO/UNEP, Scientific Assessment of Ozone Depletion, 2006
- Madronich, S., Trends in surface radiation, The Role of the Stratosphere in Global Change, Springer-Verlag, 1993
- Simon, P. C., Atmospheric changes and UV-B monitoring, The Role of the Stratosphere in Global Change, Springer-Verlag, 1993
- WMO, The Scientific Assessment of Ozone Depletion, 2002
- Arm storong, B. K., Implications of increased Solar UVB for cancer incidence, The Role of the Stratosphere in Global Change, Springer-Verlag, 1993
- Frederick, J. E., The ultraviolet radiation environment of the biosphere, Effects of Changes in stratospheric Ozone and Global Climate, Vol. 1, USEPA and UNEP, 1986

4부

청정생산 개념 및 평가방법

13장

청정생산[6)]

13.1 개념

청정생산(Cleaner Production)의 개념을 명확히 하는 것은 쉽지 않다. 단어 자체의 의미로는 현재보다는 환경영향이 적은 제품 및 서비스의 생산방식을 포괄적으로 의미하며 여기에는 경제적 요소가 고려되어 있지 않은 듯 보인다. 그러나 이제까지 주류를 이루어 온 후처리 방식(end of pipe technology)의 한계(기술적 한계와 과다한 비용)를 극복하기 위한 대안으로 제시된 점을 고려하면 청정생산은 확실히 경제적 요소가 매우 강조된 개념으로 이해하여야 한다.

UNEP에서는 청정생산을 "인간과 환경에 대한 위험을 최소화하고 에코 효율성을 높이기 위한 서비스, 공정, 제품에 대한 종합적이고 예방적인 환경전략을 지속적으로 적용해 가는 것"이며 보다 구체적으로는 "① 생산 공정에서 원료 및 연료의 사용을 저감하고 유독물질의 사용량을 감소시키며, 오염물질과 폐기물의 발생을 최소화하며 ② 서비스부문에서는 환경 친화적인 서비스의 설계와 제공 ③ 제품과 관련하여서는 전 생애를 통하여 환경에 부정적 영향을 줄이는 것"이라고 정의하고 있다. 이와 같이 청정생산은 제품의 설계 및 생산단계에서 오염물질의 발생을 줄이고 연료 및 원료의 사용량을 저감하여 환경보전과 비용절감을 동시에 추구하는 생산전략이라고 할 수 있다.

이와 유사한 개념으로 미국에서 주로 사용하고 있는 오염예방(pollution prevention)이 있다. 미국의 오염예방법(pollution prevention act)에 따르면 "오염예방이란 재활용, 처리, 혹은 매립이전에 유해물질이나 오염물질이 환경 혹은 폐기물(waste stream)로 유입되는 양을 감소시킬 수 있는 모든 방법"이라고 정의하고 있는데, UNEP의 청정생산 개

6) 본 장의 내용은 공성용, 이희선, 김강석, "화학산업체의 청정생산 실행기법 및 활성화방안연구"(2000)보고서 내용을 발췌한 것임.

념과 차이점을 구별하기가 어렵다. 이외에도 세계은행(WBCSD)은 에코효율성(eco-efficiency)을 중시하고 있는데 이에 따르면 "에코효율성이란 최소한 지구의 자정능력을 넘지 않는 수준으로 제품이나 서비스를 가격경쟁을 통해 제공함으로써 달성할 수 있는 상태"이다. 이를 달성하기 위한 요인으로는 ① 상품과 서비스의 제공에 있어서 물질과 에너지의 사용 감소 ② 유해물질의 확산 감소 ③ 물질의 재활용 증대 ④ 재생가능한 자원의 계속적 사용 등을 꼽고 있다. 에코효율성이란 개념은 경제적 효율성을 보다 강조하고 있지만, 달성 수단에서는 청정생산과 큰 차이가 없다고 여겨진다. 이 외에도 폐기물 최소화(waste minimization), 제로에미션(zero emission), 환경친화적 설계(DfE)등의 개념이 국제기구 혹은 학계에서 주창되어 사용되고 있는데, 이 역시 약간의 개념적 차이가 존재하지만 후처리보다는 오염의 사전 예방을 강조하고 있고 제품 및 서비스의 전과정에 걸쳐 환경적 영향을 최소화하는데 목적을 두고 있다는 공통점이 있다.

이와 같이 청정생산 혹은 관련 활동들은 환경보전과 생산 활동이라는 대치된 개념을 상호 보완적인 개념으로 발전시킨 소위 윈-윈 전략으로 이해되고 있다. 하지만 총괄적인 개념에 대해서는 인식을 같이하지만 구체적인 사항에 들어가면 종종 다음의 두 가지 문제에 대해서 혼동이 일어나곤 한다.

먼저 경제적 이익을 동반하여야만 청정생산이라고 할 수 있는지 하는 문제와 두 번째는 오염원에서의 배출저감 수단에만 한정하는지 여부이다. 먼저 첫 번째 문제에 대해서 논의하자면, 청정생산을 경제적 이익을 반드시 동반하는 생산방식이라고 단정할 수는 없다고 생각된다. 물론, 청정생산을 실천하는 과정에서 비용절감을 이루는 많은 사례가 보고되고 있고 또 이러한 요인이 기업의 청정생산 구축의 촉매가 되는 것은 사실이지만, 비용절감이 청정생산을 규정하는데 충분한 것은 아니다. 보다 정확히는 '환경에로의 배출을 저감하되 환경영향 감소수단을 우선적으로 배출원에서 모색하는 방식이며 결과적으로 비용절감도 동시에 이룩할 많은 기회가 있는 생산방식'으로 정의할 수 있다고 본다. 환경비용분석 방법이 명확히 정립되어 있지 못하고, 규제수준이 낮고 환경피해에 대한 보상이 많지 않은 사회분위기를 감안할 때 환경개선으로 인한 편익은 아무래도 저평가되는 경우가 많기 때문이다.

두 번째, 청정생산의 범주에 포함시킬 수 있는 수단에 대하여 살펴보자. 보통 환경오염을 저감할 수 있는 수단으로는 ①오염물질발생을 최소화(minimize generation) ②원료 및 연료 투입량 최소화(minimize introduction) ③분리 및 재사용 ④재순환(recycle) ⑤폐열 회수 ⑥배출처리로 구분되는데, 미국 EPA의 경우에는 ①과 ②만을 오염예방(P2)으로 정의하고 있지만, 유럽(EC)은 위의 6가지 모두를 청정생산의 범주에 포함하고 있다.[7]

한국의 경우, 법률로 정한 청정생산의 정의는 없으며 "환경친화적산업구조로의전환촉진에관한법률"에서 청정생산 기술을 '생산 공정에서 환경오염을 제거하거나 감축하기 위한 기술 및 환경 친화적인 제품을 생산하기 위한 기술' 이라고 정의하고 있고, 한국의 청정생산을 주도하고 있는 한국생산기술연구원 청정기술개발센터에서는 청정생산기술을 '산업 활동의 전과정을 통해 배출되는 오염물질과 폐기물을 생산초기부터 원천적으로 감량해나가는 차세대 기술로, 사후처리가 아니라 상품의 원료조달 단계부터 제품의 최종 출하까지 전 제조공정에서 환경오염을 미연에 방지하는 환경관련 기술' 이라고 설명하고 있어 위의 6개 수단 중 ①과 ②의 범주만을 포함하고 있다.

그러나 청정생산 연구 분야로는 제품의 환경친화적인 디자인, 청정원료 대체, 오염물질 최소화를 위한 생산 공정 개선, 발생된 폐기물의 감량 및 재활용을 포함하고 있어 보다 광범위한 수단을 아우르고 있다. 그 이유는 현재 기업의 환경문제가 청정생산의 하위범주 수단, 즉 재순환, 폐열 회수, 배출물질의 처리 등에 의해서도 개선의 여지가 상당히 많은 현실을 인정한 때문이라고 생각된다. 우리나라는 산업 환경관리 역사가 짧고 관리수단도 직접규제방식을 위주로 하여 왔기 때문에 기업의 자율적 실천의지에 의한 환경개선의 여지가 크다고 생각된다. 특히 중소기업의 경우에는 위에서 언급한 하위수단에 의한 개선여지가 상대적으로 클 것으로 보인다.

13.2 청정생산을 위한 환경영향평가(LCA)

청정생산 실행을 위한 평가방법으로서 전과정평가(LCA)는 제품의 전과정에 걸쳐서 환경적 영향을 파악하는 대표적인 분석방법 이다. 이와 유사하게 제품의 환경영향 중 가장 핵심적인 부분을 간략히 분석하는 것을 단순 LCA 또는 Product Screening이라고 한다. 전과정평가가 제품중심의 환경영향평가법이기는 하지만, 공정의 분석과 대안의 설정 등에 두 유용하게 적용될 수 있기 때문에 여기서는 전과정평가 전반에 대하여 살펴보도록 한다.

---

7) 미국 듀퐁사는 미국 정부의 P2 정의에도 불구하고 청정생산의 범주에 유럽과 같은 입장을 보인다. 이는 기업의 입장에서 오염예방 수단의 범주를 확대 해석하는 것이 결과적으로 환경보전과 기업의 경쟁력 강화에 유리하다고 인식하고 있기 때문이다.

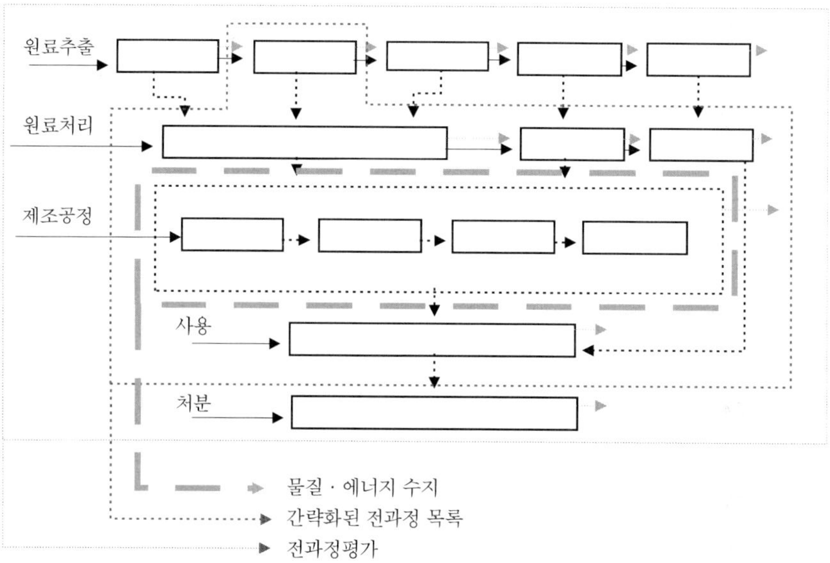

그림 13.1 전과정평가와 간략화된 전과정 목록

13.2.1 일반원칙 및 기본구조

전과정평가는 ①제품 및 시스템과 관련된 투입물과 산출물의 목록화 ②투입물과 산출물에 관련된 잠재적 환경영향 평가 ③전과정평가 연구 목적과 관련된 목록분석 및 영향평가 단계에서의 결과 해석을 통하여 제품과 관련된 환경측면과 잠재적 환경영향을 평가하는 방법으로써, 그 결과는 ①제품의 전과정의 여러 단계에서 환경측면을 개선시키기 위한 공정 파악②산업계, 정부, 비정부기구의 의사결정(예: 전략계획, 우선순위 설정, 제품이나 공정의 설계 또는 재설계) ③측정기법을 포함한 관련 환경성과지표의 설정 ④마케팅(예; 환경성주장, 환경라벨링 제도 혹은 환경친화적제품 선언)에 유용하게 이용된다.

일반적으로 전과정평가의 내용 및 범위는 적용 범위와 경계(system boundary) 및 의도한 용도에 따라 크게 달라질 수 있지만, 모든 경우에 있어서 ISO에서 규정된 원칙과 기본구조를 따라야 한다. 전과정평가는 여러 가지 환경경영기법(예: 위해성평가, 환경성과평가, 부지환경감사, 환경영향평가)중의 한 부분이며 제품의 경제적 또는 사회적 측면을 다루지는 않는다. 전과정평가의 한계는 다음과 같다.

- 전과정평가와 관련된 선택사항과 가정(예: 시스템 경계의 설정, 데이터 출처와 영향범주의 설정)이 주관적일 수 있음
- 목록분석 또는 환경영향을 평가하기 위하여 사용하는 모델은 가정에 의해 제한을 받으며, 모든 잠재적 영향 또는 적용에 이용이 불가능할 수 있음

- 범지구적, 지역적 문제에 초점을 맞춘 전과정평가 연구 결과는 각 국소지역에 적용되기에 적합하지 않을 수 있음
- 전과정평가 연구의 정확성은 관련 데이터의 접근가능성이나 활용가능성 또는 데이터의 질, 데이터 형태, 합산, 평균, 현장특성 등에 따라 달라질 수 있음
- 영향평가에 사용된 목록 데이터에서 시간적, 공간적 차원의 결핍은 영향평가 결과에 대한 불확실성을 초래할 수 있음

전과정평가기법의 몇 가지 주요 특성은 다음과 같다.

- 원료획득으로부터 최종처리에 이르기까지 제품시스템의 환경측면을 체계적이고 적절하게 다루어야 함
- 상세한 정보와 소요시간은 연구목적과 범위에 따라 크게 달라질 수 있음
- 대상 범위, 가정, 데이터의 질에 대한 서술, 수행방법 및 연구결과는 투명해야 함. 데이터의 출처를 언급하고 문서화해야 함
- 기밀사항과 자산관련 사항에 대한 개별 조항을 만들어야 함
- 새로운 과학적 사실과 기술의 진보를 고려하여 평가하여야 함
- 대중에 공개적인 비교주장을 위한 전과정평가 연구에는 특정요건이 적용되어야 함
- 과학적 적용가능성과 사용자의 요구에 근거하되 국제규격을 준수하여야 함

전과정평가는 목적과 범위의 정의, 목록분석, 영향평가 및 결과해석 단계를 포함하며, 각 단계별 구체적 내용은 다음과 같다.

13.2.2 목적 및 범위 정의 & 목록분석

전과정평가에서 목적 및 범위의 정의는 중요하다. 왜냐하면, 이것은 전과정평가가 수행되는 이유를 정하고 연구될 시스템과 데이터의 범주를 기술하기 때문이다. 연구목적과 범위, 사용목적은 연구의 방향과 범위에 큰 영향을 주게 되며 지역적 범위, 시간적 범위, 필요로 하는 데이터의 질이 결정된다. 목록분석은 정해진 연구 목적을 달성하는데 필요한 데이터의 수집을 포함하며, 본질적으로는 시스템에 관련된 투입물 · 산출물 데이터 목록을 의미한다. 그러나 목록분석은 데이터와 관련된 환경영향 평가가 아니므로, 목록분석 결과만으로 상대적 환경영향에 관한 결론을 내릴 수는 없다. 이 단계의 결과는 다음과 같은 목적으로 유용하게 사용될 수 있다.

- 조직이 상호 연관된 제품시스템에 대한 체계적인 시야를 얻는데 도움이 됨

- 전체 시스템뿐만 아니라 단위공정에서의 원료와 에너지사용, 대기와 수계, 토양으로의 오염물질 배출을 정량화함으로서 생산시스템의 환경성과 기준선을 정함
- 개선목표 설정을 위해 에너지와 원료의 사용이 가장 많은 단위공정을 규명함
- 후속 용도로 환경마크 기준을 정하는데 도움을 주는 데이터를 제공함
- 기타 조달업무 같은 정책대안의 설정에 도움을 줌

1) 기술적 개요

가) 제품시스템 (product systems)

제품시스템은 하나 혹은 그 이상의 정해진 기능을 수행하는 중간제품의 흐름으로 연결된 단위공정의 집합이다. 제품시스템의 본질적인 특질은 그 기능으로 특징이 부여되는 것이며, 최종제품만으로 정의될 수 없다.

나) 단위공정 (unit process)

제품시스템은 일련의 단위공정으로 나누어진다. 단위공정들은 다른 단위공정과는 중간제품 및 처리되는 폐기물로, 다른 제품시스템과는 제품흐름으로, 자연과는 기본흐름으로 연결되어 있다. 단위공정으로 들어가는 기본흐름은 원유와 태양열 등을 포함하고, 단위공정에서 나오는 기본흐름은 대기 배출물, 수질 배출물 · 방열을 포함한다. 중간제품 흐름은 기초 원료, 하위부품을 포함한다. 제품시스템을 구성하는 단위공정으로 나누는 것은 제품시스템의 투입물과 산출물의 규명을 쉽게 한다. 많은 경우에 투입물 중 어떤 것은 산출 제품의 구성성분으로 사용되는 반면에 다른 어떤 것(보조투입물)은 단위공정 내에서 사용되었으나 산출 제품의 일부가 아니다. 단위공정은 그 활동의 결과로 다른 산출물(기본흐름 및 제품)도 생기게 한다. 단위공정의 경계는 연구목적을 충족하는데 요구되는 모델링의 세부화 정도에 따라 결정된다. 시스템은 물리적 시스템이므로 각 단위공정은 질량 및 에너지보존법칙을 따른다. 물질 및 에너지수지는 단위공정기술의 타당성 점검에 유용하다.

다) 자료범주

수집된 데이터는 측정, 계산 혹은 추정 어느 것으로 되었든 단위공정의 투입 · 산출을 정량화하는데 사용된다. 주요 항목은 다음과 같다.

- 에너지 투입량, 원재료 투입량, 보조재 투입량, 기타 물질 투입량
- 제품

• 대기 배출물, 수계 배출물, 토양 배출물, 기타 환경측면

이러한 항목에서 개별적인 데이터 분류는 연구목적을 충족하도록 더욱 자세하게 된다. 즉, 대기오염물질 내에 이산화탄소, 황산화물, 질소산화물 등과 같은 데이터 범주로 분리되어 식별될 수 있다. 더욱 세부적인 데이터 범주는 데이터 범주의 기술에서 논하고 있다.

라) 제품시스템 모형화

물리적 시스템의 핵심 요소를 설명하는 모델을 개발함으로써 전과정평가가 수행된다. 이것은 제품시스템내의 모든 단위 공정 간의 모든 관계 혹은 제품시스템과 시스템 외부환경간의 모든 관계를 연구하는 것이 실제적이지 않은 경우가 흔하기 때문이다. 모델화되는 실제 시스템의 요소를 선택하는 것은 연구 목적 및 범위 정의에 달려있다. 사용된 모델을 설명하고 선택의 기초가 되는 가정들이 식별되는 것이 바람직하다.

2) 목적과 범위 정의

연구의 목적과 범위는 명백하게 정해지고 의도하는 적용과 부합되어야 한다.

가) 연구목적

전과정평가 연구목적은 의도하는 적용분야, 연구수행 이유, 의도하는 청중 즉, 연구결과를 전달하도록 되어있는 대상자를 명백하게 진술해야 한다.

나) 연구범위

연구범위는 전과정평가의 일반원칙 및 구조의 시스템경계에 부합하는 모든 관련 항목을 고려해야 한다. 전과정평가는 반복적인 기법이며, 데이터와 정보가 수집됨에 따라 연구의 원래 목적을 충족하기 위해서 범위의 여러 측면의 수정을 요구할 수도 있다는 것을 인식해야 한다. 어떤 경우에는 예측하지 못했던 한계, 제약조건 혹은 추가적인 정보의 결과로 인하여 연구목적 그 자체가 수정될 수도 있다. 그러한 수정은 수정사유와 함께 문서화하는 것이 바람직하다.

(1) 기능, 기능단위, 준거흐름

LCA 연구범위를 정의할 때 제품기능(성과 특성)의 명세에 관한 명확한 설명을 해야 한다. 기능단위는 규정된 기능들을 정량화하는 단위이며, 연구목적과 범위와 부합되어야 한

다. 기능단위의 주목적중의 하나는 투입량 · 산출량 데이터를 정규화(수학적 의미에 있어서)하는 기준을 제공하는 것이다. 따라서 기능단위는 명확히 정의되고 측정가능 해야 한다. 기능단위가 주어지면 그 기능을 충족하는데 필요한 제품의 양이 정량화 되어야 한다. 정량화된 결과가 준거 흐름이다. 준거흐름은 시스템의 투입과 산출을 계산하는데 사용된다. 시스템간의 비교는 기준흐름의 형태로 같은 기능단위로 정량화된 동등한 기능을 근거로 비교되어야 한다. 기능단위 비교에서 고려되지 않은 부분이 있으면 이러한 내용을 문서화하여야 한다.

(2) 초기 시스템경계

시스템 경계는 시스템모델에 포함될 단위공정을 정의한다. 시스템경계에서의 투입과 산출이 기본흐름이 되도록 시스템을 모델화하는 것이 이상적이다. 어떤 단위 공정이 대상 모델에 포함되어야 하고 어느 정도 세부적이어야 하는가에 대한 의사결정이 내려져야 한다. 연구의 전반적인 결론을 심각하게 변화시키지 않는 투입물과 산출물의 정량화에 자원을 소비할 필요가 없다. 또한 어떤 환경 배출물들이 평가될 것이며 평가의 세부적 수준에 관한 의사결정이 내려져야 한다. 많은 경우에 초기에 정해진 시스템경계는 그 후로 예비작업 결과를 기초로 수정될 것이다. 투입물과 산출물의 선택에 사용된 의사결정 규칙이 명백히 이해되고 기술되는 것이 바람직하다. 이 과정에 대한 더 이상의 지침은 투입물 · 산출물 초기포함기준에 있다. 전과정 단계, 공정 혹은 투입물 · 산출물을 생략하는 모든 의사결정은 명확히 설명되고 정당화되어야 한다. 단위공정과 흐름에 있어서 고려되어야 하는 사항은 다음과 같다.

• 주요 제조/공정에서의 투입물과 산출물
• 유통 혹은 수송과정
• 화석연료, 전기 및 열의 생산과 사용
• 제품의 사용과 보존
• 공정 폐기물과 제품의 처리
• 사용한 제품의 회수(재사용, 재활용 및 에너지회수 포함)
• 보조물질의 제조
• 자본재의 제조와 보존
• 조명과 난방 같은 추가적인 운영사항

단위공정과 그들 간의 상호관계를 보여주는 공정 흐름도를 사용하여 시스템을 설명하는 것이 도움이 된다. 할당에 관한 의사결정을 포함하여 어떤 투입물과 산출물 데이터들이 다른 제품시스템으로 추적해야할 것인가에 대한 의사결정이 내려지는 것이 바람직하고, 다른 실무자가 목록분석을 복제할 수 있을 정도로 매우 자세하게 시스템이 설명되는 것이 바람직하다.

(3) 데이터 범주

요구되는 데이터는 연구목적에 달려있다. 데이터는 시스템경계내의 단위공정과 관련된 생산현장에서 수집되거나 공표된 자료를 이용하거나 계산될 수도 있다. 시스템 경계 내 개별 단위공정별로 정량화 되어야 할 투입물과 산출물의 주요 표제가 요약되어 있다. 어떤 데이터 범주가 연구에 사용될 것인가를 결정할 때 이러한 데이터 범주들을 고려하는 것이 바람직하다. 개별 데이터 범주는 연구목적을 만족시키도록 더 자세한 것이 바람직하다. 에너지 투입물과 산출물도 다른 투입물 및 산출물과 마찬가지로 취급되어야 한다. 여러 형태의 에너지 투입물과 산출물은 시스템 모델 내에서 사용되는 화석연료, 원료에너지, 공정에너지의 생산과 전달에 관련이 있는 투입물과 산출물을 포함해야 한다. 대기, 수계 및 토양으로의 배출물은 처리장치를 통과한 후의 배출을 나타낸다.

(4) 투입물 · 산출품 초기포함 기준

범위를 정의하는 동안 투입물과 산출물 초기집합이 목록으로 선택된다. 이 과정에서 모든 투입물과 산출물을 시스템의 모델에서 고려할 필요가 없다는 것을 인지하게 된다. 투입물을 생산하는 어떤 단위공정 혹은 산출물을 받아가는 어떤 단위공정이 연구중인 제품시스템에 포함되는 것이 바람직한가 하는 것을 생각해야 한다. 대체로 초기식별은 이용가능한 데이터를 이용하여야 한다. 연구진행 중에 추가적인 데이터를 수집하여 투입물 및 산출물을 보다 충분하게 식별하고 민감도분석에 사용하는 것이 바람직하다. 수립된 기준과 가정은 명확하게 기술되어야 한다. 또한 연구결과에 대한 기준의 잠재적 영향이 평가되고 최종보고서에 기술되어야 한다. 물질 투입물에 대하여는 연구될 투입물의 초기선택에서 분석이 시작 된다. 모델에 포함될 개별 단위공정과 관련된 투입물의 식별에 근거를 두고 선택되는 것이 바람직하다. 이러한 노력은 특정 현장 혹은 공개된 정보원에서 수집된 데이터를 가지고 착수할 수도 있다. 그 목적은 개별 단위공정과 관련된 중요한 투입물을 식별하는 것이다. 어떤 투입물이 연구될 것인가에 대한 전과정평가 실무에 사용되는 기준은 중량, 에너지, 환경관련성을 포함하여 여러 가지가 있다.

중량기여도 하나만을 기초로 한 투입물의 초기 식별은 중요한 투입물이 연구에서 빠지는 결과를 초래할 수 있다. 따라서 에너지와 환경관련성도 이 과정에서 기준으로 사용되는 것이 바람직하다.

- 중량을 하나의 기준으로 사용할 때의 적절한 의사결정 규칙은 제품시스템 모델의 투입물 중량 대비 정해진 백분비 이상의 누계에 기여하는 모든 투입물을 연구에 포함
- 에너지: 마찬가지로 에너지를 하나의 기준으로 사용할 때의 적절한 의사결정 규칙은 제품시스템의 에너지 투입물의 정해진 비율 이상의 누계에 기여하는 모든 투입물을 연구에 포함
- 환경관련: 환경관련 기준 의사결정 규칙은 제품시스템의 각 데이터 범주의 추정량 대비 특정 백분률 이상으로 기여하는 투입물들을 포함. 예를 들어, 황산화물이 데이터 범주로 선정되었으면 제품시스템의 총 황산화물 배출물 대비 특정 백분률 이상으로 기여하는 어떠한 투입물도 포함하도록 하는 기준이 설정될 수 있음

이러한 기준들은 어떤 산출물이 추적되어야(최종폐기처리과정 포함) 하는가를 규명하는데 사용될 수 있다. 대중에게 공개되는 비교주장을 하는데 사용되는 전과정평가 연구에서의 투입물과 산출물 데이터의 최종 민감도분석은 질량, 에너지 및 환경관련 기준을 포함하여야 한다. 이 과정에서 식별된 모든 선택된 투입물을 기본흐름으로 모델링되는 것이 바람직하다.

(5) 데이터 품질 요건

연구결과의 신뢰성에 대한 이해와 연구결과의 적절한 해석에는 데이터 품질이 중요하다. 연구 목적과 범위가 충족될 수 있도록 데이터 품질요건이 정해져야 한다. 데이터의 품질은 데이터의 수집에 사용된 방법론뿐만 아니라 정량적, 정성적 모두를 기술하는 것이 바람직하다. 데이터의 품질요건은 다음의 요소를 포함하는 것이 바람직하다.

- 시간적 범위: 데이터의 신규성과 데이터가 수집되는 최소한의 기간
- 지역적 범위: 연구목적을 만족시키도록 수집되어야 하는 단위공정 데이터가 나오는 지역적 영역(예: 국지적, 지역적, 국가적, 대륙적, 범지구적)
- 기술적 범위: 테크놀로지 믹스(예: 실제 공정믹스의 가중평균, 최선의 이용 가능한 기술, 최악의 운영단위)

특정 현장에서 수집된 데이터인지 혹은 공개된 자료에서 나온 것인지, 데이터가 측정, 계산 혹은 추정되어야 할 것인지와 같은 데이터의 출처를 밝히는 것이 필요하다. 투입물

과 산출물의 초기포함기준에 따라 수행된 민감도 분석결과 연구 중인 시스템의 질량과 에너지 흐름의 대부분을 차지하는 단위공정에는 특정 현장에서 나온 데이터 혹은 대표적인 평균치가 사용되는 것이 바람직하다. 환경적으로 관련 있는 배출물이 있는 것으로 여겨지는 단위공정에도 특정 현장에서 나온 데이터가 사용되는 것이 바람직하다.

모든 연구에서 목적 및 범위 정의에 따라 다음과 같은 추가적인 데이터 품질요건이 세부수준에서는 고려되어야 한다.

- 정밀도(예: 분산)
- 정확성: 한 단위공정에서 존재 가능한 개별 데이터의 범주수 대비 1차 데이터로 보고한 데이터 범주수의 백분률
- 대표성: 데이터가 모집단을 잘 반영하여야 함
- 일관성
- 재현성

연구가 일반에게 공개되는 제품 간 혹은 공정 간의 비교주장을 위한 것일 경우 모든 데이터 품질요건이 연구에 포함되어야 한다.

(6) 정밀검토

정밀검토 유형이 분명하게 밝혀져야 한다. 정밀검토의 유형은 정밀검토 과정에 제시되어 있다. 연구의 용도가 일반에게 공개되는 비교주장을 위한 것일 경우 이해관계자에 의한 검토가 수행되어야 한다.

3) 목록분석

가) 자료수집 준비

연구의 범위는 단위공정과 관련된 초기 데이터범주를 결정한다. 데이터 수집은 여러 가지 자료원을 이용하게 되므로 일관된 결과를 얻기 위해서는 다음의 단계를 따르는 것이 도움이 된다.

- 모델화 될 모든 단위공정과 그들의 상호관계를 포함한 간략한 공정흐름도의 작성
- 각 단위공정과 관련된 데이터 범주의 리스트 작성과 각 단위공정의 세부적인 기술
- 측정단위를 규정하는 용어집의 개발
- 보고하는 위치에 있는 사람들이 어떤 정보가 전과정평가 연구에 필요한지를 이해하

는데 도움을 주기 위한 각 데이터 수집 및 계산 기법의 기술

- 제공되는 데이터와 관련된 모든 특별한 문제, 불규칙 사항 혹은 다른 사항을 명확하게 문서화할 수 있도록 교육기회 제공

나) 데이터수집

서로 다른 시스템의 각 단위공정에 따라 데이터 수집절차는 달라질 수 있다. 또한 연구참여자의 구성과 자격, 지적소유권과 기업의 기밀요건 등에 따라서도 절차가 달라질 수 있다. 그러한 절차와 이유를 문서화하는 것이 바람직하다. 데이터 수집은 단위공정에 대한 철저한 지식을 요구한다. 이중계산이나 누락을 피하기 위하여 각 단위공정에 대한 설명은 기록되어야 한다. 이것은 단위공정의 기능과 어디서 공정이 시작하고 끝나는지를 정하는데 필요한 투입물과 산출물의 정량적이고 정성적인 기술을 포함한다. 단위공정이 복수의 투입물(예: 수처리 플랜트로 들어가는 복수의 폐수) 혹은 복수의 산출물을 가진 경우에는 할당절차에 관련된 데이터가 문서화되고 보고되어야 한다. 에너지 투입물과 산출물은 에너지 단위로 정량화되어야 한다. 해당하는 곳에서는 화석연료의 무게나 부피도 기록하는 것이 바람직하다. 공표된 문헌에서 데이터가 수집될 때에는 출처가 표시되어야 한다. 만일 그러한 데이터가 초기데이터 품질요건을 충족하지 못하면 이러한 사항도 기술되어야 한다.

다) 계산절차

데이터 수집에 이어서 모델시스템의 정해진 기능단위와 각각의 단위공정별로 목록결과를 산출하는데 계산절차가 필요하다. 전력생산과 관련된 기본흐름을 정할 때는 발전믹스, 연료 유형별 연소효율, 발전설비의 전환효율, 송・배전 손실 등이 고려되어야 한다. 이때 사용된 가정들은 합리적이어야 하고 또 명백하게 기술되어야 한다. 기름, 가스, 석탄 같은 가연성 물질에 관련된 투입물과 산출물은 관련 연소열량을 곱하여 에너지 투입량 혹은 산출량으로 전환될 수 있다. 이 경우에 고 열량값 혹은 저 열량값 어느 것이 사용되었는지가 보고되어야 한다. 같은 계산절차가 연구의 끝까지 일관성 있게 적용되는 것이 바람직하다. 모든 계산절차는 명백하게 문서화되어야 한다.

(1) 데이터 확인(Validation)

데이터수집 과정 중에 데이터 타당성 점검이 수행되어야 한다. 즉, 물질 및 에너지수지의 확인과 배출요인의 비교분석 등이 포함될 수 있다. 누락 데이터가 나타난 곳에서는 다

음과 같이 처리하는 것이 바람직하고, 누락데이터의 처리는 문서화되어야 한다.

- '0' 이 아닌 것이 확실할 경우 실제 데이터 값
- '0' 이 확실하면 '0' 으로 처리
- 유사한 기술을 사용하는 단위공정에서 보고된 값을 토대로 계산된 값

(2) 단위공정과 데이터의 관계설정

각각의 단위공정별로 적절한 기준흐름이 정해져야 한다(예: 물실 1kg 혹은 에너지 1 MJ). 단위공정의 정량적 투입물과 산출물 데이터는 이 기준흐름에 대한 관계에서 계산되어야 한다.

(3) 기능단위와 데이터의 관계설정 및 데이터 취합

흐름도와 시스템 경계를 기초로 전체시스템의 계산이 가능하도록 단위공정들이 서로 연결된다. 이것은 시스템 내에 있는 모든 단위공성을 기능단위에 대하여 정규화하여 이루어진다. 데이터 취합은 연구목적을 만족시킬 수 있어야 하고, 동등한 물실이나 유사한 환경영향에 한해서만 데이터가 취합되는 것이 바람식하다.

(4) 시스템경계의 수정

LCA의 반복적 성질을 반영하여 포함되어야 할 데이터에 관한 의사결정은 그들의 중요성을 결정하는 민감도분석을 기초로 해야 한다. 이것에 의하여 투입물 · 산출물 초기 포함 기준항에 약술된 초기분석을 검증한다. 초기 제품시스템 경계는 범위정의에서 규정된 기준에 따라 적합하게 수정되어야 한다. 시스템경계의 개량과정과 민감도 분석의 결과는 문서화되어야 한다. 민감도분석은 다음과 같은 결과를 가져올 수 있다.

- 중요성이 없는 것으로 나타날 때 단위공정의 배제
- 연구결과에 대한 중요성이 없는 투입물과 산출물의 배제
- 민감도분석에서 중요한 것으로 나타난 새로운 단위공정, 투입물 및 산출물의 포함

라) 할당

전과정목록분석은 제품시스템내의 단위공정을 간단한 물질과 에너지 흐름으로 연결할 수 있다. 실제로 한 가지 산출물을 내거나 원재료 투입물과 산출물이 신형관계에 있는 산업공정은 거의 없다. 사실 대부분의 산업공정은 한 가지 이상의 제품을 생산하며, 중간재 혹은 폐기된 제품을 원재료로 재활용한다. 따라서 관련된 환경배출과 마찬가지로 물질 및

에너지 흐름도 명백하게 기술된 절차에 따라 다른 제품들 간에 할당되어야 한다.

(1) 할당원칙

목록은 투입물과 산출물간의 물질수지에 기초하고 있으므로 가능한 한 중요한 투입?산출 관계와 특성들을 추정하는 것이 바람직하다. 개별 단위공정에 사용된 할당절차는 문서화되고 정당화되어야 한다.

(2) 할당절차

(가) 가능하면 다음과 같이 하여 할당을 피하는 것이 바람직함

- 할당이 필요한 단위공정을 둘 혹은 그 이상의 하위공정으로 나누고 하위공정과 관련된 투입물과 산출물 데이터를 수집함
- 기능, 기능단위, 준거흐름 요건을 고려한 부산물과 관련된 부가적인 기능을 포함하도록 제품시스템을 확장함

(나) 할당을 피할 수 없는 곳에서는 시스템 투입물과 산출물이 다른 제품 혹은 기능 간에 그들 간의 근원적인 물리적 관계를 반영하는 방법으로 분배되는 것이 바람직함. 즉, 제품 혹은 시스템 기능상의 정량적인 변화에 따라 투입물과 산출물이 변하는 방식을 반영하는 것이 바람직함

(다) 물리적 관계만이 할당기준으로 사용되거나 정해질 수 없는 곳에서는 제품 및 기능 간의 다른 관계들을 반영하는 방법으로 그들 사이에 할당되는 것이 바람직함. 예를 들어, 제품의 경제적 가치에 비례하여 부산물간에 투입물 및 산출물이 할당될 수 있음

어떤 산출물은 일부는 부산물이고, 일부는 폐기물이다. 이러한 경우에 부산물 부분에만 투입물과 산출물이 할당되어야 하므로 부산물과 폐기물간의 비율이 규명될 필요가 있다. 고려중인 시스템의 유사한 투입물과 산출물에는 같은 할당절차가 적용되어야 하다. 시스템에서 분리되는 유용한 제품들(예: 중간재 혹은 버린 제품)에 할당을 하면, 할당절차는 시스템으로 들어오는 그러한 제품들에 사용된 할당방법과 동일해야 한다.

(3) 재사용과 리사이클링의 할당절차

할당원칙 및 할당절차는 재사용과 재활용 상황에도 적용되지만 주의가 요구된다.

마) 목록분석의 한계

결과는 연구의 목적과 범위에 따라서 해석되어야 한다. 해석은 결과의 불확실성을 이해할 수 있도록 중요한 투입물과 산출물, 방법론의 선택에 대한 데이터의 품질평가와 민감도분석을 포함해야 한다. 목록분석의 해석은 연구목적과 관련해서 다음을 고려해야 한다.

• 시스템 기능과 기능단위의 정의가 적절한지 여부
• 시스템경계의 정의가 적절한지 여부
• 데이터 품질평가와 민감도분석에서 규명된 한계

결과는 투입물과 산출물 데이터를 언급하는 것이지 환경영향을 언급하는 것이 아니므로 주의하여 해석하는 것이 바람직하다. 특히 목록분석 결과만으로 비교해서는 안된다. 게다가 각각의 데이터의 불확실성은 누적되어 목록분석 결과도 불확실성이 필연적이다. 불확실성 분석을 통해 목록분석 결과와 결론의 불확실성을 제시할 수도 있다. 데이터의 품질평가, 민감도분석, 전과정평가 결과에서 나오는 결론과 보는 권고 사항은 문서화되어야 한다.

바) 보고

보고는 시스템 기능과 기능단위의 정의가 적절한지 여부, 시스템경계의 정의가 적절한지 여부, 데이터 품질평가와 민감도분석에서 규명된 한계를 제시하어야 한다. 목록분석 결과는 공정하고 정확하게 보고되어야 한다. 객관적인 보고를 위해서는 다음의 사항이 포함되어야 한다.

(1) 연구목적
• 수행하는 이유
• 적용대상
• 이해당사자

(2) 연구범위
• 연구범위 선정이유
• 기능
  – 성과의 설명
• 기능단위

– 목적과 범위와의 일관성
– 정의
– 성과측정 결과

• 시스템경계
  – elementary flow로서의 시스템의 투입물과 산출물
  – 의사결정 규칙
  – 전과정 단계, 공정 혹은 필요한 데이터의 생략
  – 단위공정의 초기 기술
  – 할당에 관한 의사결정
• 데이터 범주
  – 데이터 범주에 관한 의사결정
  – 개별 데이터 범주에 대한 세부내역
  – 에너지 투입물과 산출물의 정량화
  – 전기 생산에 관한 가정
  – 연소열
  – 배출물의 포함
• 투입물과 산출물의 초기 포함기준
  – 기준과 가정의 기술
  – 결과에 대한 선택의 영향
  – 중량, 에너지 및 환경기준의 포함(비교주장용)
• 데이터 품질요건

(3) 목록분석

• 데이터수집 절차
• 단위공정의 정량적 정성적 기술
• 인용 자료의 출처
• 계산절차
• 데이터 검증
  – 데이터 품질평가
  – 결손 데이터의 처리
• 시스템 개선을 위한 민감도분석

- 할당 원칙과 절차
  - 할당 절차의 문서화와 정당화
  - 할당 절차의 일관된 적용

(4) 한계
- 데이터 품질평가와 민감도분석 결과
- 시스템 기능과 기능단위
- 시스템경계
- 불확실성 분석결과
- 데이터 품질평가와 민감도분석에서 규명된 한계
- 결론과 권고

13.2.3 영향평가

영향평가단계에서는 있을 수 있는 환경적 당면문제와의 관련성과 중요도를 보다 충분하게 이해하도록 제품시스템의 전과정 목록 결과를 평가하는 것이다. 이 단계는 영향범주로 불리는 선택된 환경이슈와 지표를 사용하여 목록 결과를 단순화하고 설명에 도움을 준다. 지표는 각 범주의 자원사용 혹은 총배출량을 반영하고자 하는 것이며, 잠재적 환경영향을 나타낸다. 영향평가의 목적은 다음과 같다.

- 시스템 개선 기회의 규명과 우선순위 결정
- 제품시스템과 그 단위공정의 시간에 따른 특성부여와 벤치마크
- 선택된 지표를 기초로 제품시스템 상호간의 비교

영향평가절차는 크게 분류, 특성화, 가중치부여단계로 나누어진다.

- 분류: 목록 데이타를 영향범주에 배정하는 단계
- 특성화: 영향 범주 내에서 목록 데이타를 기준이 되는 물질에 대한 상대수치로 나타냄으로서 특징짓는 단계
- 가중치부여: 각각의 영향범주에 대해 중요도를 부여함으로써 영향평가결과를 집성하는 단계

영향평가는 전과정평가의 목록분석에서 규명된 환경 부담들이 영향을 분류하고, 특성을 분석하여 그 가치를 평가하는 기술적인 과정이다. 이 평가는 명확히 설명될 수 있는 과

학적인 방법론의 틀에서 이루어진다. 그러나 영향평가를 위한 방법들은 아직 개발되고 있는 단계이며, 그 중의 몇은 전과정 평가의 일부분으로서 조심스럽게 사용되고 있다. 경계를 통해 시스템에 도입된 에너지와 환경 부하의 데이터에 관한 상세한 기술을 환경문제로서 식별할 수 있는 형태로 해석하고, 각각의 수치가 갖는 의미나 상호관련성을 명확히 할 필요가 있다.

그러나 데이터의 측정 또는 산정은 가능하여도 환경영향과의 인과관계를 명확하게 하는 것은 쉽지 않다. CO_2, SOx, NOx 등의 수치를 안다 하더라도 그것들이 얼마만큼 사람의 건강이나 생태계에 영향을 주는가를 연관시키는 것이 매우 어렵다. 더욱이 배출된 물질은 단독이 아니라 복합적으로 작용하여 환경에 대해 복잡한 영향을 준다.

예를 들어 SOx는 지구환경의 산성화나 독성과 관련되어 있는데, SOx 그 자체보다는 물과 반응한 수소이온(H^+)의 형태로 작용하기 때문에 영향의 정도는 SOx의 상태에 따라 현저히 좌우된다. NOx도 산성화와 부영양화의 쌍방에 기여하고 있다. 목록분석을 위하여 수집한 측정물질은 거의 대부분이 1:1의 대응이 아니라 직 · 간접적 또는 상호작용으로 또는 시간적인 차를 가지면서 환경에 영향을 주고 있다. 현재까지도 그 연관을 명확히 파악하는 것은 어렵고, 그 자체로서도 인과관계의 설명은 매우 불충분할 것이다. 그럼에도 불구하고 데이터해석을 통해 이들 배출물이 환경에 주는 영향을 연계시키려는 시도가 있다.

1) 영향평가의 주요 요소

영향평가 과정은 목록결과를 지표 결과로 변환하는 여러 가지 필수적인 요소로 이루어져 있다. 덧붙여 지표 결과의 변환을 위한 선택적인 요소 및 질의 평가기법도 있다. 각 요소 내에서 영향평가 방법 및 가정, 가치와 주관(이하 가치선택 이라 한다), 기타 운영에 대한 검토와 보고가 투명하게 이루어 질 수 있다.

- 영향범주의 선택과 정의: LCA 연구에서 다루게 될 영향범주, 관련 범주지표, 범주 종료점 및 상응하는 목록분석 결과의 식별. 즉, 지구온난화 영향범주는 적외선복사 억제력을 범주지표로 사용하여 온실가스의 배출을 나타냄
- 목록분석 결과의 배정(분류): 목록분석 결과를 범주 지표에 배정
- 범주지표로 범주 모델링(특성화)
  - 배정된 목록분석 결과를 공통단위로 변환하는 특성화 계수를 선택하고 사용함. 즉, 지구온난화 잠재력 계수를 사용하여 메탄을 이산화탄소 등가로 변환 함
  - 변환된 결과를 모아서 지표결과로 함. 즉, 모든 이산화탄소 등가들을 더하여 적외

선 복사 억제 범주지표로 함

- 기준값(reference value)에 대한 범주지표의 상대적 기여도(정규화): 각각의 지표 결과에 대한 제품시스템의 상대적 기여도를 규명함
- 영향범주간의 가중치: 순위를 부여할 목적으로 전 영향범주에 걸쳐 지표결과를 변환하고 집계할 수 있게 함

2) 범주지표

가) 영향범주의 선택과 정의

여기에서는 영향범주 선택과 정의의 지침과 요건을 제공한다. 대부분 LCA 연구들의 영향범주는 과거의 연구들에서 선택된다. 그러나 기존의 영향범주들이 LCA 연구의 목적과 범위를 충족할 수 없는 경우에 새로운 영향범주의 선택이 요구된다. 영향범주의 선택과 정의는 포괄적인 것이 바람직하며 LCA 연구의 목적과 범위에 부합되어야 한다. 환경이슈나 관심사항을 회피하거나 숨기도록 범주가 선택되지 않아야 한다. 영향범주의 선택과 정의의 기준은 다음과 같다.

- 영향범주는 투명성이 보장하도록 참조문헌을 인용하는 등 합리적이어야 함
- 영향범주의 선택과 정의 동안에 이루어지는 가치선택과 가정은 최소화되는 것이 바람직하며 각각은 합리적이어야 함
- 영향범주는 제품시스템의 종합적인 배출물과 자원 사용을 그 범주지표를 통하여 범주의 종료점을 나타내는 것이 바람직함
- 영향범주는 자연과학을 기초로 하는 것이 바람직함. 즉 알려진 부가적인 환경메커니즘 및 실증적 관찰을 기초로 모델링되어야 함. 참고적으로 자연과학의 예는 생물학, 화학 및 물리학 등임
- 영향범주는 환경적으로 관련된 것이 바람직함. 즉 여기에 국한되는 것은 아니지만 공간적, 시간적 특성을 포함하는 범주의 종료점에 대하여 충분하게 명확한 연계를 가져야 함
- 영향범주는 국제적으로 용인된 것이 바람직함. 즉 국제협약을 기초로 하거나 국제기구의 승인을 받은 것이 좋음
- 영향범주는 목적과 범위 정의에서 요구되는 것이 아니면 이중 계산을 피하도록 하는 것이 바람직함
- 영향범주는 후속단계에서 다른 기법의 적용에 적합해야 함

나) 결과의 배정(분류)

이 요소(흔히 분류로 언급됨)의 목적은 목록분석 결과를 범주 지표에 배정하는 것이다. 가장 기본적인 형태로 목록결과가 영향범주에 배정된다. 이것은 목록분석 결과와 관계있는 이슈를 식별하는데 사용될 수 있다. 범주지표에 배정하는 옵션들은 다음과 같다.

- 한 개의 범주지표에 독점적인 목록분석 결과들의 직접 배정. 예를 들면 인은 오직 부영향화만 배정됨
- 여러 범주지표에 관련 있는 목록분석 결과의 식별
- 이중 계산을 피하기 위하여 병렬영향(예; NHx 배출물을 질화 및 비질화 부문으로 배정), 연속영향(예: CFC를 지구온난화에 배정, 뒤이어서 오존층파괴에 배정), 간접영향(예: 산성화물질을 산성화에 배정, Al-유동으로 인한 생태계 독성에 배정 않음)간의 차이 식별

만일 목록분석 결과가 이용 불가능하거나 LCA 연구목적을 달성하기에는 불충분하면, 그 때에는 반복적인 목록분석 작업이 필요할 수도 있다. 또는 LCA 연구 범위와 목적의 변경을 요구할 수도 있다. LCA 연구의 목적과 범위를 충족하지 못하는 이유는 문서화되어야 한다.

다) 범주 모델링(특성화)

범주 모델링(흔히 특성화로 불린다)의 목적은 한 범주지표 내에서 LCI 결과의 변환과 취합을 위한 기초를 제공하는 것이다. 이것은 그 범주지표에 대한 전반적인 변화 혹은 부하를 나타내는 지표결과이다. 대부분의 LCA 연구는 기존의 모델링을 선택하지만 어떤 경우에는 기존 모델이 LCA 연구의 정해진 목적과 범위를 충족시키기에 충분하지 않아서 새로운 모델이 정의되어야 하는 겨우도 있다. 각각의 영향범주는 목록분석결과와 범주지표간의 관계에 대한 구체적인 모델을 가지는 것이 바람직하다. 범주지표는 원인-영향 네트워크의 어느 곳에서나 선택될 수 있으며, 자연과학을 기초로 하는 방법으로 정해지는 것이 바람직하다. 즉, 알려진 기법의 환경메커니즘 및 실증적인 관찰을 기초로 모델링 되어야하나 가정과 가치선택을 포함할 수도 있다. 각 모델의 대표성과 정확성은 범주지표와 목록분석 결과의 공간적, 시간적 일치성 같은 여러 요인에 달려있으며, 목록분석 결과와 범주지표의 관계는 통상적으로 강하고, 동시에 범주지표는 환경적 연관성이 있어야 한다.

부가적으로 환경 연관성 분석은 기능의 척도 결정과 관련된 단위운영을 포함한다. 환경

연관성의 기술적 분석은 환경 연관 프로파일을 만들 목적으로 범주지표간의 상대적 척도를 위한 사전 기반을 제공한다. 범주지표간의 상대적 지표는 메카니즘 및 범주 종료점이 관련이 있는 범주지표들 간으로 한정되어야 한다. 예를 들면, 자원사용에 대한 범주지표들은 배출물에 대한 범주지표들과 별도로 척도화 되어야 할 것이다.

또한 환경 연관성의 기술적 분석은 정규화와 가중치부여 및 해석을 위한 중요한 정보를 제공할 수 있다. 특정의 사례에는 특성화 계수를 세밀히 구분하는데 산성화에 대한 민감도 같은 사업장의존 환경정보가 사용될 수 있다. 이것은 목록분석 결과의 공간적, 시간적 차별화를 요구하고, 범주지표의 모델링에 사용된 자연과학 기초, 단순화 가정의 수와 종류 및 가치선택은 영향범주에 따라 달라진다. 가치선택과 가정은 구분되고 합리적이며 문서화되어야 한다. 범주지표의 한 예가 적외선 복사 억제력이다. 각각의 지구온난화 가스에 대한 특성화계수, 지구온난화 잠재력 계수가 이산화탄소 등가 단위로 개별 가스의 적외선 복사 억제력을 계산하는데 사용된다. 범주지표의 모델링에는 여러 가지 요건을 고려해야 한다.

- 모델의 출처를 확인하거나 참고문헌을 명시
- 각각의 출처와 관련하여 모델이 환경 메카니즘이나 실증적 관찰의 뒷받침을 받는 것인지를 확인함
- 그 범주지표에 대하여 목록분석 결과를 더하는데 사용된 특성화 계수를 확인함
- 모델과 특성화 계수가 국제적으로 용인된 것인가를 확인함
- 모델에 있는 불확실성의 가능한 출처와 정도를 확인함
- 모델과 특성화 계수가 어느 정도로 자연과학에 기초하고 있는가를 확인함

3) 범주지표의 변환

가) 기준값에 대한 범주지표의 상대적 기여(정규화)

선택된 기준에 대비하여 지표결과의 상대적 기여도를 분석 하는 것(흔히 정규화로 불린다)은 다음과 같다.

- 기준 기간 동안 정해진 지역의 영향범주와 관련 있는 총 배출 혹은 자원사용의 확인과 수집
- 동일한 특성화 계수를 사용하여 이들을 변화
- 변환된 값을 취합하여 그 지역의 기준값(Rarea)으로 함
- 지표결과(CIR)를 기준값으로 나누어 정규화 된 결과를 얻음

• 정해진 지역의 일인당 총 배출 혹은 자원사용 기준은 다음과 같이 계산함
 – 지역의 변환된 값을 총인구로 나눈다. 즉 Rarea / 인구 = Rper capita
 – 지표결과를 준거값으로 나눈다. 즉 CIR / Rper capita = 정규화 된 결과

기준체계의 선택은 환경메커니즘의 공간적, 시간적 규모와 기준값의 일관성을 고려하는 것이 바람직하다. 이 절차는 의사 결정자에게 제품시스템의 상대적 공헌도를 알려준다.

나) 영향범주간의 가중치부여

가중치부여는 다음과 같은 다양한 목적을 가진 선택적 요소이다.

- 범주지표를 정규화 된 척도로 분류함
- 지표결과 혹은 정규화 된 결과에 대해 순위를 부여함
- 지표결과 혹은 정규화 된 결과를 선택된 가중치 인자로 변환함
- 이러한 변환된 지표결과 혹은 정규화 된 결과들을 영향범주 간에 걸쳐 합산 함

가중치부여는 가치선택을 기초로 하고 있으며 일반적으로 자연과학을 근거로 하지 않는다. 가중치부여 방법의 사용과 적용은 LCA 연구의 목적 및 범위와 부합되어야 하고 전적으로 투명해야 한다. 사람, 조직 및 사회가 다르면 가치관도 다르다. 그러므로 다른 당사자가 같은 지표 결과에 기초하여 다른 가중평가 결과에 이르게 될 가능성도 있다. 한 연구에서 여러 가지 가중치부여 방법을 사용하여 그들이 가중평가 결과에 중대한 영향을 끼치거나 변화시키는지를 평가하는 것이 바람직할 수도 있다.

모든 가중치부여 방법과 사용된 운영은 투명성을 제공하기 위하여 문서화되어야 하고, 가중평가 결과와 함께 가중치부여전의 데이터와 결과도 보고되어야 한다.

4) 질의 평가

영향평가 결과의 타당성과 불확실성, 민감도를 보다 잘 이해하기 위하여 추가적인 기법들이나 정보가 필요할 수도 있다. 그 기법의 필요성과 선택은 LCA 연구의 목적과 범위 충족에 필요한 정확성과 세부정도에 달려있다. 구체적인 기법과 목적은 다음과 같다.

- 중대성 분석은 영향평가 결과에 가장 큰 영향을 가진 항목을 규명, 이것은 올바른 의사결정이 내려질 수 있도록 우선적으로 조사되는 것이 바람직함
- 불확실성분석은 결과의 통계적 가변성을 기술하는 것이며, 한 결과가 영(zero)과 유의하게 다른가, 혹은 두 개의 결과들이 서로 유의하게 다른가를 결정하는데 사용될

수 있음. 불확실성 분석은 데이터와 평가결과의 가변성의 한 척도임. 예를 들어, 측정된 대기배출물은 샘플링 기법과 정도에 따라 ±50%의 가변성이 있을 수 있음

- 민감도분석은 변수와 투입 데이터 값의 변동이 수학적 혹은 개념적 모델에서 도출한 결론에 미치는 영향을 체계적으로 평가하는 절차임. 즉, 변수들(즉 목록결과, 할당절차, 특성화 방법, 정규화 절차, 등)이 지표결과를 변화시키는 정도를 측정함

5) 영향평가의 한계

영향평가는 가능한 정량적이고 정규적인 접근을 취하려고 한다. 그러나 어떤 경우에는 영향범주의 정의와 범주의 모델개발에 가치선택이 사용되는 수가 있어 한계를 가진다.

6) 보고 및 정밀검토

가) 영향평가의 결과 보고

객관적인 보고가 되기 위해서는 다음의 항목을 포함하여야 한다.

- 영향평가결과
- 목적 및 범위, 결과의 한계
- 목적 및 범위와 결과와의 관계
- 목록분석 결과와 영향평가와의 관계
- 선택한 이론의 근거와 출처를 포함하여 고려된 영향범주들
- 영향평가를 위해 도입한 새로운 영향범주의 정의와 합리적 근거
- 사용된 모든 범주 모델과 방법(모든 가정과 한계를 포함)
- 정규화 및 가중치부여에 대한 합리적 근거
- 민감도분석 및 불확실성분석 같은 수행된 모든 결과에 대한 기술적 분석
- 결과는 상대적이며 환경에 대한 실제 영향을 다루지 않는다는 진술

일반 대중에게 공개를 목적으로 하는 비교분석의 경우에는 다음의 사항을 추가로 포함하여야 한다.

- 선택된 범주지표에 대한 국제 협정의 존재여부와 합리성
- 선택된 범주지표가 자연과학에 기초하며, 환경적으로 연관이 있고 그들의 사용이 정당한지에 대한 설명
- 범주지표의 선성에 관한 완벽한 세부사항과 과학적 근거

• 불확실성분석 및 민감도분석 결과
• 발견된 차이의 중요성 평가

나) 정밀검토

LCA 연구가 대중에게 공개되는 비교주장을 하는데 사용되도록 의도된 때에는 이해관계자에 의한 검토가 수행되어야 한다. 그리고 중요한 연구 범주에 관련있는 과학분야에 있어서 검토자의 전문성이 고려되어야 하며, 검토는 LCA 연구의 해석을 지원하도록 분류, 특성화 및 가중치부여 요소를 포함하는 것이 바람직하다.

13.2.4 해석

해석은 목록분석 혹은 영향평가 또는 양쪽 모두의 결과가 연구의 목적과 범위에 부합하는 의사결정의 기초로서 요약되고 논의되는 전과정평가의 마지막 단계이다. 목적과 범위의 정의가 LCA 연구의 시작 단계라고 할 수 있는 반면에 해석은 LCA 연구의 마무리 단계라고 할 수 있다. 시스템의 목록분석 및 영향평가의 결론으로부터의 정보를 점검하고 평가하며, 연구의 목적과 범위에 기술된 적용 요건을 충족시키도록 표현하는 체계적인 절차이다.

1) 해석의 목적

해석의 목적은 목록분석 또는 LCA 연구에 대하여 분석하여 결과를 보고하며, 결론과 한계, 그리고 권고안을 작성하는데 있다. 이것은 연구의 목적과 범위가 일치하는 선에서 목록분석과 영향평가의 결론을 좀더 쉽게 이해할 수 있도록 하는 것이라고 할 수 있다.

• LCA 각 단계(목록분석, 전과정영향평가)의 결과를 기초로 중요한 환경이슈의 식별
• 민감도 및 일관성 점검 같은 요소를 포함해야 하는 가치평가(evaluation)
• 중요한 환경이슈에 대한 결론과 건의, 보고

2) 중요한 환경이슈의 식별

가) 목적

이 단계의 목적은 목적과 범위정의에 부합되며 중요한 환경이슈를 결정하기 위하여 목록분석 및 (만일 추가적으로 수행되었으면) 영향평가로부터 나온 정보를 조직화하는 것이다. 환경이슈는 목록단계의 결과인 투입물 및 산출물과 만일 전과정 영향평가가 수행된

경우에는 전과정 영향평가의 결과인 환경지표이다.

나) 정보의 식별과 조직화

LCA의 앞의 요소로부터 정보가 필요하다. 4가지 유형의 정보가 있다. 다른 단계(목록분석, 전과정영향평가)의 결과는 유용한 형태로 정리되어야 하며 품질에 대한 정보도 포함해야 한다. 결과는 적절한 형식으로 예를 들면, 전과정의 각 단계를 따라, 제품시스템 내에 포함하고 있는 다른 공정 혹은 단위운전(예, 운송, 에너지생산 및 폐기물관리)에 따라 조직화되는 것이 바람직하다. 이것은 투입물 및 산출물 혹은 환경지표의 데이터 리스트, 표, 막대그림, 혹은 유사한 것의 형태가 될 수가 있다. 이러한 결과로 이 시점에 이용가능한 모든 정보는 장래의 분석을 위하여 수집되고 정리된다.

다) 중요한 환경이슈의 결정

목록분석으로 인한 투입물 및 산출물 또는 영향평가로부터 도출된 잠재적 영향에 대한 지식이 LCA 연구의 목적과 범위 요건을 만족하기에 충분한 것으로 결정되면, 이 투입물과 배출물의 상내석인 중요성이 결정되어야 한다. 목록분석과 영향평가로부터 나온 결과들은 이러한 목적으로 사용되어진다. 제품시스템의 중요한 환경이슈를 결정하는 것은 단순할 수도 혹은 복잡한 수도 있는 활동이다. 환경이슈를 식별하고 그들의 중요성을 결정하는 데는 다양한 수단들이 이용가능하다. 이러한 방법들은 계속하여 발전할 것이고 LCA 방법론을 지원할 수 있을 것이나 정상적으로는 LCA 연구의 한 부분으로 통합되지는 않을 것이다.

3) 가치평가(Evaluation)

가) 목적

가치평가 단계의 목적은 앞의 LCA 단계에 기초한 연구결과와 해석의 첫 번째 단계에서 식별된 중요한 환경이슈에 신뢰성을 확립하는 것이다. 결과는 연구책임자 혹은 모든 이해관계자에게 연구의 결과에 대한 명확하고 이해하기 쉬운 형태로 제출되는 것이 바람직하다. 가치평가는 목적과 범위에 부합되게 수행되어야 하며 연구의 최종용도도 고려되는 것이 바람직하다. 여기에는 완전성점검, 민감도점검, 그리고 일관성점검이 필요하다.

나) 완전성점검

가치평가단계의 완전성점검 요소의 목적은 목록분석과 영향평가단계에서 도출된 정보가 정해진 목적과 범위에 부합되어 환경이슈가 도출되었는가를 점검하는 것이다. 만약 어떤 정보가 이용할 수 없거나 불완전한 것으로 발견되면, 그러한 정보가 연구의 목적과 범위를 충족시키는데 필요한 것인지 아닌지가 판단되어야 하며, 불필요할 경우 이유를 기록하여야 한다. 반대로 분실 데이타가 가장 중요한 환경이슈의 결정이 필요하다고 판단된다면, 목록분석과 영향평가단계를 수정하거나 혹은 목적과 범위를 조정하는 것이 바람직하다.

다) 민감도점검

민감도 점검에서는 다른 단계(목록분석, 영향평가)에서 수행되었던 민감도분석과 불확실성분석의 결과를 검토하고, 분석결과 가장 중요한 것으로 식별되었던 환경이슈가 연구목적과 범위에 기술된 용인가능한 편차를 초과하는지 여부를 심사한다.

라) 일관성점검

일관성 점검은 연구 전반에 걸쳐 사용된 방법, 절차 및 데이터 처리의 일관성에 관한 철저한 점검을 수행하는 것을 말한다. 점검항목은 다음과 같다.

- 지역적 또는 시간적 구분이 일관성 있게 적용되었는가?
- 연구 중인 모든 제품시스템에 할당원칙과 시스템경계가 일관성 있게 적용되었는가?
- 전방 공정과 후방 공정사이에 동일한 구분방법이 채택되었는가?
- 가중치부여가 일관성 있고 기술된 가치 혹은 판단체계에 부합 되게 수행되었는가?

13.2.5 LCA관련 프로그램

현재 LCA관련 프로그램은 Simapro 7.0을 비롯하여 CaBi 3.0, TEAM 3.0, LCAiT 4.0, KCL-ECO 3.0, PEMS 4.0, Boustead 등이 있다. 이것들의 각각의 특징을 살펴보면, 먼저 Simapro 7.0은 다른 소프트웨어보다는 가격이 저렴한 편이며, 주로 교육용이나 간단한 LCA연구 범위를 가질 때 활용될 수 있다. Simapro에 내장된 데이터베이스는 실제 LCA 수행경험으로부터 축적된 것보다는 유럽이나 네덜란드 출처를 가지고 있는 문헌 연구를 통해 추정한 것이 상당부분 차지한다. 다양한 영향평가 방법론을 적용할 수 있으며, LCA 결과를 프리젠테이션하는 기능이 좋은 편이다.

CaBi 3.0은 환경데이터와 비용데이터를 동시에 고려할 수 있도록 제작되었으며, Life

Cycle Balance를 개발하는 목적을 갖는다. 소프트웨어 구조는 10개의 객체(Object)로 구분되어 있어, 각각의 객체마다 다른 D/B가 구축되고, 이것들이 조합되어 Life Cycle Balance를 개발할 수 있도록 한다. User, Project, Plans, Quantities, Flow, Unit, Process, Balance, Weighting, Data Quality Indicator 등이 GaBi 3.0을 구성하는 10개의 객체이다. 이 구조는 ISO14040규격에 입각하여 개발되었다. GaBi 3.0의 내장 데이터베이스는 에너지, 수송, 화학제품, 석유화학, 폐기물, 펄프 및 제지, 철강제품 등으로 기반산업 뿐만 아니라 기초소재분야의 데이터베이스도 상당부분 포함되어 있다. 또한, 구조가 명확하여 사용자가 사용하기 쉽고, 경제성분석을 지원한다는 점이 강점이라고 할 수 있다.

TEAM 3.0은 방대한 데이터베이스와 유연한 소프트웨어 구조를 장점으로 한다. 이때 TEAM소프트웨어에 내장되어 있거나, 별도로 판매하는 데이터베이스를 DEAM이라고 부른다. 초기 TEAM 소프트웨어에 내장되어 있는 D/B는 한정되어 있으며(200+), 추가로 7000여개의 세분화된 D/B를 패키지로 구성하여 구입할 수 있다. D/B의 성격에 따라 판매가격은 다르게 적용될 수 있다. 따라서 LCA 소프트웨어로서 유연하면서도 각종 분석 기능이 지원되고는 있지만, 별도의 D/B를 지속적으로 구입해야 하기 때문에 Lock-In 될 수 있다. 만일 추가적으로 D/B를 많이 구입할 경우에는 가격이 상당히 비싼 편이며, 하드웨어 요구조건이 다른 소프트웨어보다 좀 까다로운 단점이 있다.

LCAiT 4.0은 이전 버전까지는 목록분석까지만 지원했던 것에서 LCAiT 4.0버전에서는 영향평가 기능까지 제공할 수 있도록 기능적인 면에서 강화되었다. 데이터베이스는 주로 스웨덴의 지역적 범위를 갖고 있으며, 펄프 및 제지, 스틸, 알루미늄, 플라스틱 등이 내장되어 있다. 현재 ISO/TC207/WG2에서 표준화 작업중인 LCI문서화 표준화작업에 막강한 영향력을 갖는 스웨덴의 Spine문서화 양식을 기반으로 한 것이 강점이라고 할 수 있다. 그러나 데이터 Coading이나 프로세스흐름도 등을 구성할 때 사용하기 다소 불편한 점이 있다.

KCL-ECO 3.0은 복잡한 시스템 모델링을 커버할 수 있을 정도로 기술적인 측면에서 강화되었으며, Open-Loop 할당이 가능하며, 핀란드 영향평가방법론, Eco-Indicator의 두가지 영향평가 방법론이 내장되어 있다. 다양한 LCI, LCIA결과를 표현할 수 있는 기능도 제공하고 있다. 단 데이터베이스의 지역적 범위가 대부분 핀란드이기 때문에 국제적으로 활용되는데 한계를 갖는다. PEMS 4.0은 일차적으로는 포장재산업에 활용하기 위해서 개발되었으나, 점차적으로 일반 LCA기법에서도 활용될 수 있도록 기능을 강화해 나갔다. 제조, 수송, 에너지, 폐기물처리 등 4가지 유형의 단위공정으로 제품의 전과정을 표현하고 있으며, 데이터베이스는 포장재질로서 펄프 및 제지, 철금속, 비철금속 등의 대부분을 차지한다.

Boustead은 6,000여개가 넘는 방대한 데이터베이스를 자랑하고 있지만, MS DOS를 기초로 하고, 전과정목록분석까지만 지원한다. 따라서 다른 소프트웨어와의 호환성이 부족하며 사용방법이 어려운 편이다. 또한 년간 사용료를 별도로 지불해야 하기 때문에 가격이 상당히 비싼 편이다. 전 세계적으로 23개국에 대한 데이터베이스를 구축한 것을 제외하고는 다른 소프트웨어와 비교했을 때 기술적인 측면에서 상당히 뒤쳐지는 경향을 보인다.

13.3 물질 및 에너지 수지를 이용한 공정분석

앞에서 설명한 LCA는 제품 중심의 분석도구인 반면 물질 및 에너지수지는 공정중심의 분석도구이다. 또한 LCA가 오염물질의 발생으로 인한 환경영향을 분석하고 제품 간의 상대비교를 가능하게 하지만, 물질 및 에너지수지는 공정에 사용된 에너지와 물질의 흐름만을 분석하며 제품 간의 상대비교를 위해서는 사용되지 않는다. 그러나 LCA 분석을 위해서도 물질 및 에너지수지가 필요하다.

물질 및 에너지수지의 개념은 매우 단순하다. 이것은 열역학 제1법칙에 따른 것으로 시스템경계(혹은 control volume)로 들어오는 물질 및 에너지는 시스템경계 외부로 나가거나 혹은 시스템 경계 내에 축적되는 것인데, 보통 정상상태에서 운전되고 있으므로 투입량과 배출량의 합은 0이 된다. 시스템경계는 공장전체일수도 있고 단위공정일수도 있다. 또한 분석대상도 전체 물질 및 에너지일수도 있으며 단일 물질일수도 있다. 그러나 어떤 경우에도 투입량과 배출량은 같다. 그림 13.2를 중심으로 설명하면 단위공정으로 투입되는 주원료, 부원료, 용수/공기 사용량의 합은 단위공정에서 배출되는 제품, 부산물, 대기배출물질, 수질배출물질 및 폐기물의 합과 같다.

물질수지를 작성하기 위해서 필요한 원료 및 최종생산물의 자료가 있는 경우에는 쉽게 작성할 수가 있지만, 그렇지 않을 경우에는 실제 측정을 한다든지, 아니면, 구입체의 자료에 의하여 정량화를 하여야 되기 때문에 쉬운 작업은 아니다. 물질수지를 좀 더 간편하게 하기 위한 구체적인 항목에 대한 접근 방법을 제시한다.

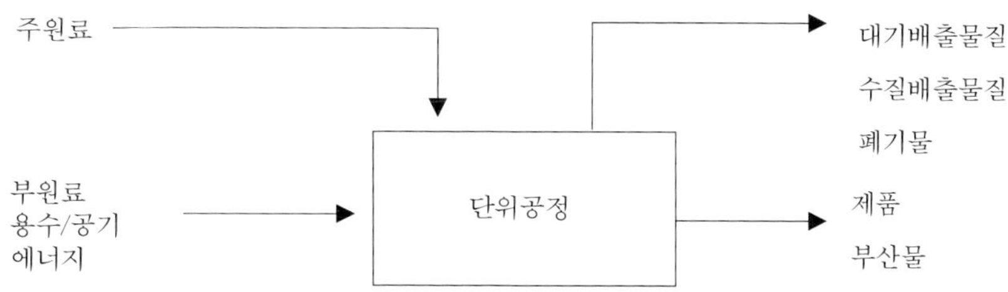

그림 13.2 전형적인 물질수지의 구성요소

13.3.1 투입물질의 조사

1) 원료와 부원료

원료는 제조 공정에서 사용되는 원재료를 의미하고, 부원료는 주원료에 첨가되는 부원료 내지는 품질을 향상시키기 위한 첨가제를 말한다. 부원료의 종류가 많을 때는 부자재, 촉매, 연료, 약품 소모품 등의 소분류로 세분화하여 투입물질을 분류, 정리하여 목록을 작성하는 것이 편하다. 자료는 운전기록을 이용하면 쉽게 구할 수 있다. 만약 자료가 없을 시에는 실측할 필요가 있다. 투입량이 작업조건에 따라 많은 차이가 있을 시에는 분석목적에 맞는 값을 사용하여야 한다.

2) 용수, 연료 및 에너지

사업장에 사용하는 용수는 공업용수, 순수, 초순수 등 용도나 등급에 따라 구분하여야 한다. 또한 공정별로 계량기가 설치되어 있을 시에는 많은 자료가 축적되어 있어 용수량을 파악하기가 쉬우나 계량기가 설치되어 있지 않을 경우에는 배관에 계량기를 설치하는 방법 또는 실측으로 유량계에 의하여 실측해야 한다.

연료의 사용은 건조로, 보일러 등에서 직접 사용되며 연료의 종류, 황함량 및 사용량을 정확히 조사하여야 한다. 보일러를 난방 연료로 사용할 경우에는 계절에 따라 차이가 있을 수 있으므로 주의하여야 한다. 또한 전기의 경우 전기를 수전 받는 지점에서부터 각 공정별, 시설별 사용량을 정리하여 흐름도를 작성한다. 보통, 중소기업의 경우 이에 대한 사항을 공무에서 많이 관리하고 있기 때문에 경험자에 의하여 시설별 및 공정별로 상황에 맞게 계량을 해야 한다.

3) 전체 투입량 정리 및 투입물질 원단위 분석

투입물질은 원료, 부원료, 첨가재 등으로 세분류하는 것이 바람직하며, 단위 공정을 많이 가지고 있는 공장의 경우에는 전체 투입량을 단위 공정별로 작성하는 것이 필요하다. 에너지 사용량을 포함하여 모든 투입량은 원단위(예를 들어 단위 제품 생산량 당 에너지 사용량)로 표현하는 것이 편리하다.

13.3.2 제품 및 부산물

제조과정에서 생산되는 최종생산물인 제품은 주로 생산부에서 많이 관리를 하고 있으며 생산부의 담당자로 하여금 자료를 이용하여 계량화하는 것이 좋다. 그러나 자료가 없을 경우에는 실제 계량화하는 방법을 취한다. 부산물의 경우에는 보통 재활용하는 경우가 많으므로 발생량 및 재활용량을 정확하게 파악하는 것이 바람직하다.

13.3.3 배출물질의 조사

1) 대기오염물질

대기오염물질은 입자상 물질, 가스상물질, 휘발성 물질을 의미한다. 단위 공정에서의 각 공정의 배출량, 가스온도, 유속 및 농도를 실측하거나 예측하는 방법으로 한다.

대기오염물질의 배출량은 방지시설을 통과하기 전의 배출량을 의미한다. 따라서 배출시설 방지시설이 설치되어 있는 곳에서 실측하거나, 불가능 할 경우에는 인허가 서류를 이용하는 방법이 있고, 공학적으로는 배출계수를 이용한 배출량 산출법 이든지 휘발물질의 발생모형에 의하여 산정할 수도 있다. 대기 분야에서는 발생모형에 의한 배출량을 산출하기 위해서 기본적인 온도, 농도 등의 각 물질의 물리 · 화학적 특성을 기재하는 것이 바람직하다.

2) 수질오염 물질

사업장에서 배출되는 수질오염 배출물질은 폐수, 오수 등으로 나눌 수 있으며 이것에 대한 배출량 및 농도를 파악하여야 한다. 각 공정의 차집관로별 폐수량과 오염 물질으로 조사한다. 보통, COD, SS, pH를 기본으로 하며 각 공정의 특성을 고려하여 중금속 및 유해물질을 분석한다. 사용된 용수량은 사용 후의 폐수와 동일 할 수 없다. 왜냐하면, 증발, 소방용수, 조경용수가 있기 때문에 공정 특성에 맞게 증발량을 고려한 정확한 폐수발생량을 산출하여야 한다.

3) 폐기물

우선적으로 폐기물이 일반폐기물인지, 지정폐기물인지를 파악하는 것이 바람직하다. 이것은 폐기물 관리법에서 관리되고 있다. 법적인 부분의 확인은 관계법 내지는 환경백서를 통해 전제적인 기준을 알수있다. 폐기물의 발생은 제품의 수율과 직접 관련되기 때문에 폐기물 관리를 통해 원가 절감을 가져올 수도 있다. 정확한 폐기물을 발생량을 얻기 위해서는 배출기록에 의한 자료가 있으면 바람직하나, 없을 경우에는 일 및 월을 기준으로 고상일 경우에는 무게로 측정을 하고, 액상일 경우에는 일 및 월을 기준으로 측정하되 보관용기에 의한 단위무게로 확인을 할 수 있다.

13.3.4 분석

시스템 경계 내로 들어오는 투입량과 배출되는 량은 같아야 한다. 이때 중요한 것은 보통 물질의 경우 단위공정 내에서 반응을 거치는 수가 많기 때문에 물질의 경우 원자에 대한 분석이 요구되며, 이를 뒷받침할 수 있는 자료가 부족한 경우가 많다는 사실이다. 보통 운전매뉴얼과 제품의 성분 데이터가 요구된다. 만약 투입량과 배출량이 일치하지 않으면 이것은 공정상에서 누출된 것으로 산수할 필요가 있다. 에너지의 경우도 마찬가지이다.

13.4 경제성평가(총비용분석: TCA(Total Cost Analysis))

청정생산을 성공적으로 실행하기 위해서는 생산 공정을 변화시킴으로써 발생하는 경제적 이득에 대하여 기업 책임자가 확신은 갖도록 유도해야 한다. 청정생산을 위한 변화를 기업책임자가 과감하게 수용하지 못하는 것은 청정생산 기술의 타당성이 부족해서라기보다는 경제적 이득 측면에 대한 망설임 때문인 경우가 많다. 따라서 기업이 청정생산을 수용 하는데 있어 경제적 측면은 생산 공정 개선에 못지않게 중요한 요소로 볼 수 있다. 실제로 기업이 청정생산을 수용한 경우 시행과정을 평가하는데 있어서 가장 결정적인 부분은 경제적 측면의 평가와 기술 평가 부분으로 볼 수 있다. 특히 기술자들이 청정생산 기술의 도입을 유도할 때 경제적 이득 측면을 소홀히 하면 성공 확률이 떨어지게 된다. 이러한 이유로 기업의 청정생산 도입 필요성을 역설할 때에는 경제적 이득 측면을 잘 설명할 수 있는 팀원이 필요하다.

청정생산 실행기법상 경제적 측면을 고려해야 하는 결정적 분야는 두가지 경우로 볼 수 있다. 첫째는 청정생산 계획 수립단계이며, 둘째는 수립된 계획의 평가단계이다.

첫째의 경우, 청정생산 도입으로 인한 이득을 신속하게 부각시키는 경우인데 배출구 처리에 필요한 새로운 투자의 불필요성, 생산단가의 저하, 환경규제에 따른 벌금의 회피, 생산 수율 증대 등에 대하여 간략하고 명확하게 평가해야 하며, 부수적으로 비정량적 이득인 기업의 대중적 이미지, 환경 친화적 생산품의 제조, 사업 성장에 있어서의 장벽 제거 등에 대한 평가가 이에 해당한다. 이를 좀 더 구체적으로 설명하면 하나는 생산 과정에서 발생되는 대상 오염물질의 처리비용이며, 다른 하나는 원료 물질의 절약이 된다.

둘째의 경우, 수립된 계획에 대한 경제성 평가인데, 계획이 실행될 경우, 발생하는 금전적 이익에 대하여 평가하는 것이다.

이제까지의 전통적인 비용 분석방법은 비용항목이 한정되고 너무 단기간의 비용측면만 고려하였기 때문에 청정생산의 경제적 이익을 정확히 분석해낼 수가 없었다. 따라서 청정생산으로 인한 경제적 이익을 분석하는 방법은 이러한 단점을 개선하는데 주안점을 두고 많은 방법론이 개발되어 왔다.

청정생산의 구체적 대상과 목적에 따라 고려해야할 비용항목은 변화가 있겠지만, 미국 EPA에서 제시한 고정비용과 운전비용 항목은 다음과 같다.

- 고정비용
  - 장치구입비: 장치비, 장치배달비용, 세금, 보험료, 초기 spare 부품비용
  - 재료비: 파이프비용, 전기재료비, 공구비, 단열 재료비, 페인트비용 등
  - 유틸리티 비용: 배관공사비용, 전기, 스팀, 용수, 연료, 공기, 냉동 등 유틸리티 시템을 구축하는데 필요한 비용
  - 부지정지비용(인건비, 감독비, 재료비): 조사비, 청소비용, 구시설의 철거 및 폐기비용, 조경비용, 정지작업에 필요한 설비임대 비용 등
  - 건설비(인건비, 감독비, 재료비): 건설비, 장비임대비, 컨설팅비용 등
  - 교육비 및 시운전비(인건비, 감독비, 재료비): 컨설팅비, 교육비, 원료 등 재료비, 제품검사비 등
  - 시설허가비용: 허가를 획득하는데 소요되는 비용, 관련 컨설팅비용 등
  - 예비비

- 운전비용
  - 재료비: 원료, 용매, 촉매 등 원료비용과 원료의 저장과 수송비용을 포함
  - 인건비: 운전, 감독, 품질검사비용, 사무비용 등
  - 유틸리티비용: 전기, 용수, 연료, 공기 등 유틸리티 비용

- 폐기물 관리비용(인건비, 감독비, 재료비 등): 전처리 및 처리비용, 저장 및 수송, 폐기 비용, 보험비용 등
- 규제비용(인건비, 감독비, 재료비 등): 법 규제를 만족시키기 위한 제반 비용. 즉, 모니 터링 비용, 검사비용, 배출부과금 등 제반 세금, 관련 교육비용 등
- 보험료, 벌금
- 안전비용(사고로 인한 개인 및 자산의 손실)
- 수익: 제품판매량, 부산물의 판매 등

위의 항목들을 살펴보면 직접비용과 보험료등 간접비용이 포함되어 있고 또한 계량화가 어려운 수익항목(예를 들어, 기업이미지제고로 인한 판매효과 등)도 포함되어 있다. 사실 환경개선의 효과로 인한 편익을 추정하는 것은 매우 어려운 일에 속하기 때문에, 많은 경우 계량화가 가능한 직접적인 효과분석이 가능하다(예를 들면, 재료비의 절감 등).

경제적 이득을 평가하는 여러 수단 중에서 순현재가치(NPV: Net Present Value)와 투자비용 측정은 기업 최고경영자가 의사결정을 하는데 필요한 정보를 제공한다. 투자비용은 청정생산 설비를 계획하고 설치하는데 있어서 초기에 소요되는 금액을 나타내고 순현재가치(NPV)는 투자 대안에 대한 투자금액, 운영자금, 현금운영비용, 소득세 등 총 수입과 총 비용을 고려한 투자 대안의 현재 가치를 나타낸다.

순현재가치법은 투자 대안이 발생시키는 모든 미래 수익 및 비용을 현재 금액으로 환산한 세후가치를 추정하는 방법이다. 순현재가치는 사업 결정에 있어서 투자 대안에 대한 의사 결정을 위한 기초적 평가 방법으로 널리 이용되고 있다. 기업의 청정생산 도입에 있어서도 순현재가치법은 널리 사용된다. 순현재가치의 개념은 같은 금액의 현금이라도 현재 가치와 미래가치가 서로 다르다는데서 출발한다. 현재의 현금은 투자를 통하여 미래에 이익을 창출할 수 있다(현재의 100원은 미래의 100원보다 가치가 크다). 현금의 미래가치는 현재가치에 투자 수익률을 고려하여 식 (13-2)와 같이 계산된다.

$$F = P(1+i)n \qquad (13-2)$$

여기서, F=미래 가치, P=현재 가치, i=연이율, n=기간(년)

위 식을 통하여, 이자율과 기간이 주어지면 현재시점에서 투자된 금액의 미래가치를 추정할 수 있다. 같은 방법으로 할인율(일반적으로 이자율)과 이익이 발생된 미래 시점이 주

어지면 미래에 발생하는 이익의 현재가치를 추정할 수 있게 된다.

완벽한 투자효과 분석을 위해서는 매년 발생되는 비용과 수익의 현금흐름을 현재가치로 추정해야 한다.

첫째, 현금 비용 측면을 보면 원료물질(화학물질, 촉매 등)과 전기 · 전력(수증기, 전기, 천연가스 등)에 대한 비용, 유지비와 인건비, 기술적 보조에 관련된 비용, 초기비용, 세금과 보험 및 행정비용이 포함된다.

둘째, 총 비용(total cost)은 위에 언급된 비용에 감가상각비를 포함한다. 감가상각비는 실제 소요되는 비용이 아니라 소득세를 계산하기 위하여 사용될 뿐이다.

셋째, 투자는 수익을 창출하게 되고 발생된 수익에서 총비용을 제한 것이 세전수익(pretax earnings)이 된다. 이 세전 수익에서 소득세를 감한 소득이 세후수익(after-tax earnings)이 된다.

따라서, 연도별로 발생되는 현금흐름은 위와 같은 투자, 현금 비용, 수익, 소득세의 네 요인에 의해 발생되는 비용과 수익에 의해 결정된다. 순현재가치(NPV)는 이러한 현금흐름에 대한 현재가치를 총합한 가치로 식 (13-2)와 같이 나타낸다.

$$NPV = CF_0 + CF_1 \times D_1 + CF_2 \times D_2 + CF_3 \times D_3 + \cdots\cdots \quad (13\text{-}2)$$

여기서, CF_0: 당해연도 현금흐름(cash flow) D_1: 1차년도 할인율

CF_1: 1차년도 현금흐름 D_2: 2차년도 할인율

CF_2: 2차년도 현금흐름

오염 저감을 위한 투자는 일반적으로 순 현재가치가 음(negative)으로 나타난다. 이는 오염 저감에 따른 편익을 분석에 포함시키지 않고 주어진 오염 저감목표를 성취하는데 소요되는 비용에 대해 현재가치화하기 때문이다. 음의 순 현재가치는 양(positive)의 순 현재비용(net present cost)과 동일한 개념으로 주어진 오염 저감을 위한 대안 중에서 순 현재비용이 최저인 대안이 최상의 대안이 되는 것이다.

최고경영자는 오염저감 목표를 성취하는 동시에 현재투자비용을 최소화하는 대안을 선택할 것이다. 이때에, 순 현재비용은 투자비용과 운영비용 및 사업에 미치는 파급효과를 포함함으로 최고경영자의 의사결정에 중요한 역할을 한다.

✲ 참고문헌

- 공성용, 이희선, 김강석, 화학산업체의 청정생산 실행기법 및 활성화 방안연구, 환경정책평가연구원, 2000
- 김용건, 남윤미, 청정생산 구축 사례연구, 환경정책평가연구원, 1998
- 김상용, 이종대, 전계택, 이진원, 장용근 공역, 청정생산기술, 시그마프레스, 1997
- 김삼용, 지속발전을 위한 청정 생산 기술, 시그마프레스, 2003
- 정회성, 변병설, 환경정책의 이해, 박영사, 2006
- 곽승준, 전영섭, 환경의 경제적 가치, 학현사, 1995
- 조영일 역, 환경경제의 이해, 금문서적, 1998
- 남영우, 박태욱, 경제성분석을 이용한 접촉폭기방식 중수도의 설치규모 분석에 관한 연구, 대한환경공학회지 22권 11호, 2000
- 남영우, 홍준식, PET병 물질 재활용 처리의 전과정 평가(LCA)에서 할당방법에 대한 연구, 한국폐기물자원순환학회지 18권 4호, 2001
- 김상용, 이용협, 이진원, 나병기, 박융호 공역, 화학공정에서의 오염방지, 시그마프레스, 1999
- 김종성, 박상도, 박정훈, 정준용, 유기풍, 이종협, 조영상, 지속가능발전을 위한 청정생산기술, 나남출판, 2004
- 김동건, 비용 · 편익분석, 박영사, 1999
- Paul L. Bishop, Pollution prevention: Fundamentals and practice, McGrow-Hill, 2000
- Nancy J. sell, Industrial pollution control(issues and techniques), Van No Strand Reinhold, 1992
- Mary Ann Curran, Environmental Life-Cycle Assessment, McGraw-Hill, 1996
- Kenneth L. Mulholland, James A. Dyer, Pollution prevention, AIChE, 1999
- Rene van Berkel, Esther Willems, Marije Lafleur, Development of an industrial ecology toolbox for the introduction of industrial ecology in enterproses, J. Cleaner Prod., Volume 5, Number 1-2, 1997
- U.S. EPA, Solid Waste Management and Greenhouse Gases: A Life-Cycle Assessment of Emissions and Sinks, Washington, DC., 2006b
- Hocking, M. B., Relative merits of polystyrene foam and paper in hot drink cups: Implication for Packaging, Environmental Management, 15(6), 1991

색 인

산업과 환경

초판인쇄 2011년 9월 1일
초판발행 2011년 9월 3일

지은이 남영우, 박태욱

펴낸이 김대근

펴낸곳 숭실대학교 출판국
서울 동작구 상도동 511

등 록 제14-2호(1982.1.25)
TEL.02-820-0771~2
FAX.02-817-5297
http://press.ssu.ac.kr

찍은곳 한컴인쇄정보
TEL.02-2274-3394~5
FAX.02-2274-3397

값 22,000원

ISBN 978-89-7450-275-1 93530